AN ENCYCLOPEDIA OF

Decorated Cakes

蛋糕裱花圣典

主编/王森

青岛出版社
QINGDAO PUBLISHING HOUSE

图书在版编目（CIP）数据

蛋糕裱花圣典（异域风）/ 王森主编. -- 青岛：青岛出版社, 2015.5
ISBN 978-7-5552-1858-6
Ⅰ.①蛋… Ⅱ.①王… Ⅲ.①蛋糕－糕点加工 Ⅳ.①TS213.2
中国版本图书馆CIP数据核字(2015)第073102号

蛋糕裱花圣典

主　　编	王　森
副 主 编	张婷婷　孙玉直
参编人员	顾必清　韩　磊　李怀松　朋福东　孙安廷　韩俊堂　武　文 乔金波　苏　园　成　圳　杨　玲　武　磊　张　慧
文字校对	邹　凡
摄　　影	苏　君　黄鸿儒
出版发行	青岛出版社
社　　址	青岛市海尔路182号（266061）
本社网址	http://www.qdpub.com
邮购电话	13335059110　0532-85814750（传真）　0532-68068026
策划组稿	周鸿媛
责任编辑	徐　巍
特约编辑	宋总业
装帧设计	毕晓郁
制　　版	青岛艺鑫制版印刷有限公司
印　　刷	北京盛通印刷股份有限公司
出版日期	2015年12月第1版　2018年3月第4次印刷
开　　本	16开（710毫米×1010毫米）
印　　张	28
图　　数	2346 幅
印　　数	9001-10000
书　　号	ISBN 978-7-5552-1858-6
定　　价	98.00元

编校质量、盗版监督服务电话　4006532017

（青岛版图书售出后如发现印装质量问题，请寄回青岛出版社出版印务部调换。电话：0532-68068638）

本书建议陈列类别：美食类　生活类

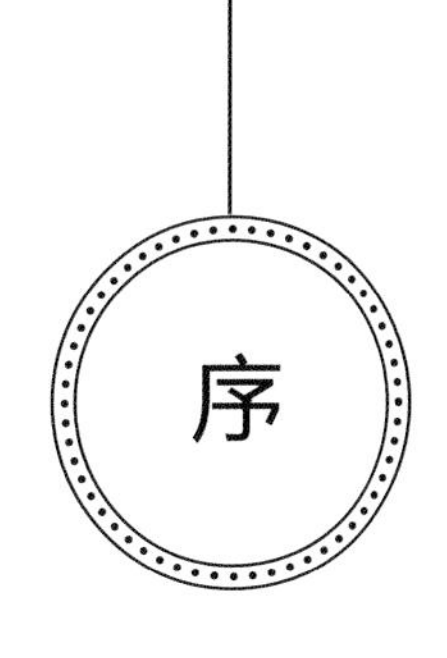

序

无论是面包、蛋糕或点心等各种美食，已有越来越多的人怀着一种莫名的喜爱和制作热情投入其中，无法自拔了。我也钟情于此，对可爱美丽的蛋糕爱不释手，更喜欢将蛋糕制作与文化、艺术等等联系起来，做出属于自己的心情和魅力。

我想，我已不满足于品尝美食而带来的味觉体验，我想要更具内涵地去制作、感受属于蛋糕的世界，那是一种心灵的享受，无可比拟。

沉迷其中，你无法不承认在制作蛋糕的过程中感受到的幸福与快乐是远远多于辛苦的，尤其是当你想要为自己亲爱的家人朋友带来美味的享受时，简直是满心雀跃地在创造。

在节日给家人、朋友做一款简单又可爱的节日蛋糕，看他们满足的笑颜；在聚会宴请时奉上一款自制的美丽时尚的花卉蛋糕，收获那些真诚的称赞；在拜访前辈朋友时带上孩子最爱的卡通蛋糕，赢得全家人的欢迎；还可以为自己做一款可爱仿真蛋糕，动物或人，都各有情趣；还有捏塑小装饰，放在任何蛋糕上都是好看的一笔……

本书中的蛋糕种类丰富、造型有趣，我将自己所学的技艺毫无保留奉上，只为能教会大家如何做好各式蛋糕。本书是我们在研究流行审美和市场需求后精心编制而成，它不仅适合一般家庭烘焙制作，同时也适合有心创作者研究参考，是一本不可多得的将实用与艺术完美结合的蛋糕裱花装饰书。

本书虽是我们团队的心血之作，但也不敢说毫无偏颇与不足，所以也希望更多喜欢、热爱烘焙的人士能给与指正及点拨。制作是一种快乐，分享也是。我们会继续努力，因为热爱，所以力求进步。

作者简介
Introduction of the author

王森，西式糕点技术研发者，立志让更多的人学会西点这项手艺。作为中国第一家专业西点学校的创办人，他将西点技术最大化的运用到了市场。他把电影《查理与巧克力梦工厂》的场景用巧克力真实地表现，他可以用面包做出巴黎埃菲尔铁塔，他可以用糖果再现影视中的主角的形象，他开创了世界上首个面包音乐剧场，他是中国首个西点、糖果时装发布会的设计者。他让西点不仅停留在吃的层面，而且把西点提升到了欣赏及收藏的更高层次。

他已从事西点技术研发20年，培养了数万名学员，这些学员来自亚洲各地。自2000年创立王森西点学校以来，他和他的团队致力于传播西点技术，帮助更多人认识西点，寻找制作西点的乐趣，从而获得幸福。作为西点研发专家，他在青岛出版社出版了“妈妈手工坊”系列、“手工烘焙坊”系列、《炫酷冰饮·冰点·冰激凌》《浓情蜜意花式咖啡》《蛋糕裱花大全》《面包大全》《蛋糕大全》等几十本专业书籍及光盘。他善于创意，才思敏捷，设计并创造了中国第一个巧克力梦公园，这个创意让更多的家庭爱好者认识到了西点的无限魔力。

孙玉直，北京轻工技师学院副院长、高级讲师，从事技工院校教育教学工作多年。主持过国家中等职业教育改革发展示范学校重点专业建设，国家高技能人才培训基地培训体系建设和教育部专业人才整体解决方案十三五规划课题研究等工作，译著有《欧洲基于工作的学习》。曾到英国、德国学习职业教育课程建设和双元制教学模式。以工作过程为导向，任务为引领，著有《运输作业实务》《物流客户服务》《计算机CAD》等多本教材。

目 contents 录

美味蛋糕坯 CHAPTER 1

蛋糕坯制作基础

蛋糕坯的种类–14
制作蛋糕坯的常用工具–15
烘焙蛋糕坯–16
制作蛋糕坯的注意事项–20
蛋糕坯脱模的技巧–21
蛋糕坯制作Q&A–22

鲜奶油篇 CHAPTER 2

鲜奶油裱花蛋糕基础

制作裱花蛋糕的常用工具–24
常用刮片及其他工具–25
花嘴用途及挤花边技巧–29
制作裱花蛋糕的常用原料–35
鲜奶油的种类、打发技巧–36
奶油蛋糕基本抹面技法–40
奶油蛋糕抹面、刮面基本手法–48
蛋糕抹面、刮面时的注意事项–49

水果装饰蛋糕

冰雪天地–50
橙与樱桃–51
草莓之地–52
春之绿意–55
繁盛的花–56
欢庆Party–57
果林密布–58
节日盛典–60
婚礼玫瑰–61
金色王国–62
灵活游虾–63
龙门阵地–64
绿意满枝–66

爱意绵绵马卡龙–68
星语心愿马卡龙–69
我心永恒马卡龙–70
甜蜜相思马卡龙–72
爱意马卡龙–73
美丽印记–74
玫瑰之林–76
梦幻之星–77
绵延花路–78
偏爱巧克力–79
巧克Chocolate–80
秋之丰收–81
拳拳之心–82
绒绒球–83
五角光芒–84
鲜红蝴蝶–85
夏之成熟–86

仿真动物奶油裱花

制作立体动物常用的三种身体–88
制作立体动物常用的姿势–88
立体动物蛋糕常用的构图方法–89

仿真动物蛋糕

白云苍狗–91
猴子捞月–92
鸡鸣起舞–94
狡兔三窟–96
骏马奔腾–98
可爱狐狸–100
龙跃五门–102
山林之王–105
猫鼠同处–108
猛虎出山–110
牛气冲天–115
雪熊互依–116

陶艺蛋糕

光辉岁月–118
和风细雨–120
红粉佳人–123
青葱岁月–125
蓝色港湾–126
知味恋歌–129
恋恋心情–130
烈焰红唇–132
清莲一生–134
甜蜜滋味–136
心的港湾–138
至高无上–140
心有灵犀–142
小桥流水–144

奶油霜篇

CHAPTER 3

奶油霜裱花蛋糕基础

了解奶油霜–148
奶油霜调色技巧–148
制作花卉蛋糕的基本工具–149
常用花嘴及其制作的花形–150
奶油蛋糕抹面装饰基本手法–151
花卉蛋糕的色彩装饰–152
蛋糕面装饰常用技法–155

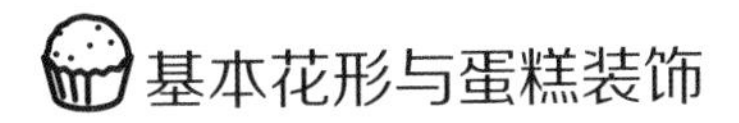

基本花形与蛋糕装饰

百合&菊花–156
睡莲花–158
小野菊–160
月季–162
旋转玫瑰–164
玫瑰花–166
螺旋玫瑰绣球–169
郁金香–170
马蹄莲–172
清新绿色五瓣花–174

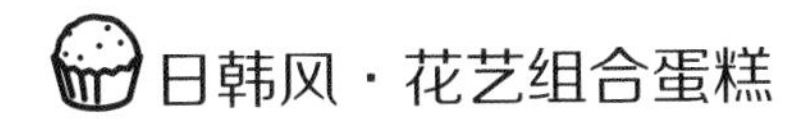

日韩风·花艺组合蛋糕

爱心–176
爱心礼盒–177
白天不懂夜的黑–179
百褶裙–180
春花烂漫–181
春暖花开–182
二月春风–183
纷飞的花香–185
蜂·蜜–187
公主日记–188
静静绽放–189
可爱姐妹淘–191
礼物–193
绿色心情–194
麦田里的守望者–197
梦想的婚礼–198
抹胸小礼服–201
瓢虫之夏–203
青花–205
太阳伞–206
少女心–207
秋之哀伤–208
素洁的爱意–211
无比眷恋的春天–212
雅致生活–214
紫色年华–215
小公主的花环–216
一处相思–218

翻糖篇

CHAPTER4

翻糖蛋糕基础

制作翻糖蛋糕的常用工具–220
制作翻糖蛋糕的常用原料–222
如何制作翻糖糖膏 –223
如何进行翻糖蛋糕包面–224
翻糖蛋糕侧面装饰常用技巧–225
翻糖蛋糕制作技巧–229

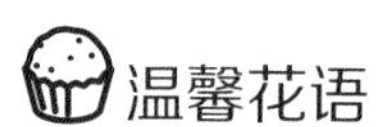

温馨花语

花忆–232
追梦–234
玛利亚之梦–236
花语爱丽丝–238
倾城之恋–240
绿意–243
金色年华–244
晴天–247
皇家牡丹–248
流金岁月–250
金秋送爽–252
献给母亲–253

童心未泯

致宝贝–254
三口之家–257
满月之喜–258
抱枕–260
粉粉公主–262
可爱宝贝–264
快乐童年–266
天秤座–268
灰姑娘的思绪–270
童真–272

女人世界

唯美相框–275
爱美丽–276

首饰盒–279
时尚女包–281
诱惑–282
致美丽的你–285
尊贵–286
奢华–288
甜美–291
优雅–292
闺密–294
浪漫蝴蝶结–297
惊喜–298
衍纸艺术–299
粉色少女心–301
黑纱裙–302

浪漫婚礼

浪漫一生–303
粉红色的回忆–305
洁白婚纱–307
喜结良缘–308

奢华时代

圣诞交响曲–310
依恋–313
宝石–315
绅士–317
温柔时光–319

杏仁膏篇
CHAPTER 5 

杏仁膏蛋糕基础

了解杏仁膏–322
制作卡通造型的基本技巧–322

可爱公仔

呆呆小浣熊–324
狐狸与葡萄–326
可爱圣诞鹿–329
勤劳的圣诞老人–331
微笑机器猫–332
小男孩–335
一对小孩–336
幼狮–339
醉卧大象–340
熊猫爱竹–343

时间城–377
童趣–380
万圣节–382
小火车–384
小伙伴–386
美好时光–388

国色天香

花魁–391
美人如玉–393

动漫时光

鳄鱼兄弟–344
海盗奇兵–346
蘑菇乐园–348
瓶水相逢–350
青苹果乐园–352
唐老鸭的故事–354
天使爱美丽–356
甜蜜乐园–359
小兔子的城堡–360
许愿树–362
书香门第–364
新婚快乐–366
蜜月旅行–368
动物世界–370
神笔马良–373
圣诞快乐–374

精美作品欣赏 CHAPTER 6

奶油霜蛋糕7款–396
翻糖蛋糕36款–403
杏仁膏蛋糕5款–440

美味蛋糕坯

在蛋糕刚刚出现的时候，人们并没有费尽心思去想着该如何装饰它。单是简单的由鸡蛋、面粉、糖、色拉油烘焙而成的蛋糕，已经足够让人惊喜了。现在的装饰蛋糕多数会以轻而柔软的海绵蛋糕或戚风蛋糕作为蛋糕坯，无论哪种口感的蛋糕坯，传达出的都是一份浓浓的爱意。

蛋糕坯制作基础

 蛋糕坯的种类

重油蛋糕

重油蛋糕由固体奶油制作而成，经过搅拌后形成松软的组织。内部结构看起来较为紧密，有一定的光泽度，并伴有浓郁香醇的奶油味。适合用来做翻糖蛋糕、杯子蛋糕或是造型比较立体的鲜奶油蛋糕（如汽车、房子、足球等）。

戚风蛋糕

戚风蛋糕组织蓬松，水分含量较高，味道清淡不腻，口感滋润嫩爽，是目前最受欢迎的蛋糕之一。与鲜奶油搭配，口感最佳。

海绵蛋糕

海绵蛋糕有着如同海绵般的弹性，由蛋液和细砂糖打发后制作而成。海绵蛋糕的弹性较大，内部组织中孔洞较多，口感松软绵细，具有浓厚的蛋香味。常在慕斯蛋糕中使用。

马芬蛋糕

马芬蛋糕是重油蛋糕的一种，只是比重油蛋糕的材料中多了一种泡打粉。因此，马芬蛋糕比重油蛋糕组织更为细密，湿润度较高。这类蛋糕常用来做杯子蛋糕。

制作蛋糕坯的常用工具

打蛋盆

一般用不锈钢盆，大小合适即可。

打蛋器

搅拌液体时使用。常用于搅拌鸡蛋液和黄油。

小刮板

刮面糊时使用。

电动搅拌器

打发少量奶油、蛋液或者蛋白时，用电动搅拌器更为方便快速。

圆形模具

海绵蛋糕常用此模，不过做海绵蛋糕时要在底部铺纸才能方便脱模。戚风蛋糕不用铺纸，因为戚风蛋糕就是要让面糊沿着模具向上发，才能烤出绵软的戚风坯。

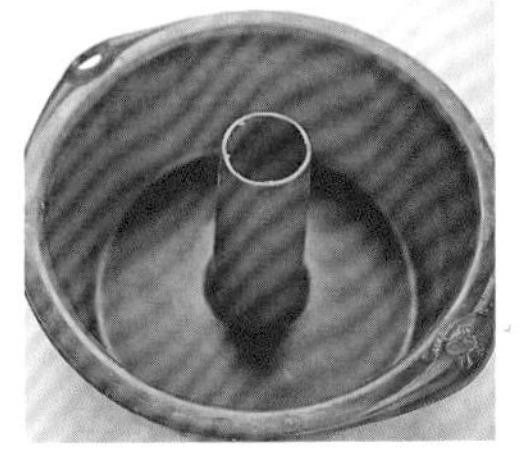

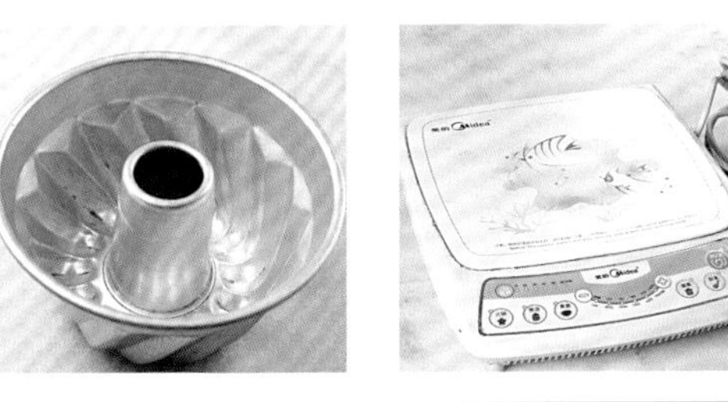

中空圆形模具

这种中间空心的模具适合烤戚风蛋糕及马芬蛋糕，因为火力均匀，所以不会在中间产生夹生现象。蛋糕容易烤透，色泽也均匀好看。

电磁炉

加热工具。在煮牛奶或者溶化黄油时使用。

网筛

用来把颗粒较粗的粉类筛细，使制作的蛋糕口感更好。

量杯

用来称量材料时使用，更为方便快捷。

电子秤

可以精准地称量材料，最好使用可以精确到克的电子秤。

戚风蛋糕

材料

蛋黄4个，色拉油48克，牛奶62克，低筋面粉96克，蛋白4个，绵白糖65克

工具

7寸中空软胶模1个

制作过程

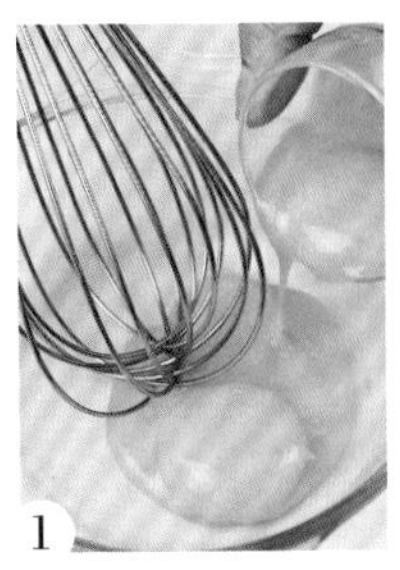

1 先将蛋黄放在容器中，混合拌匀。

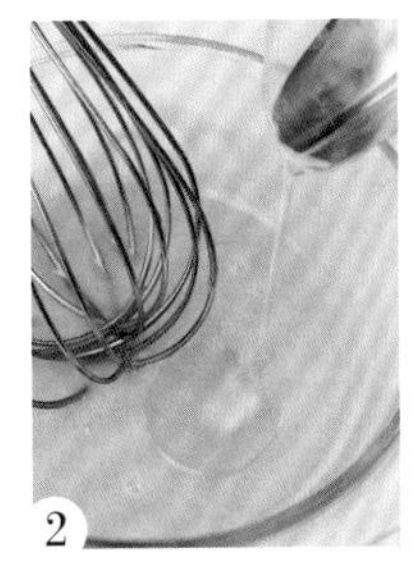

2 在拌匀的蛋黄中加入色拉油，搅拌均匀。

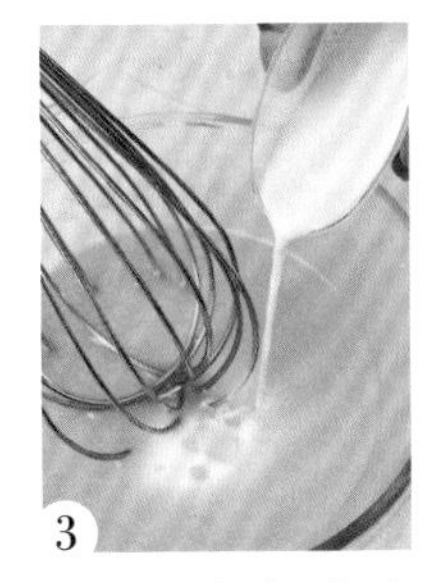

3 再将牛奶加入步骤2的材料中，拌匀。

4 最后加入过筛的低筋面粉。

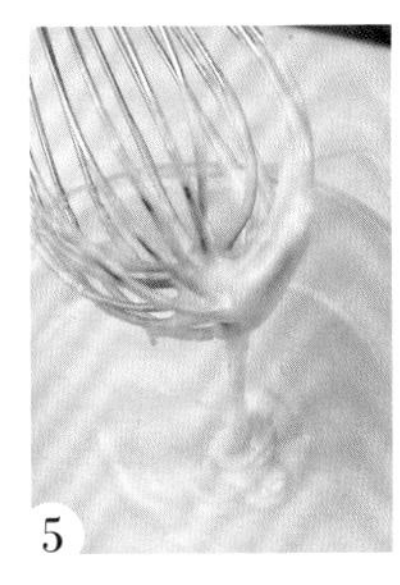

5 然后将步骤4的材料充分搅拌均匀，备用。

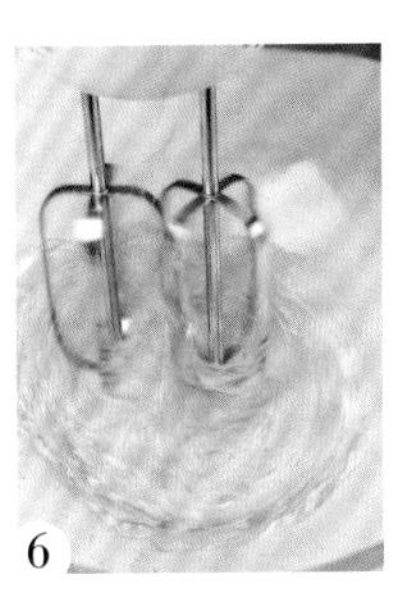

6 将蛋白放在容器中搅拌至呈泡沫状。

7 再将绵白糖加入步骤6的材料中，以中慢速搅拌至糖化。

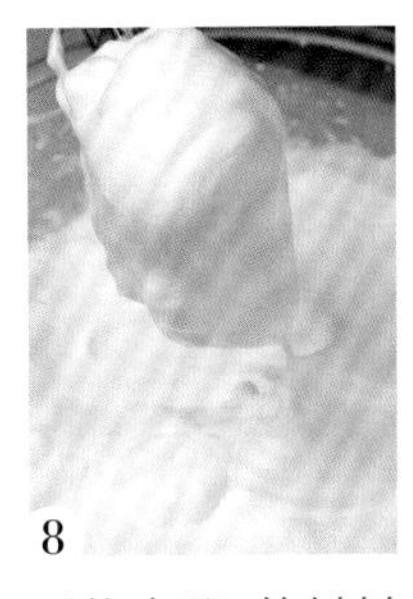

8 再将步骤7的材料改用快速打至中性发泡。

9 取1/3的步骤8的材料加入到步骤5的材料中拌匀。

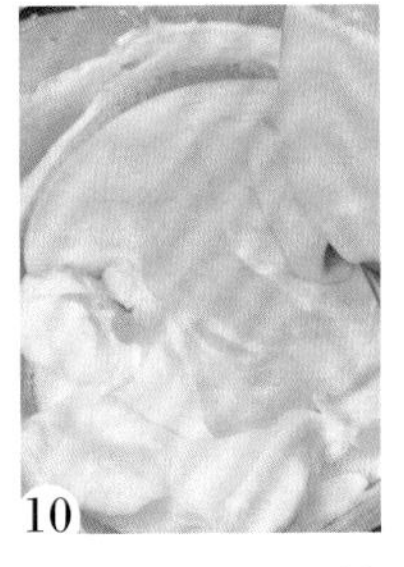

10 将拌匀的步骤9的材料倒回剩余的步骤8的材料中。

11 将步骤10的材料用刮板充分拌匀。

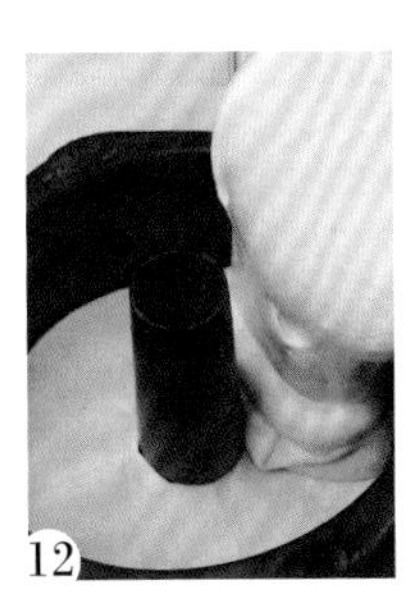

12 将步骤11的材料倒入模具中约八分满。

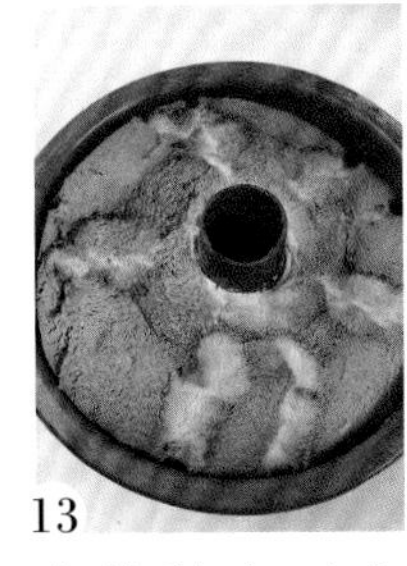

13 入炉以上下火190℃/170℃，烤至蛋糕表面呈金黄色。

14 将烤好的蛋糕趁热脱模，冷却即可。

基本海绵蛋糕

材料

全蛋2个，细砂糖50克，低筋面粉40克，色拉油1汤匙，牛奶1汤匙

工具

6寸圆形烤模1个

制作过程

1. 将全蛋打散，加入细砂糖。
2. 打发至蛋液呈乳白色，备用。
3. 低筋面粉过筛，备用。
4. 将色拉油和牛奶混合加温至60℃，备用。
5. 将低筋面粉加入打发好的蛋液中，拌匀至无颗粒状。
6. 再加入备用的色拉油、牛奶，轻轻拌匀成面糊。
7. 将面糊倒入未抹油的烤模中，再放入提前预热至170℃的烤箱中，烤30~35分钟。出炉后立刻连同烤模倒扣在晾架上，防止蛋糕收缩塌陷。

材料

黄油90克，绵白糖70克，鸡蛋65克，盐1克，香粉1克，鲜奶油78克，低筋面粉110克，泡打粉2克，光亮剂适量

制作过程

1. 将软化好的黄油放入容器里，搅拌至质地顺滑。
2. 加入绵白糖，拌至略微泛白。
3. 再加入盐和香粉，拌匀。
4. 将鸡蛋液分次加入其中，充分搅拌均匀。
5. 然后依次交错加入鲜奶油和过筛的低筋面粉、泡打粉，搅拌均匀。
6. 将面糊用橡皮刮刀充分搅拌均匀。
7. 将做好的蛋糕糊装入裱花袋中，挤在直径7.5厘米、高5.5厘米的玛芬模具内，九分满即可。
8. 将蛋糕坯放入预热至180℃的烤箱中，烘烤30～35分钟，取出后趁热刷上光亮剂，冷却即可。

制作蛋糕坯的注意事项

事项一：筛匀粉类材料

过筛除了可以把粉类材料中的杂质、粗颗粒去掉，让质地变松之外，对于同时添加多种粉类材料的蛋糕，还有预先把材料混合均匀的好处。这样可以缩短面糊的搅拌时间，避免泡打粉或小苏打粉混合不均匀，造成膨胀不均匀。如果能在过筛之前将粉类材料稍微混合，再利用过筛的动作使材料充分地混合均匀，如此一来就可以使搅拌面糊的过程更轻松、快速地完成。

▲筛匀粉类材料

事项二：不要搅拌过久

戚风蛋糕是靠蛋白帮助面糊膨胀，如果在搅拌时过分打发，会使有限的膨胀力降低，同时面糊也会出筋使膨胀更加困难。无法膨胀的蛋糕在烘烤时就会呈现收缩的状况，质地异常紧密。这也就是许多新手制作戚风坯失败的主要原因。海绵、重油蛋糕成功率很高，可以放开手去做，只要注意面糊的细腻程度即可。因为面糊细腻，蛋糕相对湿度大些，口感会更好。

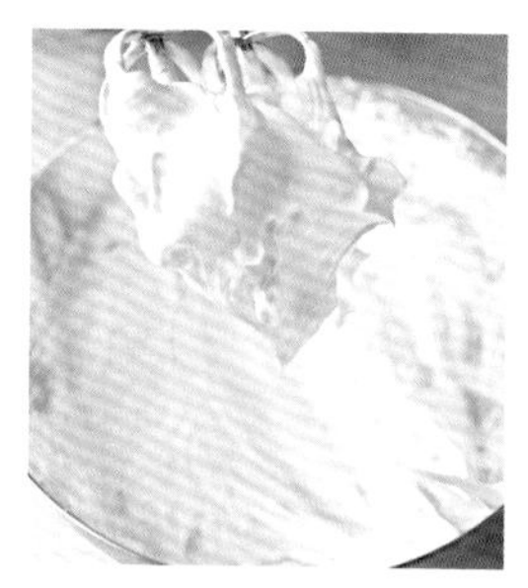

▲不要搅拌过久

事项三：奶油须软化或隔水融化

奶油必须冷藏保存，刚从冰箱取出的奶油质地很硬，温度也很低，不但不容易和其他材料拌匀，也会因为温度过低而使油水兼容更为困难。所以开始制作之前，必须先将奶油处理至适合的状态。不同的做法适合不同状态的奶油。基本拌合法适合液态的奶油，所以需要先隔水加热。而其他拌合法则只要将奶油放在室温中充分软化即可，可以先切成小片，以缩短软化的时间。

▲奶油须软化或隔水融化

事项四：不要装填过满

蛋糕面糊会在烘烤时膨胀，装填时除了要注意高度一致，外形才会漂亮之外，也不能装太满，最多以不超过八分满为原则。否则当面糊开始膨胀而外皮还没有定型时，过多的面糊就会从四周流出来，而不是正常的向上发展成圆顶状。不但不好看，也会因为模具中的面糊变少，烘烤时间相对过久，使蛋糕的面过于脆硬。

▲过满

▲八分满正好

蛋糕坯脱模的技巧

烘烤成功的戚风蛋糕坯应该是蛋糕表面有裂纹，整体色泽呈金黄色，中间鼓起没有塌陷，蛋糕高度在6厘米左右。

无论什么蛋糕，在倒蛋糕液之前都应该在模具里刷一层薄油，或者撒点干粉，这样脱模会比较容易。

芝士蛋糕脱模最好先冷藏，待蛋糕体变硬后再脱模，这样比较容易操作，而且不需要倒扣。

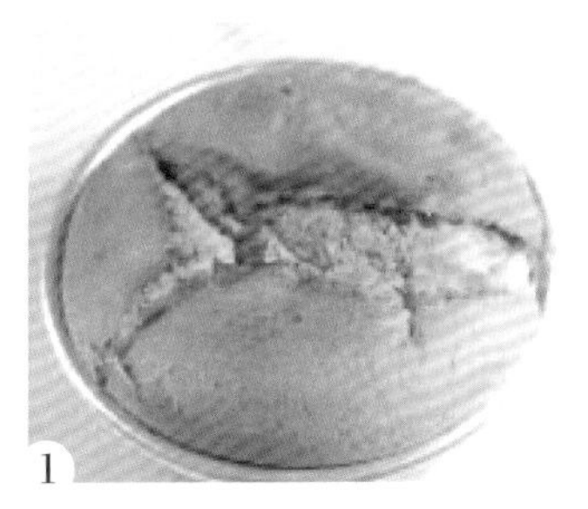

1

烘烤好的蛋糕坯表面呈金黄色，将烘烤好的蛋糕坯从烤箱里拿出来，晾凉。

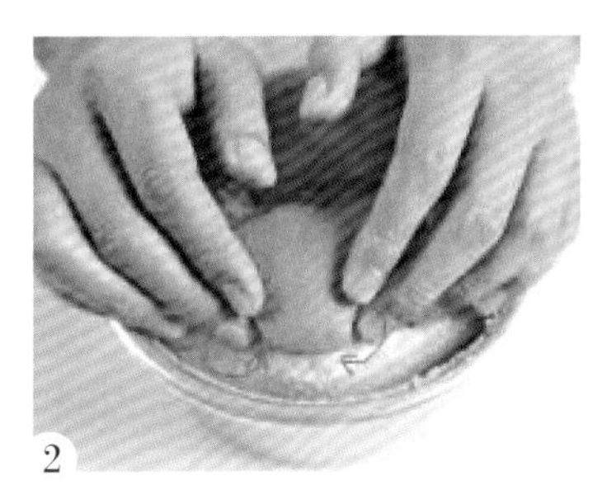

2

脱模时，先用双手把蛋糕边扒离模具。

3

将模具倒扣，用大拇指把蛋糕坯推下来。

4

在底盘的边缘处用手将蛋糕坯扒离下来。

5

把底盘轻轻地从蛋糕上取下，如果发现取下很困难，可以用锯齿刀沿蛋糕底部锯一下，就容易取下底盘了。

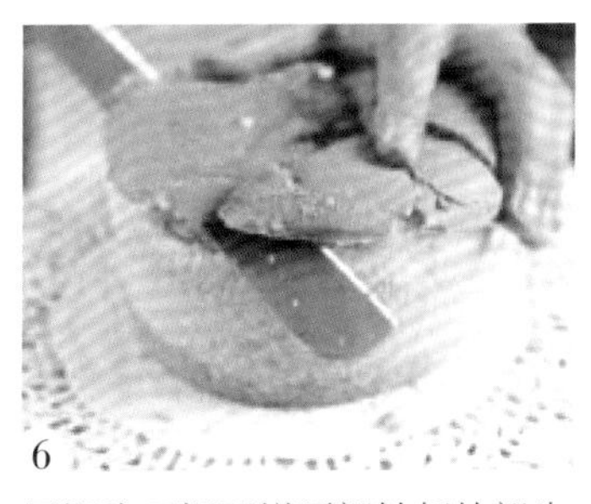

6

用锯齿刀把蛋糕顶部鼓起的部分削平（用密齿的锯齿刀较好）。

7

如果要抹圆角面，就要用剪刀把蛋糕的边剪成圆弧形。抹直角面时也要剪一点，这样不易露坯。

蛋糕坯制作Q&A

制作蛋糕坯需要选用什么样的面粉?

制作海绵蛋糕和戚风蛋糕要选用低筋粉，制作油脂蛋糕则多选用中筋粉。这是因为油脂蛋糕本身结构比海绵蛋糕松散，选用中筋粉，使蛋糕的结构得到进一步加强，从而变得更加紧密不松散。

烤好的蛋糕坯变得有些干了怎么办?

把蛋糕坯切开，在每一层上刷点酒糖水（酒、糖、水的比例是1：2：1），要一直刷到液体渗透到蛋糕坯的底部为止，这样蛋糕就会变湿了。另外酒的挑选也要因人而异，用的比较多的是朗姆酒。

材料中的奶油可以用色拉油代替吗?

色拉油本身不具有香味，无法达到加分的作用，但是可以直接用色拉油制作蛋糕。色拉油不需要软化或溶化等麻烦的步骤，而且即使经过冷藏也不会变硬，可以使蛋糕保持一样的柔软度。缺点是吃起来会比较有油腻感。

使用白砂糖和使用糖粉有何不同?

使用糖粉和使用白砂糖并没有不同。但是因为杯子面糊最好要缩短搅拌的时间，所以使用更容易溶化混合的糖粉会比使用颗粒较粗的白砂糖好一些。否则为了配合面糊搅拌的时间，砂糖通常会无法完全溶化，从而使蛋糕吃起来带有砂糖颗粒，甜味也会因此不足。

蛋糕应该冷藏保存还是在室温中保存?

做好的蛋糕如果不能在2～3天内全部吃完，就应该放到冰箱冷藏保存。因为蛋糕是冷食热食都适合的点心，所以冷藏后直接吃或是放在室温中稍微回温再吃，味道都很不错。若是喜欢香味浓郁一点，加热后再吃比较好。可以将蛋糕直接放到烤箱中低温烘烤3分钟左右，或是利用微波炉加热都很方便。

蛋糕坯的烘烤温度和时间取决于什么?

蛋糕坯的烘烤温度取决于蛋糕内混合物的多少，混合物愈多，温度愈低；反之混合物愈少，温度要相应提高。蛋糕坯的烘烤时间取决于温度及蛋糕包含的混合物多少、哪一种搅打法等等。一般来说，时间愈长，温度就愈低；反之时间愈短，温度则愈高。大蛋糕温度低，时间长；小蛋糕则温度高，时间短。

CHAPTER 2

鲜奶油篇

无论蛋糕的品种、外形、装饰方法有多么的五花八门，用鲜奶油来装裱的蛋糕，始终占据最重要的分量。甚至在很多人心目中，只有用鲜奶油装饰的蛋糕，才能叫做裱花蛋糕。喜欢看蛋糕师傅将一盆奶油魔术般地变成一个美貌的蛋糕，看着它花枝招展的样子，闻着它甜蜜的味道，那种幸福感无以言表。

鲜奶油裱花蛋糕基础

制作裱花蛋糕的常用工具

1. 巧克力融化双层锅：融化少量巧克力时使用。

2. 金底板：把做好的蛋糕挑到这个底板上，再放在蛋糕盒里。除了金色之外，还有银色。

3. 搅拌机：有手提和卧式的两种。家庭多用手提的，专业人士都用卧式的搅拌机。选购时要选择可变速、搅打球间距密的那种。

4. 长锯齿刀：用来锯蛋糕坯或是切面片、切慕斯块，大型蛋糕在抹面时也会用到。

5. 花嘴：有套装也有散卖的，材质有塑料和钢质的两种，钢质用的较多。

6. 裱花棒：做花卉蛋糕的专用工具。

7. 小粉筛：把粉末装在里面，用来筛小蛋糕或是蛋糕上的细节处。

8–9. 压模（套装）：可以用来压饼干、巧克力，也可以用来喷色，常用的有心形、方形、圆形、五角星形4种。

10. 雕刀（每套3~5把）：用来雕蛋糕的细节处，如雕石头及花卉，也可用来抹特殊形状蛋糕的面。

11. 水果刀：用来切水果的刀，要选前面是尖头的那种。

12. 万能蛋糕刮片：刮片为圆弧形，用来刮蛋糕的纹路，刮片可弯曲。

13. 塑料刮片：方形，齿纹有很多种，常用的就是图中这种，多用来刮圆形的蛋糕。

14. 抹刀：抹刀由刀刃、刀面、刀尖、刀柄组成。抹刀的拿法：拿刀时手要向前拿，小拇指勾住刀柄，其他四个手指控制刀的角度。

15. 铲刀：用来铲平巧克力的专用工具，有大小两种，都要备齐。

16. 裱花转盘：根据材质分为不锈钢、塑料、铸铁、有机玻璃4种。其中不锈钢的质量最好，专业人士都选择用这种。

17. 婚礼公仔：放在蛋糕顶部的塑料公仔。

18. 裱花袋：裱花袋有布和塑料的两种，塑料的为一次性的，布制的可重复使用。

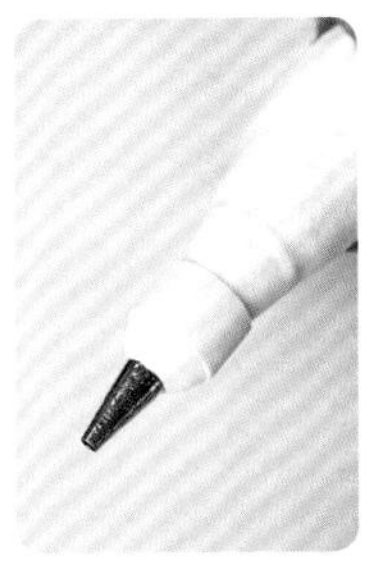

▲布质裱花袋

▲塑料裱花袋及金丝扣（用来扎袋口）

常用刮片及其他工具

刮片

平口大刮片

适合圆面刮、拍打、沾、拍打与沾、水纹的制作手法。

锯齿大刮片

适合圆面刮、拍打、沾、拍打与沾的制作手法。

锯齿五弧刮片

适合圆面刮、拍打、沾、拍打与沾的制作手法。

锯齿双弧刮片

适合圆面刮、拍打、沾、拍打与沾的制作手法。

平口凹形刮片

适合直面直压、双层、沾的制作手法。

平口弧形刮片

适合直面直压、层次、双层，圆面或直面的直拉、弧拉、反拉、沾、挑、水纹的制作手法。

平口尖角刮片

适合直面直压、层次、双层、多层，圆面或直面的直拉、弧拉、沾、挑、反拉的制作手法。

平口梯形刮片

适合直面直压、层次、双层，圆面或直面的直拉、弧拉、沾、挑、反拉的制作手法。

锯齿尖角刮片

适合侧切边（上切边也可以），圆面或直面的拍打、沾、直拉、挑、弧拉、反拉、包面的制作手法。

平口小刮片

适合圆面或直面小面积刮、拍打、沾、水纹、拍打与沾的制作手法。

锯齿欧式万能刮片

适合直面直压、层次、双层、多层，圆面或直面的水纹、拍打、拍打与沾、沾、直拉、弧拉、反拉、推、提、挑的制作手法。

锯齿小尖弧刮片

适合直面直压、层次、双层、多层，圆面或直面的拍打、沾、拍打与沾、直拉、弧拉、反拉、推、提、挑、交叉压的制作手法。

锯齿大尖弧刮片

适合直面直压、层次、双层、多层，圆面或直面的拍打、沾、拍打与沾、直拉、弧拉、反拉、推、提、挑、交叉压的制作手法。

平口小尖弧刮片

适合直面直压、层次、双层、多层，圆面或直面的拍打、沾、拍打与沾、直拉、弧拉、反拉、推、提、挑、交叉压的制作手法。

平口大尖弧刮片

适合直面直压、层次、双层、多层，圆面或直面的拍打、沾、拍打与沾、直拉、弧拉、反拉、推、提、挑、交叉压的制作手法。

平口弧形叶子刮片

适合直面直压、层次、双层、多层，圆面或直面的拍打、沾、拍打与沾、直拉、弧拉、反拉、推、提、挑的制作手法。

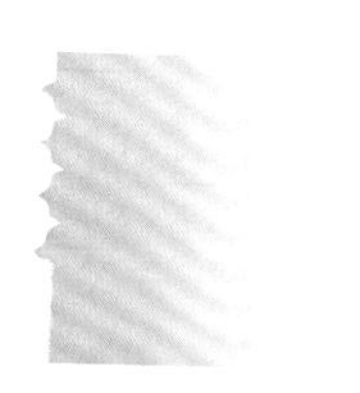

锯齿花瓣刮片

适合直面刮、拍打、沾、拍打与沾的制作手法。

锯齿密城墙刮片

适合直面刮、拍打、沾、拍打与沾的制作手法。

锯齿密凸弧刮片

适合直面刮、拍打、沾、拍打与沾的制作手法。

锯齿宽城墙刮片

适合直面刮、拍打、沾、拍打与沾的制作手法。

锯齿弧尖刮片

适合直面刮、拍打、沾、拍打与沾的制作手法。

锯齿宽凸弧形刮片

适合直面刮、拍打、沾、拍打与沾的制作手法。

锯齿细刮片

适合直面刮、拍打、沾、拍打与沾的制作手法。

锯齿梯形刮片

适合直面刮、拍打、沾、拍打与沾的制作手法。

锯齿双弧刮片

适合直面刮、拍打、沾、拍打与沾的制作手法。

锯齿凹弧形刮片

适合直面刮、拍打、沾、拍打与沾的制作手法。

锯齿凸三弧刮片

适合直面刮、拍打、沾、拍打与沾的制作手法。

其他工具

平口尖角多功能小铲

适合直面直压、层次、双层、多层，圆面或直面的拍打、推、提、沾、直拉、挑、弧拉、反拉、烫的制作手法。

锯齿叶子多功能小铲

适合直面直压、双层、多层、层次，圆面或直面的沾、直拉、推、提、挑、弧拉、反拉的制作手法。

平口长方形多功能小铲

适合直面直压、双层、多层、层次，圆面或直面的沾、推、提、直拉、挑、弧拉、反拉的制作手法。

平口叉形多功能小铲

适合直面直压、双层，圆面或直面的沾、直拉、挑、弧拉、推、提、反拉的制作手法。

平口抹刀

适合直面直压、层次、双层、多层，圆面或直面的沾、拍打、挑、直拉、弧拉、反拉、拍打与沾、水纹、推、提的制作手法。

平口大号正方形多功能魔法吸囊

适合圆面或直面包面的制作手法。

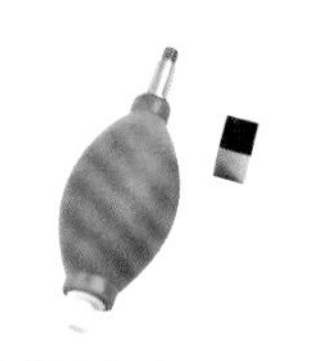

平口小号正方形多功能魔法吸囊

适合圆面或直面包面的制作手法。

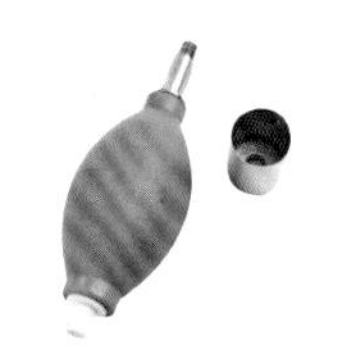

平口大号圆形多功能魔法吸囊

适合圆面或直面包面的制作手法。

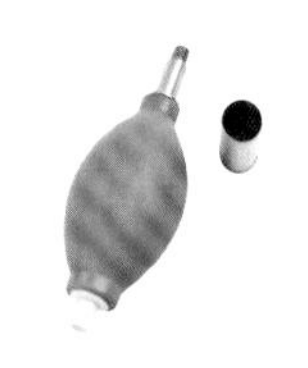

平口中号圆形多功能魔法吸囊

适合圆面或直面包面的制作手法。

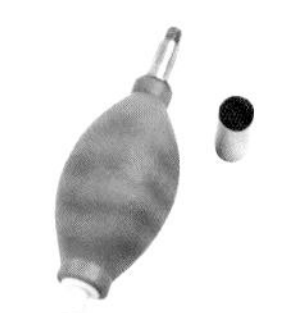

平口小号圆形多功能魔法吸囊

适合圆面或直面包面的制作手法。

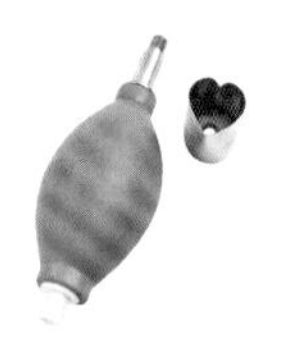

平口桃心形多功能魔法吸囊

适合圆面或直面包面的制作手法。

平口椭圆形切刀

适合制作一些加热的烫边。

平口小铲

适合直面或圆面挑的制作手法。

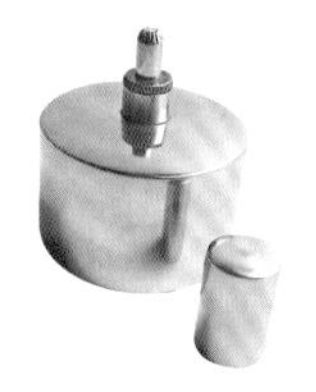

用酒精灯加热的工具

每次加热的温度不可以超过50℃，否则将会减少工具使用寿命。

平口剪刀

适合剪刮片、剪奶油边的制作手法。

平口烫勺

适合烫凹形边或凸形边、挑、压的制作手法。

平口长方形刮片

适合制作蛋糕分层、修饰边。

平口吹瓶

适合吹弧形。选用的吹瓶皮质不可过厚，过薄，过硬；吹瓶的高度一般为25厘米或者30厘米，底座的直径为10厘米左右；使用时间较长会使吹瓶塑料变软，应移到软硬合适处使用。吹瓶清洗时应该用30℃的温水清洗，清洗后应晾干；初次使用时，应将吹瓶的口切掉0.5厘米，以便得到较大的气流。

Tips（小贴士）：

多功能魔法吸囊的保养：每次使用完都应及时清洗干净，并竖起将水分晾干，切记清洗时不可以用超过60℃的水，以免工具使用寿命缩短；圆形及正方形切刀每次使用完后以60℃的温水清洗干净并晾干；制作蛋糕时每制作一个必须将工具的外壁擦干净再去加热，如果发现在使用时工具内壁较厚，应用烫勺的柄将内部清理干净。

花嘴用途及挤花边技巧

挤花边常用的花嘴介绍

圆嘴

也叫动物嘴，有大、中、小号之分，常用的为中号，最适合挤动物、人物、鸟类等圆球体的图案。有的操作者不用此花嘴，而将三角袋剪开做圆形的图案，这种方法挤出来的图案易变形。

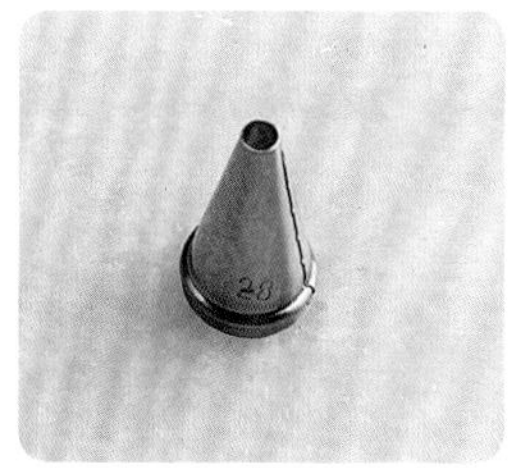

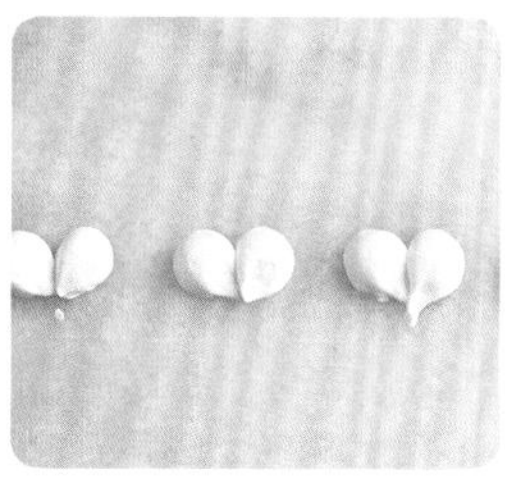

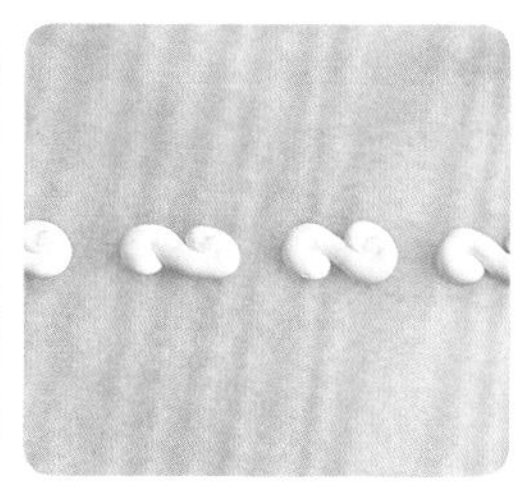

叶形嘴

因挤出来的纹样似树叶，所以得名，是做花卉蛋糕时必用的花嘴。

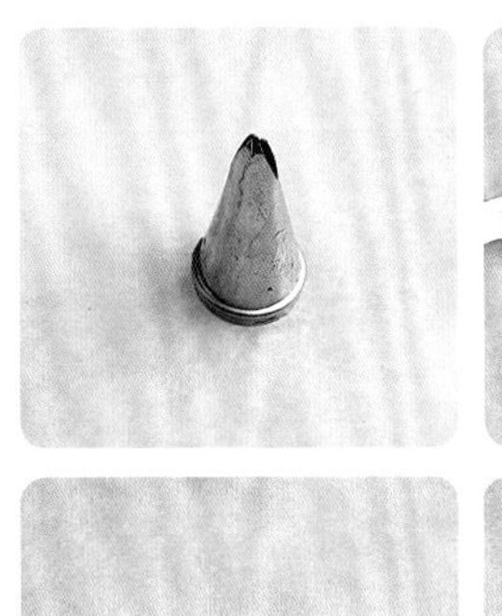
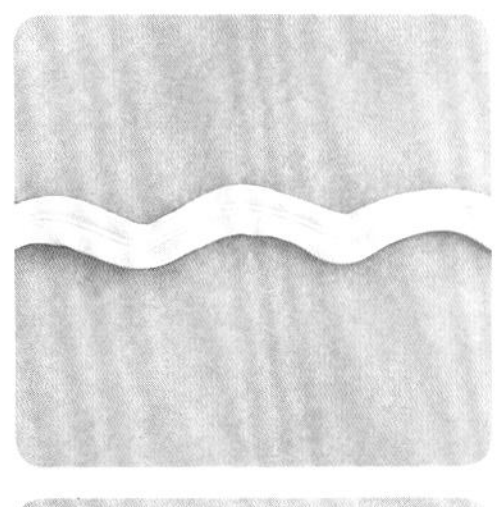

圆锯齿嘴

有均匀的锯齿状花纹，选购时应选择密齿的，做花、做边、挤小动物均可。

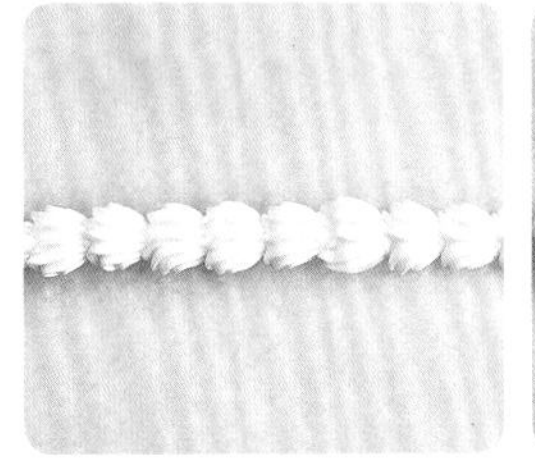

弯花嘴

是做花卉、花边的常用花嘴，做玫瑰花就用此花嘴，做裙边时用此花嘴最多。

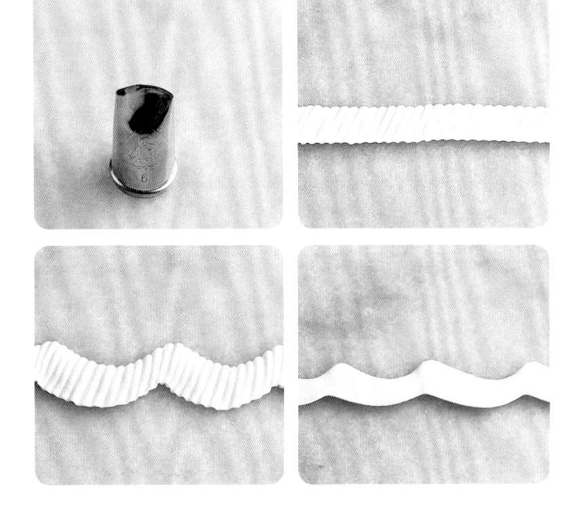

扁锯齿嘴

有均匀的齿纹，有两面带齿的，也有一面带齿的，相比之下两面都有齿的用途较广些。这个花嘴最常用的就是用来编花篮，做花也会很好看。

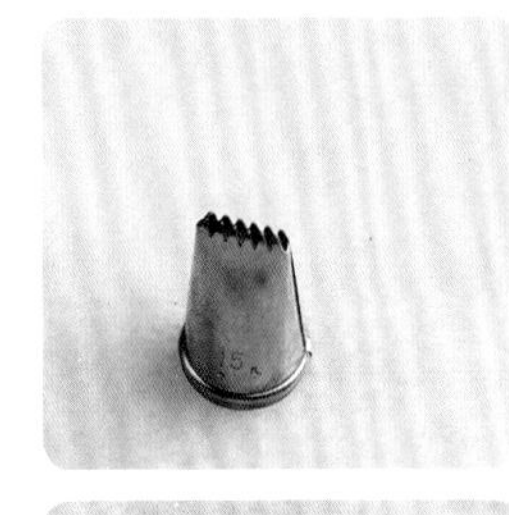

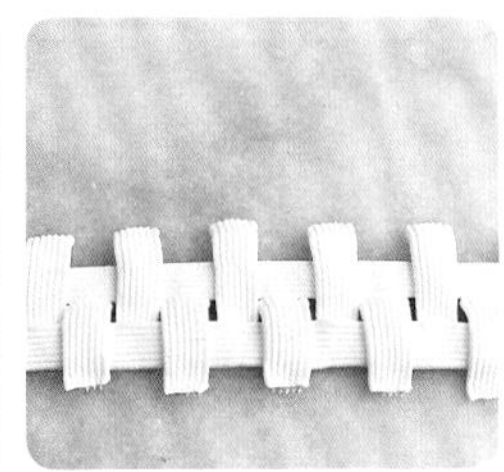

寿桃嘴

在圆口上有一边带个尖，在挤寿桃时将花嘴离面约0.3厘米，先挤圆球再向上提起奶油带出尖，即为寿桃的制作。

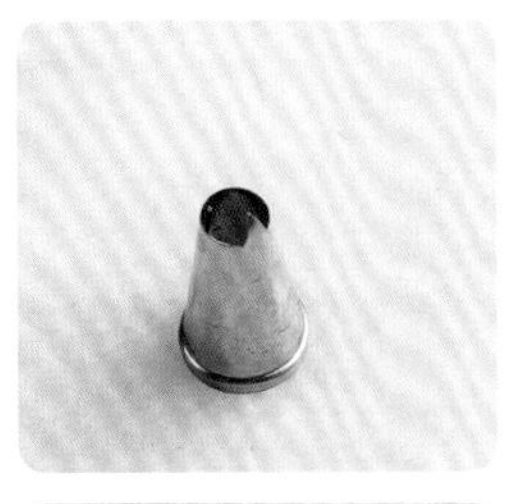
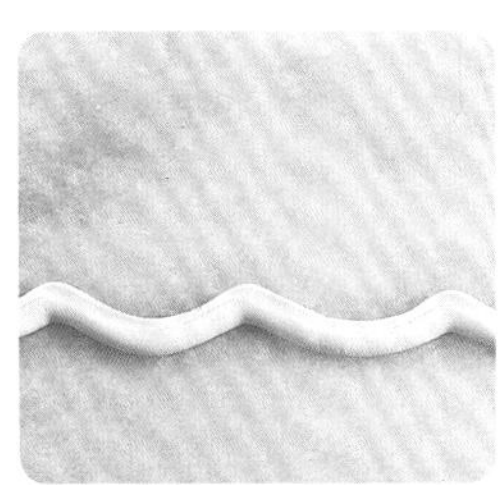
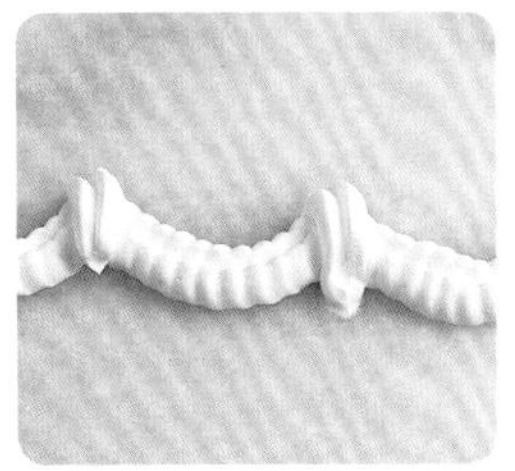
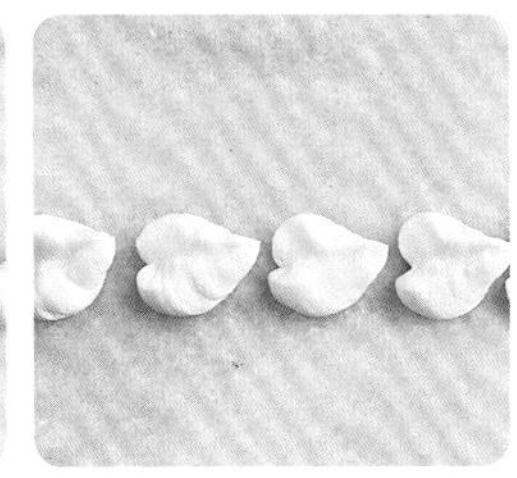

菊花花嘴

浅浅的弧形花嘴，做出来的花瓣也是弧形的。最适合做菊花。

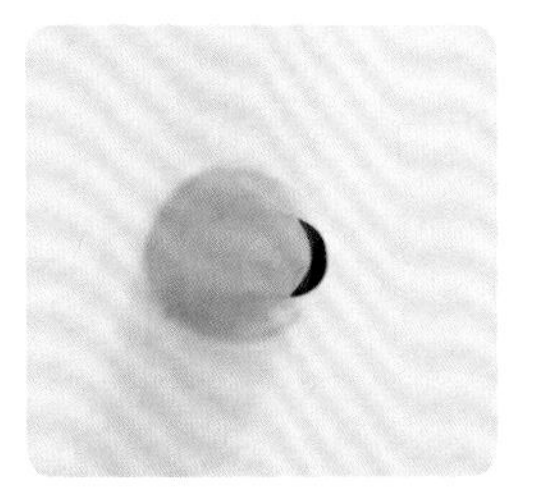

康乃馨花嘴

宽的弧形花嘴，它的两条边是平行的。最适合做康乃馨，也可以用来做花边。

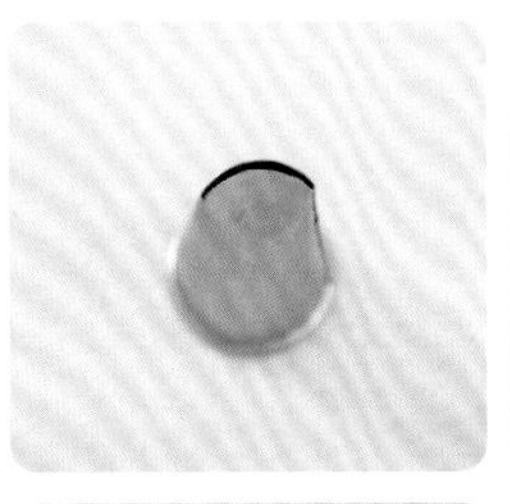

弯齿花嘴

一边有均匀的齿状，一边是平整的，是一个宽的弧形。最适合做睡莲。

小直花嘴

它是做花卉最常用的花嘴之一，一边扁，一边宽。做小野菊、小的玫瑰花的时候都用得到。

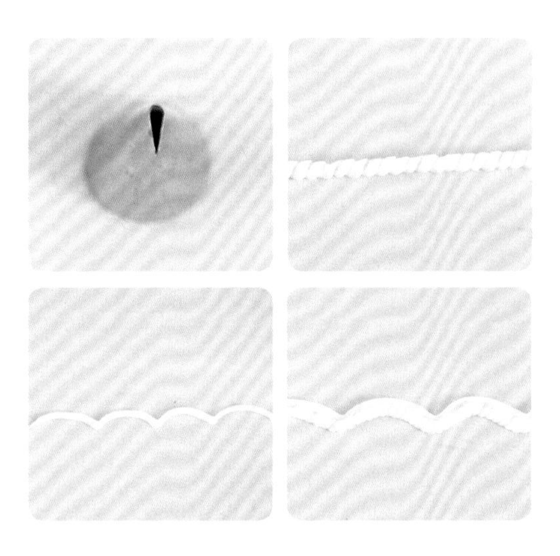

中直花嘴

不管是做花边，还是做花卉，都是最常用的花嘴。和小直花嘴一样，都是一边扁，一边宽。可以做很多种花边、花卉。

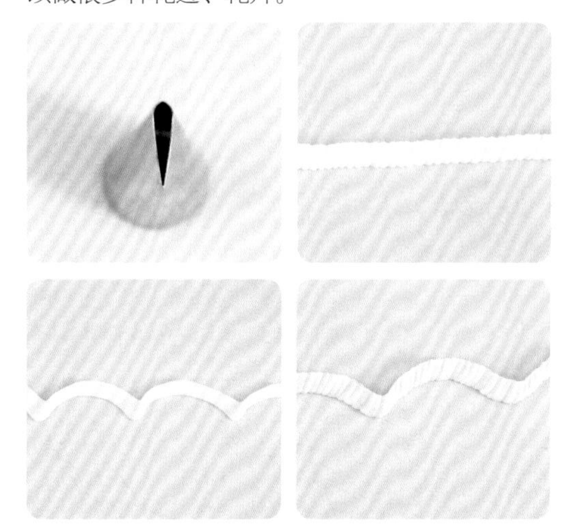

特殊花嘴介绍

V形嘴

这个花嘴中间有一个V形的口，最适合用编的手法做出绳子的效果。

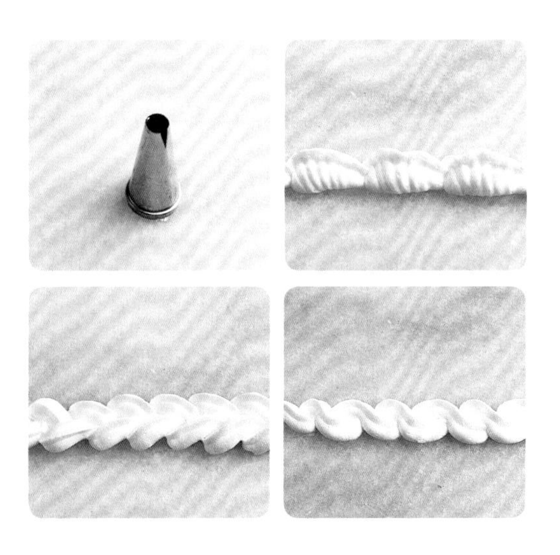

U形嘴

这个花嘴最适合用来做花卉，但是用来打边的话也会有灵动的曲线感觉，挤边时最好是反过来用，效果好。

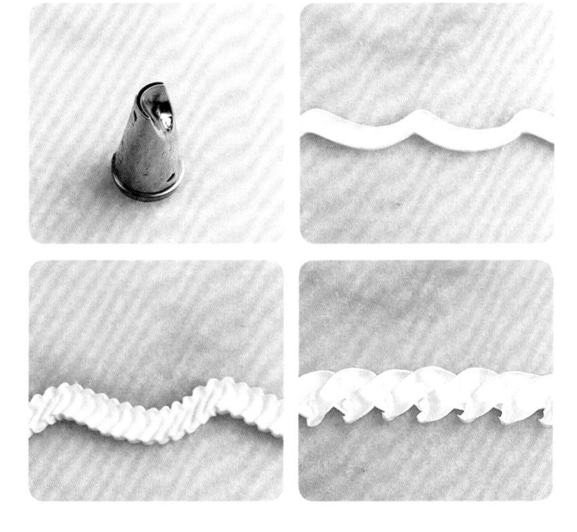

S形裙边嘴

专做裙边的花嘴，使用时将花嘴保持一定的高度直接挤奶油，不要抖动花嘴，花边就会自然打皱，自然的褶皱看起来很像裙子所以叫裙边嘴。

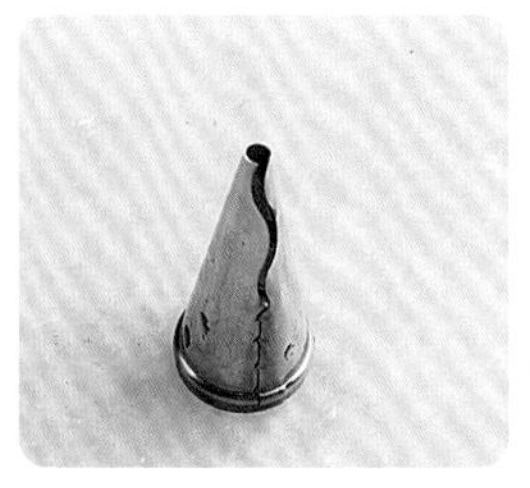
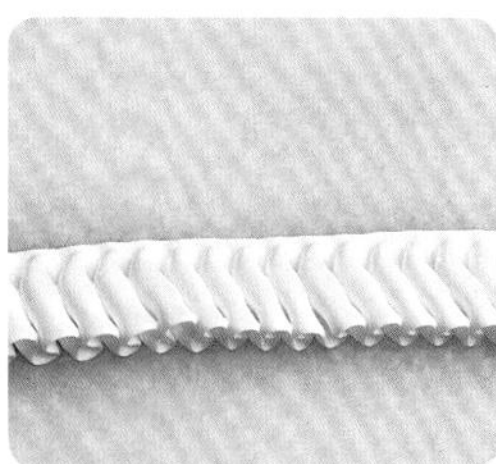
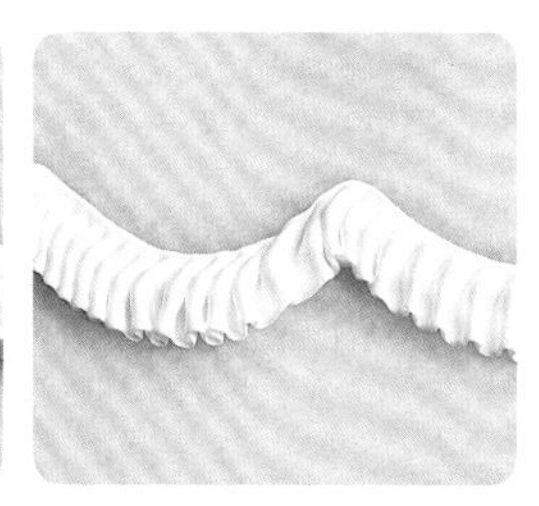

拔草嘴

花嘴上孔很多，这种花嘴最适合用来做小草的造型，使用此花嘴时奶油要打硬些，这样才能拔出一根根的小草。

绳边嘴

这个花嘴最适合用来做绕边看起来像三股绳子缠绕的效果，不适合做抖的手法。使用此花嘴时奶油要打得硬些，才能表现出清晰的纹理。

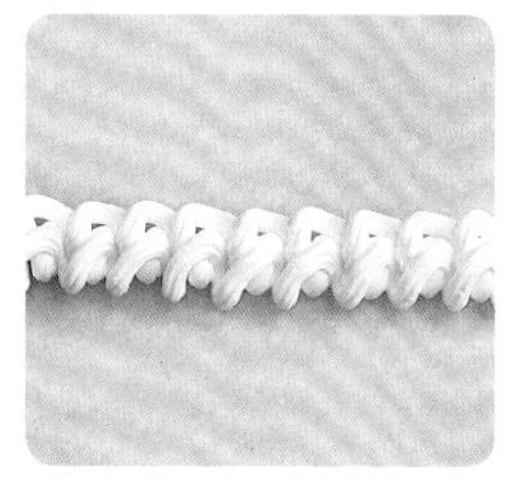

花嘴装入裱花袋的步骤

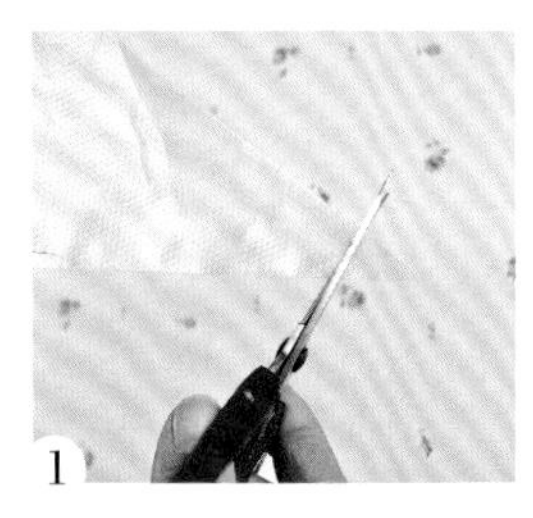

1 用剪刀在袋尖处剪开，宽度以2~4厘米为限，花嘴小的剪2厘米，花嘴大的剪4厘米。

2 在剪好口的裱花袋中装入裱花嘴，以裱花嘴能露出一半为宜。若露得太多，可能会因用力过大或奶油过硬，把花嘴给“吐”出来。

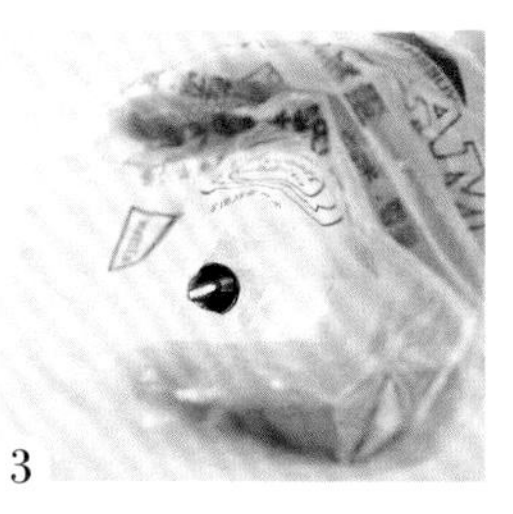

3 装奶油时把裱花袋翻卷到花袋一半处，把手张开成圆形，尽量张大点，把花袋撑圆。

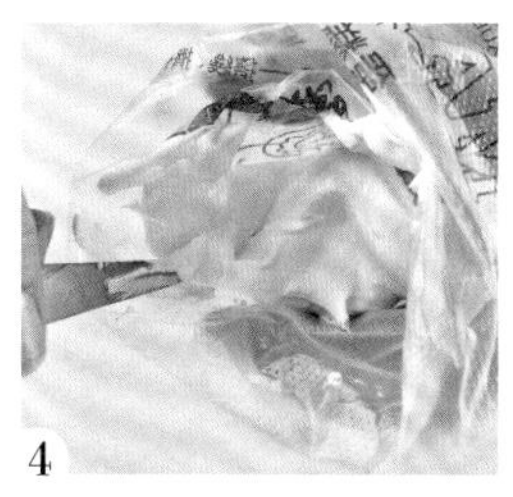

4 用勺子把奶油装进裱花袋里。

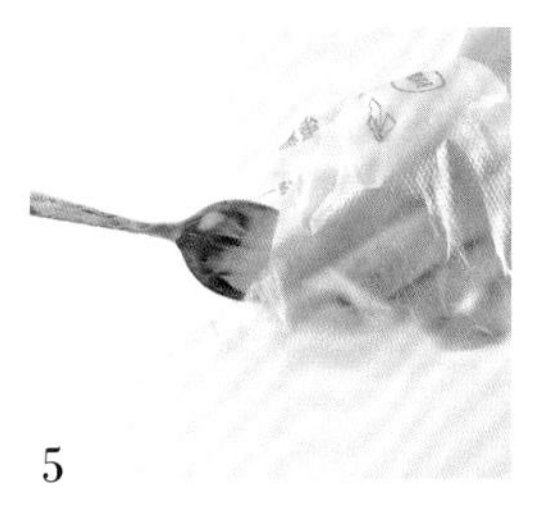

5

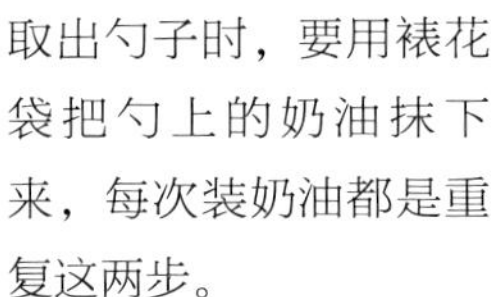

取出勺子时，要用裱花袋把勺上的奶油抹下来，每次装奶油都是重复这两步。

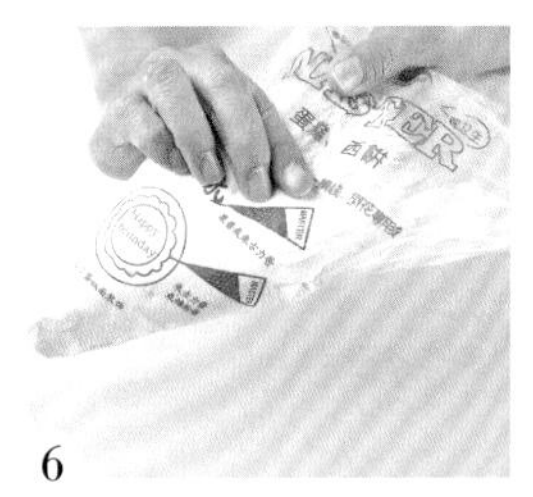

6

奶油装到裱花袋2/3处即可，最后用手指将裱花袋中的奶油向前推，一是为了排气，二是为了花袋尾端干净利索。许多初学做裱花蛋糕的人，裱花袋上粘满了多余的奶油，看起来又乱又脏，大部分是因为奶油装得太满，且装好奶油后没有进行排气这一动作。

挤花边的几种常用手法

抖

是通过花嘴均匀地抖动得出精美的纹路，做这一动作时可用花嘴多角度制作，制作出的图案效果也不一样。此种手法的技巧是边抖边心中默数1、2、3……这样就能做出均匀的抖边了。

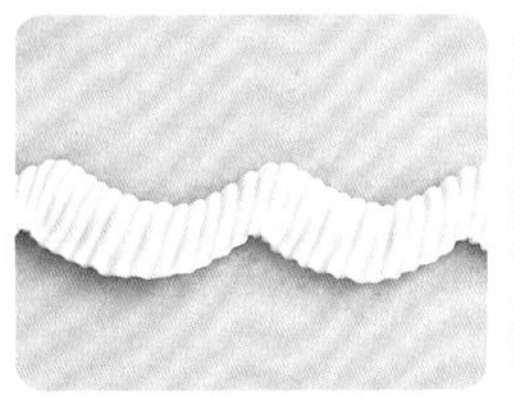

▲走直线的抖边花纹效果

▲走曲线的抖边花纹效果

直拉

就是把花嘴悬在一定的高度，保持均匀的挤奶油量，做出花纹的手法即为直拉手法。这种手法比较适合用那些有齿纹的花嘴来做。此手法的技巧为均匀地用力挤奶油，且手心握住的奶油尽量多些，还有一点就是转盘自转的速度也要均匀。

▲走直线的直拉边花纹效果

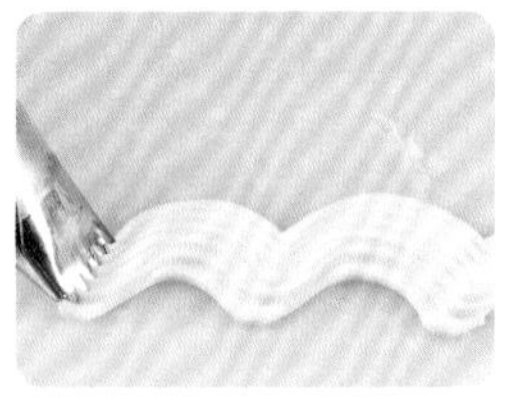

▲走曲线的直拉边花纹效果

挤

是将花嘴悬在一定的高度，做各种花纹的变化。将靠花嘴自身的图案挤出来后，再将其经过人为拼接，这种手法往往是一个一个断开来做，其技巧为一挤、一松、一顿。

▲原地挤花纹

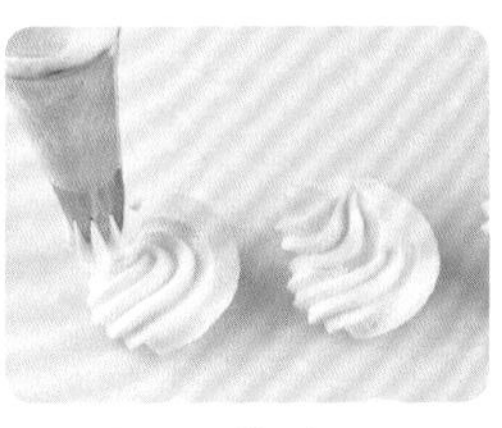

▲原地绕圈挤花纹

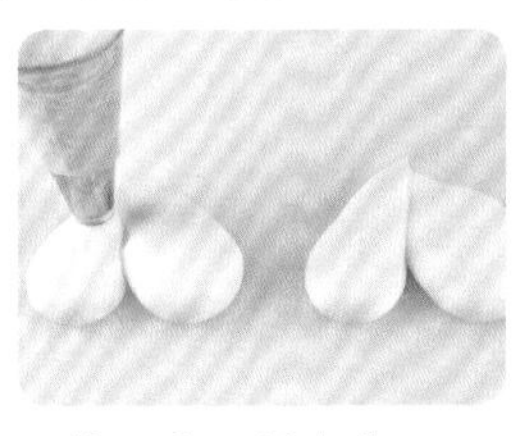

▲挤两次，拼出花纹

▲左右S形绕花纹

制作裱花蛋糕的常用原料

1. 巧克力件：市售的成品巧克力件（代可可脂为主）。

2–3. 果粒果酱：口感酸甜，为天然水果制作出的果酱。

4. 巧克力块：有黑、白、彩色三种，常用的是白色和黑色两种。

5. 巧克力沙司：用来淋面的巧克力专用酱，也可自己调制（甘那休）。

6. 液体巧克力沙司：液体状的巧克力沙司。

7. 果膏：倒在杯子里的果膏。

8. 食用色素：有粉状和液体状的两种。液体状食用色素又分为水性色素、油性色素及水油两用色素三种。

9. 桶装的果膏：颜色有多种，口味也有多种，常用的有白色透明果膏（荔枝味）、黑色果膏（巧克力味）两种，其他颜色都可以用白色来调。

10. 喷粉：用天然水果及蔬菜磨成的粉，一般有七种颜色。常用的有红、黄、蓝三种。

11. 鲜奶油：有植脂、乳脂、动物脂三种，常用的是植脂鲜奶油。

12. 巧克力酱：用来淋蛋糕的巧克力酱，常用在慕斯小蛋糕上，有多种颜色。

13. 米托：糯米做的花托，有大小两种规格，没有甜度。可以在上面做奶油花，连同米托一起放在蛋糕面上。

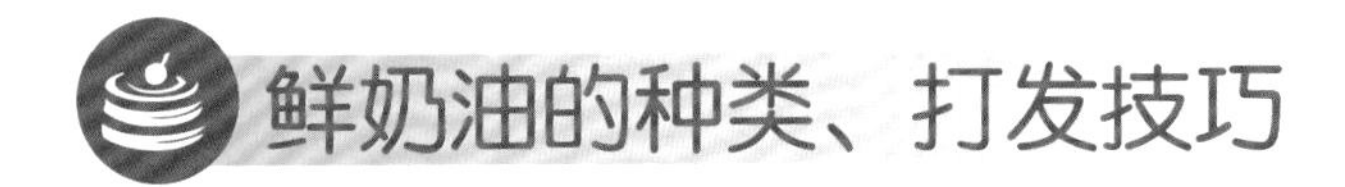

鲜奶油的种类、打发技巧

鲜奶油的种类

制作裱花蛋糕的鲜奶油分为三类：植脂奶油（塑性好）、动物脂奶油（又名淡奶油，塑性差）、乳脂奶油（口感、塑性均可）。在这三种鲜奶油中，植脂奶油价格最低，乳脂奶油价格稍高，动物脂奶油价格最高。乳脂奶油与动物脂奶油差不多，但塑性比动物脂奶油要好些（既有塑性又有口感）。现在市面上常用的是植脂奶油和乳脂奶油两种。

植脂奶油

植脂奶油是以氢化植物油脂为主料，乳化剂、稳定剂、蛋白质、糖、食盐、食用色素、水、香精等为辅料制成的一种搅打产品。由于其使用方便、发泡性能好、稳定性强、奶香味足、不含胆固醇，因此是制作裱花蛋糕的主要原料。

植脂奶油选购要点：1.打发时间：打发时间一般在3~10分钟。2.口感：入口即化，黏度较低，无酸败味，具有良好的气味。 3.质地：打发好的奶油表面光洁、细腻。4.保形性：打发后的奶油能长时间保持原有形状（25℃可保持两小时以上），不坍塌。具有以上4个特点即为优质植脂奶油。

中低档植脂奶油的缺点：1.口味不佳：奶油入口过于厚实，甚至很难让人接受，难以下咽。 2.产品黏度偏高：黏度高的产品很难从包装盒里倾倒出来，吃完后嗓子里还会感觉到有奶油附在上面。 3.保形性欠佳：打发后的奶油在低温时容易塌陷，质地粗糙。以上是中低档植脂奶油所表现出来的特性。

乳脂奶油

乳脂奶油通常称为动物奶油，它与动物脂奶油相比只是加了糖来加强产品的甜度及塑性，其主要原料是从天然新鲜的牛奶中提取的。乳脂奶油比植脂奶油贵很多，口感爽滑、蓬松，营养价值远远好于植脂奶油。它富含维生素、钙、铁等微量元素，不含对人体有害的反式脂肪酸。虽然乳脂奶油的稳定性、可塑性和视觉效果均不如植脂奶油，但口感、塑形上要比动物脂奶油好很多。

动物脂奶油

它是从对全脂奶的分离中得到的。分离的过程中，牛奶中的脂肪因为比重的不同，质量轻的脂肪球就会浮在上层，成为奶油。奶油中的脂肪含量仅为全脂牛奶的20%~30%，营养价值介于全脂牛奶和黄油之间，平时用来添加于咖啡和茶中，也可用来制作甜点和糖果。动物脂奶油是无任何色素及添加剂的，含80%以上的动物脂肪。因为动物脂肪主要含饱和脂肪酸，饱和脂肪酸的熔点都较高，难融化，所以动物奶油入口较腻、有腊质感，没有甜度也没有塑性，用来制作裱花蛋糕很难塑形的，多用来放在制作甜点的夹心蛋糕（如慕斯蛋糕）、咖啡及茶中。植脂奶油多含不饱和脂肪酸，熔点低，与口腔温度相近，且植脂奶油的植脂含量低，所以较好的植脂奶油入口即化，制作的蛋糕特别清淡、爽口，甜而不腻，塑形好看，这就是植脂奶油深受大家欢迎的主要原因。

鲜奶油的打发技巧

植脂鲜奶油的打发技巧

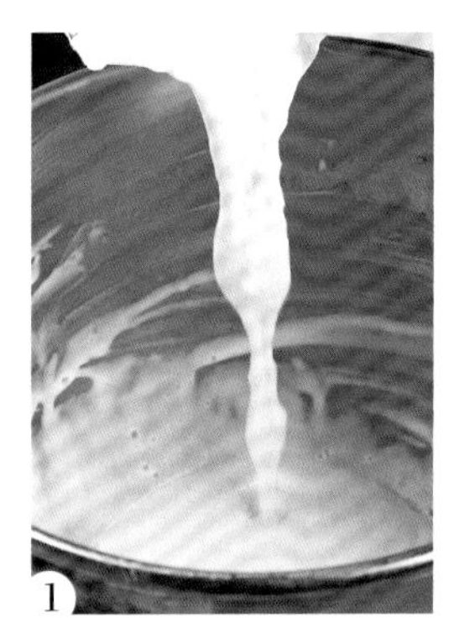

1

2

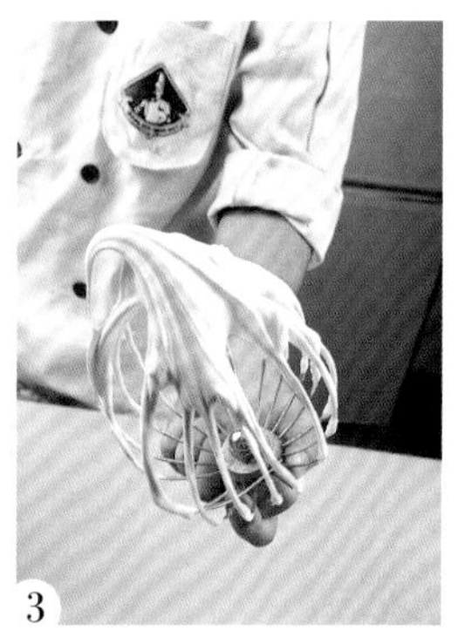

3

4

1. 从冰箱冷冻室里拿出来的植脂鲜奶油需提前1天放在冷藏室里解冻，解冻至鲜奶油一半退冰后，将其直接倒入桶中（如果是夏天，鲜奶油桶要事先放冰箱里冷藏，这样做能打出质量较高的鲜奶油来。也可以用冰水泡桶，让桶降温）。
2. 将鲜奶油先用电动打蛋器中快速打发，打到鲜奶油有明显的浪花状出来时，开始用慢速消泡一下（时间不要长，否则会回稀的）。搅打鲜奶油的搅拌球最好选钢条间距密的，这样打出来的鲜奶油由于充气均匀、进气量少，才会有细腻的组织。如果打好的植脂奶油在使用一段时间后出现回软状态，此时只要再放入机器上搅打一下即可（夏天则需要加入新的带冰的奶油再打）。
3. 若搅拌球顶部的鲜奶油尖峰状弯曲弧度较大，说明打发不到位，用这种奶油很难抹面，且顶部放东西时易塌陷变形。
4. 若搅拌球顶部的鲜奶油尖峰呈直立状，则表明打发到位，这样的奶油就能用来抹面挤花了，但如果打的太过（连尖都带不出来），鲜奶油就会有很多气泡，抹面时会显得很粗糙。

Tips:

搅打鲜奶油的搅拌球最好选用钢条间距密的，这样打出来的鲜奶油由于充气均匀才会有细腻的组织。奶油在使用一段时间后就会出现回软的状态，此时只要再放入机器搅打一下即可。

动物脂奶油的打发技巧

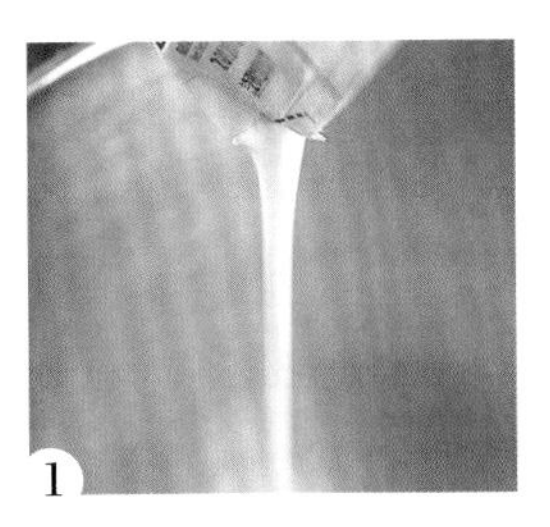

1 把动物脂奶油摇匀后倒入桶里。

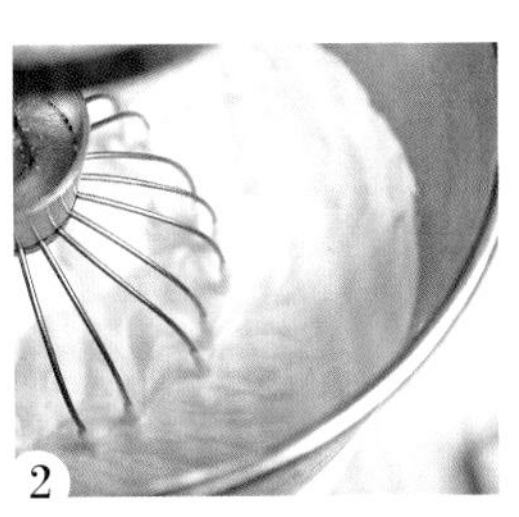

2 用中快速搅打奶油，当奶油从液体变为泡沫状时，就要时刻注意奶油的打发状态。

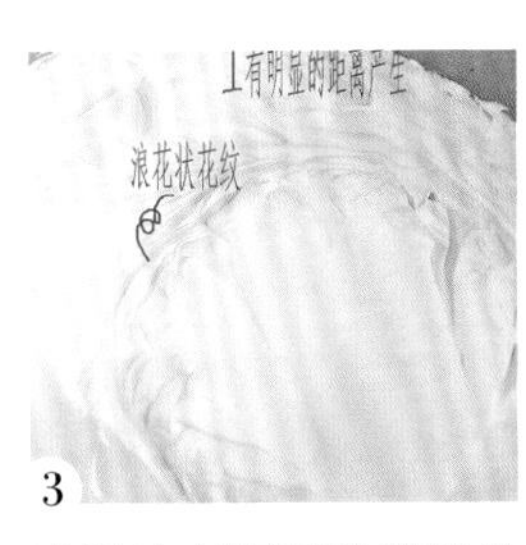

3 当奶油有明显的浪花状花纹，且奶油与桶边的距离越来越大时，就表示奶油已打发到位了。

4 浪花状刚产生时的效果。

5 将搅打球放到奶油桶里一半深后再取出。

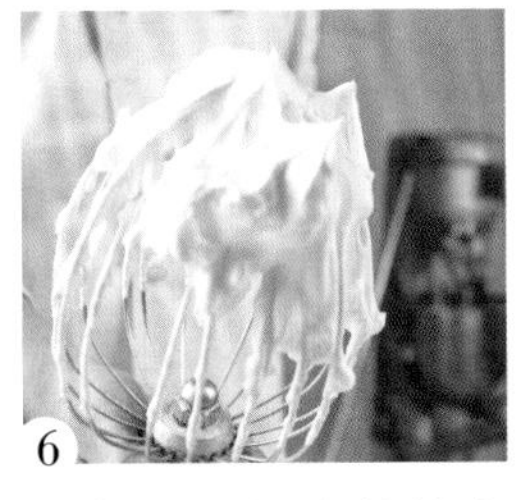

6 观察球尖奶油的状态如何。

7 将搅打球倒立，观察奶油状态，判断打发程度。

动物脂奶油打发的三种程度

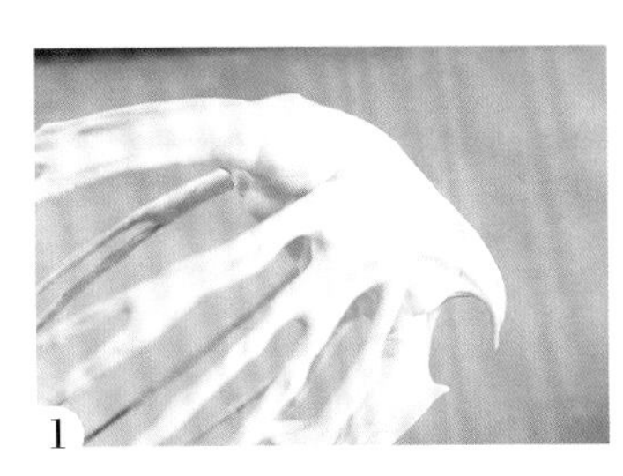

1 湿性发泡：打发过软，奶油的鸡尾弯曲大，如果将之倒放，奶油有些流动。

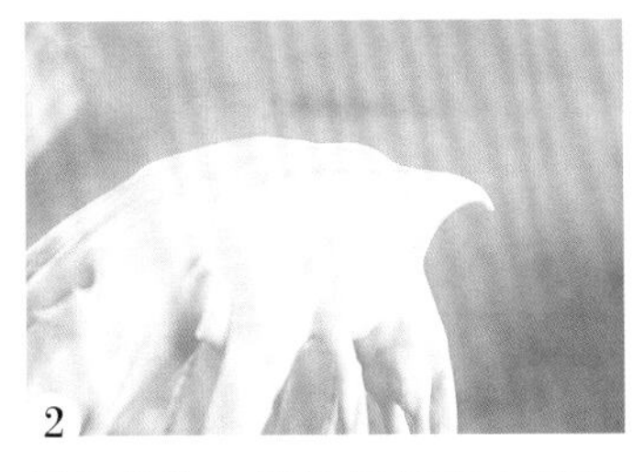

2 干性发泡：奶油呈较直立的鸡尾状，将搅打球倒立时不会移动，这种奶油适合挤卡通动物、抹简单的面、挤由单层花瓣构成的花。

3 中干性发泡：球尖的奶油直立不下滑、奶油光泽弱即为中干性打发，适合抹面、挤花、做卡通，但此鲜奶油组织粗糙不细腻，没有光泽。

奶油蛋糕基本抹面技法

抹圆面的步骤

1

将蛋糕坯均等切成三份。

2

在第一层上先抹上鲜奶油，鲜奶油的量不宜多，以正好覆盖蛋糕坯为宜。

3

在抹好奶油的第二层蛋糕上放上水果丁（最好是新鲜的含水量少的水果），然后再抹上一层鲜奶油，使水果牢固地固定在蛋糕坯上。

4

用少许鲜奶油把蛋糕坯先涂满，这样做的目的是防止蛋糕屑被带起来。

5

把鲜奶油装入裱花袋中，由下向上均匀地挤上一圈厚约2厘米的鲜奶油（这种抹法容易成功，非常适合入门者）。挤时要注意线条与线条之间不能有空隙，也不能用奶油反复地在同一个地方挤线条，必须均匀地挤奶油，这是抹出一个好看面的关键。

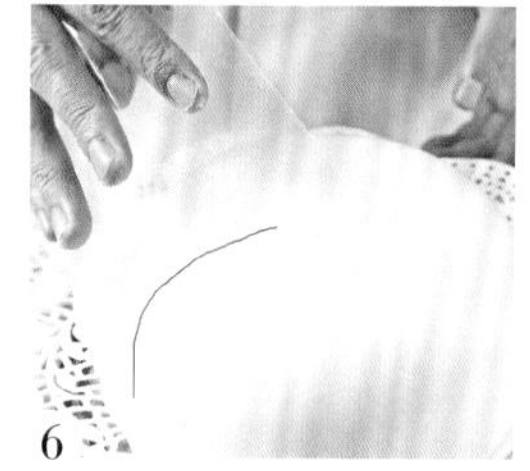

6

选一个塑料刮片，长度以从蛋糕顶部中心处到蛋糕底部的弧长为准，宽度以7厘米为好（大概是从人的手指尖到手掌中心处的长度）。

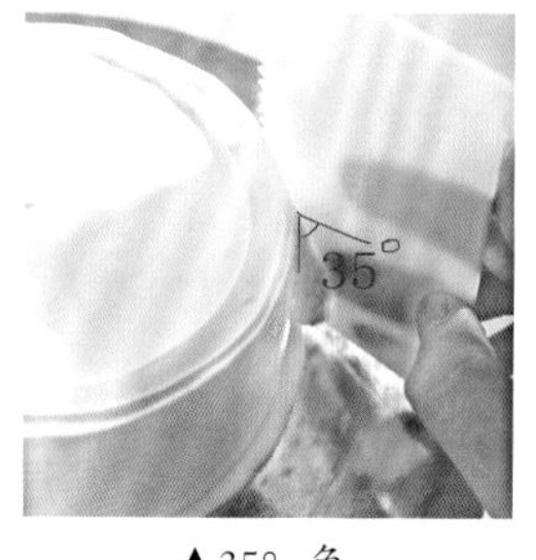

▲35° 角

拿刮片的正确方法

拿刮片的正确方法是刮片与蛋糕面呈35° 角，用虎口夹住刮片，大拇指在四个手指的下面与无名指在一起，小拇指与无名指控制蛋糕的侧面。由于蛋糕的侧面是垂直的，所以刮片也要保持垂直，中指食指是用来控制蛋糕弧度的，所以这两个手指要尽量分开大些，这样才能将蛋糕的弧度刮出来。刮面时右手刮片保持原地不动（只要调整几个手指的力度即可），左手顺时针匀速转动转盘。

▲刮片垂直

抹圆面易犯的错误

1 拿刮片时小拇指翘起，此操作方式会导致抹不直蛋糕的侧面。

2 抹面时刮片的顶部没有放在蛋糕的中心点处，此操作方式会导致刮片尖部将面上的奶油铲出。

3 刮片拿时没有整体翘起，刮面平直（就会有抹着很费劲使不上力的感觉），导致蛋糕的中间处总是抹不到。

抹直面的步骤

1. 把烤好的8寸蛋糕坯修去直角边，以便于抹面。
2. 将细锯齿刀与转台平行，一只手压住蛋糕坯，另一只手前后抽动锯齿刀，把蛋糕坯锯成两等份，用力要均匀，才能使切出的表面没有大颗粒的蛋糕屑。
3. 把淡奶油涂抹在蛋糕中心，用8寸抹刀从中心开始向四周刮匀奶油，不要涂得太厚，只要把蛋糕坯盖住即可。
4. 在涂好奶油的蛋糕上挤果粒果酱或是放上新鲜的水果片（水果要选水分少的，否则水分会渗入蛋糕坯而影响口感），用抹刀把果酱涂开，注意不要把整个面上都涂满了果酱，涂到离边缘2厘米即可，这样第2层坯子放上去，就不会把果酱压的露出蛋糕侧面。
5. 涂好果酱后把第2层坯子放上去，放时两手拿住两边，从蛋糕的一边开始放下去。如果是14寸的坯子，就要用双手托住蛋糕的中心处再放下去。
6. 放好坯子后，用双手将蛋糕坯向外拉或是向里推，使其侧边对齐，最后要轻压一下蛋糕坯，使其粘合的更好些。
7. 涂淡奶油，将奶油堆在蛋糕的中央，淡奶油的量是蛋糕体积的一半。
8. 将刀放在蛋糕的中心点上，先用刀的前端压一下鲜奶油，使其向四周扩开，再以中心点为圆心，在原地用均匀的力度把奶油涂抹开。
9. 要想把奶油推平，就得学会左右推刀的技巧，即每推一刀，推出约4厘米时就要回刀一次，回2厘米。这个动作是边转转盘边做的动作，所以两手的协调力要很强。抹到这一步看看图10的效果，如果与之一样时，就说明技巧是对的。
10. 待顶部奶油抹到超出蛋糕直径2厘米时，即可抹侧面。
11. 抹侧面时，先把顶部多出来的奶油向下推，再用刀挑着奶油在侧面涂抹，侧面涂奶油时也要用左右推刀的技巧，方法与顶部一样。
12. 说到抹侧面就需要讲一下抹面的站姿，姿势不对很难抹得好。正确的站姿是：①两腿分开与肩同宽。②转盘要离身体10~15厘米远，左手放在转盘的4点钟位置，始终保持不变，只用中指去转转盘即可。右手拿刀，刀放在6点到7点钟的位置保持不变，左右手始终保持这个位置。变的只有转盘的转速，还有刀的力度。
13. 将侧面抹到高出顶部2厘米即可。
14. 用粗锯齿刀垂直于面刮出纹路，有了纹路，蛋糕的装饰感才更强。
15. 用抹刀把高起的奶油分多次将其刮平（注意，刀与蛋糕面的角小于30° 以下最好）。
16. 最后一刀带平时，刀的起点由后向前一次带平，带到距蛋糕边缘2厘米处时就不要再抹了，此时刀要从右侧横向移开，这样就不会出现力道过于集中而奶油由于受压向外露出的情况。

方形蛋糕坯抹面步骤

1 用方形模具压出方形蛋糕坯。

2 蛋糕坯的厚度要在6~7厘米。

3 在蛋糕侧面以来回拉直线的方式挤奶油，奶油的高度要比蛋糕坯略高。

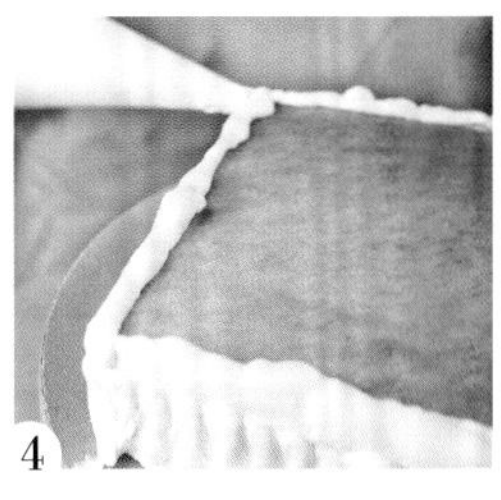

4 侧面挤好奶油后再用花袋从边缘开始挤奶油，然后在顶部挤上奶油。

5 用三角袋以拉直线的方式，再挤上一圈粗细一致的奶油。

6 挤奶油时注意，花袋与蛋糕面呈30° 角。

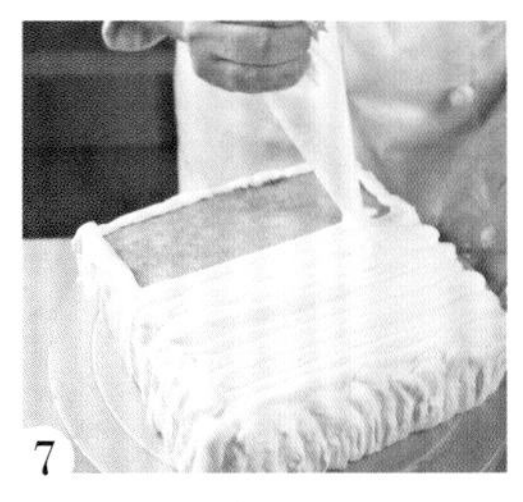

7 两手要配合好，一只手转转盘，另一只手均匀地挤奶油。

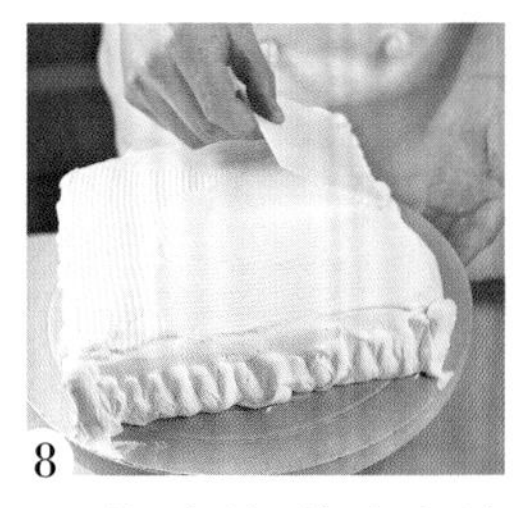

8 用刮板先从顶部把奶油基本抹平（下面还会有一次最后抹平的动作）。

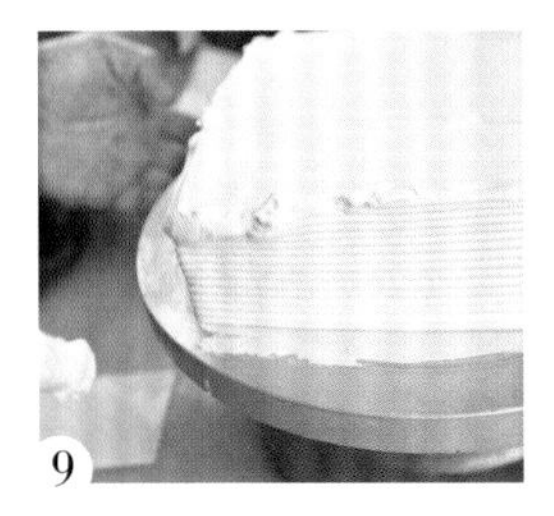

9 顶部抹平后，再抹侧面，刮板垂直于转台，先刮平奶油。

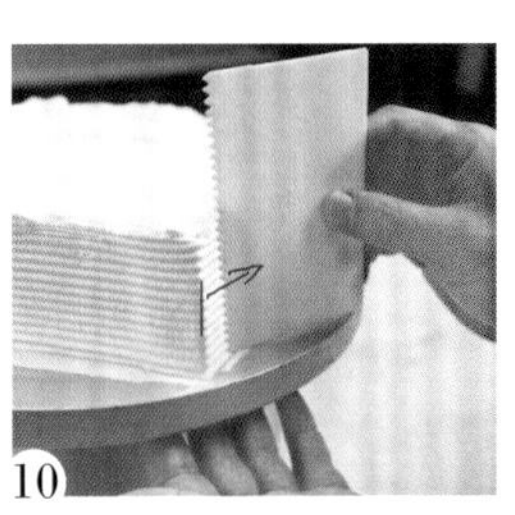

10 接下来精修蛋糕面，用刮片从图中所示的直线处开始，按箭头指示的方向刮面。

11 左手放在图中所示的位置不变，只要将转盘转半圈，右手将刮片刮到这条边的尽头即可。

12 刮到尽头时，刮板还要继续向前走直线，将刮下来的奶油从蛋糕体上带下来。接下来刮每一个角都重复步骤10~12的手法。

13 刮顶部时，刮板与蛋糕面的角度为30° ，把侧面高起的奶油从边缘向中间刮过去。

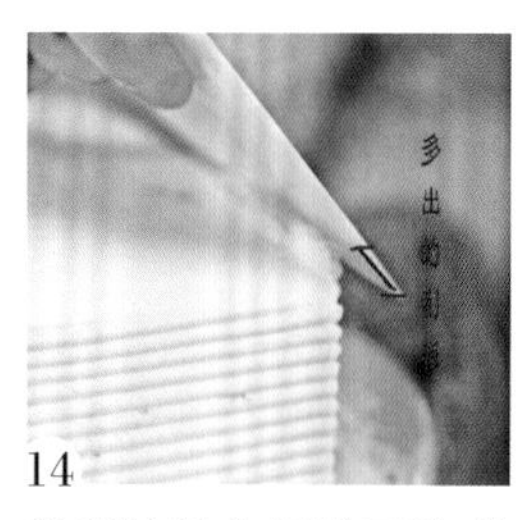

14 放刮片的位置除了注意角度外，刮板下移的位置也很重要，这一点决定了能不能做出清爽的边缘直线。

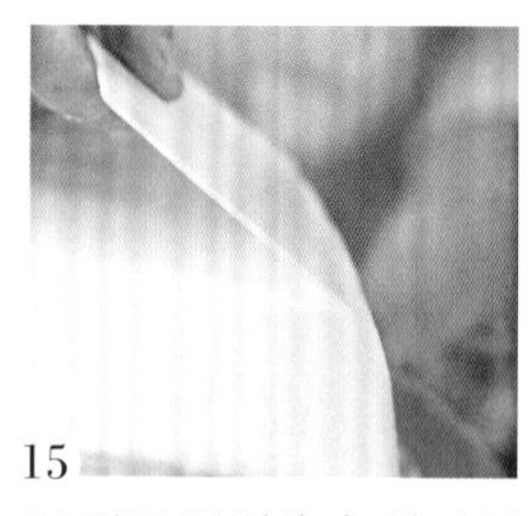

15 只要是用刮片来刮平顶部奶油的，都是将面分几等分刮，每刮一下都要从边缘开始刮向蛋糕的另一边。

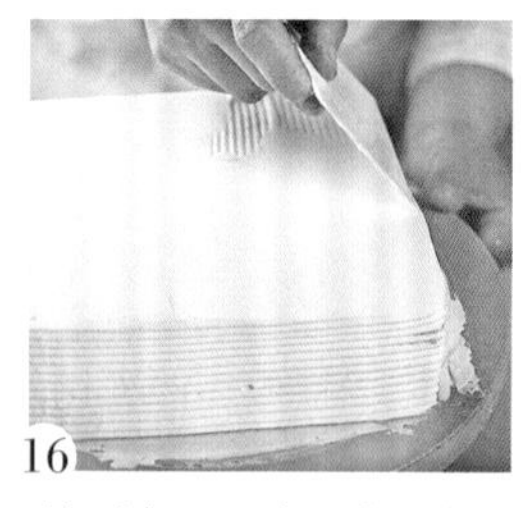

16 刮顶部面时，每刮一次，接头点都应在同一个位置沿同一个方向，这样装饰起来只要遮一边即可，蛋糕整体看起来就会很细致。

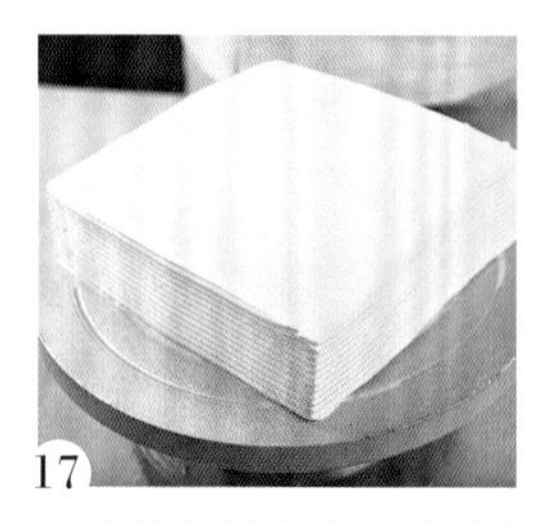

17 一个抹好的方形面应该是直角分明，顶部四条边很直，侧边没有奶油外凸的现象（如果出现这种现象，是因为操作时出现了鲜奶油打得过软或者抹到边缘时用力过大的情况），蛋糕表面有光泽没有明显气孔（如果面抹好后有许多气孔，则说明奶油表面已风干或是鲜奶油打过了，要想补救就要在刮板上洒点水再刮一次，而且只能刮一次，反复刮太多遍就会又出现气孔）。

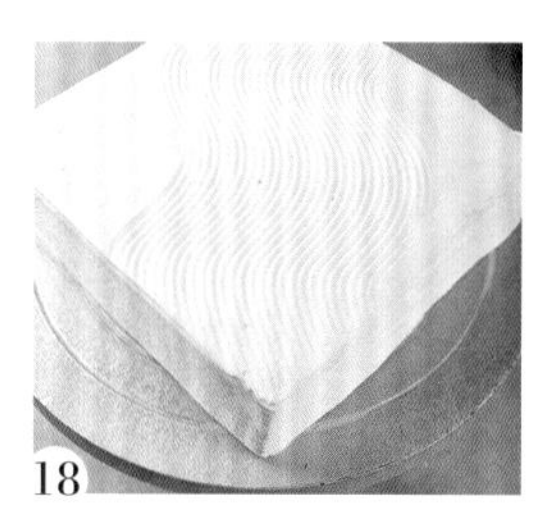

18 面抹好后如果有无从下手构图的感觉，那就试着在蛋糕上刮线条，这样既好看又容易构图。

心形坯抹面法

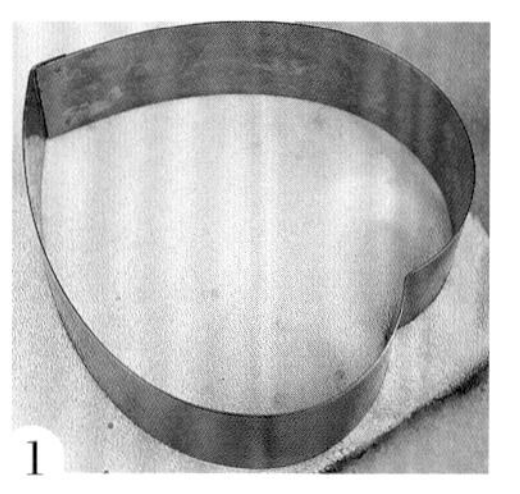

1

2

3

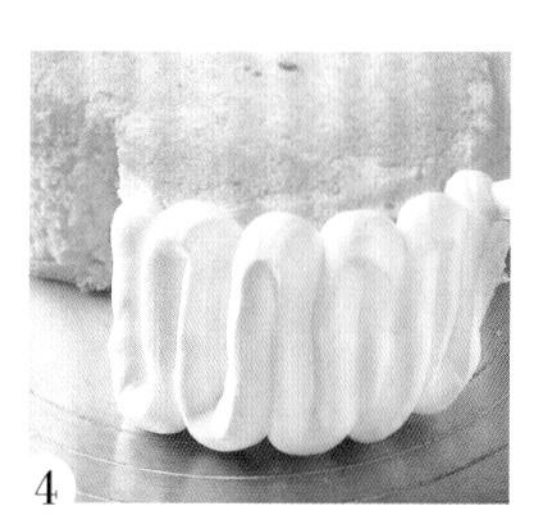

4

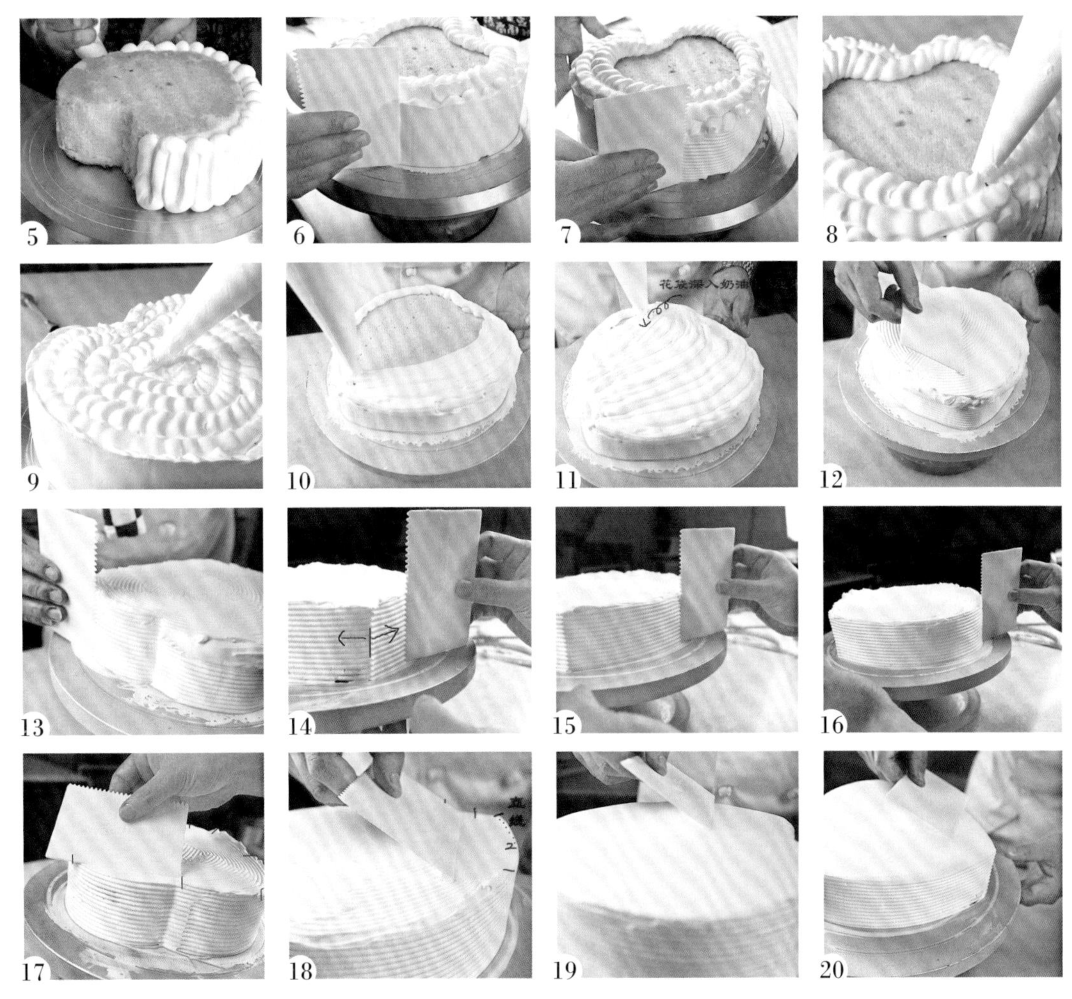

1. 用心形模具压出心形蛋糕坯。
2. 坯子的厚度要在6厘米。
3. 在蛋糕坯中间夹上奶油及馅料。
4. 用裱花袋先从侧面挤奶油，以上下拉线的方式挤。注意线条之间要密，不能有空隙。
5. 挤侧边的奶油时，花袋与蛋糕转盘要呈30°角，一只手转转盘，另一只手要做上下拉线的动作。
6. 用刮板将侧面奶油抹平，刮板与蛋糕坯侧面呈30°角。
7. 抹到心形的尖部时要放慢刮的速度及力度，因为这里奶油最容易露坯。
8. 待侧面奶油都刮均匀且奶油超出蛋糕坯高度1厘米，方可再涂顶部奶油。
9. 涂顶部奶油时，花嘴要倾斜30°角挤奶油。
10. 以来回拉直线的方式挤奶油，奶油线条粗细厚度要均匀，不能有间距。
11. 用花袋挤奶油的优点是挤出的奶油厚薄均匀，但速度比用抹刀抹奶油慢。用花袋挤奶油时要将花嘴陷在奶油里挤，方能挤出厚薄差不多的奶油线条。
12. 用刮板把顶部奶油稍抹平，刮板移动时尽量大面积刮奶油。不能刮一点停下来拿起刮板再刮，这样奶油很难抹平。
13. 顶部奶油基本抹平后再开始精修蛋糕的圆形侧面，将刮板以30°角对准蛋糕侧面，并垂直于转盘，一只手在7点钟的位置转转盘，拿刮板的手在4点钟的位置保持不变，只要稍微用点力即可。

14–16.刮到蛋糕尖角处时，注意刮板要从一个起点开始，向两个方向刮（不能像刮圆坯那样一个角度刮到底），方能刮出好看的角。

17.面抹平后，再刮平顶部，刮时将刮板倾斜于面30° 角从边缘向蛋糕中间刮，刮时要将蛋糕分多等分刮，每刮一次长度不要超过6厘米，这样才能刮出漂亮的曲线。

18.刮时要注意：①顶部多出的奶油始终是被压在刮板与蛋糕面的夹角处的，刮到带尖的面时要沿着角的直线处开始刮。②在蛋糕面上刮纹路时，要一笔将纹路刮出来，中间不能有停顿。刚开始时刮板放在如图中所示1位置，快要刮到蛋糕边缘时刮板要在距蛋糕1厘米处向上收起刮板，而不能等到到蛋糕边时再收，否则蛋糕侧面会有塌陷感。

19–20.最后用小小的力道带平蛋糕面。

快速抹直面法——刀收直面

1 在蛋糕顶部放置蛋糕体积一半量的奶油，刀柄与转台平行，刀刃翘起30° ，以蛋糕中心点为轴心，将蛋糕坯顶部的奶油推平。

2 刀尖离奶油边缘约2厘米，刀柄与转台呈30° ，刀刃翘起30° ，轻轻向下压并向内推（将奶油控制在刀面的内侧）。

3 抹面时，随着蛋糕坯弧度的变化，刀柄在30° ~75° 之间随之变化。

4 刀柄垂直于转台，以蛋糕中心点为轴心，将奶油控制在刀面的内侧，抹蛋糕侧面。

5 刀柄垂直于转台直至将奶油侧面抹平，使之高于蛋糕顶部平面约1厘米。

6 将刀整体平行向蛋糕顶部中心点移动，直至光滑，无气泡。

Tips:

一个合格的蛋糕直面标准是：

1.直角分明，圆弧线条清晰利落。

2.鲜奶油细腻，光泽度高。

3.蛋糕侧面奶油厚度在1厘米左右，顶部在2厘米左右。一个熟练的蛋糕师傅应该在1~2分钟内完成抹面，方为合格。

▲成品图

快速抹面法——刮片刮直面要点

刮片的正确拿法

拿刮片时，大拇指在刮片面的内侧，其余的手指在刮片面的外侧。切记：手指只是为了将工具拿稳、拿牢、定型，一旦工具接触到奶油，任何手指不可以再次发力。

▲正面效果

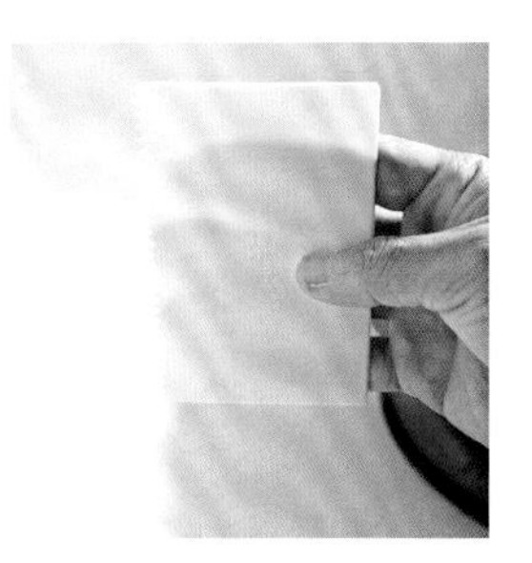

▲反面效果

刮片刮面要点

刮蛋糕侧面要点：

1.刮蛋糕侧面时，把刮片放在4点钟的位置，人的身体中心线对准6点钟的位置。左手用中指转动转盘，放在8点钟的位置。要注意这三个点的位置，在开始刮面后不可随意变换，特别是左手，即转转盘的那只手的位置。

2.刮片应垂直于转台，并与蛋糕侧面呈35° 角左右（这个角度是人体做这个姿势时最舒服的角度，也是最适合把鲜奶油抹光滑的角度）。将刮片贴在蛋糕表面，左手匀速转动转盘，右手在4点钟位置不变，刮片角度也不变，直至蛋糕侧面光滑。

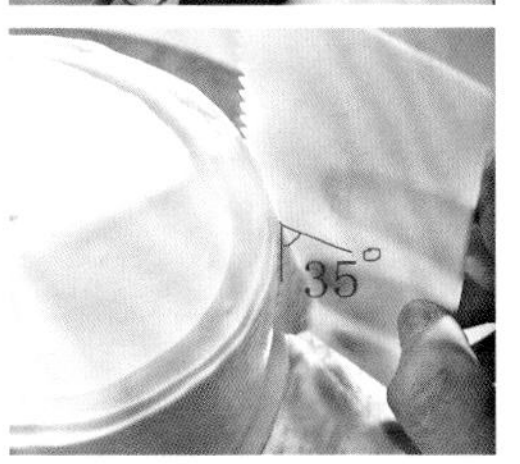

刮蛋糕顶部要点：

1.刮蛋糕顶部时，左手放在7点钟的位置转动转盘，右手拿刮片放在9点钟的位置。
2.刮片的刮面要与蛋糕顶部平面呈80°～85°角，用刮片的一个角对准蛋糕顶部边缘开始刮面，刮面时刮片应是在蛋糕的半径内移动。
3.当刮到蛋糕中心时，刮片应与蛋糕顶部面呈90°，且刮片横切面与鲜奶油面的半径呈90°。将刮片从蛋糕边缘匀速向蛋糕顶部中心点移动，在蛋糕中心处结束，取下多余的鲜奶油。这个过程要求左手位置不变，且转盘匀速转动。

奶油蛋糕抹面、刮面基本手法

刮

刮板保持不变，只要转动转盘即可，这一动作即为刮，刮的轨迹直线、曲线均可。

挑

把奶油在盆里抹平，将工具加热或浸上热水，再用工具从抹好的奶油盆里挑出奶油，然后放在蛋糕面上。

压

用抹刀或是刮片在蛋糕上进行向上、向前或向下压奶油的动作，用压的手法做面，要求被压部位的奶油要多些（不然很容易露坯）。

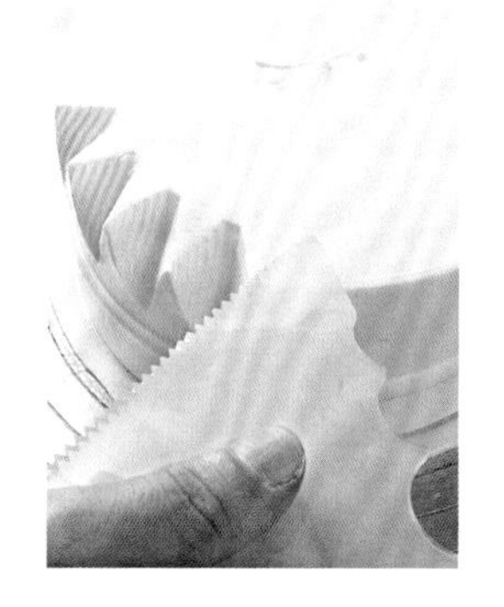

推

用工具把蛋糕侧面的奶油向里推，使其产生凹凸感。

拍打

用工具在奶油表面上下或前后做拍打的动作，动作要连贯。拍打有连续式拍打及断开式拍打两种，两者的区别是前者显得光滑，后者显得粗糙。

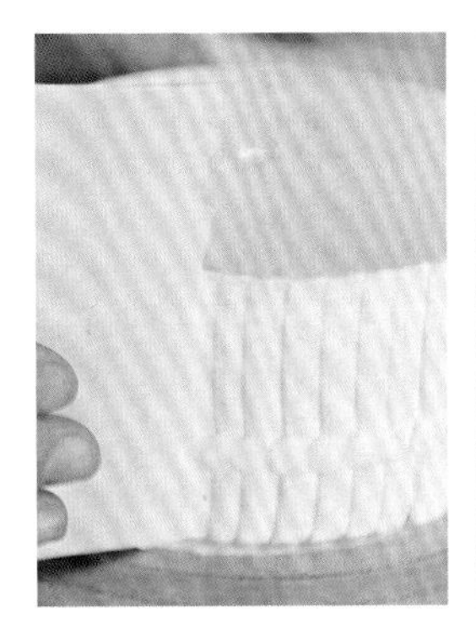

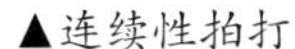

▲连续性拍打　▲断开式拍打

蛋糕抹面、刮面时的注意事项

1.将奶油装进裱花袋时，奶油不可超过裱花袋的2/3。

2.将奶油挤在蛋糕坯的表面时，裱花袋与蛋糕表面距离0.5~1厘米最佳，距离越近挤出的奶油就越扁、越宽。挤奶油时应该一个接一个地挤，要将蛋糕坯完全包住。（如下图）

3.用刮片在蛋糕顶部刮花纹时，刮片与蛋糕顶部平面呈45° 角左右。

4.刮蛋糕侧面时，刮片应垂直于转台并与蛋糕侧面张开35° 左右，将刮片贴于蛋糕表面，直至表面光滑。

5.用刮片的背面将蛋糕顶部抹平、抹光滑时，刮片的刮面与蛋糕顶部平面呈85° 左右，刮片整体应与蛋糕顶部圆半径呈90° ，并从蛋糕边缘匀速向蛋糕顶部中心点移动。大拇指在刮片面的内侧，其余的手指在刮片面的外侧。

6.抹蛋糕顶部时，刮片应轻轻压出花纹，以免力度太大顶部塌陷。

7.沾面的口诀：贴—压—提，提的时候刮片要快速离开蛋糕。

8.拍打的口诀：贴—压—提—转台转—转台停—压。拍打蛋糕顶部时，力道应该放轻，以免顶部塌陷。

冰雪天地

Bingxue Tiandi

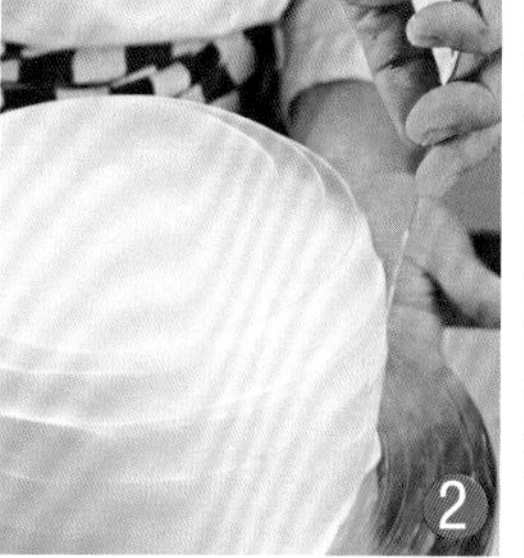

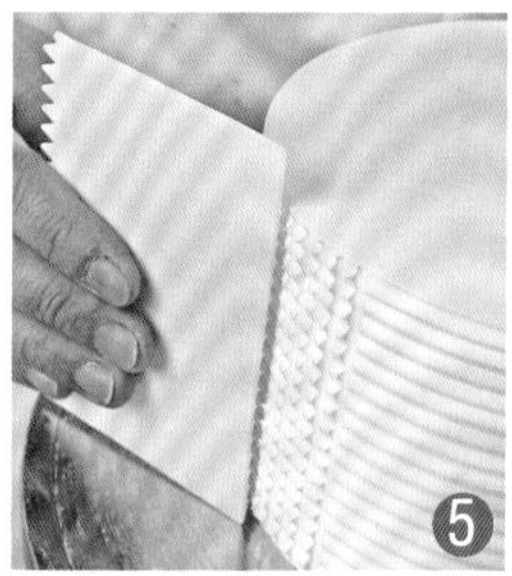

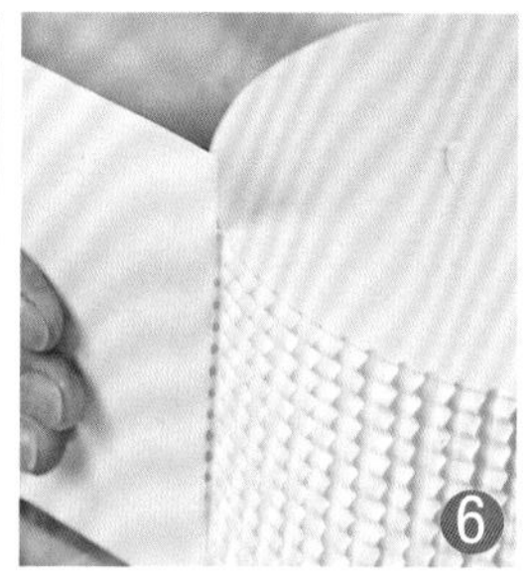

主要工具

抹刀

锯齿大刮片

制作过程

1. 将抹刀放置在9点钟方向，刀面向上抬起30°，将奶油向下赶。
2. 抹刀位置由30°最终变为90°，将奶油赶至蛋糕底部。
3. 用抹刀将蛋糕顶部抹平。
4. 用锯齿大刮片将蛋糕侧面刮出纹路，并将蛋糕顶部刮平。
5. 将刮板平口放置蛋糕侧面3点钟方向，一侧贴紧奶油，一侧向自己方向打开30°，向内压，向外打开，动作呈“V”形，沾出纹路。
6. 依次沾完一圈即可，每个纹路之间的间隔为0.5厘米。

橙与樱桃

Cheng Yu Yingtao

主要工具

抹刀

锯齿大尖弧刮片

制作过程

1. 将抹刀放置在9点钟方向，刀面向上抬起30°，将奶油向下赶。
2. 抹刀位置由30°最终变为90°，将奶油赶至蛋糕底部。
3. 用抹刀将蛋糕顶部抹平。
4. 将抹刀放置蛋糕顶部3点钟方向，平行向中心点刮，直至将顶部刮平。
5. 将锯齿大尖弧刮片贴于蛋糕顶部6点钟位置，刮片顺势往下落，压出纹路。
6. 一个挨着一个压，直到压完一圈即可。

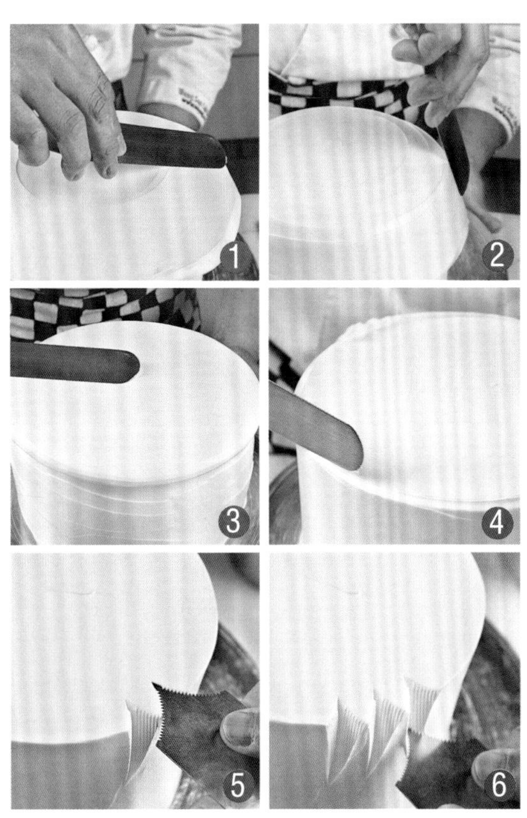

草莓之地

Caomei Zhidi

主要工具

抹刀

锯齿双弧刮片

平口小刮片

制作过程

将抹刀放置9点钟方向，刀面向上抬起30°，将奶油向下赶。

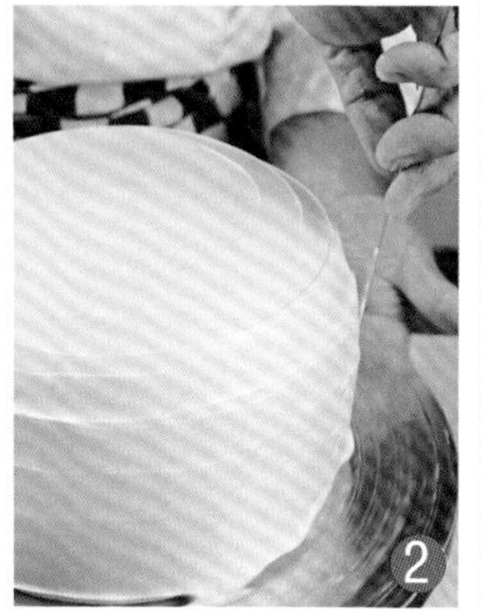
抹刀位置由30°最终变为90°，将奶油赶至蛋糕底部。

用抹刀将蛋糕顶部抹平。

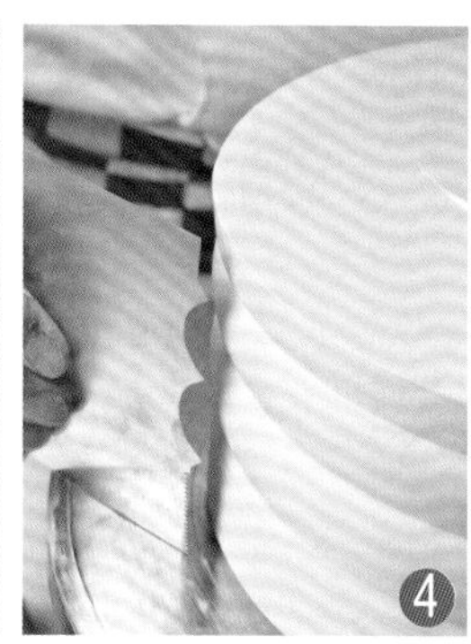
将锯齿双弧刮片放置蛋糕右侧3点钟方向，一侧贴紧奶油，一侧向自己方向打开，转动转盘，将蛋糕侧面刮出纹路。

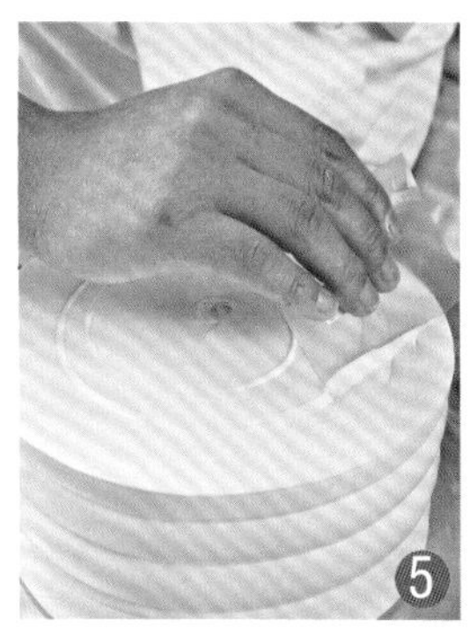
将平口小刮片放置在蛋糕顶部10点钟方向，工具平行向中心点刮，直至将蛋糕顶部刮平即可。

将刮片捏成弧形，放置在蛋糕中心处，将奶油平行向右侧推。

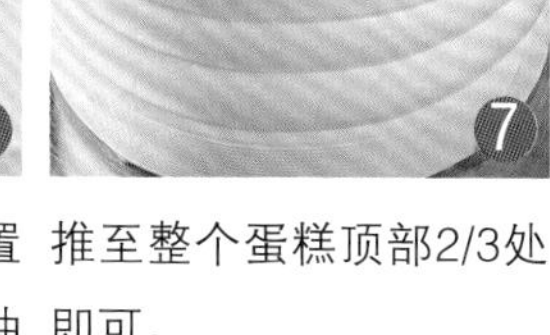
推至整个蛋糕顶部2/3处即可。

用刮片将蛋糕顶部刮平即可。

春之绿意

Chunzhi Lvyi

主要工具

抹刀　平口长方形刮片　平口小刮片

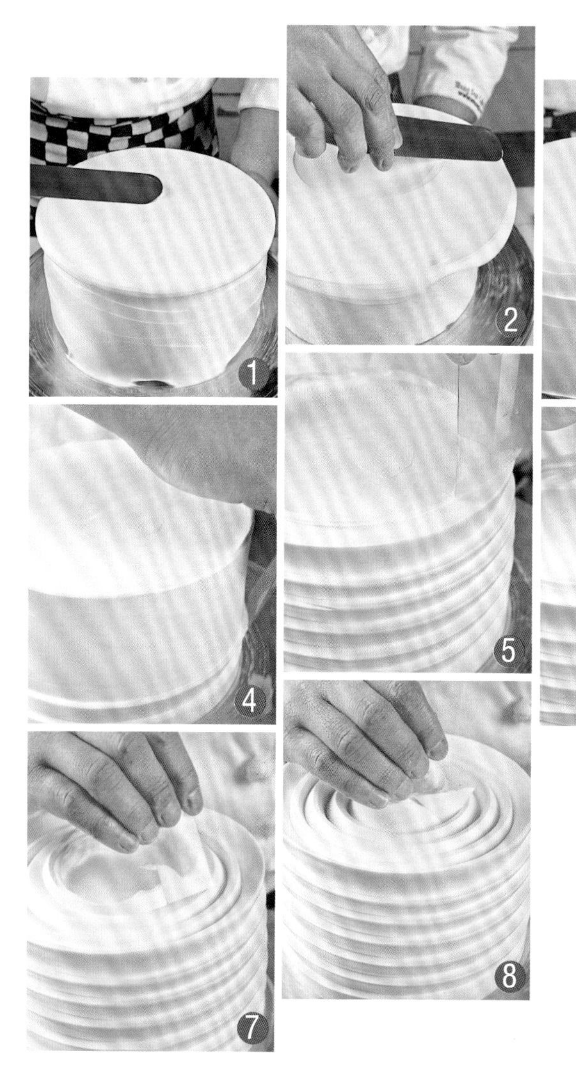

制作过程

1. 用抹刀将蛋糕顶部抹平。
2. 将抹刀放置9点钟方向，刀面向上抬起30°，将奶油向下赶。
3. 抹刀位置由30°最终变为90°，将奶油赶至蛋糕底部，直至侧面抹平。
4. 将平口小刮片放于蛋糕9点钟方向的底部，工具上端打开30°，向内刮出阶梯纹路。
5. 每层阶梯纹路的高度保持一致，直至将蛋糕顶部刮平为止。
6. 将平口长方形刮片放于蛋糕顶部10点钟位置，刮片向左打开30°，向下切出纹路。
7. 制作下一层时，利用刮片的一个直角，将边收平。
8. 依次做出相同的纹路，直至做到蛋糕顶部中心点即可。

繁盛的花

Fansheng de Hua

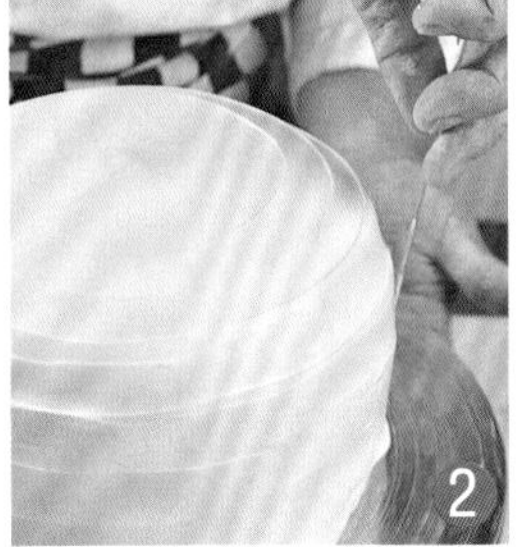

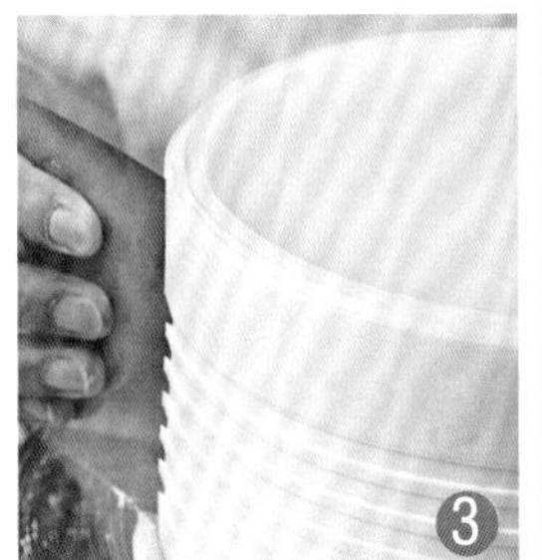

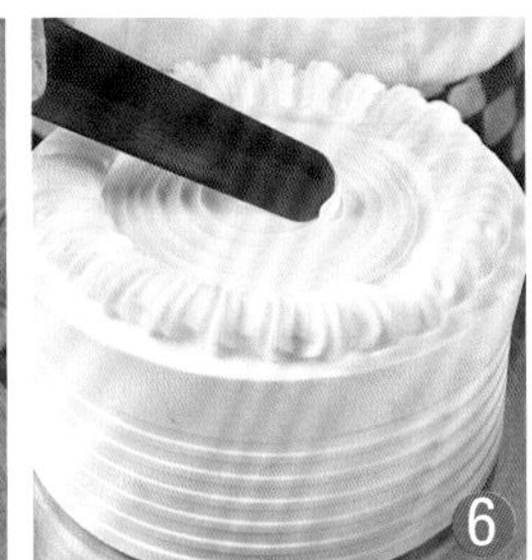

主要工具

抹刀

锯齿宽城墙刮片

制作过程

1. 将抹刀放置9点钟方向，刀面向上抬起30°，将奶油向下赶。
2. 抹刀位置由30°最终变为90°，将奶油赶至蛋糕底部。
3. 将锯齿宽城墙刮片放置蛋糕顶部3点钟方向，一侧贴紧奶油，一侧向自己方向打开，转动转盘，将蛋糕侧面刮出纹路。
4. 用抹刀将蛋糕顶部收平。
5. 用圆锯齿在蛋糕顶部挤上一圈豆形花边。
6. 最后在蛋糕顶部走出水纹即可。

欢庆Party

Huanqing Party

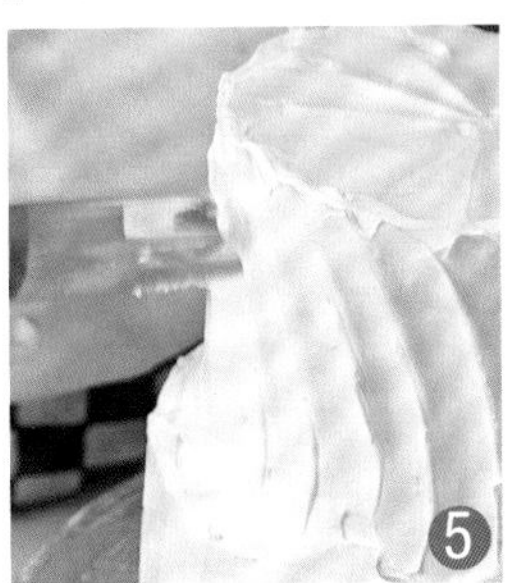

主要工具

抹刀

制作过程

1. 先将奶油均匀地涂抹在蛋糕上。
2. 抹刀放于蛋糕侧面，将其抹光滑。
3. 将抹刀放于第一层蛋糕左侧9点钟位置，均匀地拍打出纹路。
4. 以同样的手法制作第二层。
5. 用抹刀在上一层蛋糕的侧面由下至上划出弧形纹路。
6. 由蛋糕底部至最上面划出类似“S”形的纹路，一个纹路压着一个纹路制作。

果林密布

难易度 Nan Yi Du ★★

Guolin Mibu

主要工具

抹刀

锯齿尖角刮片

锯齿细刮片

制作过程

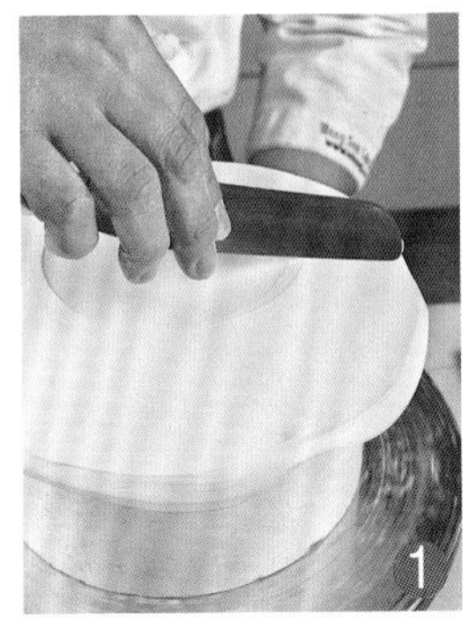

将抹刀放置9点钟方向，刀面向上抬起30°，将奶油向下赶。

抹刀位置由30°最终变为90°，将奶油赶至蛋糕底部。

用抹刀将蛋糕顶部抹平。

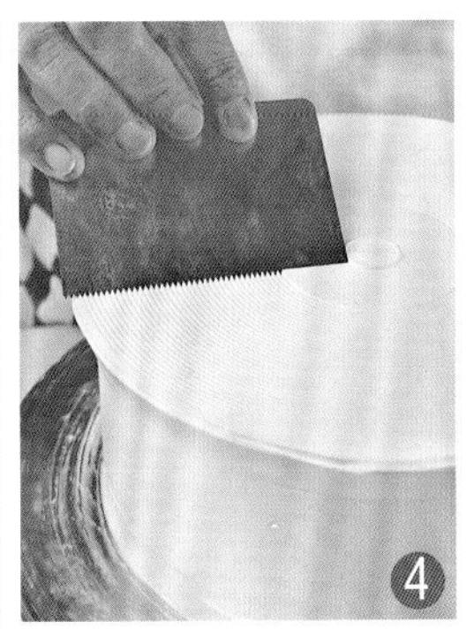

将锯齿细刮片放置蛋糕顶部3点钟方向，一侧贴紧奶油，一侧向自己方向打开，转动转盘，将蛋糕顶部刮出纹路。

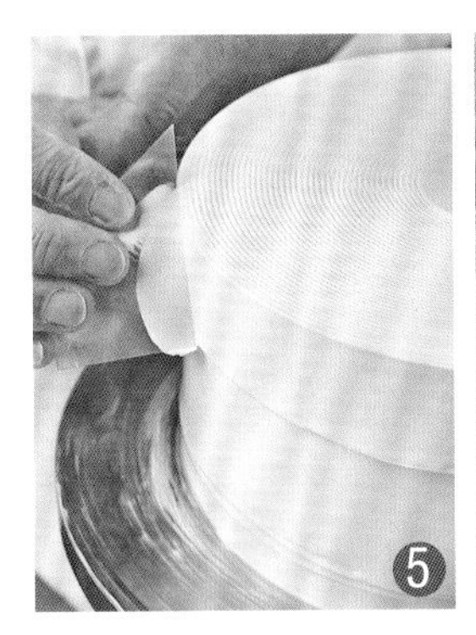

用锯齿尖角刮片将蛋糕侧面修直。

用锯齿尖角刮片的一个直角在蛋糕侧面距顶部1.5厘米处切出凹槽。

7

以同样的手法制作余下的几层。

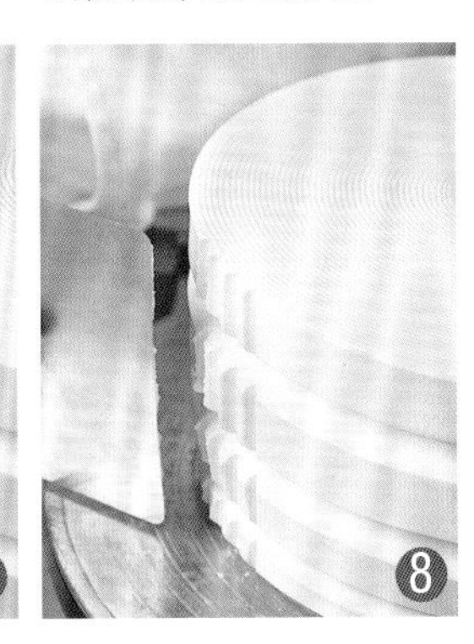

用锯齿细刮片的平口处，在蛋糕侧面3点钟位置均匀地沾出毛边即可。

节日盛典

Jieri Shengdian

难易度 Nan Yi Du ★★

主要工具

抹刀

制作过程

1. 将蛋糕第一层侧面先用抹刀抹光滑，并将抹刀放于第一层9点钟位置，将边缘刮平。
2. 抹刀保持在9点钟位置，将第二层蛋糕侧面抹光滑。
3. 将抹刀放于蛋糕顶部中心偏右处，由中心点向蛋糕侧面走出水纹。
4. 以同样的手法一直将水纹走至蛋糕底部即可。

主要工具

抹刀

制作过程

1. 将抹刀放置9点钟方向，刀面向上抬起30°，将奶油向下赶。
2. 抹刀位置由30° 最终变为90°，将奶油赶至蛋糕底部，并将侧面抹直。
3. 用抹刀将蛋糕顶部收平。
4. 用圆锯齿花嘴从蛋糕底部开始画圈，一个挨着一个，直到将面挤满为止。

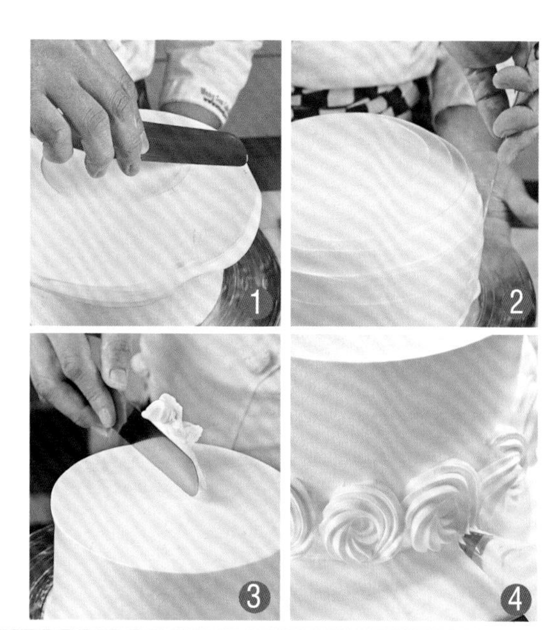

婚礼玫瑰

难易度 Nan Yi Du ★★

Hunli Meigui

金色王国

Jinse Wangguo

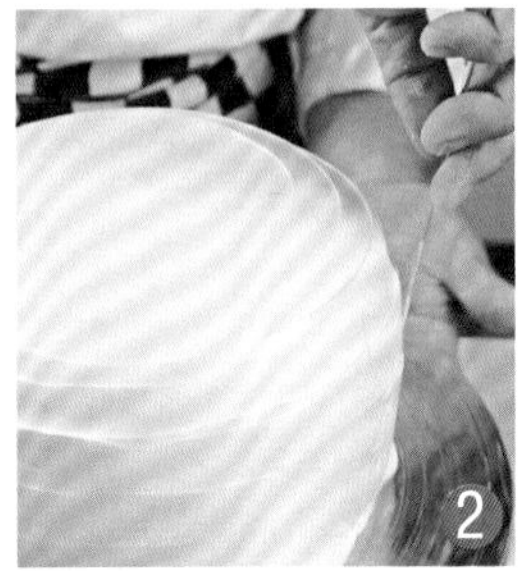

主要工具

抹刀

锯齿宽城墙刮片

制作过程

1. 将抹刀放置9点钟方向，刀面向上抬起30°，将奶油向下赶。
2. 抹刀位置由30°最终变为90°，将奶油赶至蛋糕底部。
3. 用抹刀将蛋糕顶部抹平。将锯齿宽城墙刮片放置蛋糕右侧3点钟方向，一侧贴紧奶油，一侧向自己方向打开，转动转盘，将侧面刮出纹路。
4. 将锯齿宽城墙刮片放置蛋糕顶部6点钟方向，刮片一侧贴紧奶油一侧向上打开30°。
5. 将顶部刮出纹路即可。

灵活游虾

Linghuo Youxia

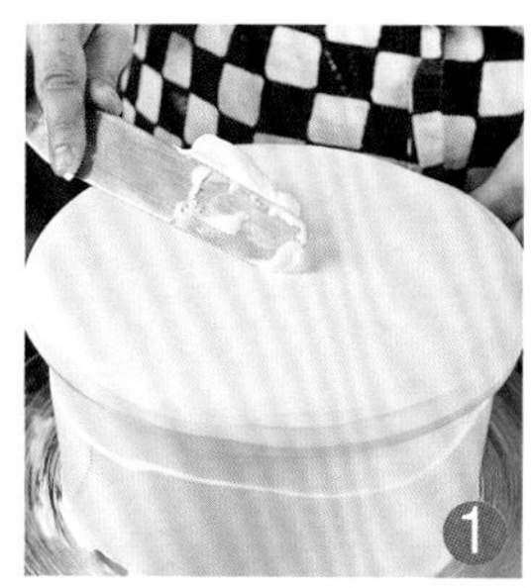

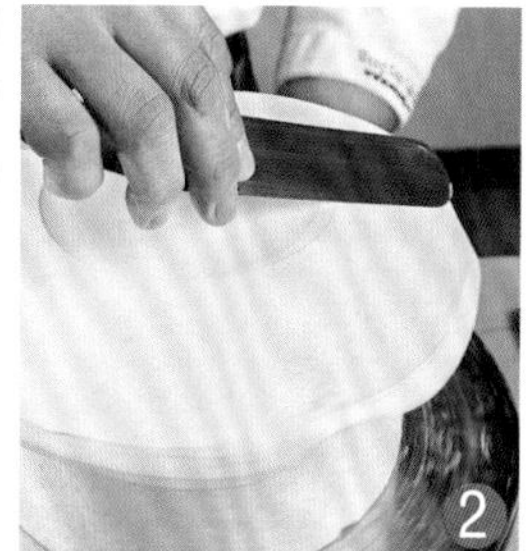

主要工具

抹刀

锯齿城墙刮片

制作过程

1. 用抹刀将蛋糕顶部抹平。

2. 将抹刀放置9点钟方向，刀面向上抬起30°，将奶油向下赶。

3. 抹刀位置由30°最终变为90°，将奶油赶至蛋糕底部。

4. 将抹刀放于蛋糕右侧3点钟方向，刀刃向上立起，平行向中心点收，将蛋糕顶部收平。

5. 将锯齿城墙刮片放置蛋糕右侧3点钟方向，一侧贴紧奶油，一侧向自己方向打开，转动转盘，将侧面刮出纹路。

6. 再将抹刀放于蛋糕右侧3点钟方向，刀刃向上立起，平行向中心点收，将蛋糕顶部收平。

龙门阵地
难易度
Nan Yi Du
Longmen Zhendi

主要工具

抹刀

锯齿尖角刮片

平口小刮片

锯齿欧式万能刮片

制作过程

1. 将抹刀放置9点钟方向，刀面向上抬起30°，将奶油向下赶。
2. 抹刀位置由30°最终变为90°，将奶油赶至蛋糕底部。
3. 用抹刀将蛋糕顶部抹平。
4. 用锯齿尖角刮片在蛋糕顶部3点钟位置向下切出直角边。
5. 在第二层1.5厘米处向下切出凹槽。
6. 以同样的手法制作第三层，并将蛋糕底部刮直。
7. 用锯齿欧式万能刮片将蛋糕底部均匀地拍打出纹路。
8. 用平口小刮片将蛋糕第二、三层沾出毛边。

绿意满枝

难易度 Nan Yi Du ★★

Lvyi Manzhi

主要工具

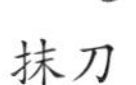

抹刀　　锯齿尖角刮片

制作过程

将蛋糕顶部抹平。

将锯齿尖角刮片放于蛋糕顶部4点钟位置，向下切出1厘米的高度。

在蛋糕平面2厘米处向下切出凹槽。

用刮片将蛋糕侧面刮出圆弧。

用刮片均匀地拍打出一圈纹路即可。

再用刮片将圆弧下端刮平。

以同样的手法将圆弧下端切出凹槽，并在底部再刮出一个圆弧，进行拍打。

用刮片在蛋糕顶部10点钟位置切出薄边，直到中心点即可。

爱意绵绵马卡龙

Aiyimianmian Makalong

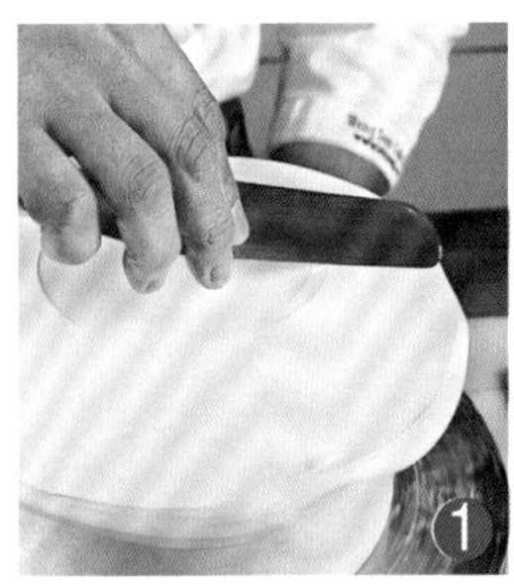

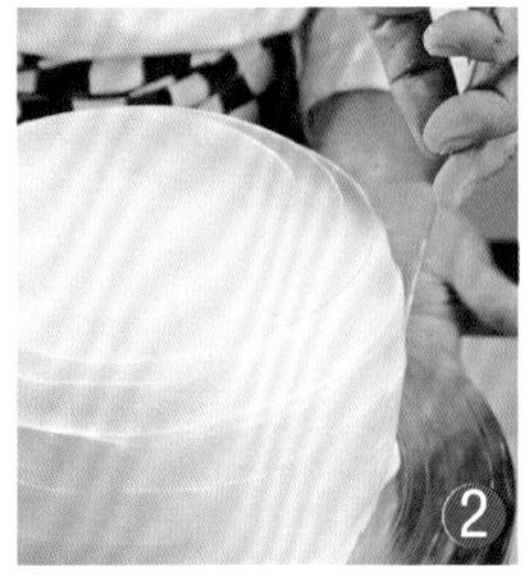

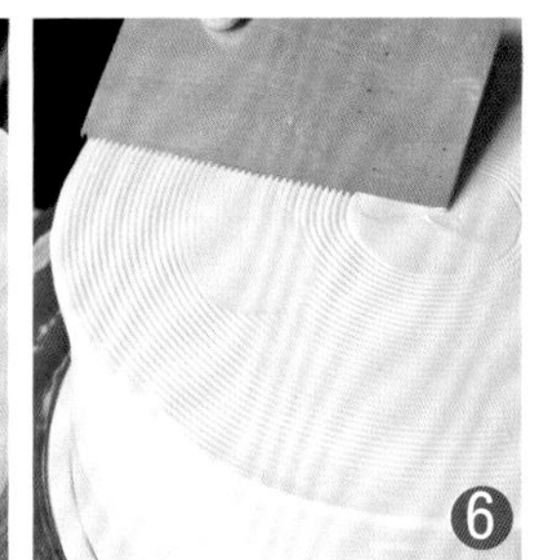

主要工具

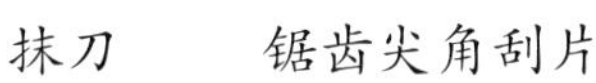

制作过程

1. 将抹刀放置9点钟方向，刀面向上抬起30°，将奶油向下赶。
2. 抹刀位置由30°最终变为90°，将奶油赶至蛋糕底部。
3. 用抹刀将蛋糕顶部抹平。
4. 将锯齿细刮片放置蛋糕右侧3点钟方向，一侧贴紧奶油，一侧向自己方向打开，转动转盘，将侧面刮出纹路。
5. 将抹刀放于蛋糕顶部3点钟位置，平行向中心点刮，直至将顶部刮平即可。
6. 用锯齿细刮片将蛋糕顶部刮出纹路即可。

星语心愿马卡龙

Xingyuxinyuan Makalong

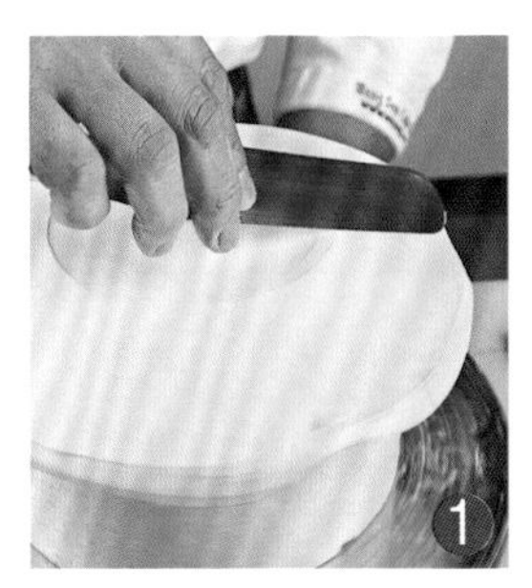

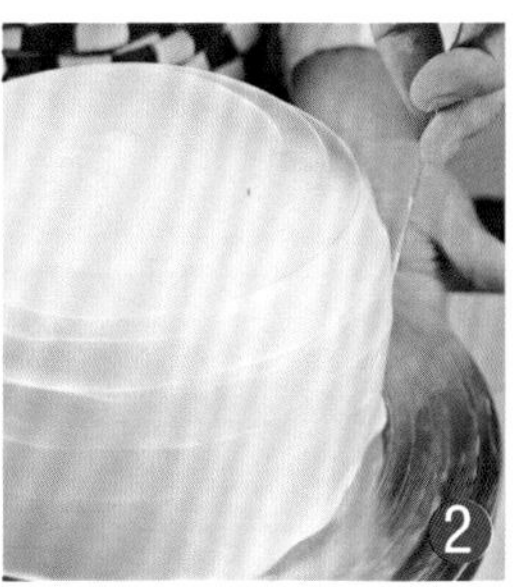

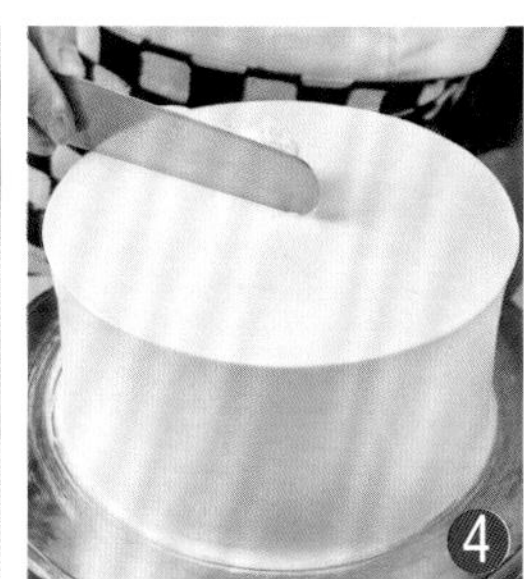

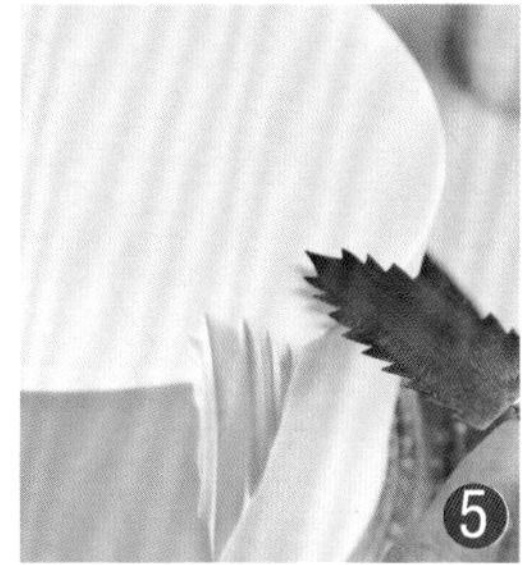

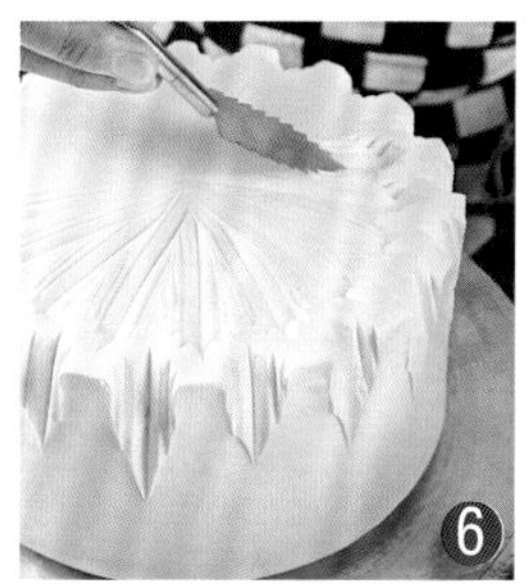

主要工具

抹刀　　锯齿叶子多功能小铲

制作过程

1. 将抹刀放置9点钟方向，刀面向上抬起30°，将奶油向下赶。
2. 抹刀位置由30°最终变为90°，将奶油赶至蛋糕底部。
3. 用抹刀将蛋糕侧面抹直。
4. 用抹刀将蛋糕顶部收平。
5. 将锯齿叶子多功能小铲放于蛋糕顶部6点钟位置，工具平贴于面上，顺势向下压出纹路。
6. 将锯齿叶子多功能小铲放于蛋糕顶部9点钟位置，在两个纹路之间向下压，同时往中心点收，制作一圈即可。

我心永恒马卡龙

Woxinyongheng Makalong

主要工具

抹刀

锯齿花瓣刮片

锯齿欧式万能刮片

制作过程

将抹刀放置9点钟方向，刀面向上抬起30°，将奶油向下赶。

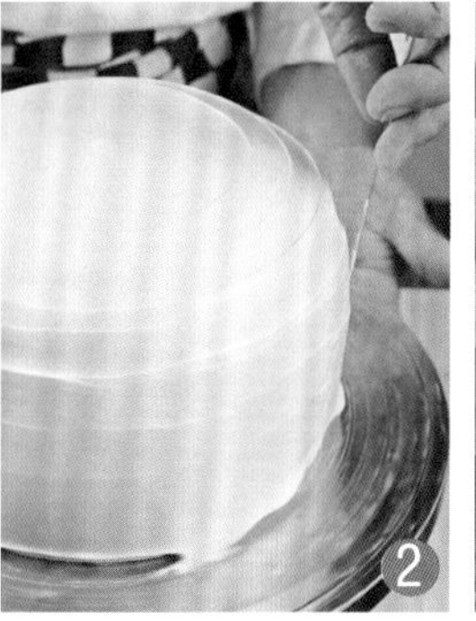

抹刀位置由30°最终变为90°，将奶油赶至蛋糕底部。

将锯齿花瓣刮片放置蛋糕右侧3点钟方向，一侧贴紧奶油，一侧向自己方向打开，转动转盘，将侧面刮出纹路。

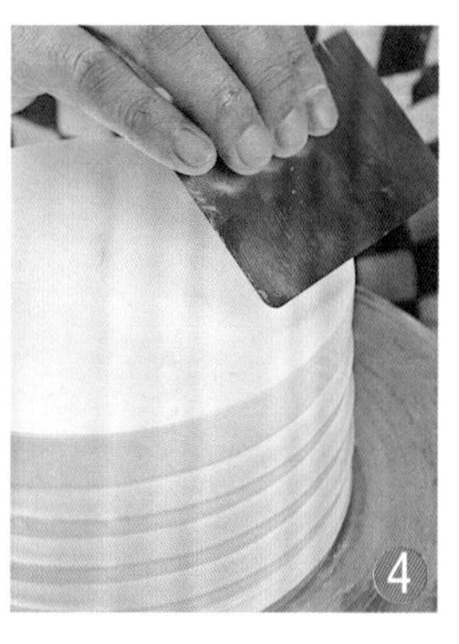

用刮片将蛋糕顶部修平。

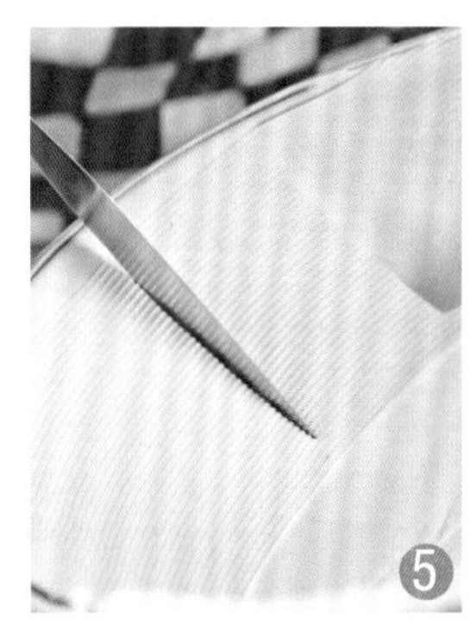

将奶油桶内奶油抹平并用锯齿万能刮片刮出纹路，然后将抹刀刀刃向上立起，插到奶油里。

抹刀垂直插入，向前挑出奶油，形状类似水滴形。

将挑出的奶油在酒精灯上加热，加热时间不可过长，否则奶油容易化掉。

将加热过的奶油垂直放于蛋糕面上，然后轻轻将抹刀提起即可。

甜蜜相思马卡龙

Tianmixiangsi Makalong

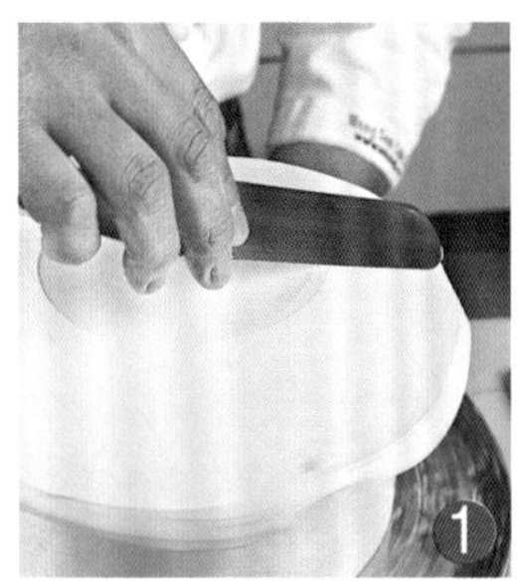

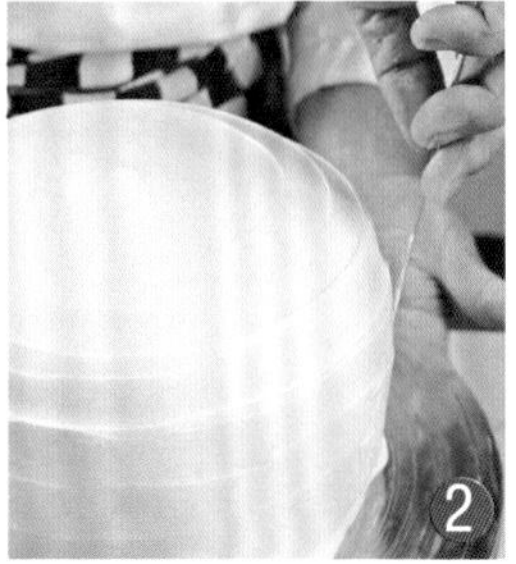

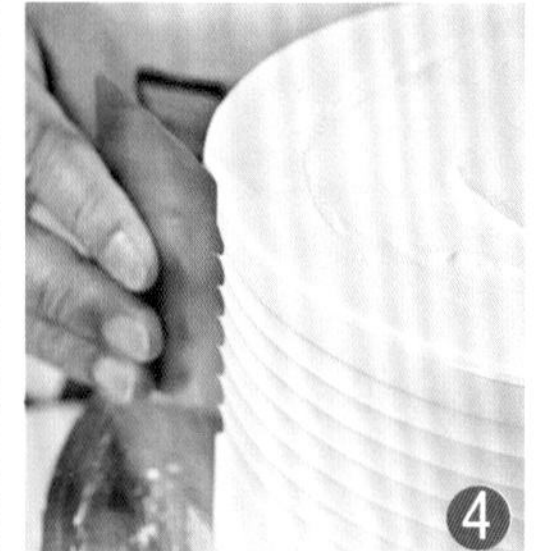

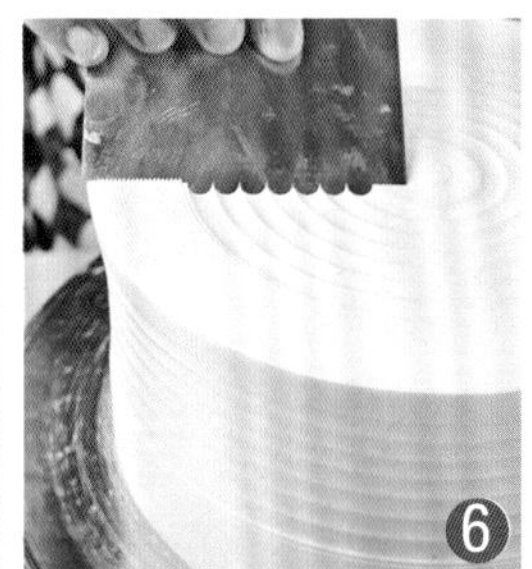

主要工具

抹刀　　锯齿宽凸弧形刮片

制作过程

1. 将抹刀放置9点钟方向，刀面向上抬起30°，将奶油向下赶。

2. 抹刀位置由30°最终变为90°，将奶油赶至蛋糕底部。

3. 用抹刀将蛋糕顶部抹平。

4. 将锯齿宽凸弧形刮片放置蛋糕右侧3点钟方向，一侧贴紧奶油，一侧向自己方向打开，转动转盘，将侧面刮出纹路。

5. 将抹刀放于蛋糕顶部3点钟方向，刀刃垂直向上，平行向中心点收，直至蛋糕顶部刮平。

6. 最后用锯齿宽凸弧形刮片将蛋糕顶部刮出纹路即可。

主要工具

抹刀

制作过程

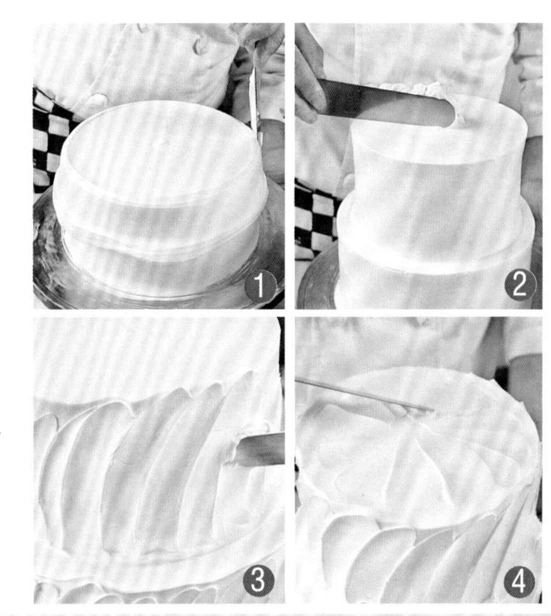

1. 将奶油均匀地抹在蛋糕上，制作出第一层。
2. 用抹刀将第二层蛋糕顶部收平。
3. 将抹刀放于自己的正前方，由下至上，向右方划出弧形，一个挨着一个制作。
4. 用抹刀从边缘向蛋糕中心点拉出纹路即可。

爱意马卡龙

难易度 Nan Yi Du ★★

Aiyi Makalong

美丽印记

Meili Yinji

主要工具

抹刀

制作过程

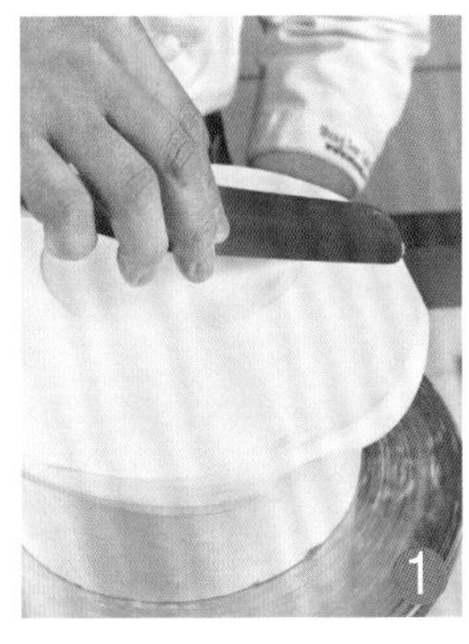

将抹刀放置9点钟方向，刀面向上抬起30°，将奶油向下赶。

抹刀位置由30°最终变为90°，将奶油赶至蛋糕底部。

抹刀始终贴紧蛋糕侧面，直到侧面刮平即可。

用抹刀将蛋糕顶部收平。

用酒精灯加热抹刀。

在蛋糕侧面2厘米处，抹刀垂直向上推，每两个纹路之间间隔1厘米。

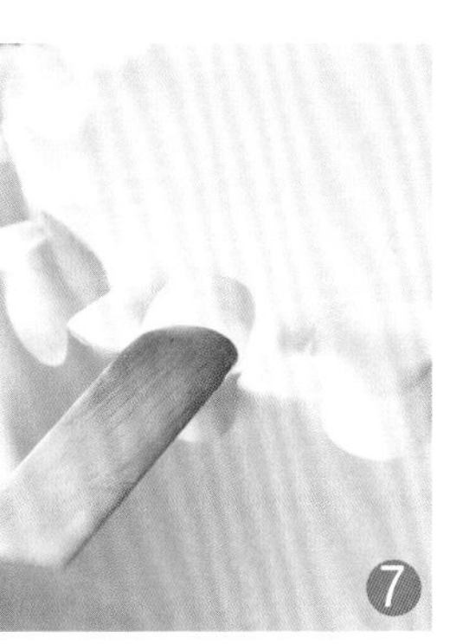

推完一圈，将抹刀平行放于纹路上，垂直向下压，与蛋糕平面在一条水平线上。

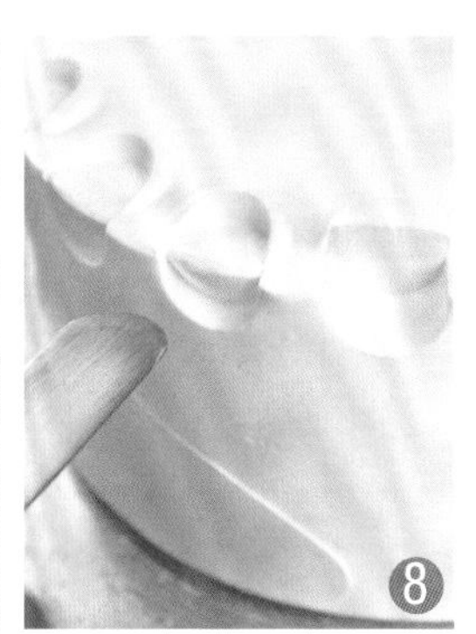

均匀地压完一圈即可。

玫瑰之林

Meigui Zhilin

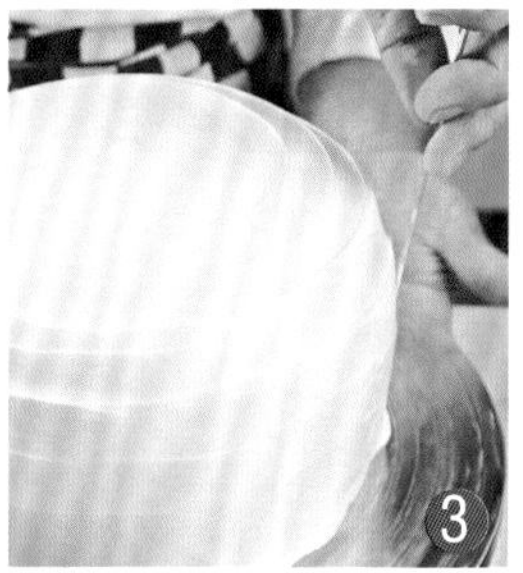

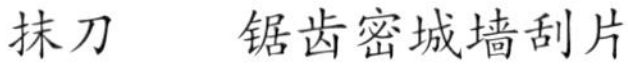

制作过程

1. 将抹刀放置9点钟方向，刀面向上抬起30°，将奶油向下赶。

2. 抹刀位置由30°最终变为90°，将奶油赶至蛋糕底部。

3. 抹刀完全变成90°，将侧面抹直。

4. 用抹刀将蛋糕顶部抹平。

5. 将锯齿密城墙刮片放置蛋糕右侧3点钟方向，一侧贴紧奶油，一侧向自己方向打开，转动转盘，将侧面刮出纹路。

6. 将刮片放于蛋糕顶部10点钟方向，工具平行向中心点刮，直至蛋糕顶部刮平即可。

梦幻之星

Menghuan Zhixing

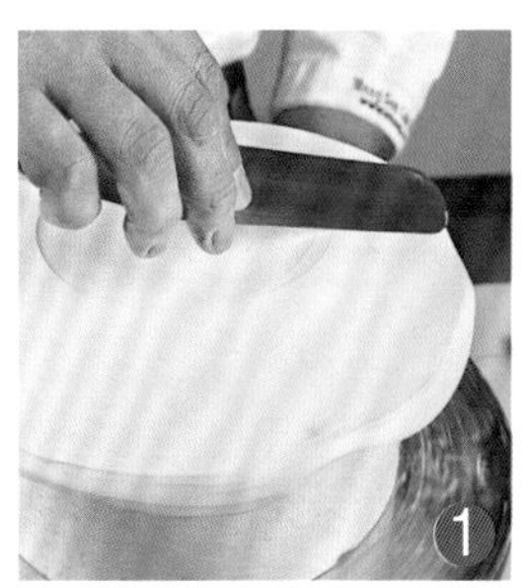

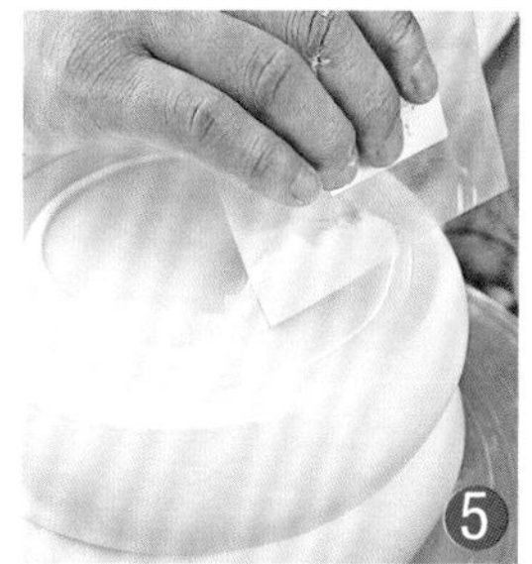
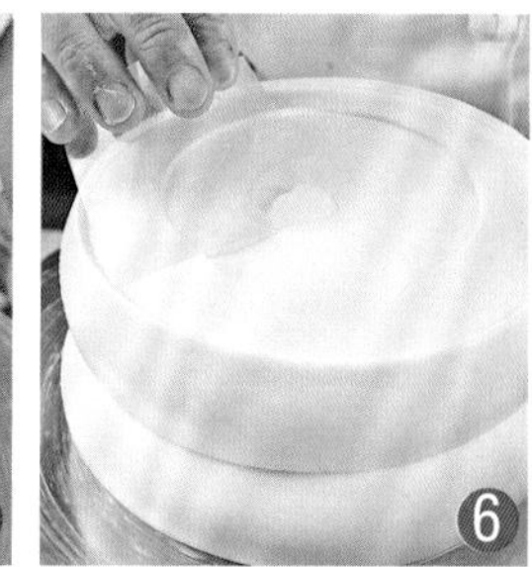

主要工具

抹刀

平口小刮片

制作过程

1. 将抹刀放置9点钟方向，刀面向上抬起30°，将奶油向下赶。

2. 抹刀位置由30°最终变为90°，将奶油赶至蛋糕底部。

3. 用抹刀将蛋糕顶部抹平。

4. 将平口小刮片捏成弧形，在蛋糕侧面3点钟位置依次刮出两个圆弧。

5. 用刮片将蛋糕顶部刮平。

6. 将刮片略微捏成弧形，将顶部刮光滑。

绵延花路

Mianyan hualu

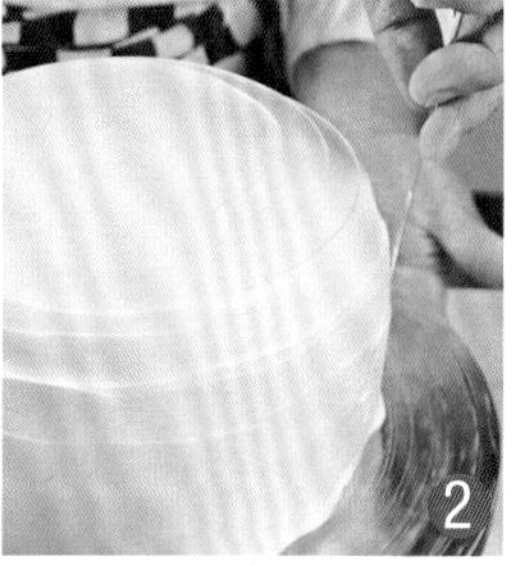

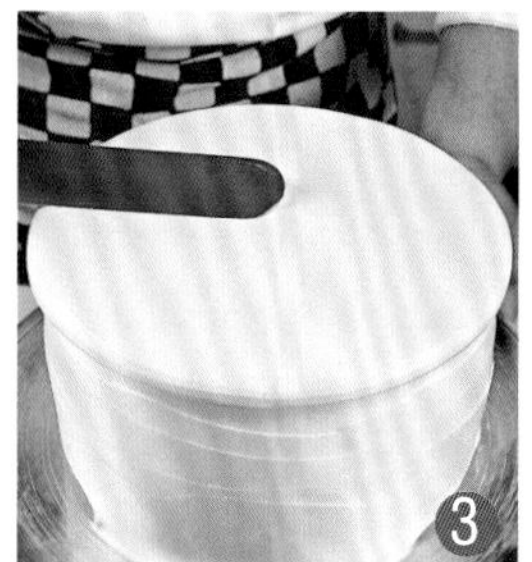

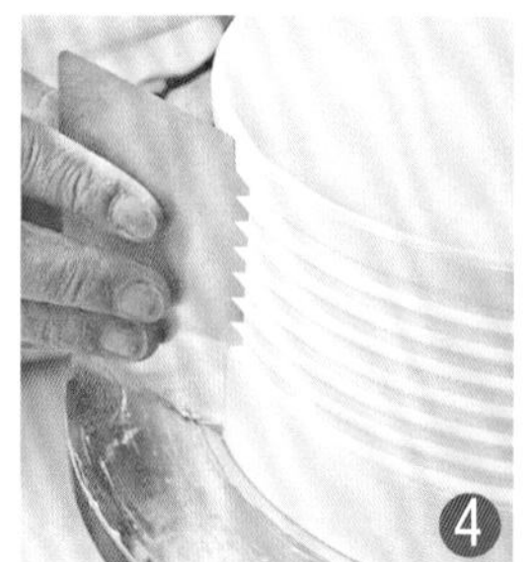

主要工具

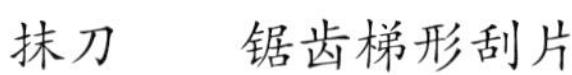

抹刀　　锯齿梯形刮片

制作过程

1. 将抹刀放置9点钟方向，刀面向上抬起30°，将奶油向下赶。
2. 抹刀位置由30°最终变为90°，将奶油赶至蛋糕底部。
3. 用抹刀将蛋糕顶部抹平。
4. 将锯齿梯形刮片放置蛋糕右侧3点钟方向，一侧贴紧奶油，一侧向自己方向打开，转动转盘，将侧面刮出纹路。
5. 将抹刀放置蛋糕顶部3点钟方向，平行向中心点刮，直至蛋糕顶部刮平。
6. 将锯齿梯形刮片贴于蛋糕顶部3点钟位置，将顶部刮出纹路即可。

偏爱巧克力

Pianai Qiaokeli

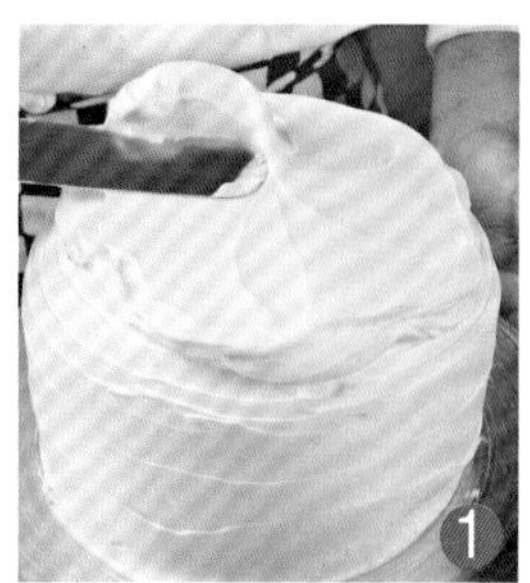

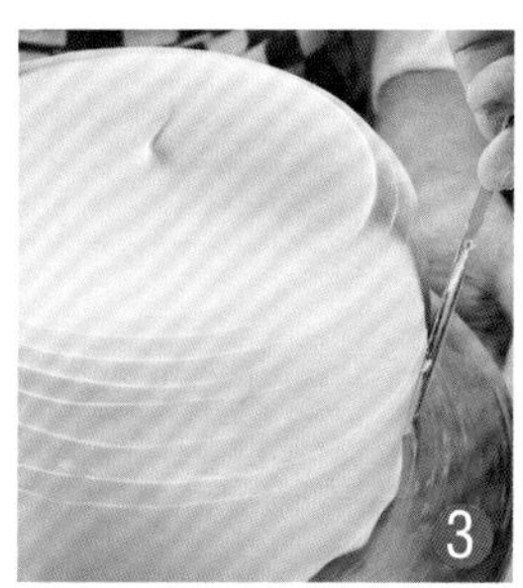

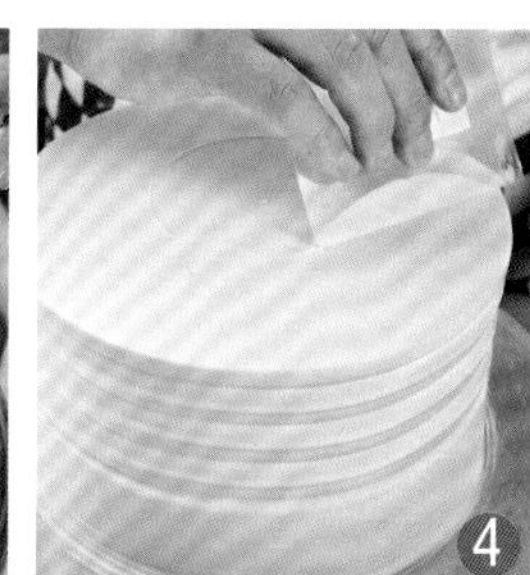

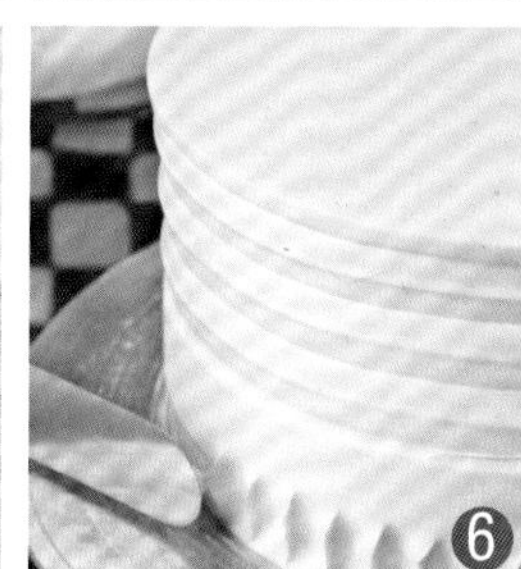

主要工具

抹刀　　锯齿双弧刮片

制作过程

1. 用抹刀将蛋糕顶部抹平。
2. 将抹刀放置9点钟方向，刀面向上抬起30°，将奶油向下赶。
3. 抹刀位置由30°最终变为90°，将奶油赶至蛋糕底部。
4. 将锯齿双弧刮片放置蛋糕右侧3点钟方向，一侧贴紧奶油，一侧向自己方向打开，转动转盘，将侧面刮出纹路，并将顶部刮平。
5. 将抹刀放置蛋糕右侧底部3点钟方向，刀尖贴紧奶油，刀面向外打开30°。
6. 抹刀向内压、向外打开，沾出毛边，制作一圈即可。

巧克Chocolate

Qiaoke Chocolate

主要工具

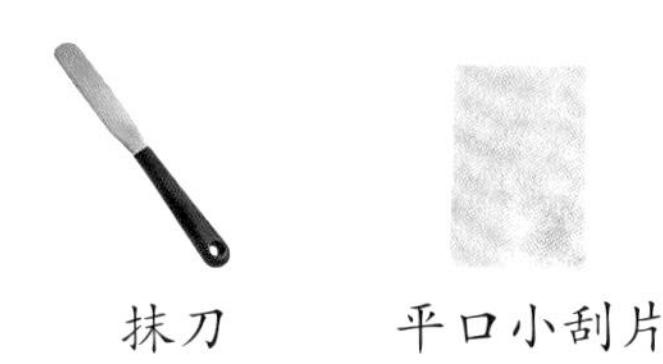

抹刀　　平口小刮片

制作过程

1. 将抹刀放置9点钟方向，刀面向上抬起30°，将奶油向下赶。
2. 抹刀位置由30°最终变为90°，将奶油赶至蛋糕底部。
3. 用抹刀将蛋糕顶部抹平。
4. 将抹刀放于蛋糕侧面9点钟位置，刀刃一侧贴紧奶油，一侧向外打开15°，由下向上走出水纹，保持拿刀的力度要轻。
5. 抹刀由蛋糕边缘向中心点走出水纹。
6. 将平口小刮片贴于蛋糕底部3点钟位置，刮片后端向上翘起30°，将底部多余奶油刮去。

秋之丰收

Qiuzhi Fengshou

主要工具

抹刀

平口小刮片

平口长方形刮片

制作过程

1. 将抹刀放置9点钟方向，刀面向上抬起30°，将奶油向下赶。

2. 抹刀位置由30°最终变为90°，将奶油赶至蛋糕底部。

3. 用抹刀将蛋糕顶部抹平。

4. 将平口小刮片放于蛋糕顶部中心处，将刮片向上抬起30°，利用一个直角向下切。

5. 每个切出的纹路宽度为1厘米左右，依次将顶部切完。

6. 将平口长方形刮片放于蛋糕右侧3点钟位置，刮片后端向上抬起30°，依次向下切出纹路即可。

拳拳之心

Quanquan Zhixin

主要工具

抹刀　锯齿宽凸弧形刮片　锯齿欧式万能刮片

制作过程

1. 将抹刀放置9点钟方向，刀面向上抬起30°，将奶油向下赶。
2. 抹刀位置由30°最终变为90°，将奶油赶至蛋糕底部。
3. 用抹刀将蛋糕顶部抹平。
4. 将锯齿宽凸弧形刮片放置蛋糕右侧3点钟方向，一侧贴紧奶油，一侧向自己方向打开，转动转盘，将侧面拍打出纹路。
5. 将锯齿宽凸弧形刮片放置蛋糕顶部3点钟方向，将顶部拍打出纹路。
6. 将锯齿欧式万能刮片放置蛋糕顶部3点钟方向，向内压、向外打开，沾出毛边即可。

绒绒球

Rongrongqiu

主要工具

抹刀

平口小刮片

锯齿弧尖刮片

制作过程

1. 将抹刀放置9点钟方向，刀面向上抬起30°，将奶油向下赶。
2. 抹刀位置由30°最终变为90°，将奶油赶至蛋糕底部。
3. 抹刀垂直于转盘，将蛋糕侧面刮平。
4. 将锯齿弧尖刮片放置蛋糕右侧3点钟方向，一侧贴紧奶油，一侧向自己方向打开，转动转盘，将侧面刮出纹路。
5. 用抹刀将蛋糕顶部抹平。
6. 将锯齿弧尖刮片放置蛋糕顶部3点钟方向，将顶部刮出纹路，并用平口小刮片将蛋糕中心走出水纹。

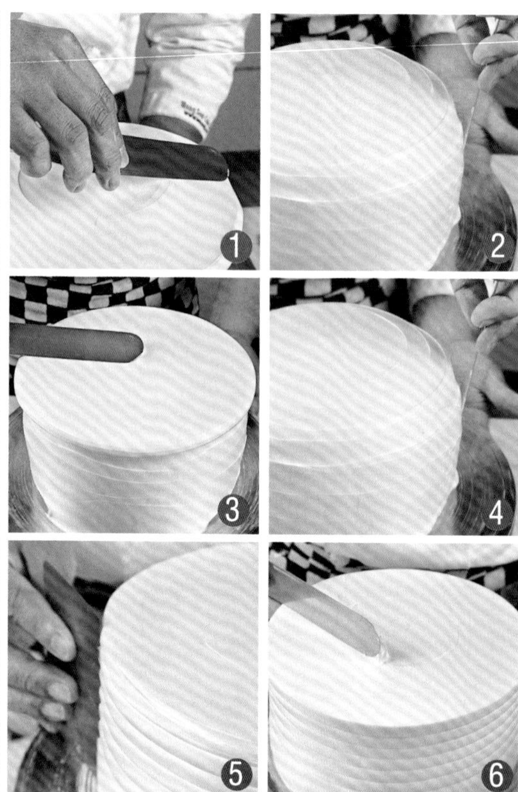

五角光芒

Wujiao Guangmang

主要工具

抹刀　锯齿凹弧形刮片

制作过程

1. 将抹刀放置9点钟方向，刀面向上抬起30°，将奶油向下赶。

2. 抹刀位置由30°最终变为90°，将奶油赶至蛋糕底部。

3. 用抹刀将蛋糕顶部抹平。

4. 用抹刀将蛋糕侧面抹平。

5. 将锯齿凹弧形刮片放置蛋糕右侧3点钟方向，一侧贴紧奶油，一侧向自己方向打开，转动转盘，将侧面刮出纹路。

6. 将抹刀放置蛋糕顶部3点钟方向，刀刃向上立起，平行向中心点走，直至蛋糕顶部刮平即可。

鲜红蝴蝶

Xianhong Hudie

主要工具

抹刀

锯齿凹弧形刮片

制作过程

1. 用抹刀将蛋糕顶部抹平。
2. 将抹刀放置9点钟方向，刀面向上抬起30°，将奶油向下赶。
3. 抹刀位置由30°最终变为90°，将奶油赶至蛋糕底部。
4. 用抹刀将蛋糕侧面抹平。
5. 将锯齿凹弧形刮片放置蛋糕右侧3点钟方向，一侧贴紧奶油，一侧向自己方向打开，转动转盘，将侧面拍打出纹路。
6. 将抹刀放置蛋糕右侧3点钟位置，平行往中心点收，直至将蛋糕顶部收平即可。

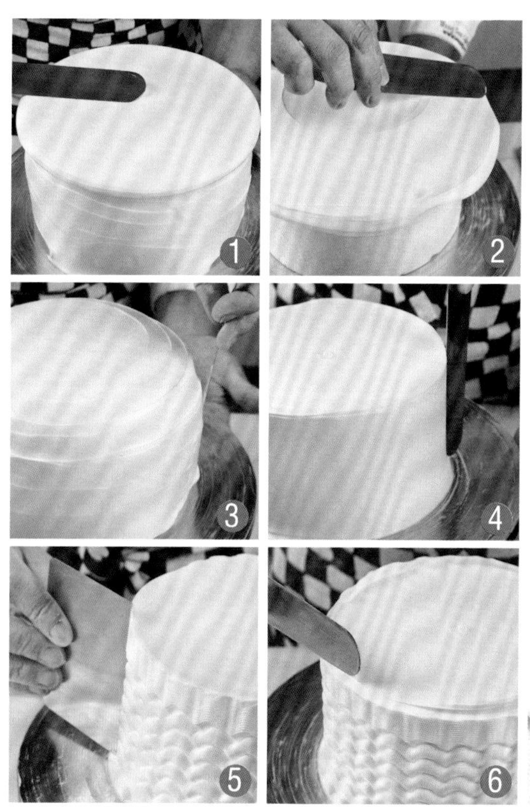

夏之成熟

Xiazhi Chengshu

主要工具

抹刀

锯齿宽凸弧形刮片

平口小铲

制作过程

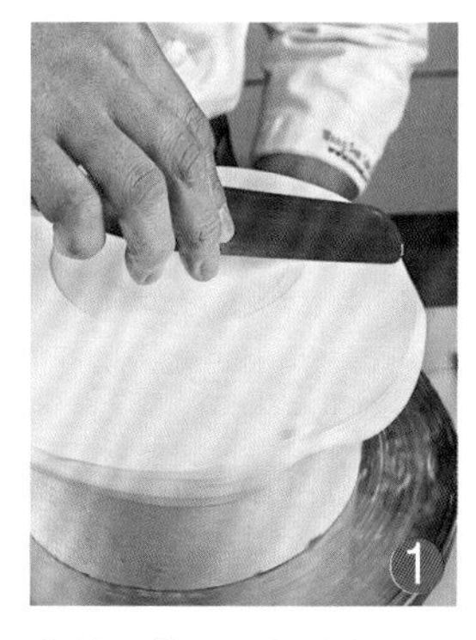

将抹刀放置9点钟方向，刀面向上抬起30°，将奶油向下赶。

抹刀位置由30°最终变为90°，将奶油赶至蛋糕底部。

用抹刀将蛋糕顶部抹平。

将锯齿宽凸弧形刮片放置蛋糕右侧3点钟方向，一侧贴紧奶油，一侧向自己方向打开，转动转盘，将侧面刮出纹路。

将抹刀放置蛋糕顶部3点钟方向，平行向中心点刮，直至顶部刮平即可。

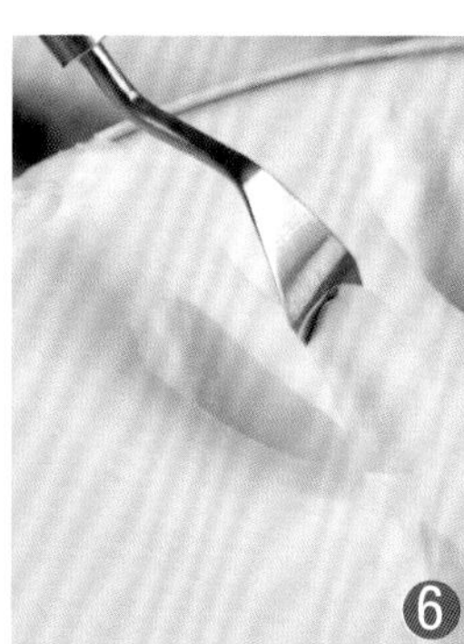

将奶油桶里的奶油抹平，用平口小铲由下向上挑出奶油。

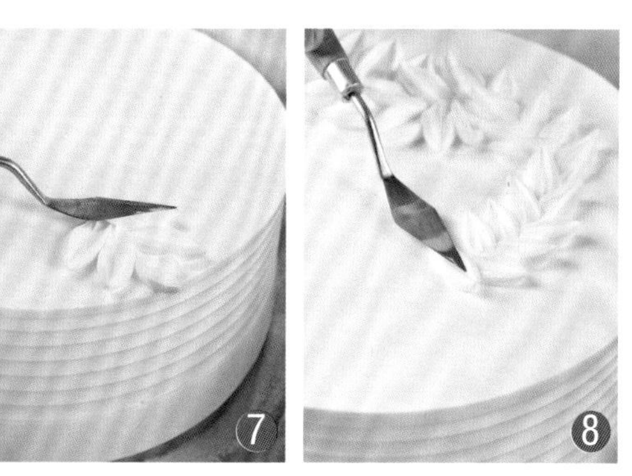

将挑出的奶油一左一右依次贴于蛋糕面上。

挑出的奶油贴于蛋糕面上，整体呈“S”形的感觉即可。

仿真动物奶油裱花

制作立体动物常用的三种身体

向上发展的身体

向一侧发展的身体

向两侧发展的身体

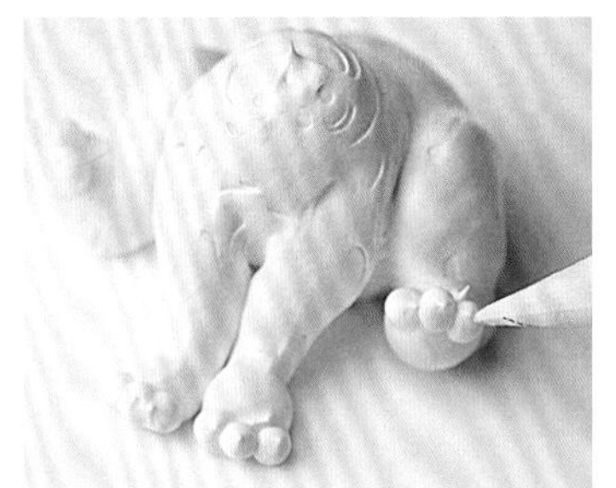

制作立体动物常用的姿势

▲坐姿

▲趴姿

▲仰睡

▲侧睡

▲侧卧

▲蜷缩

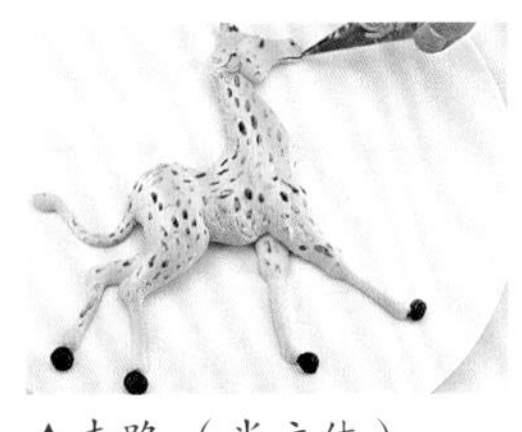

▲走路（半立体）

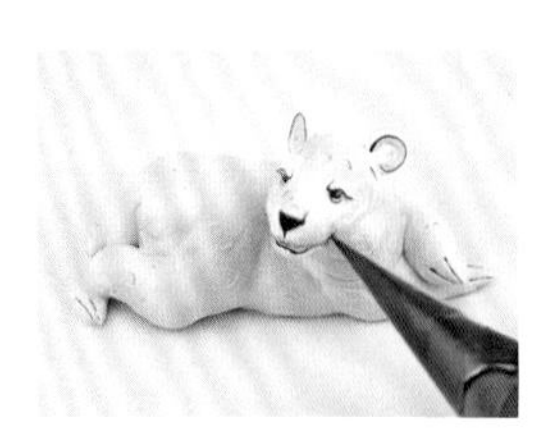

▲奔跑

◀爬姿

立体动物蛋糕常用的构图方法

1. 一个点构图想要表达静止的动态感，可把生肖放在中间构图。若想表达强烈的动态感，一定要靠近蛋糕的一侧构图。如果是做奔跑类的动态，则运动的前方要有一定的留白。

2. 两个动物构图时要把动物放在靠近蛋糕边缘的一边，方能显出较强的空间感及动态感。

3. 三个动物在一起时可呈正三角形构图，以静代动，方能显示出沉着的风采之美。也可用倒三角形构图，以动代静，显示出活泼的风采之美。

4. 多个动物在一起时呈直线排列，给人一种系列感、延伸感，也可排成曲线，具有柔和的亲切感。

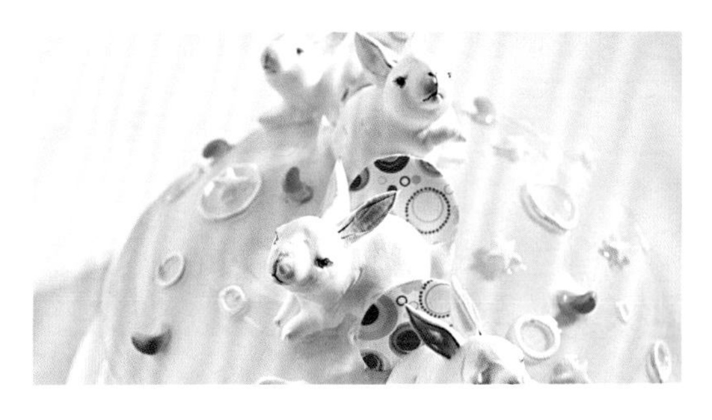

5. 对称构图是西饼店里最常用的一种构图方式，把水果或是花卉摆成一圈，在圆的中间放上立体的生肖，即为对称构图（如果蛋糕较大可把水果多摆几圈）。这种构图给人以饱满和谐之感，是初学者最容易构图成功的一种。

6. 均衡构图。均衡构图指的是把物体放一边多些一边少些，为了保持画面上的平衡感，就要将多的一边与少的一边的物体分开点距离。

主要工具

动物裱花嘴

白云苍狗

Baiyun Canggou

制作过程

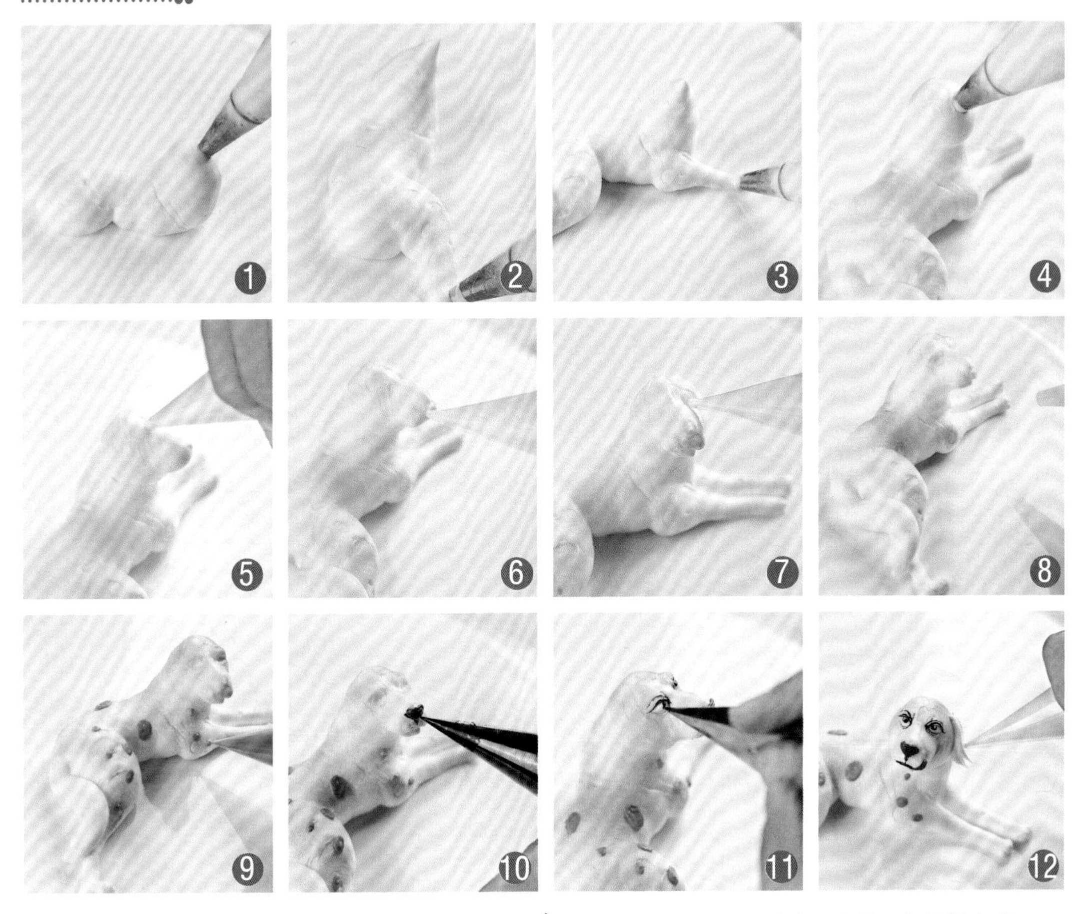

1. 将花嘴倾斜，挤出狗稍扁圆的臀部、身体和脖颈。

2. 将花嘴倾斜插入臀部右侧，由粗到细挤出后腿部分。

3. 在狗前胸的两侧插入花嘴，以同样的制作手法做出前腿部分。

4. 将花嘴倾斜插入狗颈部，挤出头部圆球和鼻子；在臀部中间下方以“细、粗、细”的方法挤出“S”形的尾巴。

5. 用白色奶油细裱插入狗的额头内挤出鼻梁。

6. 用白色奶油细裱吹出狗的腮部并做出嘴巴。

7. 用白色奶油细裱挑出狗的眉骨与眼眶。

8. 用橙色的喷粉给狗的身体上色。

9. 用橙色奶油细裱点出狗身上斑纹。

10. 用大红奶油细裱做出狗三角形的鼻子和伸出的舌头，再用黑色巧克力线膏勾出轮廓。

11. 用黑色巧克力线膏裱出眼睛，画眼睛时要从内眼角向外画。

12. 用白色奶油细裱挤出狗毛茸茸的耳朵。

猴子捞月

Houzi Laoyue

难易度 Nan Yi Du ★★★

主要工具

动物裱花嘴

制作过程

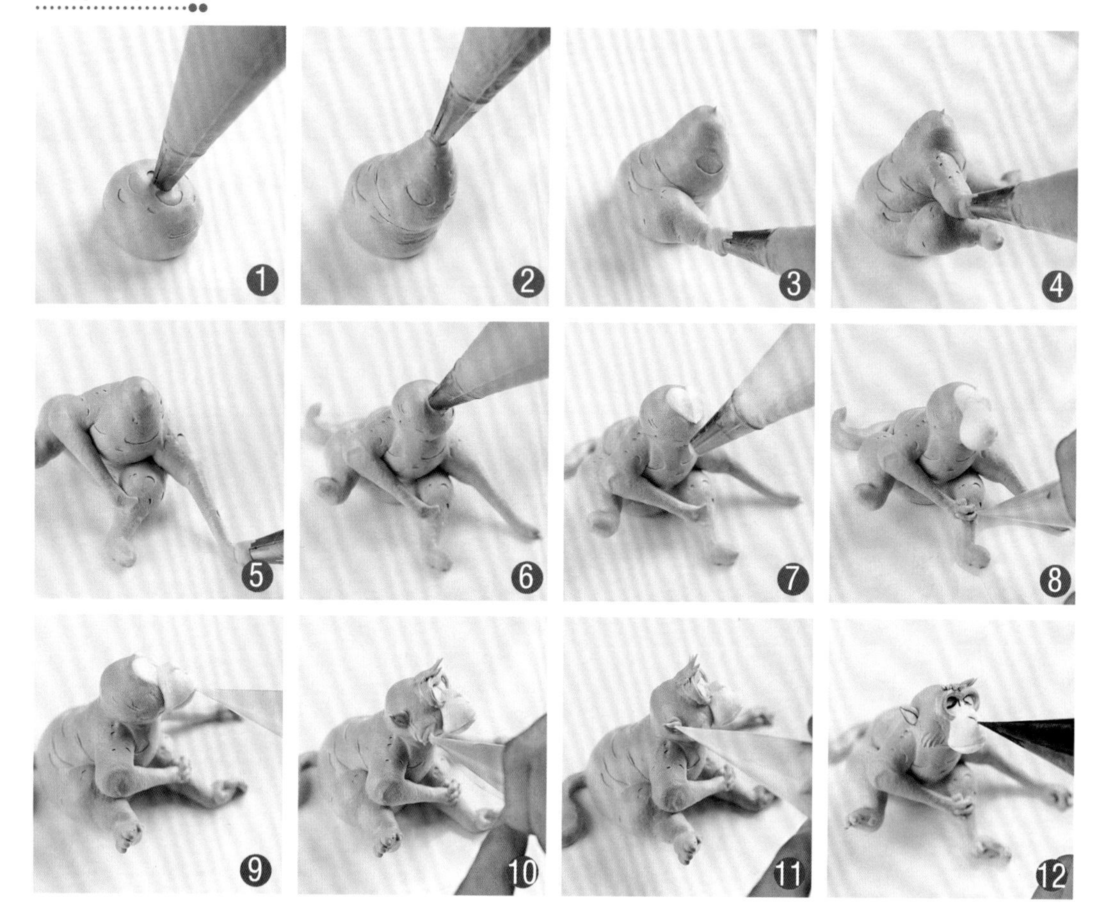

1. 将动物裱花嘴垂直于蛋糕表面，挤出猴子臀部圆球。
2. 将花嘴倾斜，挤出猴子的肚子及脖颈。
3. 将花嘴倾斜45°，插入猴子的臀部正面两侧，由粗到细挤出大腿、小腿和脚，大腿、小腿长度相等。
4. 制作膀臂时，将花嘴放平，插入猴子肚子和颈部相交处的两侧，挤出上膀臂和下膀臂。
5. 制作膀臂时应由粗到细，两节相等，整体膀臂要比腿长。
6. 在猴子臀部后方拉出“S”形的尾巴，将花嘴倾斜45°，插入颈部的三分之一处，挤出扁圆球的头部。
7. 用白色奶油在猴子头部推挤出心形眼睛。
8. 在眼睛下方的三分之一处连着眼睛做出嘴巴，用与猴身体同色的咖啡色细裱做出手掌和脚掌。
9. 用白色奶油细裱在猴子心形眼睛上做出眼眶、挑挤出鼻孔，由中心点向下方插入花嘴挤出嘴巴。
10. 用咖啡色细裱在猴子眼睛上方挤出头发，在脑袋的两侧中间挤出耳朵，在整个脸部的两侧做出腮毛。
11. 用白色奶油细裱做出耳的轮廓。
12. 用黑色奶油细裱做出猴子整体的五官部分。

鸡鸣起舞

Jiming Qiwu

主要工具

动物裱花嘴

制作过程

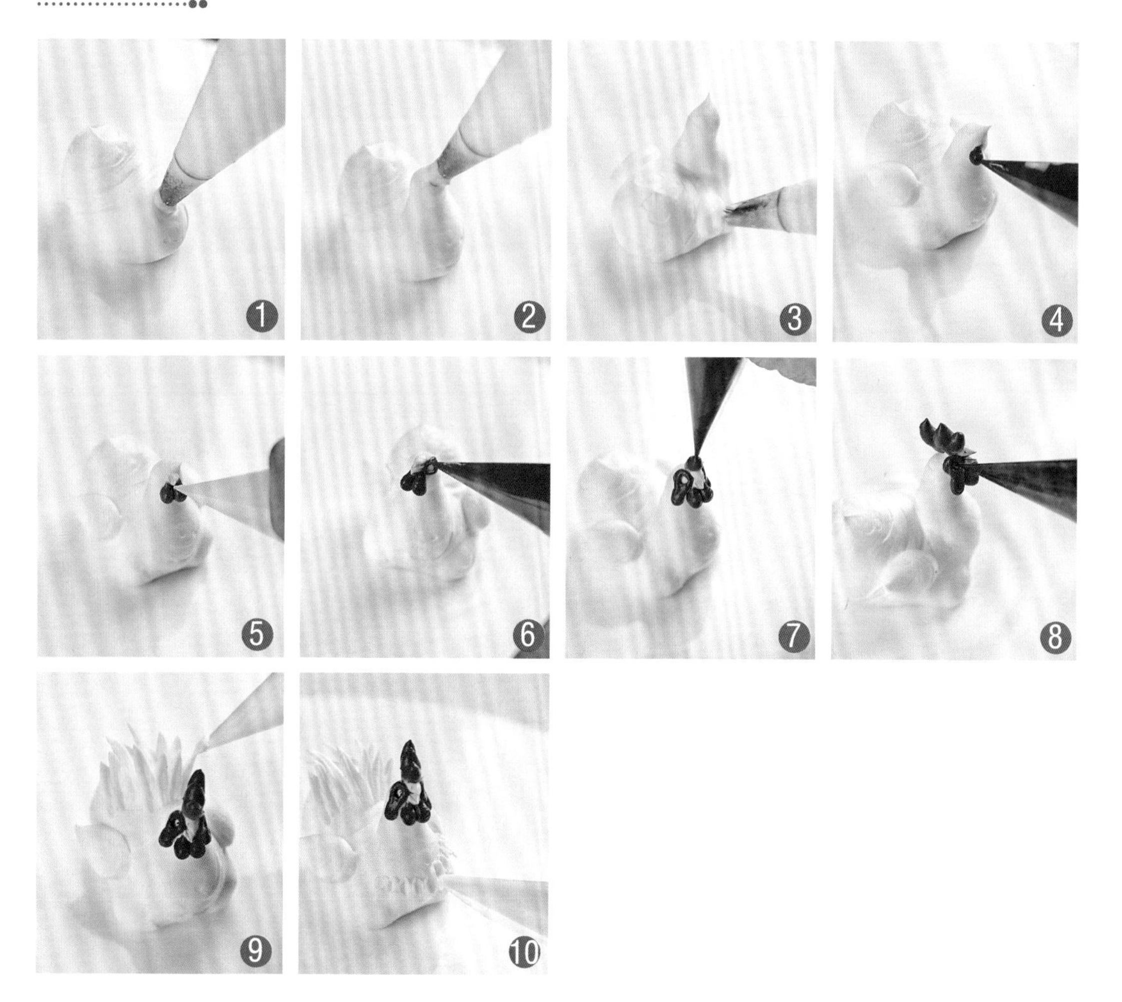

1. 将花嘴略倾斜，先挤出中间的圆球，再向球两边拉出鸡的尾巴及脖颈。

2. 鸡脖子的长度与其身长差不多，到收尾时要将花嘴原地停顿一下，方可表现出圆圆的鸡头效果。

3. 在鸡身体两侧将花嘴平对着，挤出由粗到细的翅膀。

4. 用红色奶油细裱在鸡的下方脖颈处，由上至下挤出红色的下鸡冠。

5. 在鸡冠上方中间挤出黄色的尖嘴巴。

6. 在鸡头部上端、嘴角边右侧，逆时针绕圈至后方，再由上至下、由小至大表现右耳冠，左耳冠制作手法同右耳冠。

7. 在鸡头部顶端，从前向后挤出“山”字形鸡冠。

8. 用黑色巧克力细裱做出嘴与眼睛。

9. 用白色奶油细裱在鸡尾巴上以“细、粗、细”的方法挤出第一层和第二层扇形的尾羽。注意：第一层长，第二层短，单层中间长两边短。

10. 从鸡胸前开始在身体上拔出羽毛。

狡兔三窟

Jiaotu Sanku

主要工具

动物裱花嘴

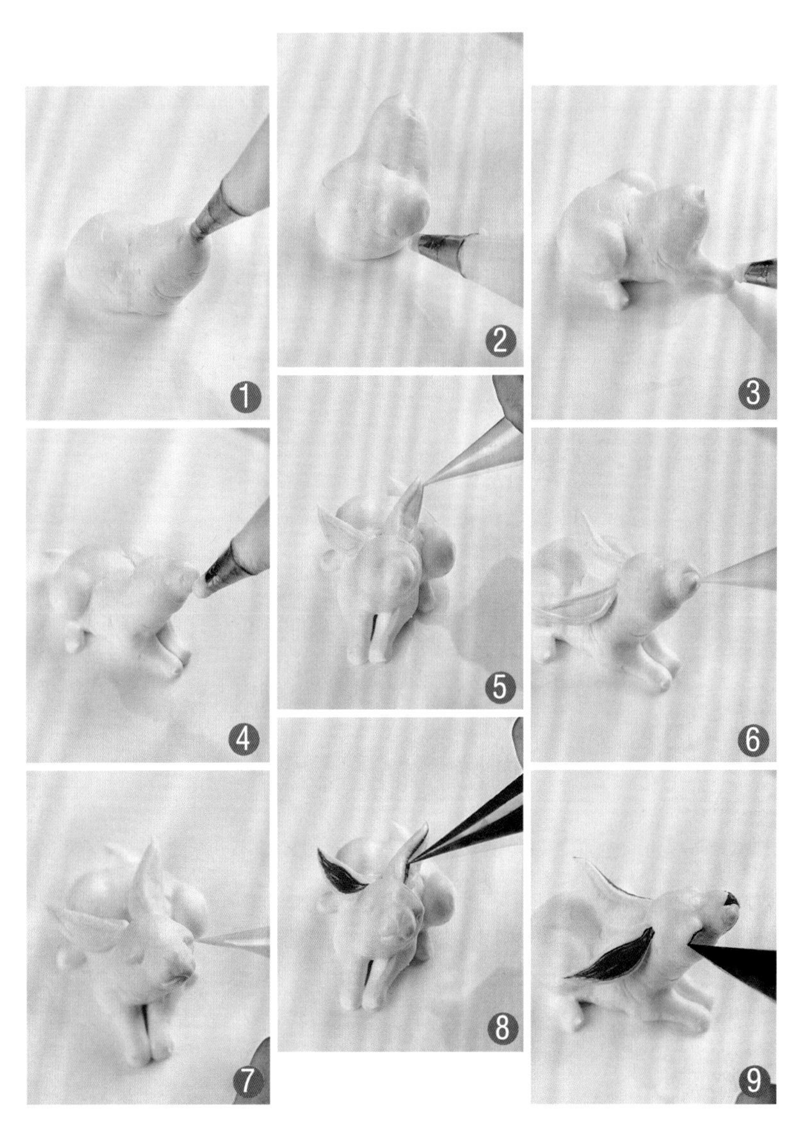

制作过程

1. 将花嘴倾斜，由粗到细挤出兔子的身体。
2. 从兔子臀部的两侧挤出弓起的腿。
3. 将花嘴从兔子腿根部挤出脚。
4. 花嘴插入兔子脖颈处挤出头部。
5. 在兔子臀部正中挤出尾巴，再将花嘴插入颈部，倾斜着挤出耳朵。
6. 用奶油细裱在头部最前端挑出兔的鼻子和嘴巴。
7. 用奶油细裱做出鼻孔、嘴巴，挑出兔子两只眼睛的眉骨。
8. 用大红的奶油细裱挤线条状，表现出兔子右耳内侧。用同样的方法表现出左耳朵。
9. 用黑色巧克力细裱表现出兔子脚掌、耳朵、鼻子、眼睛的轮廓即可。

骏马奔腾

Junma Benteng

难易度 Nan Yi Du ★★★

主要工具

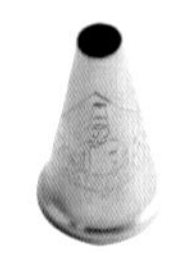

动物裱花嘴

制作过程

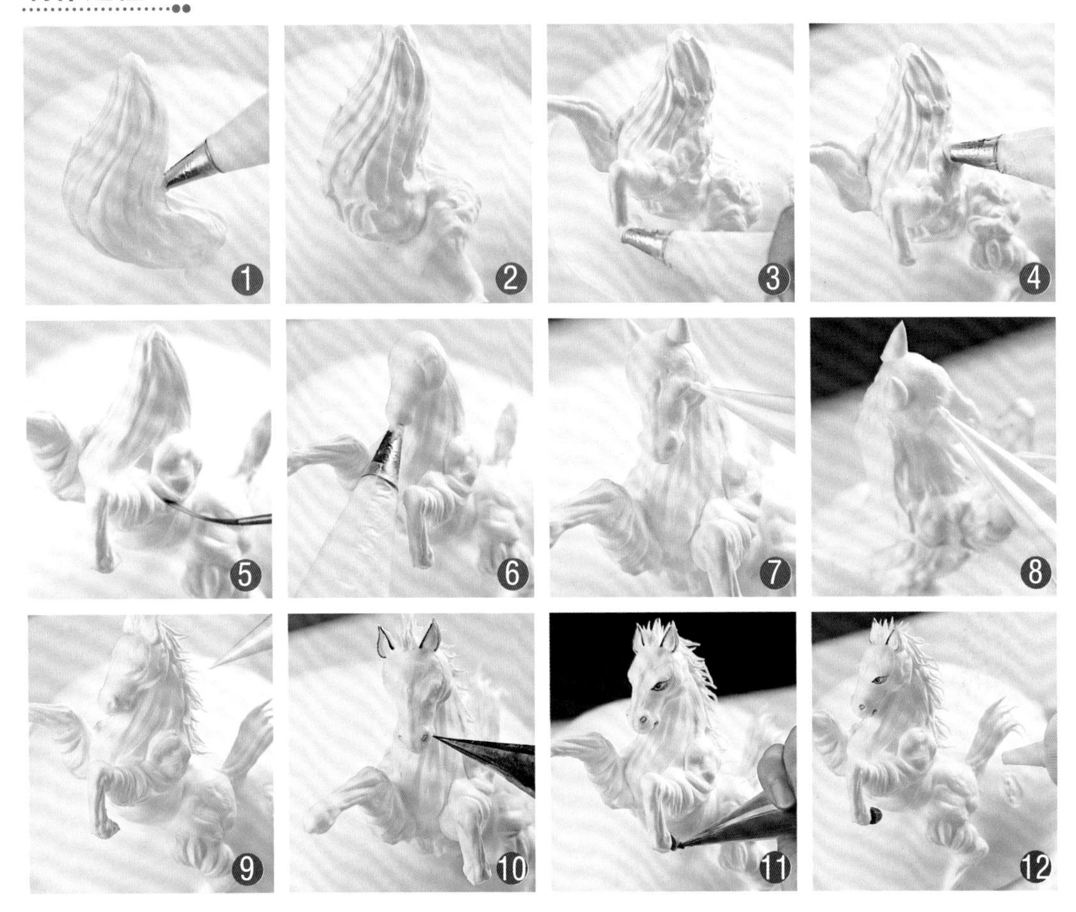

1. 在做好的蛋糕表面用动物裱花嘴挤出马的臀部、腰部和颈部，用花嘴在不出奶油的情况下划出马身体的肌理。
2. 将花嘴插入马的臀部，由粗到细拉出马的后左腿。
3. 在马的腰部和颈部交接处两侧，做出马的左右前腿。
4. 将花嘴倾斜，在其前腿的根部做出关节肌肉。
5. 用森派专用毛笔描刷出马的关节，表现出马身体的肌肉感与立体感。
6. 将花嘴插入马颈部的三分之一处，挤出马头圆球与长形的脸部。
7. 用白色奶油细裱在马的头部后方两侧做出尖的耳朵，在脸部中心处做出鼻梁，在嘴的尖端挑出鼻孔，做出嘴巴、挑出左眼眶与眉骨。
8. 用白色奶油细裱挑出马的右眼眶和眉骨。
9. 用白色奶油细裱在马的头顶和背部做出鬃毛，在马的臀部由粗到细做出“S”形的尾巴。
10. 用黑色巧克力细裱表现出马的耳朵、眼睛、鼻孔、嘴巴。
11. 用黑色巧克力细裱做出富有神态的眼珠后，再用咖啡色细裱做出马的四蹄。
12. 在马的身体表面部位按表现光影，有重有轻地喷上黄色喷粉。

可爱狐狸

Keai Huli

主要工具

动物裱花嘴

制作过程

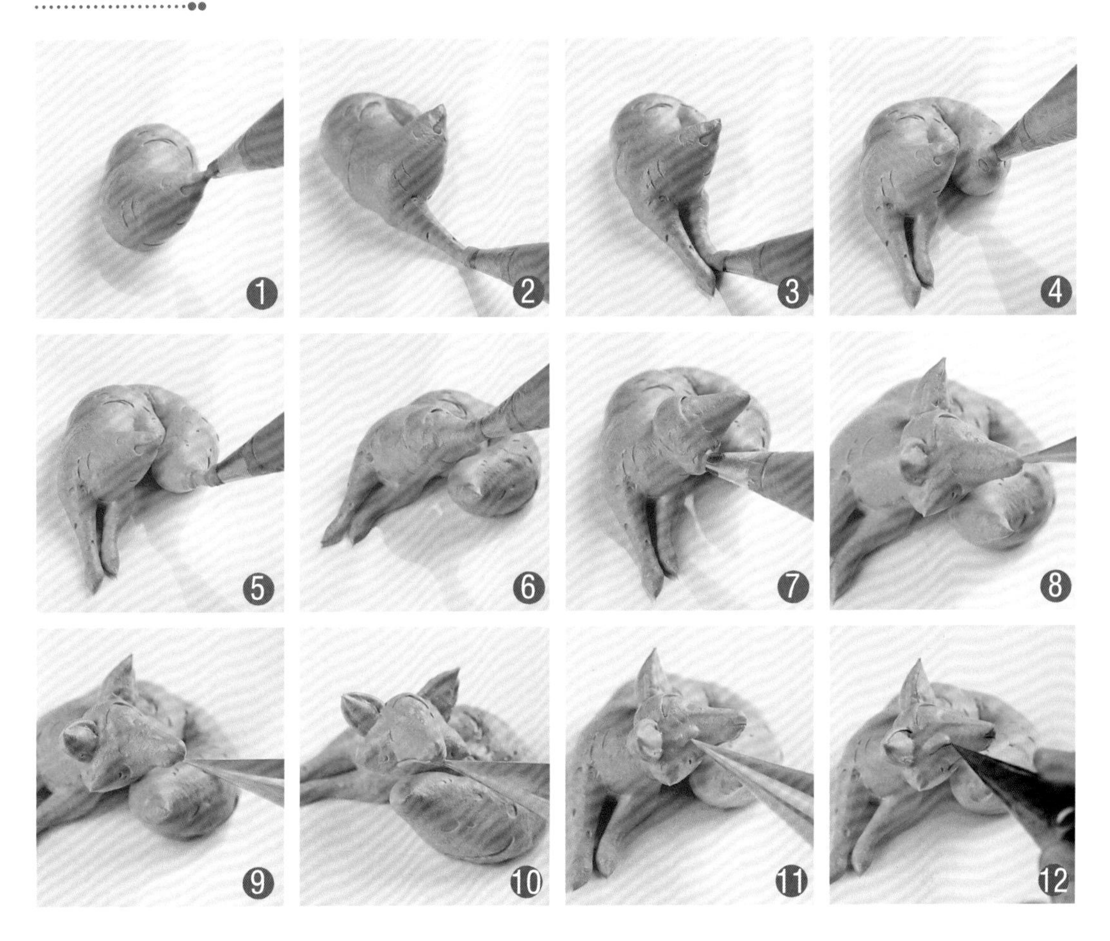

1. 将动物裱花嘴轻贴于蛋糕表面，倾斜着挤出狐狸身体。
2. 在狐狸胸部插入动物花嘴，向外平拉出由粗到细的右前腿。
3. 以同样的制作方法，在狐狸左胸处拉挤出左前腿。
4. 在狐狸臀部“细、粗、细”地弯曲挤出丰绒的尾巴，尾巴长度与身长差不多。
5. 狐狸尾巴收尾时要带出向上的尖，方能显出生动之气。
6. 在狐狸脖颈处插入花嘴，挤出头部圆球和嘴巴。
7. 在狐狸脸的最下方两侧向外吹球为腮。
8. 在狐狸头部圆球的后边两侧挤出倒“八”字形的耳朵，用奶油细裱在额头中间下拉做出鼻梁。
9. 用细裱袋压出狐狸鼻头的线条。
10. 用细裱袋压出狐狸嘴角线条，使得面部更仿真，立体感强。
11. 用奶油细裱在狐狸鼻梁的两侧挑出眉骨和眼眶。
12. 用粉红色细裱做出倒三角形的鼻翼，再用巧克力色细裱表现出狐狸的五官和脚趾。

龙跃五门

Longyue Wumen

主要工具

动物裱花嘴　小直花嘴　小号圆锯齿嘴　毛笔

制作过程

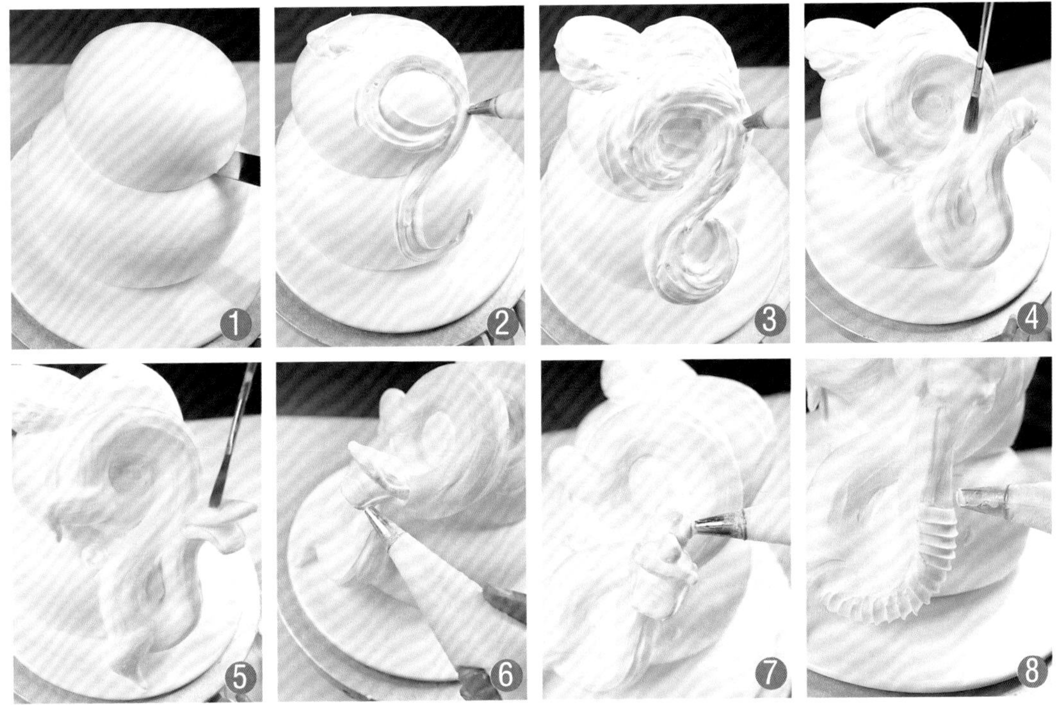

1. 分别抹出8寸、6寸的蛋糕面，然后将两个蛋糕面叠放在一起。
2. 用动物裱花嘴轻贴于蛋糕表面，勾勒出龙体曲线。
3. 用动物裱花嘴沿着之前的曲线挤出龙的身体。
4. 用毛笔蘸点水，将龙的身体刷出圆润光滑的效果。
5. 用动物裱花嘴在龙头部做出龙嘴，用毛笔刷光滑。
6. 用动物裱花嘴顺着龙嘴形的曲线勾出轮廓，加强立体效果。
7. 在龙嘴的正上方用动物裱花嘴由细到粗挤出鼻梁，在额头上挤出两个圆球作为眼睛，在两只眼睛的中间挤出寿额。
8. 用小号直花嘴在龙的胸部做出腹纹。

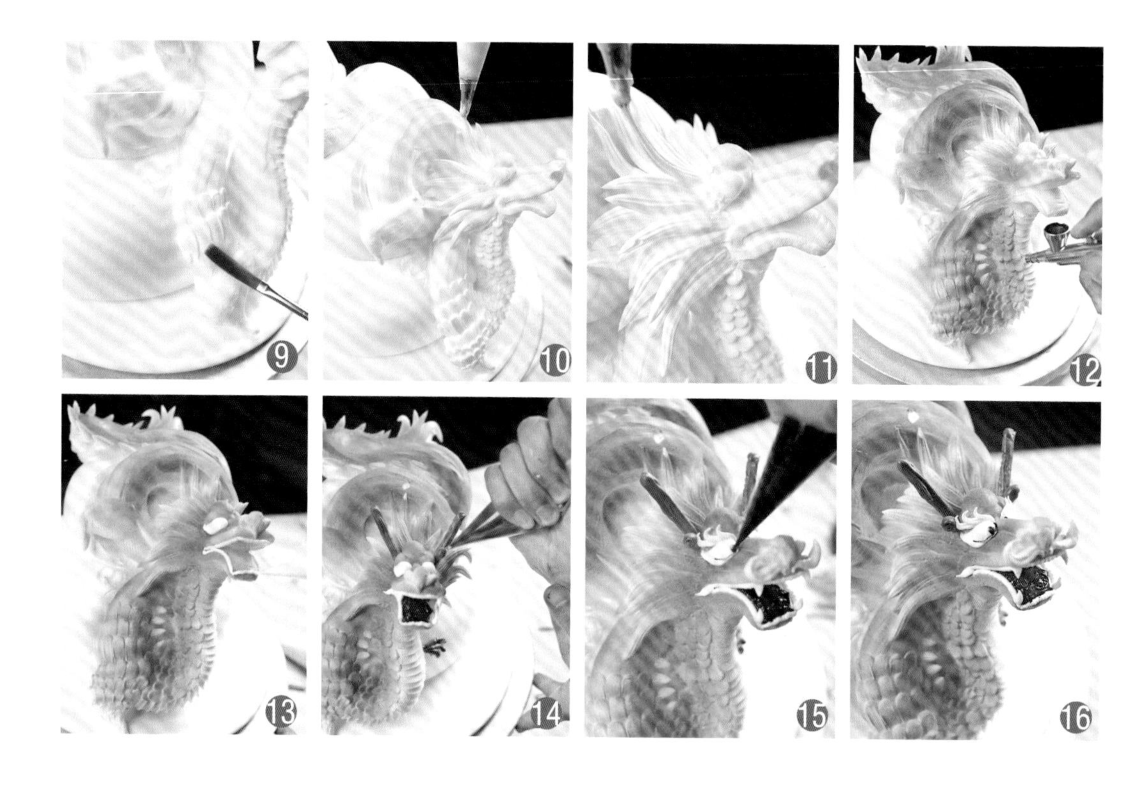

9. 在龙的身体上先挤小圆球，再用毛笔压扁成龙的鳞片。

10. 用小号圆锯齿嘴拔出鬃毛。

11. 拔毛时，第一层长、第二层短，每一单层均为中间长两边短。

12. 用喷枪沿龙背部中心线喷上黄色，再喷上大红色，中间深两侧浅。

13. 用白色奶油细裱做出龙嘴、龙牙与龙眼。

14. 用巧克力棒作为龙角的支撑，在上面挤上咖啡色奶油，并在龙两只眼睛的后侧方挤出两支龙角。

15. 用黄色奶油在龙鼻孔的两侧做出两根“细——粗——细”曲线的鼻须，在眼睛上方做出眉毛，再用黑色巧克力细裱表现出眼神，在嘴巴里涂上黑色果膏。

16. 一条生动的龙就完成了。

山林之王

Shanlin Zhiwang

主要工具

动物裱花嘴

制作过程

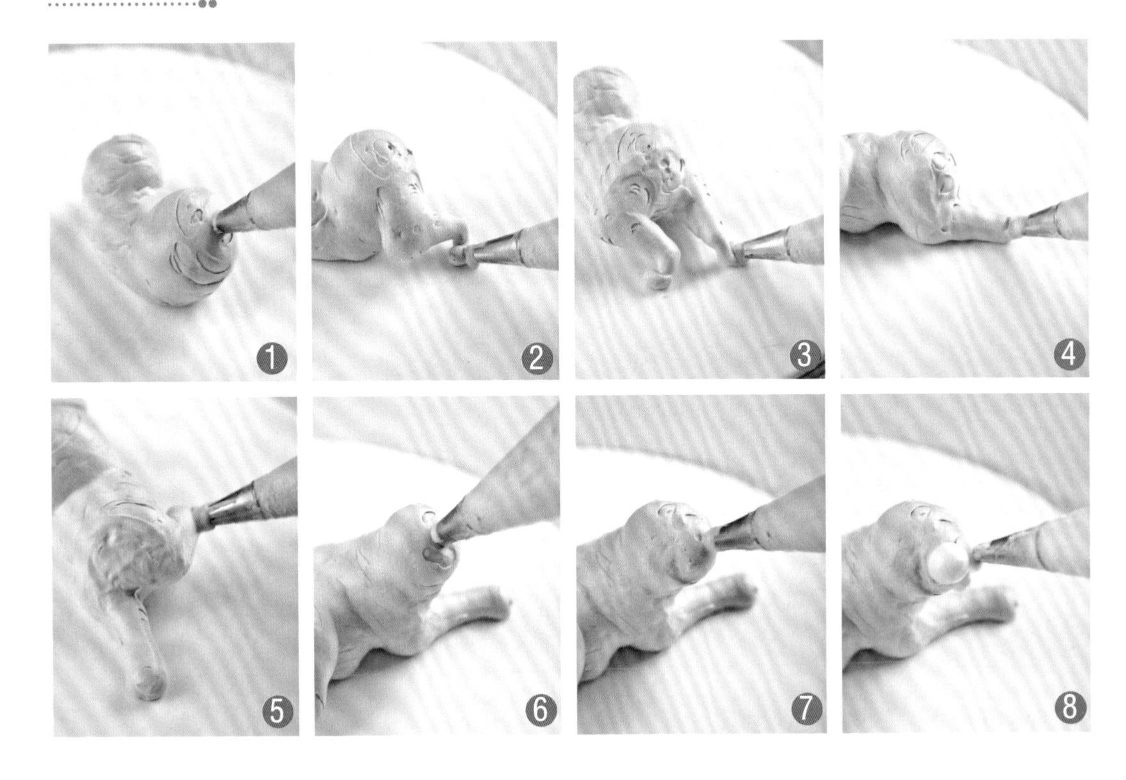

1. 将动物裱花嘴轻贴于蛋糕表面，先挤出一个圆球作为狮子的肚子，再从球的两端分别挤出两个球体作为狮子的臀部及胸颈部。
2. 将花嘴倾斜插入狮子臀部左侧，由粗到细挤出左大腿、小腿和脚，注意腿关节的表现。
3. 以同样的手法，将花嘴倾斜插入狮子臀部的右侧，由粗到细挤出狮子的右后腿，表现出它腿部向后的蹬姿。
4. 将花嘴插入狮子的脖颈部左侧，向前轻贴蛋糕表面，由粗到细挤出左前腿。
5. 将花嘴插入狮子颈部右侧，向后、向下倾斜，由粗到细挤出支撑身体的右前腿。
6. 将花嘴倾斜插入狮子颈部，略向右倾斜，向上挤出头部圆球。
7. 再顺势向前拉伸挤出狮子的脸部，注意不要太尖。
8. 用白色奶油在狮子脸部下方先挤出下嘴巴的球，再挤出上嘴巴的两个球。

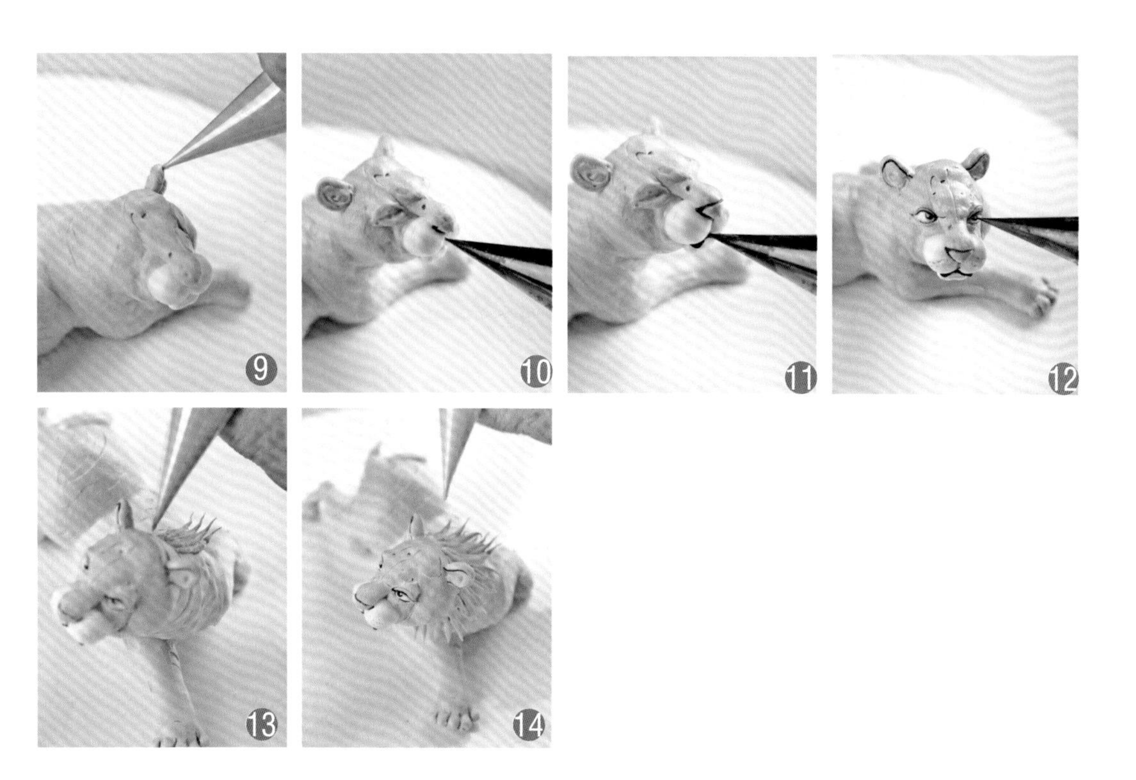

9. 在两个球中间处挤出狮子的鼻子，再用咖啡色奶油挤出耳朵。

10. 用黑色巧克力细裱画出狮子鼻尖。

11. 用黑色巧克力细裱画出狮子嘴巴线条。

12. 用黑色巧克力细裱表现出狮子五官与腮点。

13. 用细裱袋在狮子头部与脖颈位置由粗到细挤出颈毛。

14. 在挤鬃毛时，第二圈在第一圈的上方，第二圈要略短于第一圈，两圈鬃毛位置要交错开来，更有层次感。

猫鼠同处

Maoshu Tongchu

主要工具

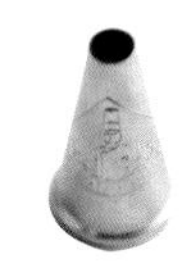

动物裱花嘴

制作过程

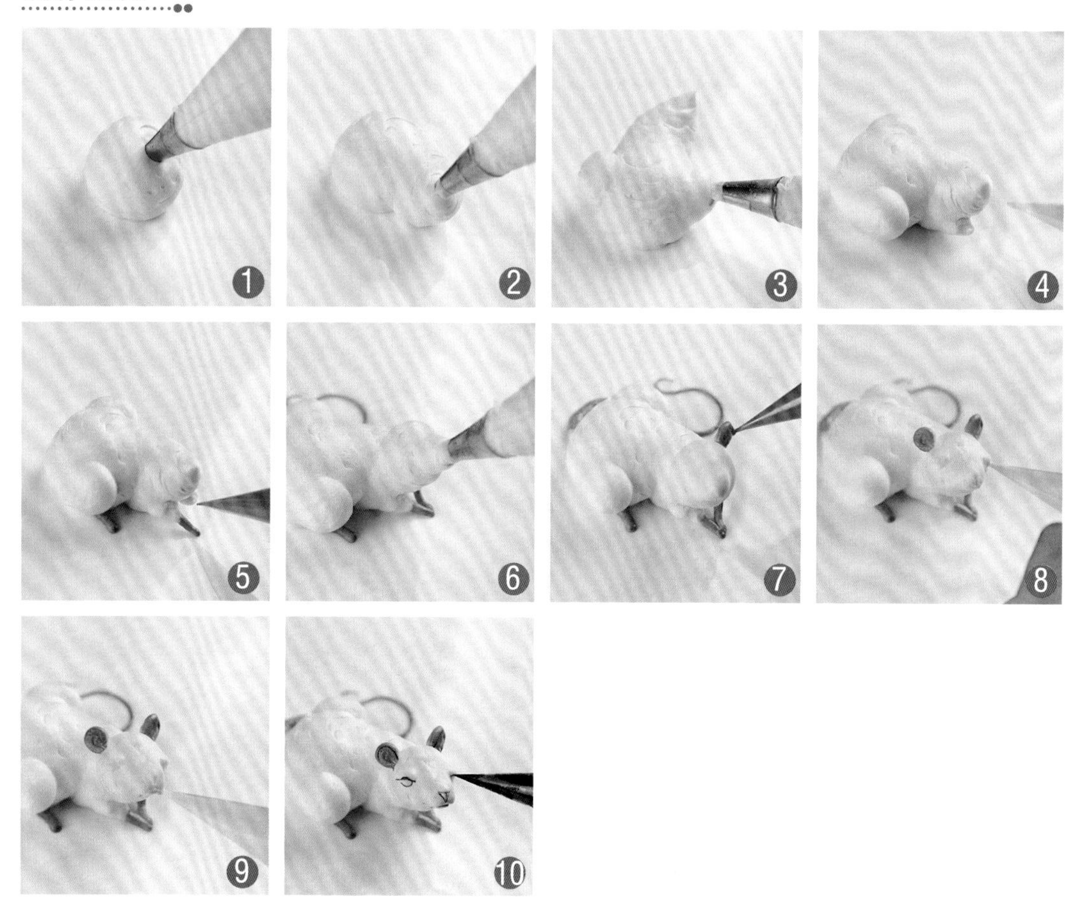

1. 首先将花嘴轻贴蛋糕表面，垂直于转盘90°，由粗到细挤出老鼠臀部圆球。
2. 继续向前将花嘴倾斜75°，挤出弓腰形的老鼠身体和脖颈。
3. 将圆花嘴从老鼠身体臀部的两侧插入，分别向前挤出大腿。
4. 在老鼠胸的前端两侧，分别挤出前大膀臂。
5. 用棕黄色细裱做出后小腿和前小膀臂。
6. 将花嘴倾斜45°，插入老鼠颈部1/3处，向前带拉出水滴状的头部和由粗到细的鼻子，头部和鼻子的长度比例为1:1。
7. 用棕黄色细裱在老鼠头部后方两侧做出耳朵，和鼻尖呈三角式。
8. 在老鼠头部前端两侧倾斜白色奶油细裱45°，挑出眼眶。
9. 用白色奶油细裱细划出老鼠嘴巴和鼻子。
10. 用黑色巧克力细裱表现出老鼠五官细节。

猛虎出山

难易度 Nan Yi Du ★★★★

Menghu Chushan

主要工具

动物裱花嘴

制作过程

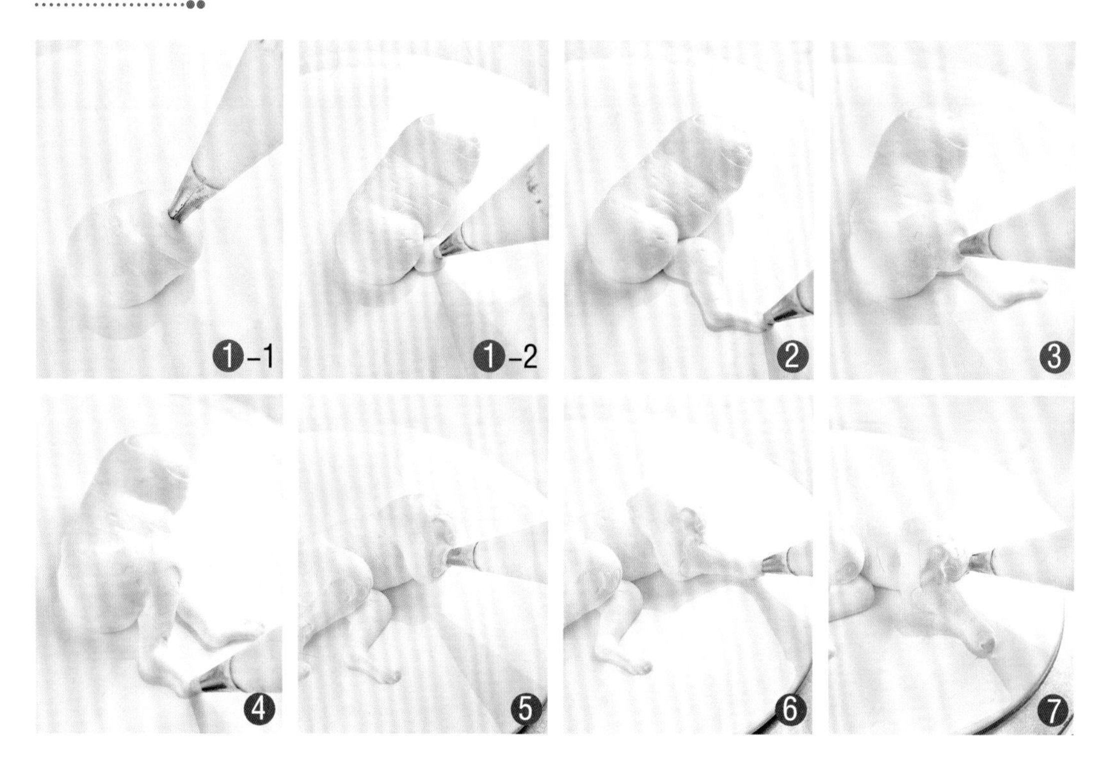

1. 将动物花嘴倾斜45° 角，挤出老虎臀部圆球，接着向前方顺势拉出肚子（与臀部的球大小相等），再继续向前将花嘴抬起，角度控制在30° ~45° ，延伸挤两个球，做出老虎前胸和颈部。
2. 花嘴角度不变，插入第一个球和第二个球之间，挤出虎腿。做出右边呈“Z”形的大腿、小腿和脚，大腿和小腿的长度相等，脚略短，使三节一节比一节细。
3. 倾斜花嘴，插入虎臀部外侧上方的中间部分。
4. 做出呈“Z”字形左边的大腿、小腿和脚，注意体现出腿关节。
5. 花嘴平对着虎身体，插入前胸，向两侧做出前肢肘部。
6. 花嘴奶油由粗到细顺势挤出老虎右前肢。
7. 倾斜花嘴，插入老虎左肘部内。

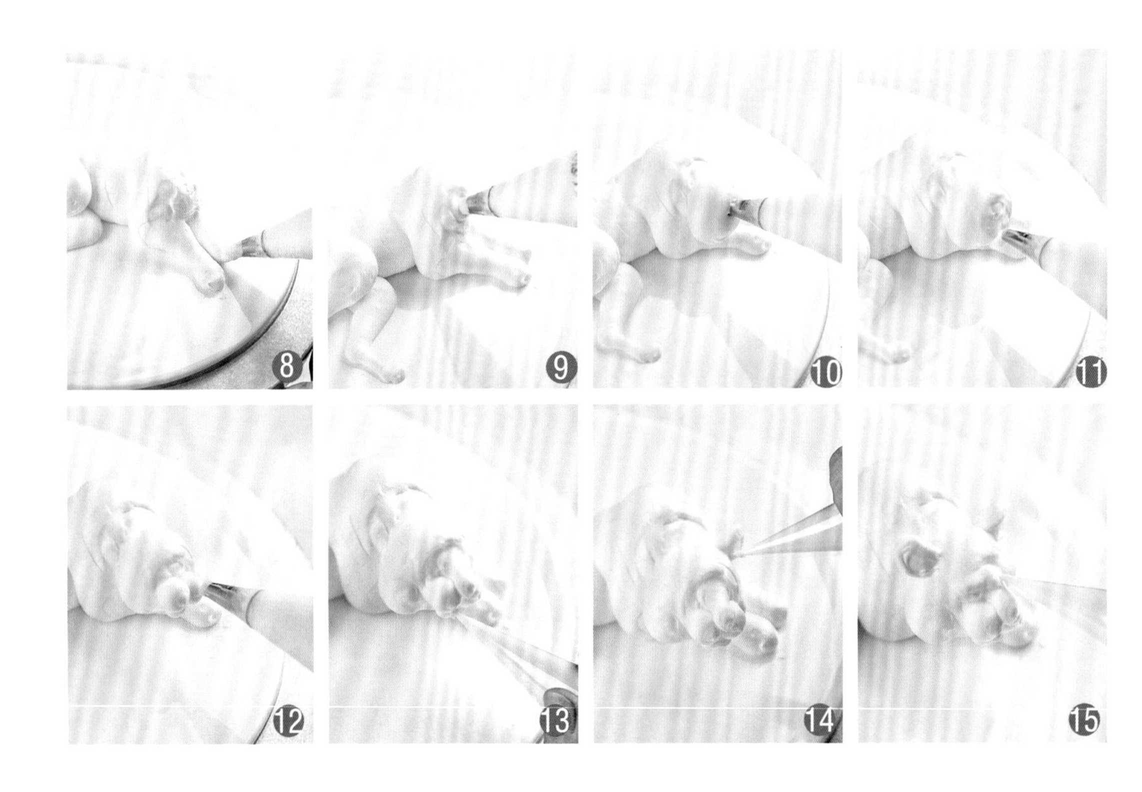

8. 向前方拉出由粗至细的前肢。

9. 将花嘴倾斜35° 左右，插入老虎颈部。

10. 用花嘴做出虎脑袋圆球，大小为身体任意一个球的2/3。

11. 花嘴角度不变，在虎脑袋的最下方挤出下嘴巴圆球。

12. 在老虎嘴巴的正上方挤出两个圆球，为上嘴巴。

13. 在两个圆球的正上方，沿老虎脑袋的正中心线挤出鼻梁，奶油收尾时老虎鼻头要扁平圆滑，呈倒三角形，用奶油细裱做出嘴形。

14. 用奶油细裱在老虎脑袋后边两侧做出耳朵。

15. 用奶油细裱在老虎鼻子的两边由里向外挑出眼眶。

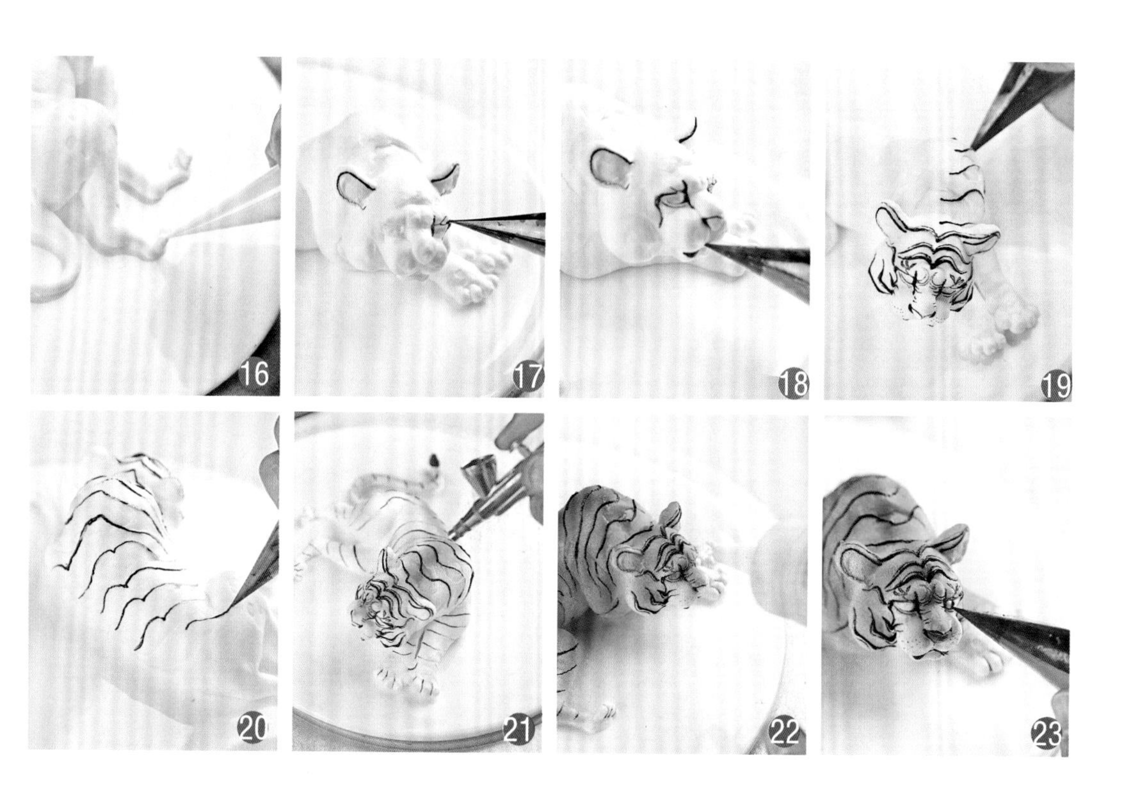

16. 用白色奶油细裱做出虎的脚掌，在臀部处做出由粗到细弯曲的尾巴。

17. 用黑色巧克力细裱描画出虎耳朵与眼睛的轮廓。

18. 继续用黑色细裱表现出虎鼻子和嘴巴，制作时一定要注意线条粗细的变化。

19. 用黑色细裱制作老虎身上的斑纹时，先从头顶的三道纹路开始画起，呈大雁飞翔的形状，中间粗，两头细。

20. 脸部虎纹画好后，再从背部开始画身体的线。

21. 画到虎腿部时，注意有几条线背部要与腿部相连。

22. 用喷枪沿虎背中心线喷上颜色，按中间深两边浅喷完整个身体。

23. 用大红色果膏在虎鼻头上薄薄涂出鼻子，再将老虎头部两侧及身体两侧喷上黄色喷粉，使老虎身体更有立体感。

主要工具

动物裱花嘴

牛气冲天

Niuqi Chongtian

制作过程

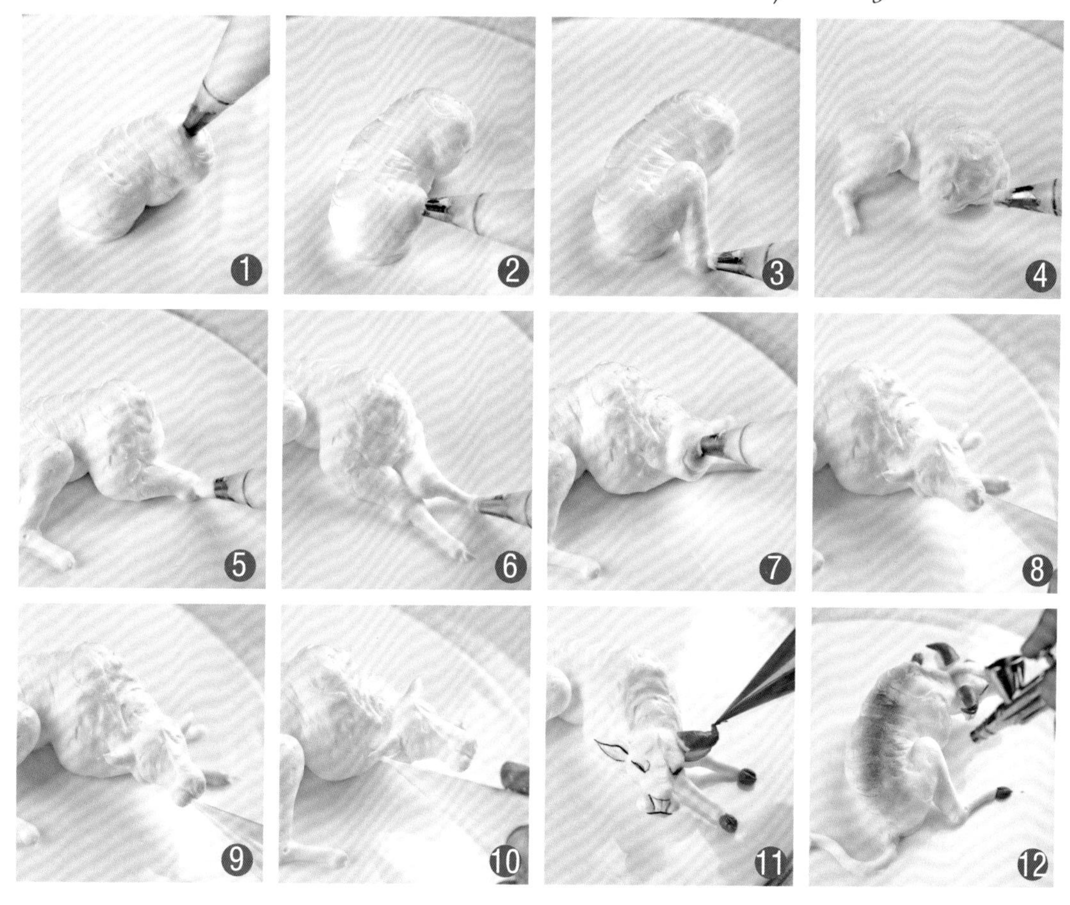

1. 将花嘴倾斜45° 角轻贴于蛋糕表面，挤出牛的臀部，继续向前拉，挤出牛的胸部和颈部圆球。

2. 将花嘴插入牛臀部的右侧，挤出右后腿的肘部关节。

3. 继续向上、向下挤出牛右后腿。

4. 在牛身体两侧挤两个圆球为胸部。

5. 将花嘴插入牛胸部球里，挤出右前腿。

6. 同样方法挤出左前腿。

7. 圆嘴倾斜插入牛前胸，向前拉伸出头部的扁圆球。

8. 在牛头部中心处挤出鼻梁，在头部的两侧做出一对柳叶形的耳朵。

9. 裱花袋轻贴牛脸部前端，吹出两边的肉球成为上嘴巴。

10. 用白色的奶油细裱做出牛耳朵轮廓。

11. 用黑色巧克力细裱表现出牛五官，再用咖啡色巧克力细裱做出牛脚与牛角。

12. 用喷枪在牛背上喷色，使其立体感更强。

雪熊互依
难易度
Nan Yi Du
Xuexiong Huyi

主要工具

动物裱花嘴

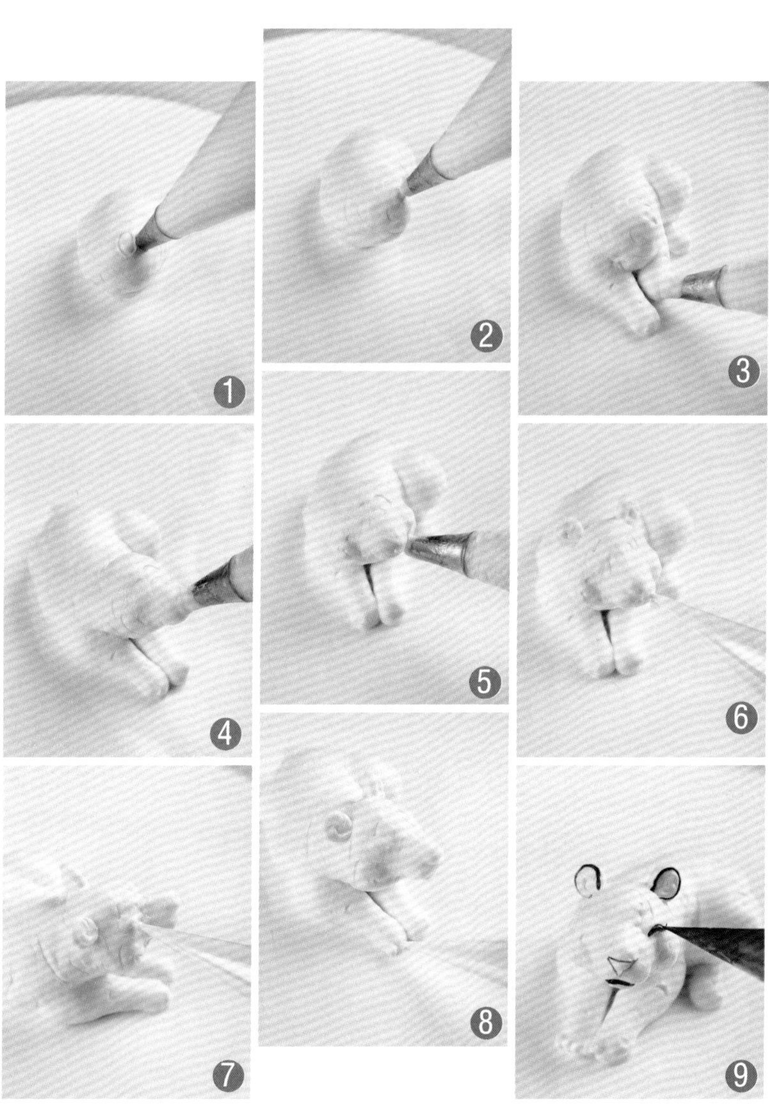

制作过程

1. 将动物裱花嘴倾斜，轻贴于蛋糕表面，挤出熊身体圆球。
2. 在熊身体圆球上方，顺势挤出脖颈，不要太尖。
3. 在熊臀部的左侧，将花嘴插入，挤出弓形的后腿，在胸部两侧由粗到细挤出前腿。
4. 在熊臀部中间挤出短小的尾巴，再将花嘴插入颈部，挤出头部圆球，顺势挤出稍长形的脸部。
5. 将花嘴插入熊脸部两侧，挤吹出腮部。
6. 用白色奶油细裱在熊头部圆球的后侧两边挤出圆形的耳朵，再从额头处挤向嘴巴，做出略长于嘴的鼻梁，然后在鼻梁的下方做出嘴巴。
7. 在熊腮部的上方、鼻梁的两侧挑出眼眶。
8. 用白色奶油细裱在熊前后腿上挤出脚趾。
9. 用黑色巧克力细裱描画出熊的五官。

光辉岁月

Guanghui Suiyue

主要工具

锯齿刮片

锯齿叶子小铲

平口刮片

方形吸囊

制作过程

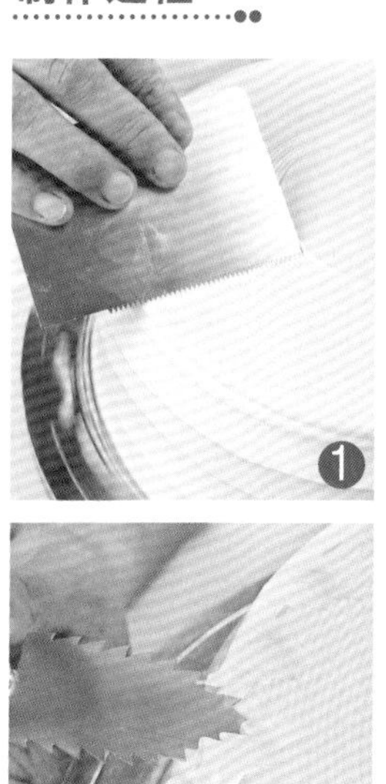
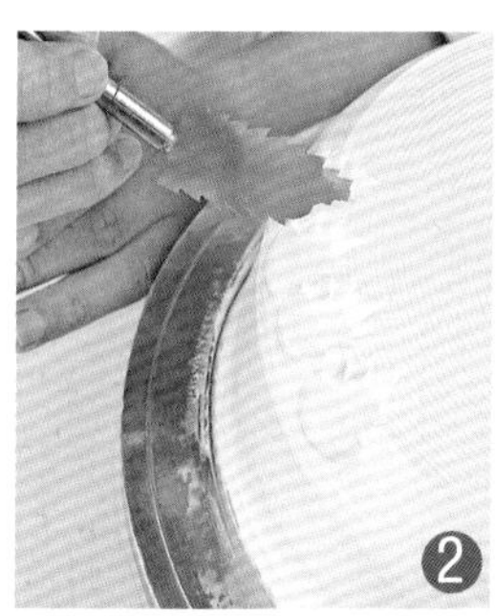

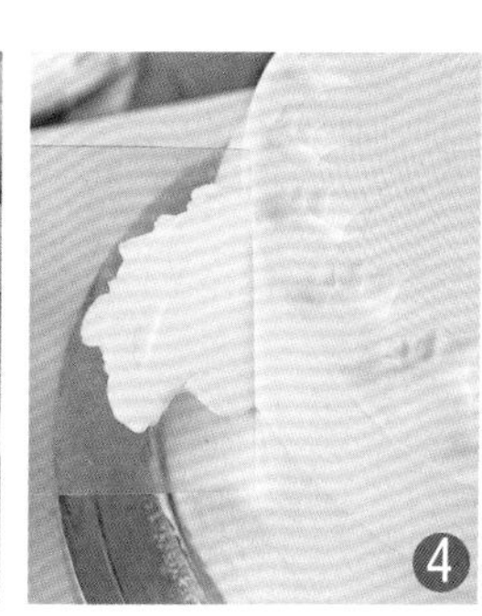

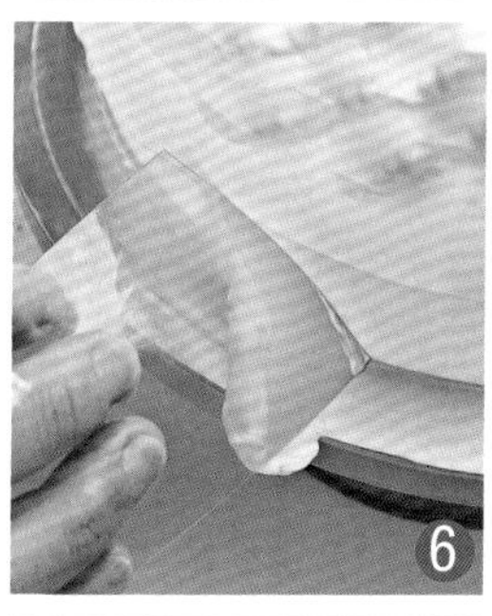

1. 用锯齿刮片将蛋糕顶部刮出纹路。
2. 将小铲加热放平，在蛋糕面的边缘压出纹路。
3. 将铁片加热，将蛋糕第一层纹路与侧面奶油分开。
4. 用平口刮片将蛋糕侧面多余的奶油刮掉。
5. 将小铲加热，压出第二层纹路。
6. 用平口刮片将蛋糕侧面多余的奶油刮平。
7. 在蛋糕侧面挤上绿色果膏，并用三角形刮片切出薄边。
8. 将方形吸囊加热，在蛋糕底部压出纹路。
9. 用小铲在蛋糕顶部压出纹路。
10. 将制作好的蛋糕挑至底盘上即可。

和风细雨
难易度
Nan Yi Du
Hefeng Xiyu

主要工具

平口刮片　锯齿欧式万能刮片

制作过程

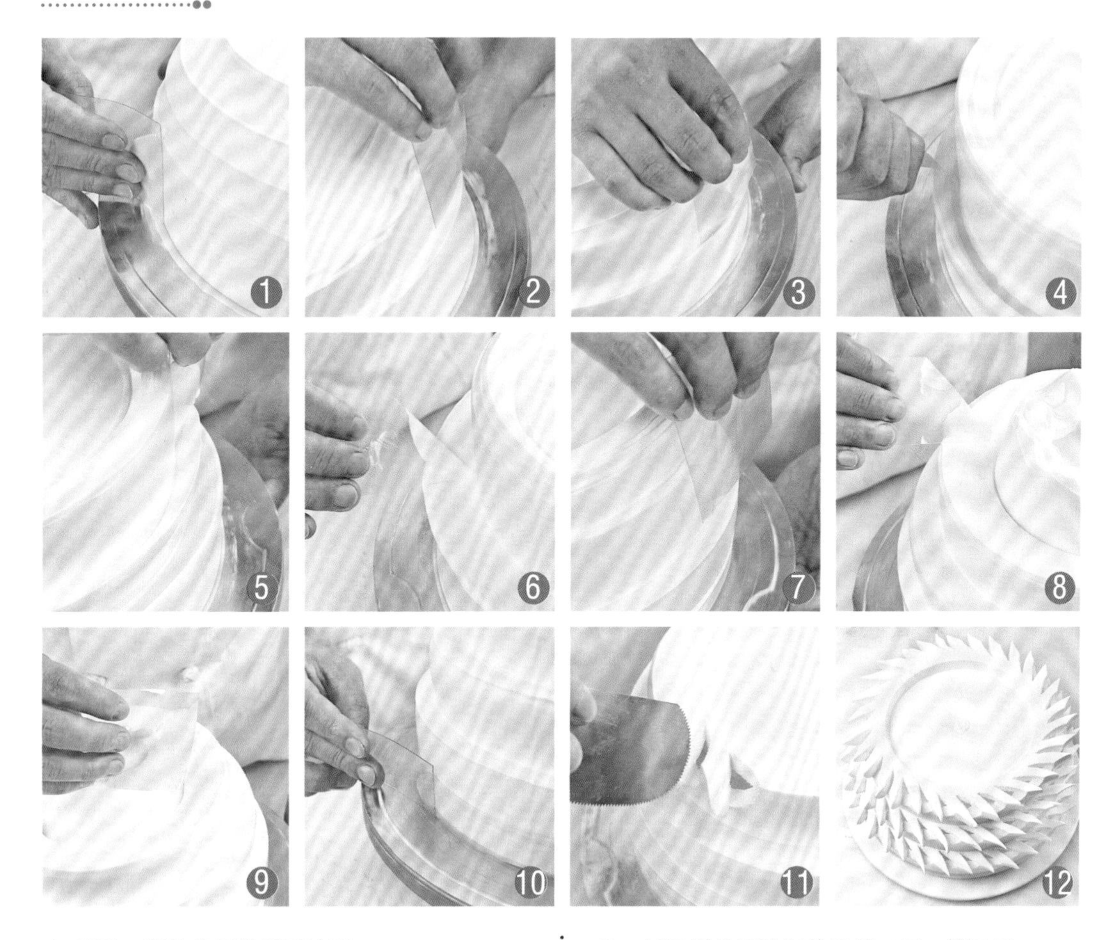

1. 用平口刮片将蛋糕侧面抹平。
2. 在蛋糕侧面压出层次。
3. 用三角刮片垂直切出薄边。
4. 在凹槽处挤上黄色果膏。
5. 用三角刮片在上侧切出薄边。
6. 将上侧薄边覆盖至下层，用刮片将蛋糕面刮平。
7. 用刮片将蛋糕侧面奶油刮平。
8. 以同样的手法制作出第二层、第三层。
9. 将蛋糕顶部多余奶油刮去。
10. 在蛋糕面的下端1/2处挤上黄色果膏。
11. 将万能刮片加热，刮片角度略微张开，向里压，向外打开，以同样的手法制作蛋糕第二层、第三层。
12. 将制作好的蛋糕挑至底盘上即可。

红粉佳人

Hongfen Jiaren

主要工具

长方形刮片

平口刮片

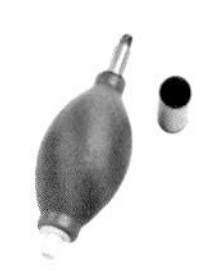
圆形吸囊

吹瓶

制作过程

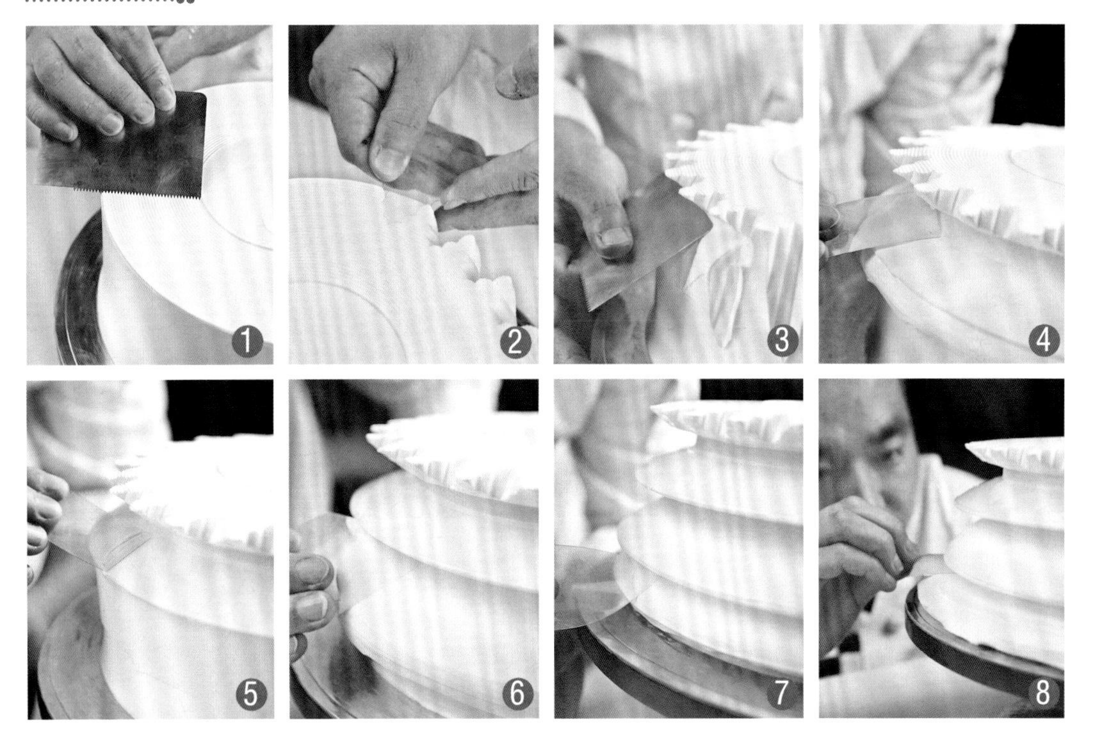

1. 用锯齿刮片将蛋糕顶部刮出纹路。
2. 用锯齿刮片一角在蛋糕直面的边缘处压出纹路。
3. 用铁刮片将蛋糕顶口边缘分割开。
4. 用长方形刮片将蛋糕侧面刮平。
5. 在蛋糕侧面挤上粉色果膏，并用刮片刮平。
6. 用三角刮片将蛋糕侧面切薄。
7. 以同样的手法切出蛋糕第二层。
8. 用刮片将蛋糕底部刮平。

9. 用刮片将蛋糕底部奶油往上方刮，与第二层连接在一起。

10. 在蛋糕底部挤上粉色果膏，并用刮片刮平。

11. 用三角形刮片将蛋糕底部切出薄边。

12. 用吹瓶吹出弧形边。

13. 用刮片将蛋糕顶部多余奶油取出，并刮平。

14. 用锯齿刮片在蛋糕顶部压出纹路。

15. 将吸囊加热。

16. 在蛋糕侧面吸出圆形花纹。

17. 将吸囊加热，在蛋糕底部吸出圆形花纹。

18. 将制作好的蛋糕挑至底盘上即可。

青葱岁月

难易度 Nan Yi Du ★★★★

Qingcong Suiyue

主要工具

锯齿刮片

平口刮片

锯齿大尖弧刮片

制作过程

1. 用刮片将蛋糕底部抹圆。
2. 用刮片将蛋糕面的中间抹圆。
3. 用刮片将蛋糕顶部1/3刮圆。
4. 用刮片将蛋糕顶部多余奶油取出并刮平。
5. 用锯齿大尖弧刮片在蛋糕第一层上压出纹路。
6. 刮片倾斜向下，压出第二层、第三层纹路。
7. 用刮片将蛋糕顶部压出纹路。
8. 将制作好的蛋糕挑至底盘上即可。

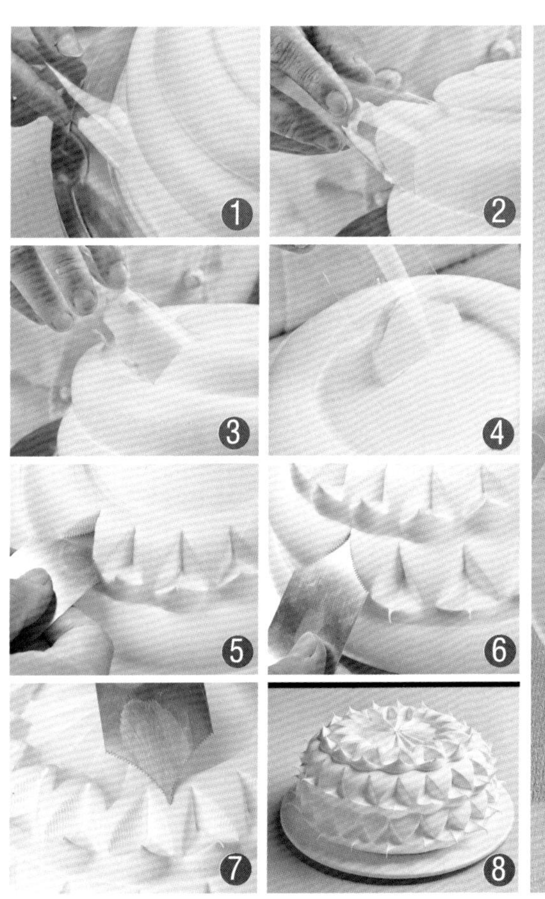

蓝色港湾

Lanse Gangwan

主要工具

长方形刮片

平口刮片

圆形吸囊

吹瓶

制作过程

1. 用长方形刮片在蛋糕侧面1/2处压出层次。
2. 在蛋糕侧面挤上蓝色果膏，刮平，并用三角刮片在蛋糕顶部切出薄边。
3. 用吹瓶吹出弧形边。
4. 用刮片将蛋糕顶部刮平。
5. 用三角刮片在蛋糕顶部切出薄边。
6. 用小刮片将蛋糕顶部奶油往中心推，直至刮平。
7. 在蛋糕顶部切出第二层薄边。
8. 将第二层薄边覆盖到第一层上，用刮片刮平。

9. 用刮片将蛋糕顶部中心奶油取出。

10. 用三角形刮片在蛋糕侧面切出第一层薄边。

11. 用吹瓶吹出弧形边。

12. 用同样的手法制作出第二层、第三层。

13. 在第三层薄边的下侧挤上蓝色果膏。

14. 将蛋糕底部奶油向上刮，直至与第三层薄边连接在一起。

15. 用三角形刮片将蛋糕底部刮光滑。

16. 将吸囊加热。

17. 在蛋糕顶部吸出圆形花纹。

18. 将模具加热，在蛋糕底部压出纹路。

19. 将吸囊加热，在蛋糕底部吸出纹路。

20. 将制作好的蛋糕挑至底盘上即可。

知味恋歌

难易度 Nan Yi Du ★★★★

Zhiwei Liange

制作过程

1. 用大刮片将蛋糕面抹成圆面。
2. 将多功能小铲加热，在蛋糕圆面弧形的地方压出花纹，小铲要倾斜着压下去。
3. 将多功能小铲加热，垂直贴于蛋糕侧面，向内压出纹路，与第一层纹路连在一起。
4. 用小铲将蛋糕顶部奶油取出。
5. 将小铲加热，在蛋糕顶部压出纹路。
6. 刮片倾斜放于两个纹路中间，向内压进去，然后刮片略微倾斜着带出来。
7. 将蛋糕侧面喷上绿色喷粉，再在顶部挤上绿色果膏即可。
8. 将制作好的蛋糕挑至底盘上即可。

主要工具

大刮片

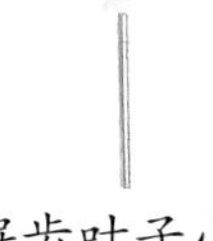

锯齿叶子小铲

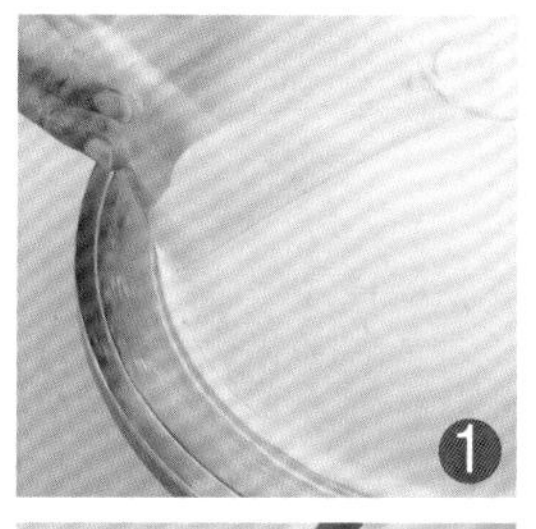

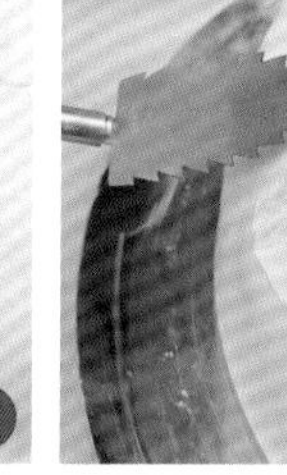

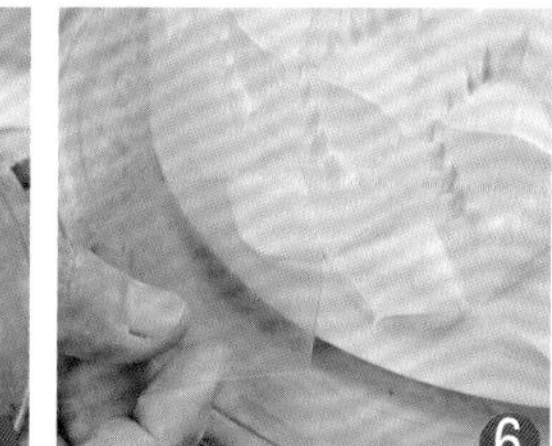

恋恋心情

Lianlian Xinqing

主要工具

制作过程

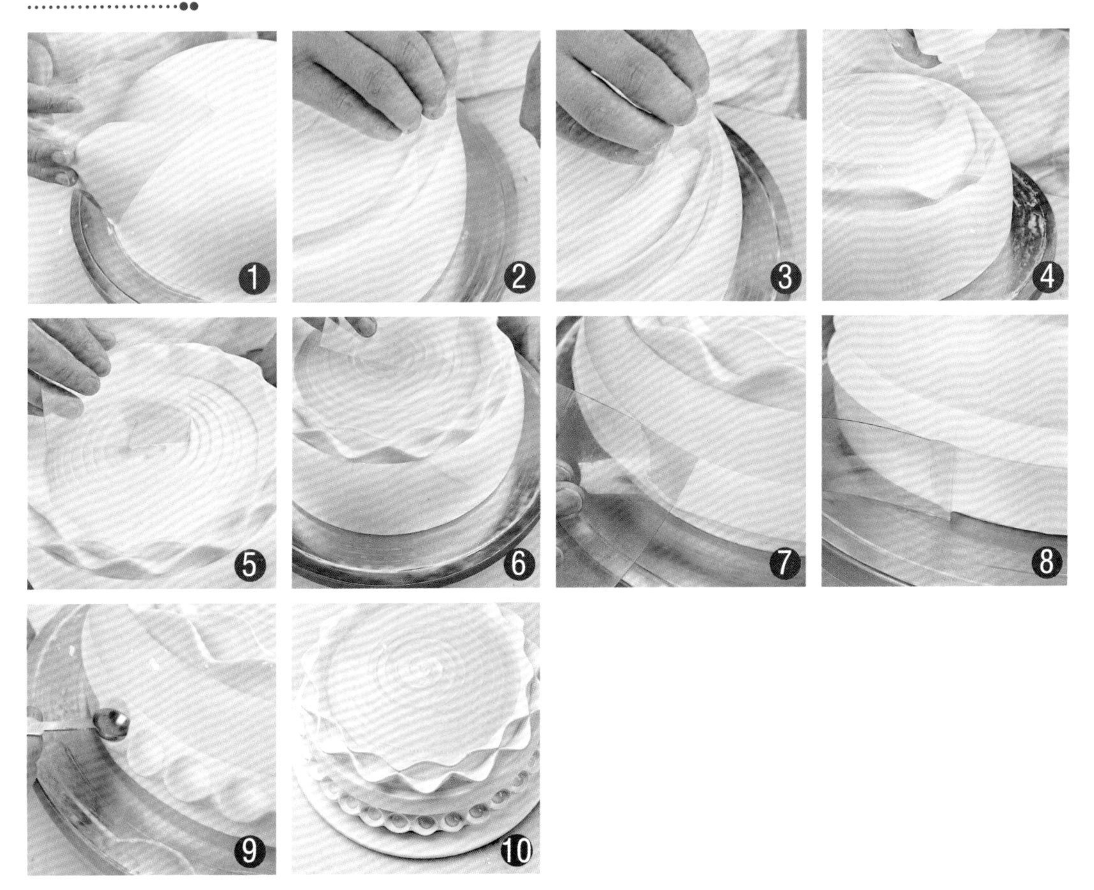

1. 用大刮片将蛋糕面抹成圆面。
2. 用三角形刮片在蛋糕顶部边缘1/3处，切出三角形凹槽。
3. 在蛋糕侧面淋上粉色果膏，并用三角形刮片切出薄边。
4. 用吹瓶吹出弧形边。
5. 以同样的手法制作出第二层，并将蛋糕顶部多余奶油取出，用刮片走出水纹。
6. 将蛋糕顶部淋上粉色果膏，并用刮片刮光滑。
7. 将蛋糕侧面1/2处切出棱角。
8. 将蛋糕底部切平，淋上粉色果膏，并刮光滑。
9. 将烫勺加热，在蛋糕底部压出纹路，在纹路内挤上粉色果膏。
10. 将制作好的蛋糕挑至底盘上即可。

烈焰红唇

Lieyan Hongchun

主要工具

锯齿刮片

制作过程

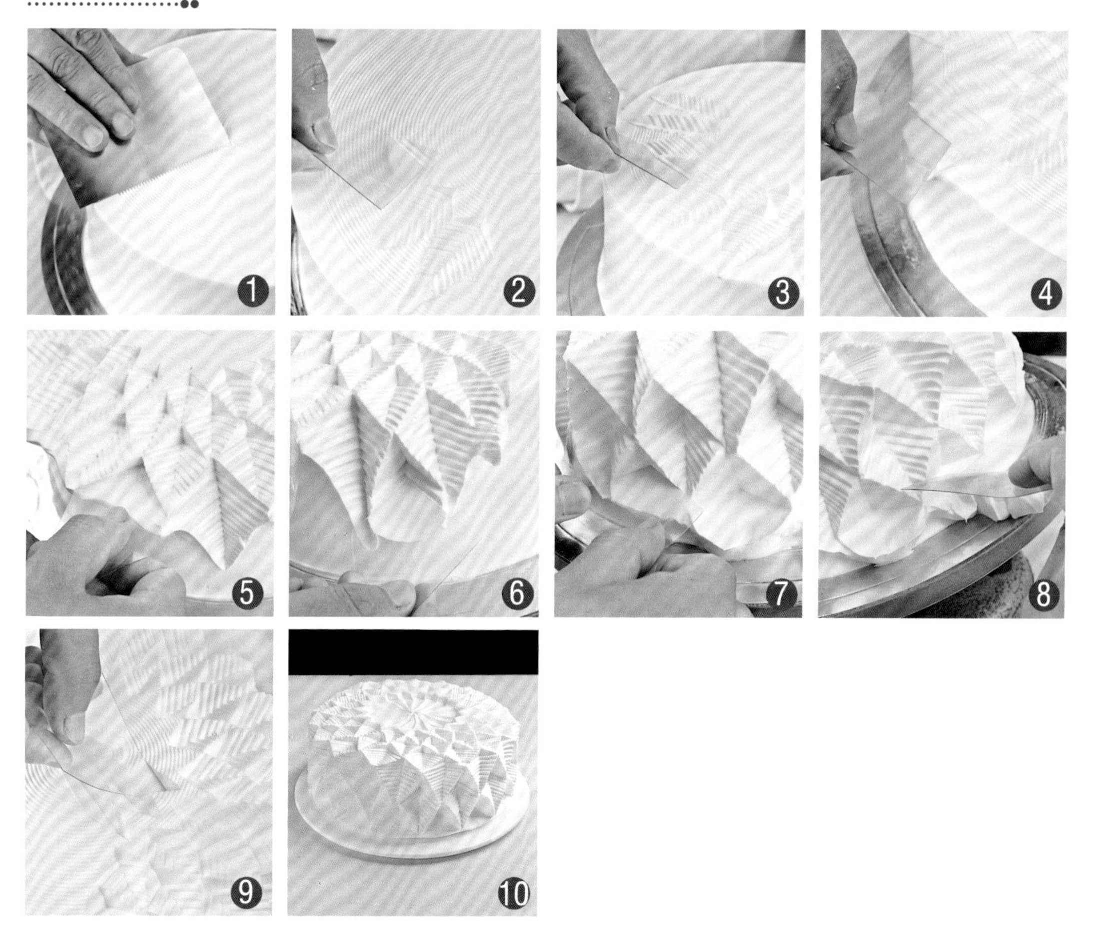

1. 用锯齿刮片将蛋糕顶部刮出纹路。
2. 用三角形的刮片在蛋糕顶部压出纹路层次。
3. 用三角刮片在两个三角形纹路中间，压出层次、纹路。
4. 以同样的方法压出第三层纹路。
5. 以同样的方法压出第四层纹路。
6. 以同样的方法压出第五层纹路。
7. 用三角刮片在两个三角形中间压出纹路。
8. 将蛋糕底部多余奶油刮平。
9. 用小三角形刮片在蛋糕顶部压出纹路。
10. 将制作好的蛋糕挑至底盘上即可。

清莲一生

Qinglian Yisheng

主要工具

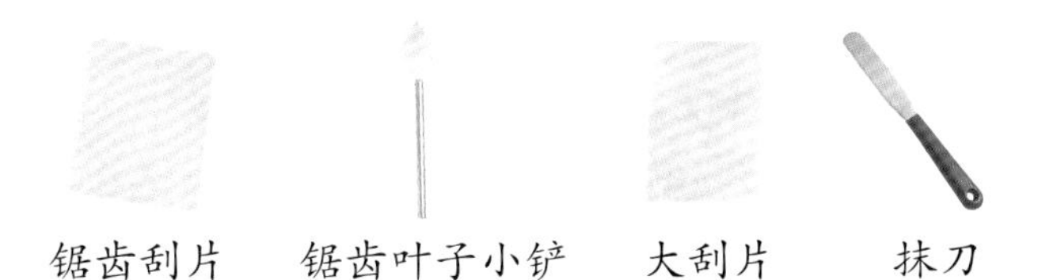

锯齿刮片　锯齿叶子小铲　大刮片　抹刀

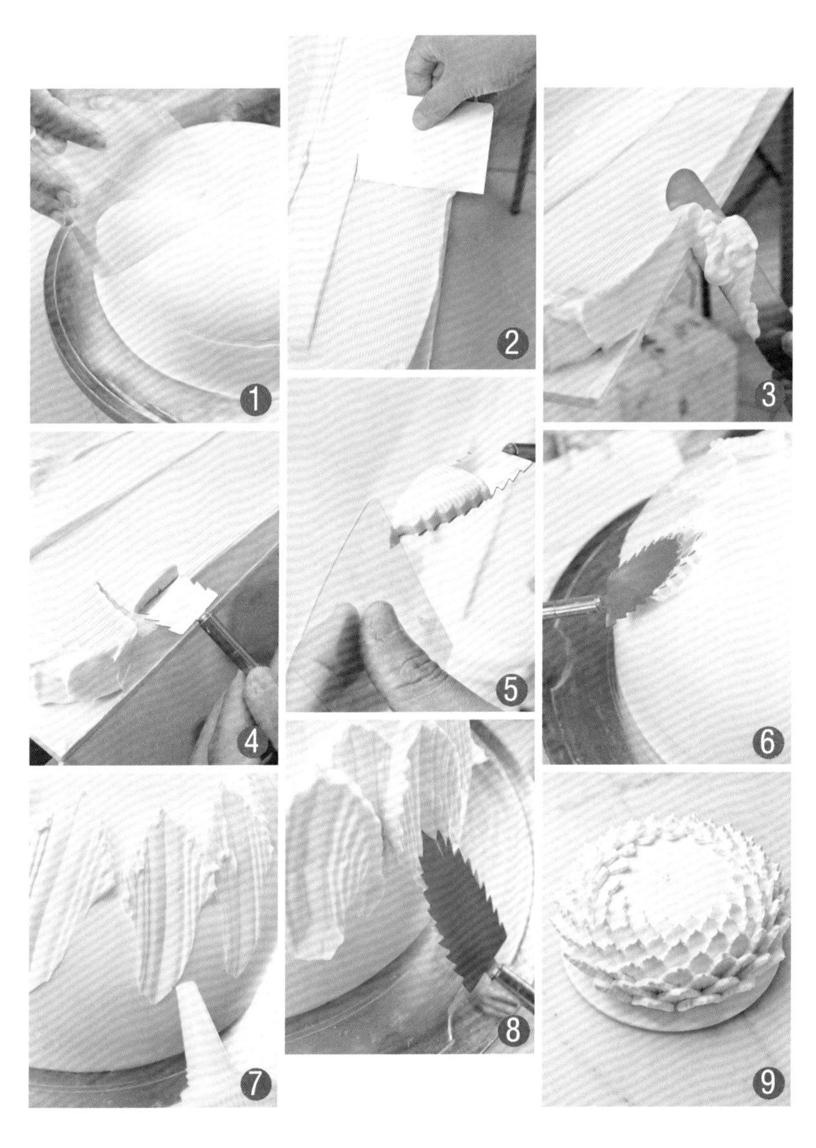

制作过程

1. 用大刮片将蛋糕面抹成圆面。
2. 将奶油抹在白板上刮平，再用锯齿刮片刮出纹路。
3. 用抹刀将蛋糕边缘多余的奶油刮掉。
4. 将锯齿叶子小铲加热，用小铲在蛋糕面上挑起奶油。
5. 用刮片将小铲边缘的奶油刮掉。
6. 将小铲压在蛋糕边缘处，压出纹路。
7. 在蛋糕面上喷上喷粉。
8. 每一层纹路要交错着压。以同样的手法制作余下的几层。
9. 将制作好的蛋糕挑至底盘上即可。

甜蜜滋味

Tianmi Ziwei

主要工具

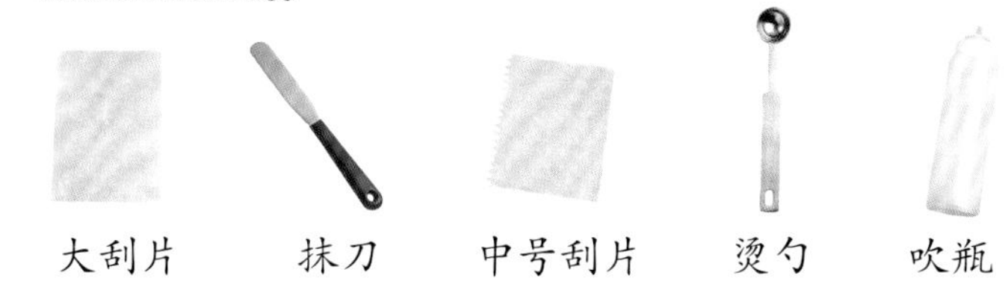

制作过程

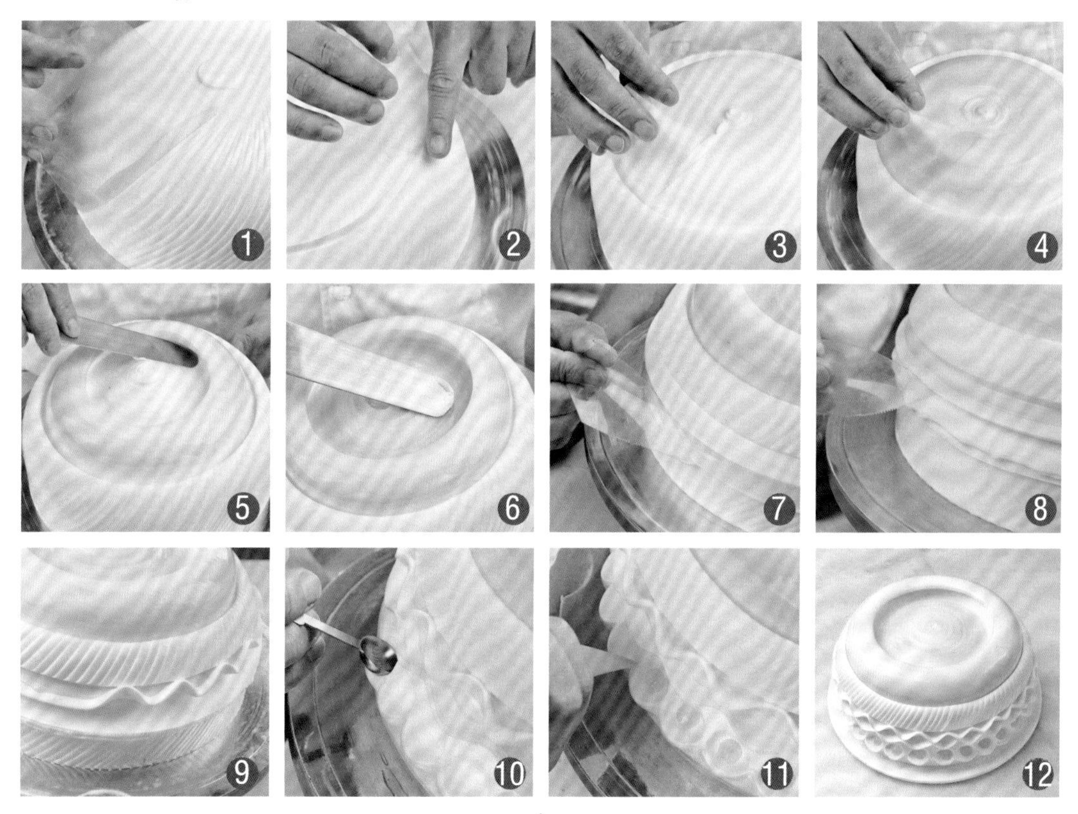

1. 用大刮片将蛋糕面拍打出纹路。
2. 用中号刮片将蛋糕顶部边缘1/3处切出一道边，约一根手指的宽度。
3. 将蛋糕顶部2/3处抹成圆形。
4. 在蛋糕面上挤上粉色、黄色果膏，并用刮片刮光滑。
5. 将刀刃翘起30°，刀刃贴紧奶油，平行向自身方向移动，并把多余的奶油取出。
6. 在掏空的内侧挤上黄色、粉色果膏，并用抹刀走出水纹。
7. 用三角形刮片将蛋糕侧面约1/2处刮平。
8. 在侧面凹槽处挤上黄色果膏，用三角形刮片将侧面切薄。
9. 用吹瓶吹出弧形，以同样的手法做出第二层，并将蛋糕底部抹平，淋上粉色果膏。
10. 将烫勺加热，在蛋糕上压出纹路。
11. 在蛋糕底部凹槽内挤上黄色果膏。
12. 将制作好的蛋糕挑至底盘上。

心的港湾

Xin de Gangwan

主要工具

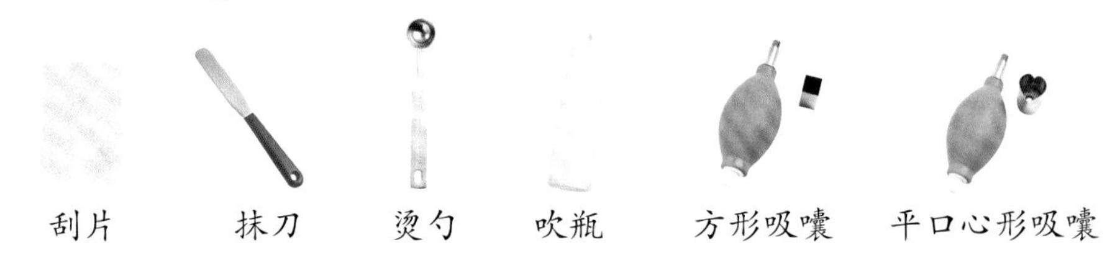

刮片　抹刀　烫勺　吹瓶　方形吸囊　平口心形吸囊

制作过程

1. 用三角刮片将蛋糕侧面压出层次，第二层边缘切边。
2. 第二层里侧挤上蓝色果膏，用刮片切出第三层边。
3. 将第三层边覆盖至第二层上。
4. 将蛋糕侧面刮圆，用刮片将侧面奶油刮平。
5. 将果膏淋在蛋糕底部，用三角形刮片切出薄边。
6. 用三角形刮片在蛋糕顶部切出薄边。
7. 用刮片将奶油带平。
8. 用抹刀将蛋糕顶部奶油抹直。
9. 在蛋糕顶部凹槽处挤上蓝色果膏，并用抹刀抹光滑。
10. 用三角刮片在蛋糕顶部切边。
11. 将蛋糕顶部奶油覆盖到侧边。
12. 用刮片将蛋糕顶部奶油取出。
13. 将平口心形吸嚷加热，在蛋糕顶部吸出心形花纹。
14. 将方形吸嚷加热，在蛋糕中间压出纹路。
15. 将烫勺加热，在蛋糕底部烫出纹路。
16. 将制作好的蛋糕挑至底盘上即可。

至高无上

难易度 Nan Yi Du ★★★★

Zhigao Wushang

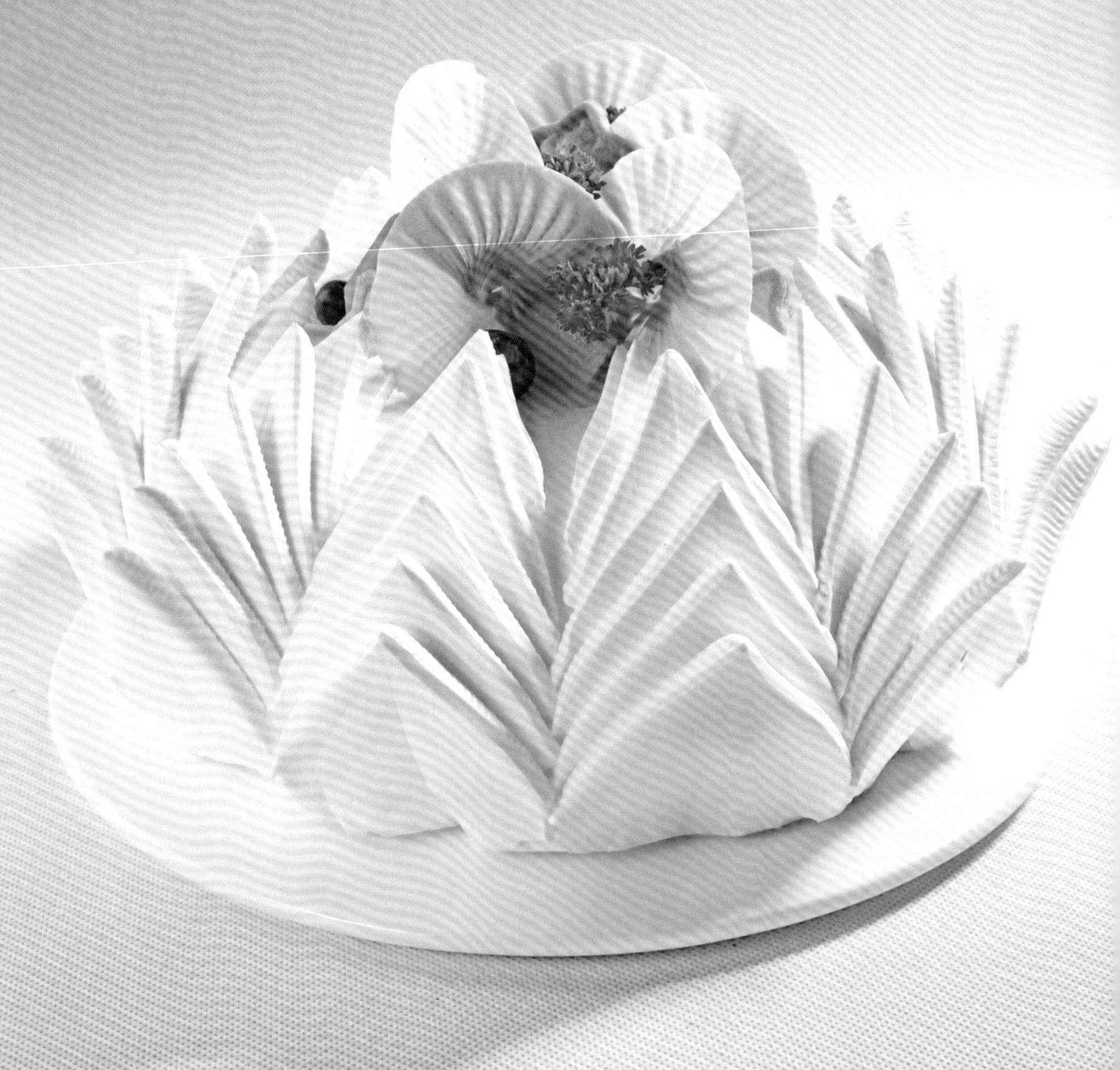

主要工具

大刮片　抹刀　锯齿刮片　铁制刮片

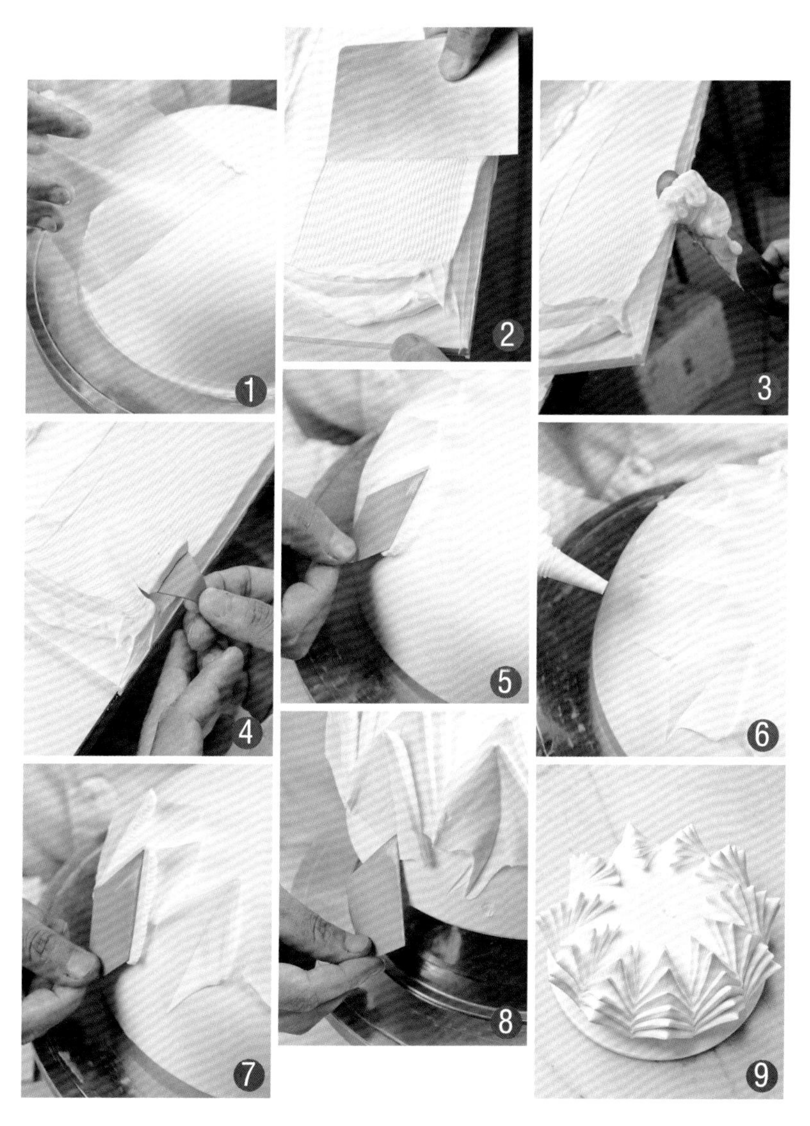

制作过程

1. 用大刮片将蛋糕面抹成圆面。
2. 将奶油抹在白板上刮平，再用锯齿刮片刮出纹路。
3. 用抹刀将蛋糕边缘多余的奶油刮掉。
4. 将铁片加热，从面上挑起奶油。
5. 将铁制刮片压在蛋糕边缘处，压出纹路。
6. 在蛋糕面上喷上喷粉。
7. 将挑起的奶油压在第一层纹路上。
8. 在纹路的根部喷上喷粉，以同样的手法制作出余下的几层。
9. 将制作好的蛋糕挑至底盘上即可。

心有灵犀

Xinyou Lingxi

难易度 Nan Yi Du ★★★★

主要工具

长方形刮片

刮片

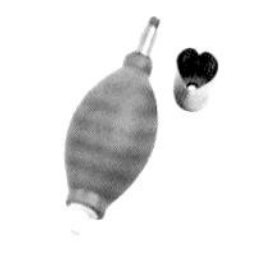
桃心形吸囊

制作过程

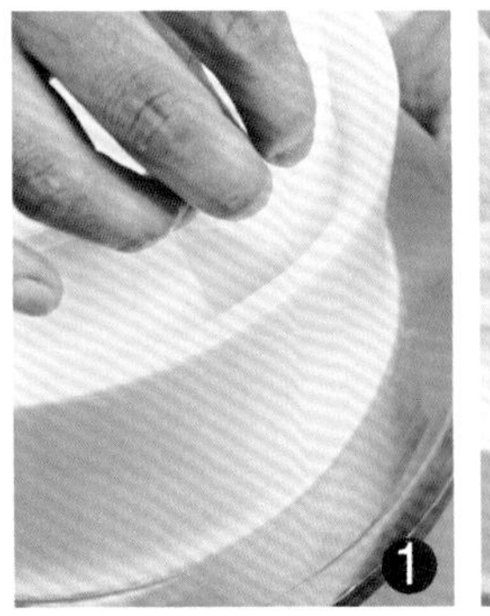

1. 用刮片在蛋糕边缘处切出薄边。
2. 用长方形刮片将蛋糕内侧奶油往里侧推。
3. 在凹槽处挤上粉色果膏。
4. 用三角形刮片在蛋糕上侧切出薄边。
5. 用刮片将蛋糕侧面奶油刮直。
6. 将蛋糕顶部奶油覆盖到边缘。
7. 用刮片将蛋糕侧面修直。
8. 用长方形刮片将蛋糕顶部奶油取出，刮成弧形。
9. 在蛋糕顶部淋上粉色果膏，用刮片带平。
10. 在蛋糕顶部边缘挤上黄色果膏，用刮片带平。
11. 将蛋糕侧面淋上黄色果膏，用刮片刮光滑，将底部多余奶油刮掉。
12. 将吸嘴加热，在蛋糕顶部吸出心形。
13. 将吸嘴加热，在蛋糕侧面吸出心形，一正一反两层。
14. 将制作好的蛋糕挑至底盘上即可。

小桥流水

Xiaoqiao Liushui

主要工具

制作过程

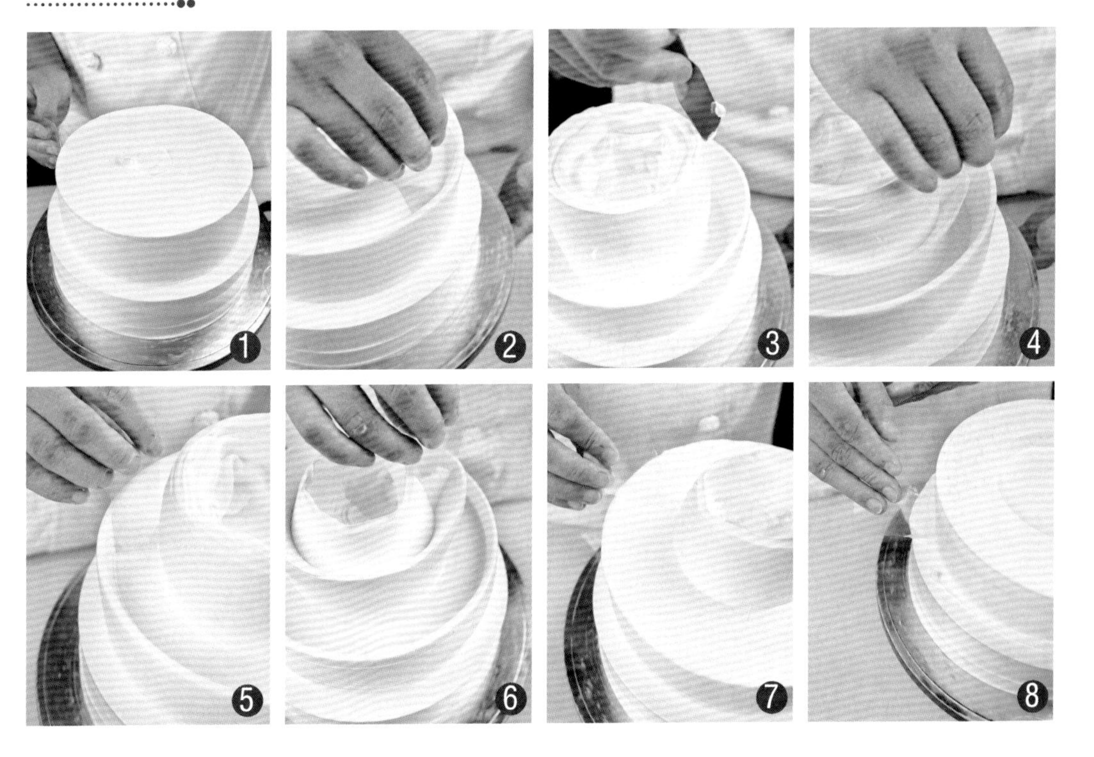

1. 用长方形刮片在蛋糕侧面1/2处压出层次，并将侧面刮平。
2. 用三角刮片在蛋糕顶部切出薄边。
3. 用抹刀将蛋糕顶部奶油往中心点推，直至抹平。
4. 用三角刮片在蛋糕顶部切出第二层薄边。
5. 将第二层薄边覆盖到第一层薄边的1/2处。
6. 在凹槽处挤上粉色果膏，用刮片刮平，用三角刮片在蛋糕顶部切出第三层薄边。
7. 将第三层薄边覆盖到第一层薄边上，用刮片刮平。
8. 用刮片将蛋糕侧面刮直。

9. 用锯齿刮片将蛋糕侧面刮出纹路。

10. 用三角刮片在蛋糕侧面压出纹路。

11. 将铁刮片加热。

12. 用加热的铁刮片将蛋糕侧面纹路与底部奶油切开。

13. 用三角刮片将蛋糕底部切出一道薄边。

14. 将蛋糕底部奶油往上刮，与上面薄边连接在一起。

15. 用刮片在蛋糕底部切出一道薄边。

16. 将模具加热，在蛋糕底部压出纹路。

17. 将吸囊加热，在蛋糕顶部吸出方形花纹。

18. 用吸囊将蛋糕顶部第二层吸出方形纹路。

19. 将吸囊加热，在蛋糕底部吸出方形花纹。

20. 将制作好的蛋糕挑至底盘上即可。

CHAPTER 3

奶油霜篇

在装饰蛋糕的各大“功臣”里，奶油霜扮演着重要的角色。和打发的鲜奶油比起来，同样是装饰蛋糕，奶油霜的使用范围要广得多，不但适合戚风及海绵等柔软的蛋糕的装饰，也适合口感浓郁的黄油蛋糕、重乳酪蛋糕的装饰。而且，因奶油霜具有裱花清晰、不易化、冷藏后会变硬的特点，故给西点制作带来无穷的创造性。

奶油霜裱花蛋糕基础

了解奶油霜

奶油霜是利用搅打过的奶油加上蛋白霜等制成的，材料好、比例精准的奶油霜非常浓郁且美味。奶油霜放凉后会变硬，所以可以用于裱花装饰。各种裱花花形都会有其相对应的奶油霜状态，故在裱花之前，就需要调节其霜饰的硬度，把握好硬度就能保证花朵既不会断掉也不会塌掉。

奶油霜所呈现出来的漂亮色彩是由添加的昂贵的进口食用色素所塑造出的，与植脂奶油相比，奶油霜更加健康且塑形效果更好、更立体，品尝意式奶油霜蛋糕可以享受到淡奶油和冰淇淋的双重口感，因而奶油霜蛋糕无可替代地获得更多人的喜爱！其实，不仅是意式奶油霜可以做韩式裱花蛋糕，还有法式、英式和芝士奶油霜都可以用来做，只是口感上会有些差别。

制作奶油霜蛋糕需要具备一定的相关技术。奶油霜调色时，每一种颜色都要占用一个碗，塑形、调色也都是比较讲究技术技巧的工作。同时，奶油霜相比其他任何奶油都更不易操作，因为天气热的时候它会变软，很难挤成一个花朵；天气冷的时候，它又会变得很硬，根本就挤不出来，所以，环境问题也成为了影响奶油霜蛋糕制作的关键因素，如此一来就更需要一个可以对它掌控自如的裱花师！

如果说，普通的奶油蛋糕只是我们庆祝生日的形式之一，那么，订制类似这种特别的蛋糕可以说是一种奢侈、小资和一种心情，享受生活、热爱生活，表达不在乎成本多少，但它代表着一种态度，对家人、对朋友的一种态度，它在宣扬着：没有人比你在我心目中更重要！

奶油霜调色技巧

将粉色奶油霜与黄色奶油霜混合，搅拌均匀后即可调出肉色奶油霜。

+ =

将蓝色奶油霜与紫色奶油霜混合，搅拌均匀后即可调出群青色奶油霜。

+ =

将红色奶油霜与黄色奶油霜混合，搅拌均匀后即可调出橙色奶油霜。

+ =

将蓝色奶油霜与粉色奶油霜混合，搅拌均匀后即可调出紫色奶油霜。

+ =

将红色奶油霜、黑色奶油霜与黄色奶油霜混合，搅拌均匀后即可调出咖啡色奶油霜。

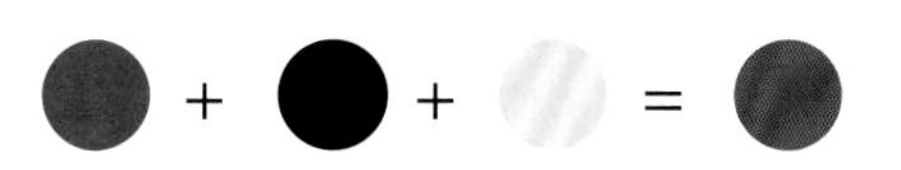

将绿色奶油霜与黄色奶油霜混合，搅拌均匀后即可调出果绿色奶油霜。

将红色奶油霜、紫色奶油霜与白色奶油霜混合，搅拌均匀后即可调出桃红色奶油霜。

将咖啡色奶油霜、红色奶油霜与群青色奶油霜混合，搅拌均匀后即可调出黑色奶油霜。

将蓝色奶油霜与黄色奶油霜混合，搅拌均匀后即可调出绿色奶油霜。

将绿色奶油霜、咖啡色奶油霜与橙色奶油霜混合，搅拌均匀后即可调出墨绿色奶油霜。

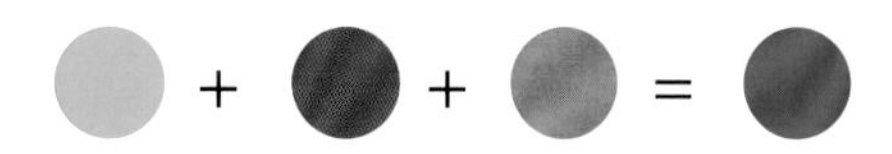

将红色奶油霜与黄色奶油霜混合，搅拌均匀后即可调出圣诞红色奶油霜。

制作花卉蛋糕的基本工具

花嘴

裱花必备器材。

筷子

可作为支撑花朵的工具。

裱花棒

制作花卉时用来支撑米花托。

米花托

米粉制成，可食用，制作花卉时用来支撑花朵，若没有花托也可以用筷子来代替。

常用花嘴及其制作的花形

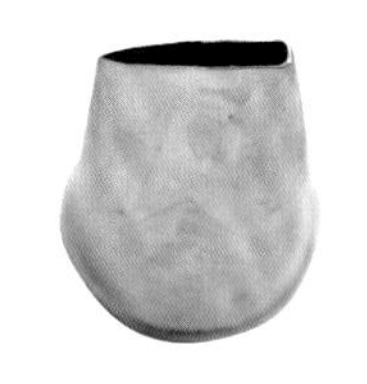

中直花嘴

宿根福禄考

红掌

小牡丹

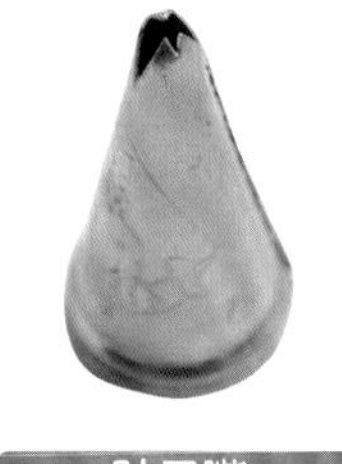

叶子嘴

大丽花

圣诞花

小百合

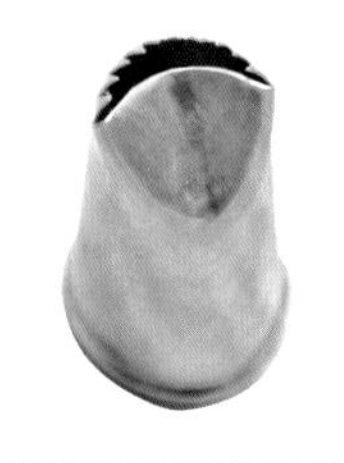

弧形扁齿嘴

荷花

野菊花

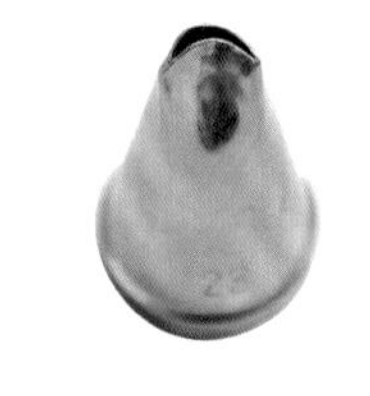

菊花嘴

菊花

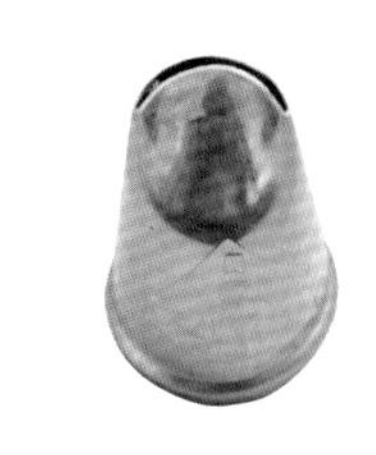
弧形花嘴

德甘菊

鱼尾菊

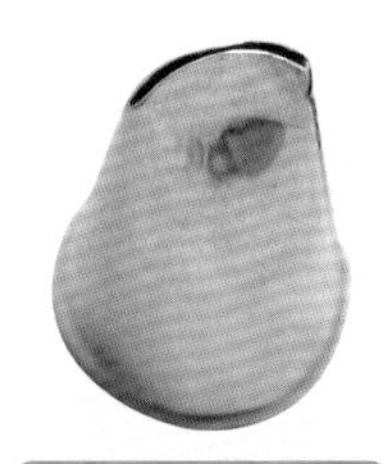
康乃馨花嘴

康乃馨

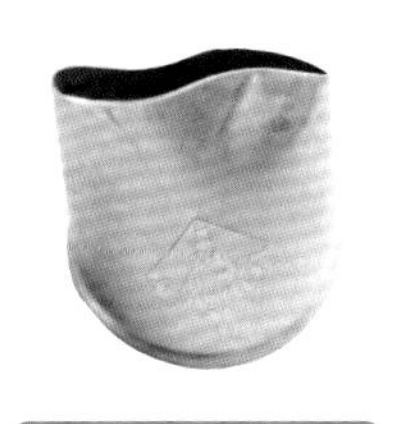
S形花嘴

喇叭花

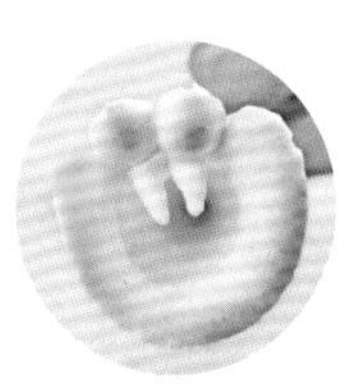
荷包花

小直花嘴

绣球花

奶油蛋糕抹面装饰基本手法

推

花嘴角度位置保持不变，直接推出奶油。

抖

把花嘴以上下拌动的方式做出花瓣的纹路。

推绕

边挤奶油边做画弧的动作。

抖绕

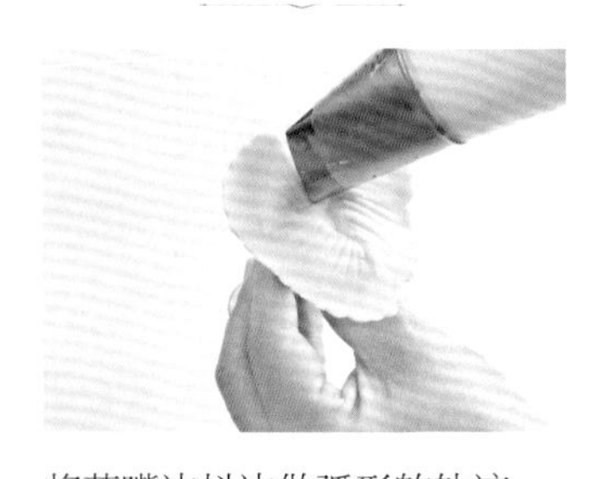

将花嘴边抖边做弧形的轨迹。

拔

将花瓣根部奶油挤厚点，花嘴直接向上提起即为拔。

绕

以直拉奶油并做画弧的动作，整个花朵呈包住花瓣的方式即为绕。

花卉蛋糕的色彩装饰

花卉蛋糕的色彩装饰一般分两种，一是喷色装饰，较为简单；二是调色装饰，较为复杂。下面就为大家介绍下花瓣的调色。

花卉蛋糕的喷色装饰

喷色能使制作出的花卉达到仿真、立体、自然的效果。具有操作方便简单、含色素量少的特点。

喷色技巧包括：上部喷色、下部喷色、中间喷色、遮盖喷色四种。具体示例如下图。

将色素滴入喷枪内即可进行喷色。下部喷色就是把喷枪对着花瓣下部进行喷色；上部喷色就是把喷枪对着花瓣上部进行喷色；中间喷色就是把喷枪对着花瓣中间部分进行喷色；遮盖喷色可以先剪个纸模挡住不需喷色的部分再进行喷色，也可以将花卉先全部喷色，然后将不需要喷色的部分擦掉。要注意喷枪喷时的力度，力度过轻喷不出颜色，过重会破坏花朵；喷色时喷枪距离花卉近喷得颜色深，距离花卉远喷得颜色浅。

▲下部喷色

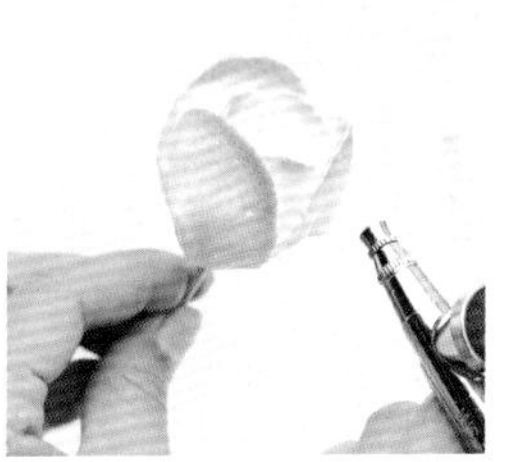

▲上部喷色

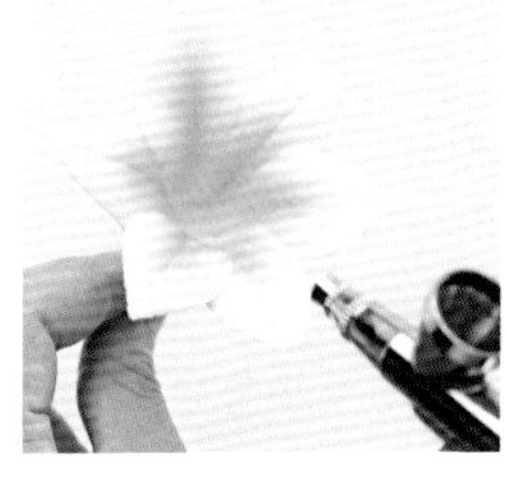

▲中间喷色

▲遮盖喷色

花卉蛋糕的调色装饰

花瓣的调色是将食用色膏放入奶油霜里调和制成。调色分为两种类型，一种是全调色，就是花瓣全部是一个颜色，这个方法很简单，只要调好一种颜色就可以了；另外一种就是较为复杂的夹色，夹色可以分为以下几类。

上部夹色

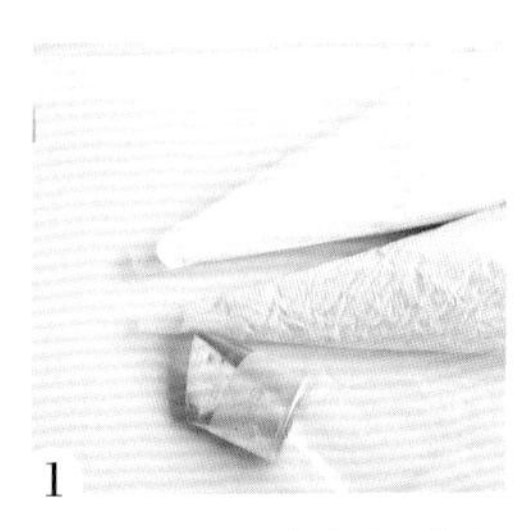

1 准备好一袋白色奶油和一袋蓝色奶油。

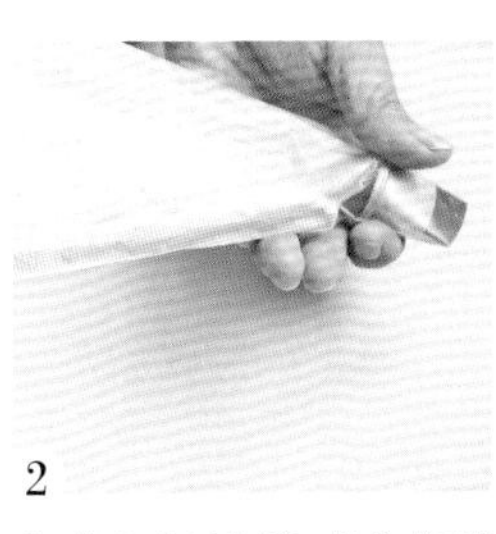

2 将蓝色奶油袋对准花嘴较薄的一头，由里至外挤出一条细长线。

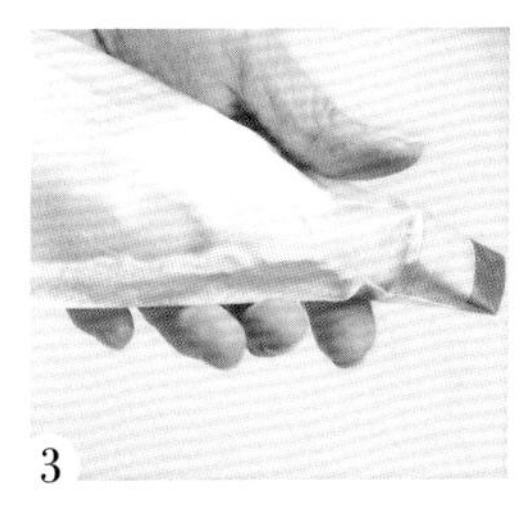

3 将白色奶油挤进裱花袋中。

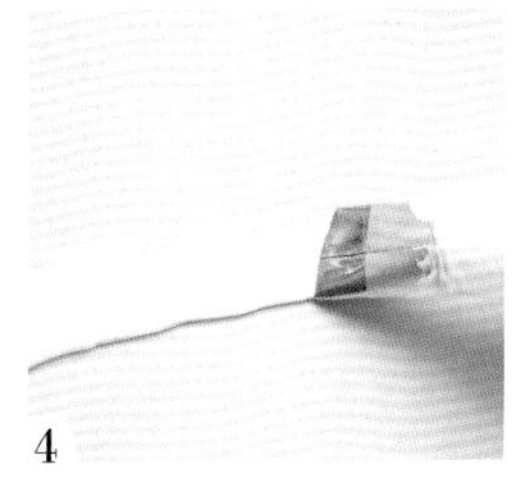

4 这样挤出的奶油即为上部夹色。

中间夹色

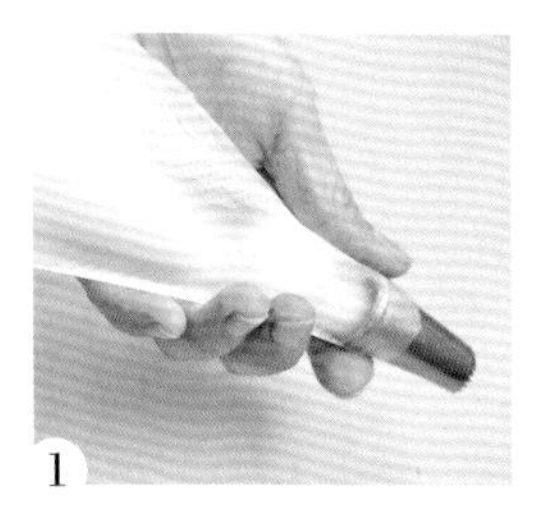

1 把白色奶油装入裱花袋。

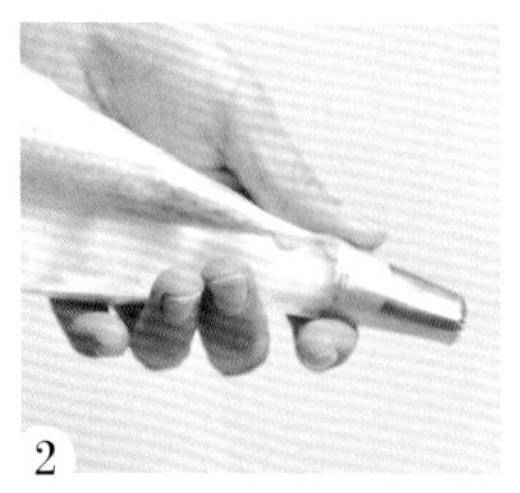

2 取另一袋调好色的粉色奶油，放在花嘴角的中间位置，由里至外贴于裱花袋上方。

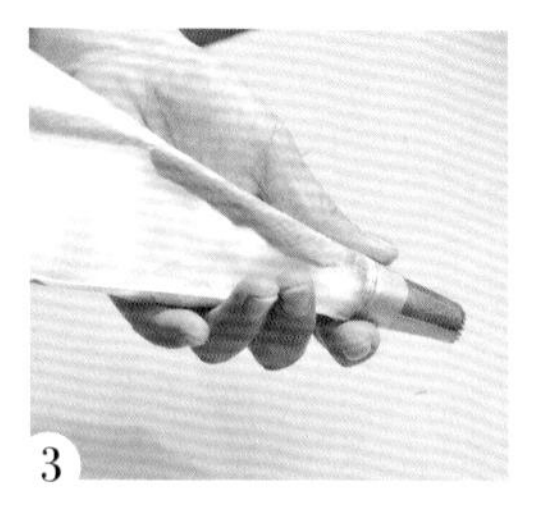

3 对准花嘴的中间位置，直挤出粉色奶油线。

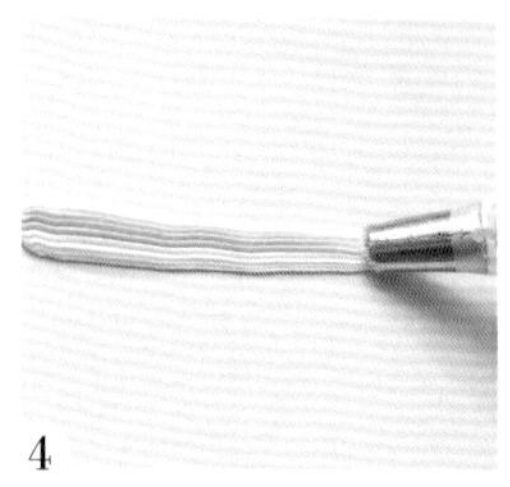

4 用裱花袋两侧的白色奶油将粉色奶油夹在中间，挤出的花瓣即为中间夹色奶油。

下部夹色

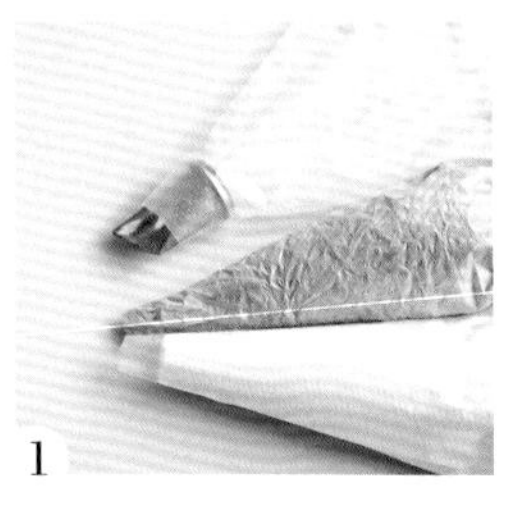

1 准备好一袋白色奶油和一袋紫色奶油。

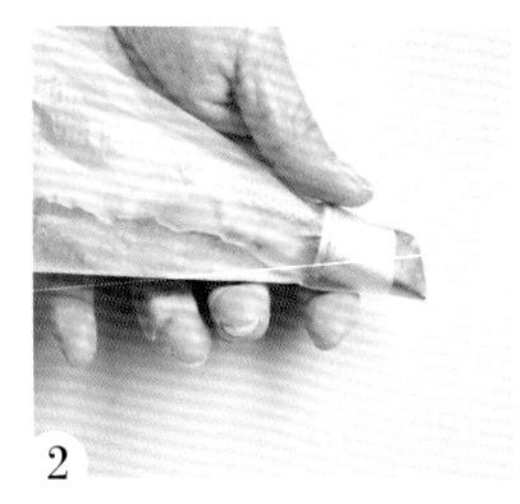

2 将紫色奶油袋对准花嘴较厚的一头，由里至外挤出一条细长线。

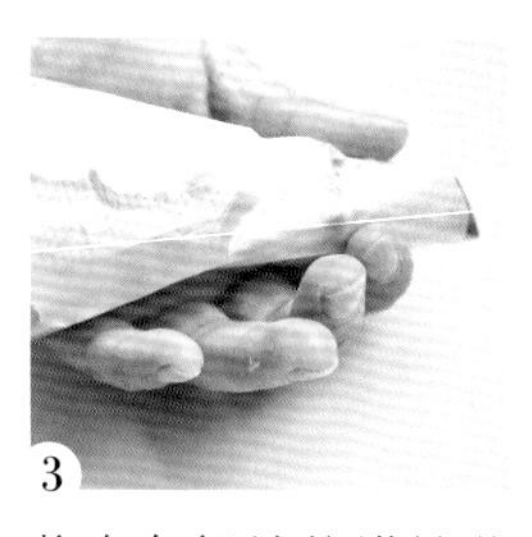

3 将白色奶油挤进裱花袋中。

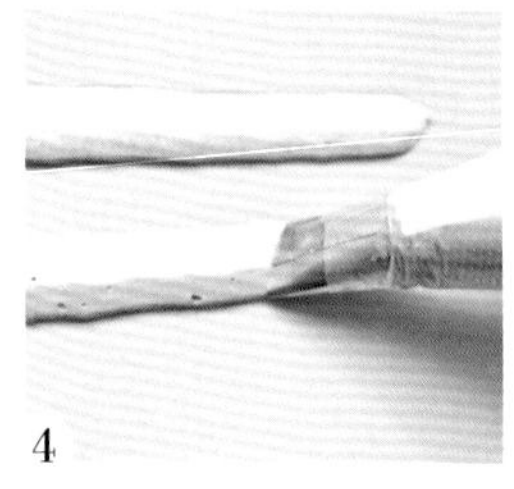

4 这样挤出的奶油即为下部夹色。

上下夹色

上下夹色有两种方法，一种方法是在袋中挤入紫色奶油贴于裱花袋左侧，然后挤白色奶油在中间，最后在右侧挤紫色奶油即可。另一种方法是在双色奶油的基础上，转动裱花嘴，把白色奶油转到中间位置即可。

二色相杂

1 准备好两袋不同颜色的奶油。

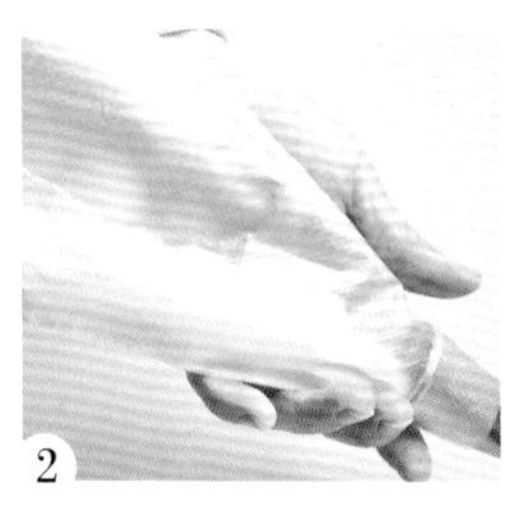

2 将两袋不同的奶油对半挤入裱花袋中。

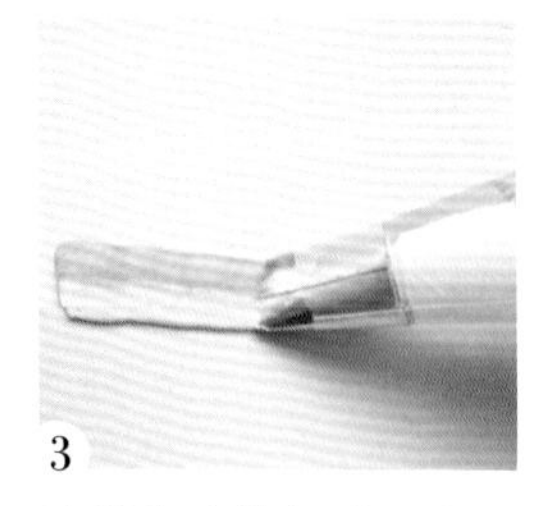

3 这样挤出的奶油即为两色相杂。

Tips:

还有一种特殊配色和大家一起分享，就是如果靠一色表现花卉较单一，那调三种相近色（最深、较深、较淡）去制作一朵花，会达到有深浅变化的自然效果。如图所示。

▲图1

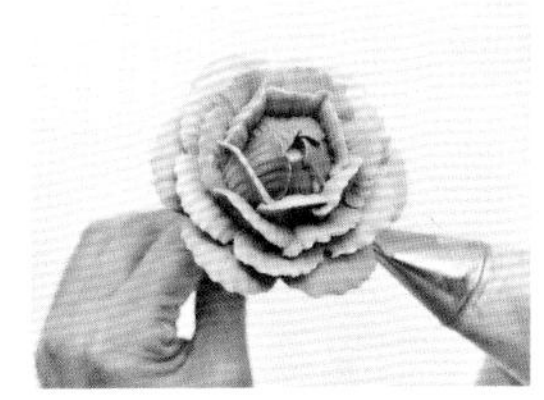

▲图2

蛋糕面装饰常用技法

吊线装饰

翻糖蕾丝装饰

花边花卉结合装饰

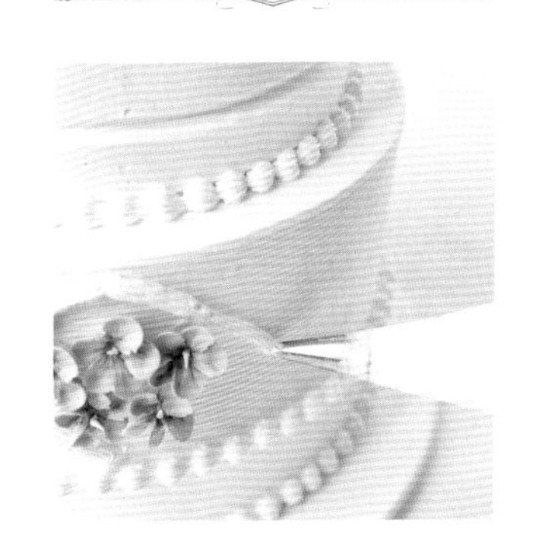

巧克力淋面装饰

手绘装饰

水纹效果装饰

百合&菊花

Baihe & Juhua

主要工具

叶形嘴

百合制作过程

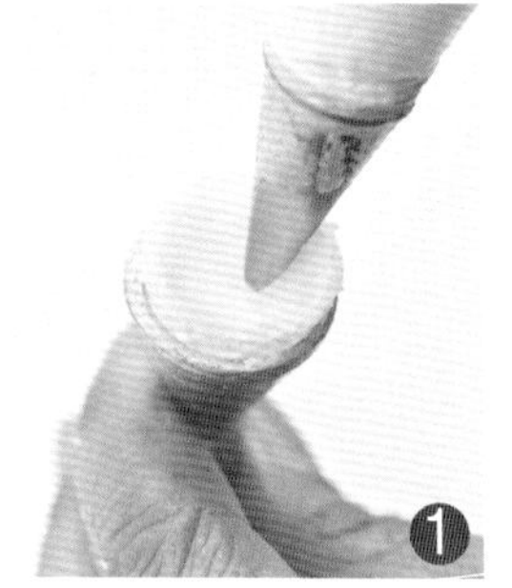

将花嘴紧贴于花托内深处，由粗至细拔出花瓣。

在花托圆端内均匀地拔出三片花瓣，三片花瓣要长短粗细统一。

在三片花瓣的交错点再由花托深处拔出三片花瓣。

将黄色奶油装入细裱袋，在花瓣中心拔出多根细长花蕊。注意花瓣要有一定深度，且六片花瓣长短粗细统一，要用小号花托制作。

Tips:

如果没有花托，要在蛋糕面上挤出奶油底托，再进行制作。注意底托需要做出深度的凹圆，不宜过大，花瓣制作完毕，要不易看到奶油底托。

主要工具

菊花嘴

菊花制作过程

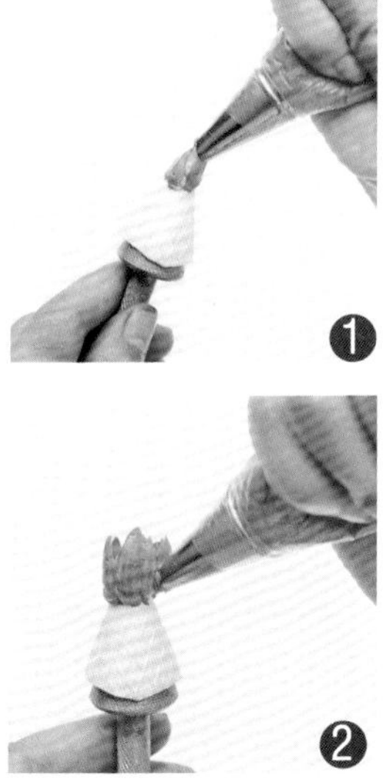

在米托尖端将花嘴微向内倾斜，用橙色奶油霜拔一层包芯。

沿着第一层的根部外，再向内拔一层花瓣，花瓣要略长于第一层，作为第二层包芯。

沿着第二层花瓣的根部，交错向内弯拔出长于第二层的花瓣，作为第三层。

将花嘴渐渐垂直90°，用黄色奶油霜直拔出第四层、第五层花瓣，花瓣需短于前几层花瓣高度。

睡莲花

Shuijlianhua

主要工具

小直花嘴

制作过程

将花嘴贴于花托尖端，由下往上直拔出三片花瓣，把花托尖包起。

将花嘴90° 垂直立起，不交错地垂直拔出第二层花瓣，第二层要与花蕊部分高度相同。

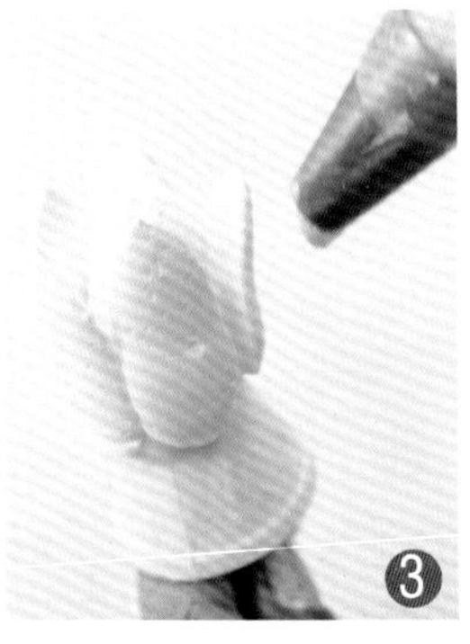

花嘴略向外倾斜20° ，交错直拔出第三层。

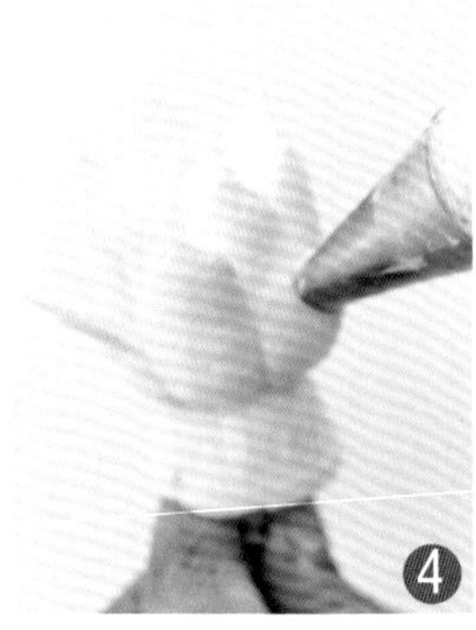

花嘴倾斜40° ，交错直拔出第四层。

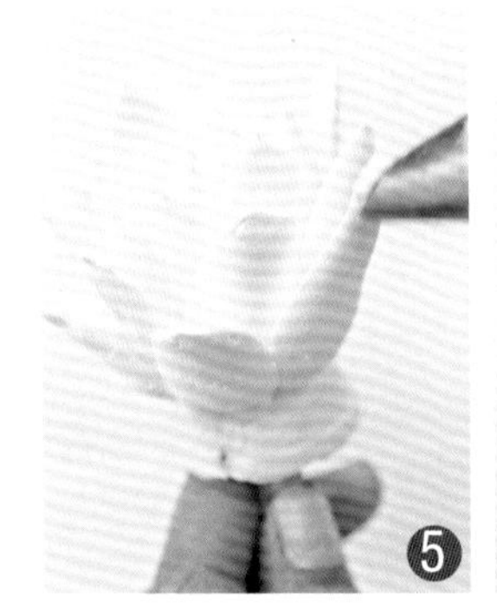

将花嘴倾斜60° ，交错直拔出第五层。在花瓣底部喷上黄色，使花瓣更为美观。

整体花形要圆润，每层花瓣长短统一，每一层都需略低于前一层，但花瓣每一层都比前一层略长，层次分明。

Tips:

没有米花托，可以在蛋糕面上用奶油挤出一个锥形底托进行制作，制作手法与在花托上制作相同，要求底托底部粗、上部尖。

小野菊

Xiaoyeju

主要工具

中直花嘴

制作过程

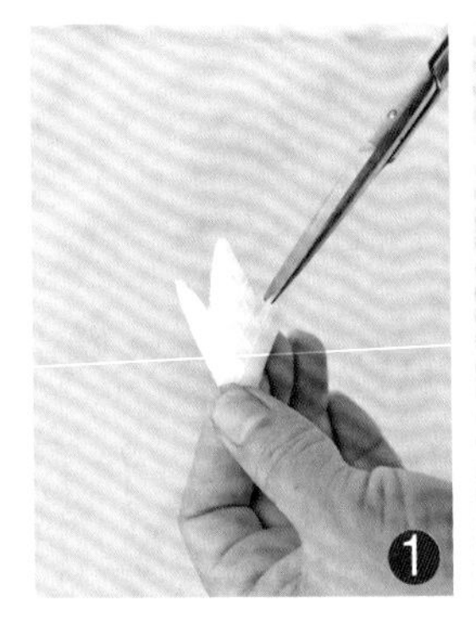

将米托剪成枫叶形，两边小中间大。

在叶子形的米托上挤上奶油。

用喷枪在奶油上先喷上黄色，再在根部喷上绿色，让奶油叶子更加的仿真。

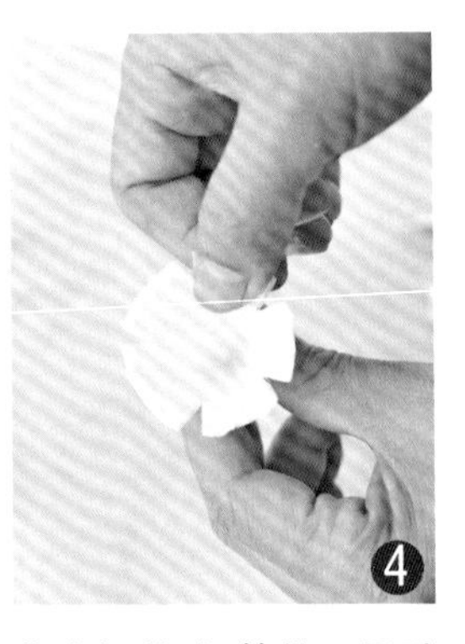

将米托剪成5等份，用手微微向外掰开一点，让米托顶部的面积变大。

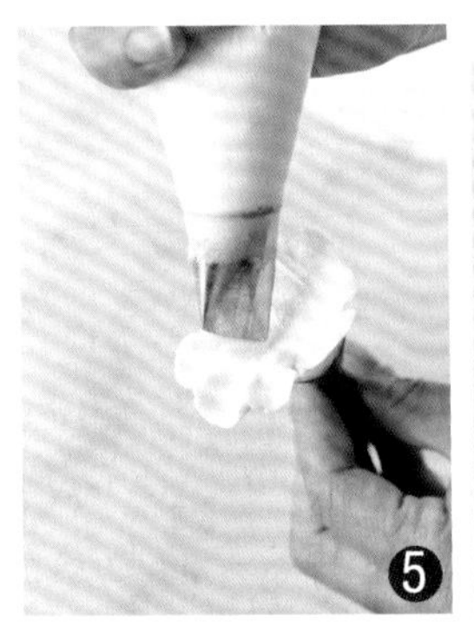

在米托内填满奶油，并用花嘴在米托上边挤边推，挤出3片花瓣。

以同样的手法在其他等份的米托上挤出花瓣。

花嘴立起一点，在第一层花瓣的交错位置上挤出第二层花瓣。

用喷枪在每层花瓣的根部喷上颜色，并挤上花芯。

月季

Yueji

主要工具

中直花嘴

制作过程

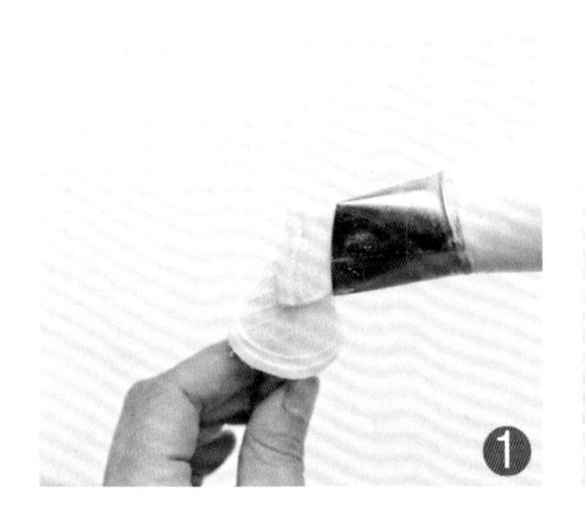

1. 在花棒上粘上米托，将中直花嘴薄头朝上，紧贴于花托尖部，左手将花托轻转一圈，同时右手挤出奶油霜抖绕一圈，作为花蕊部分。

2. 花嘴在花托尖部下端起步，花嘴向内倾斜45°，由下往上再往下，抖绕挤出弧形花瓣，以同样的手法制作其他几层。

3. 在花的顶部边缘喷上淡淡的粉色。

旋转玫瑰

Xuanzhuan Meigui

主要工具

中直花嘴

制作过程

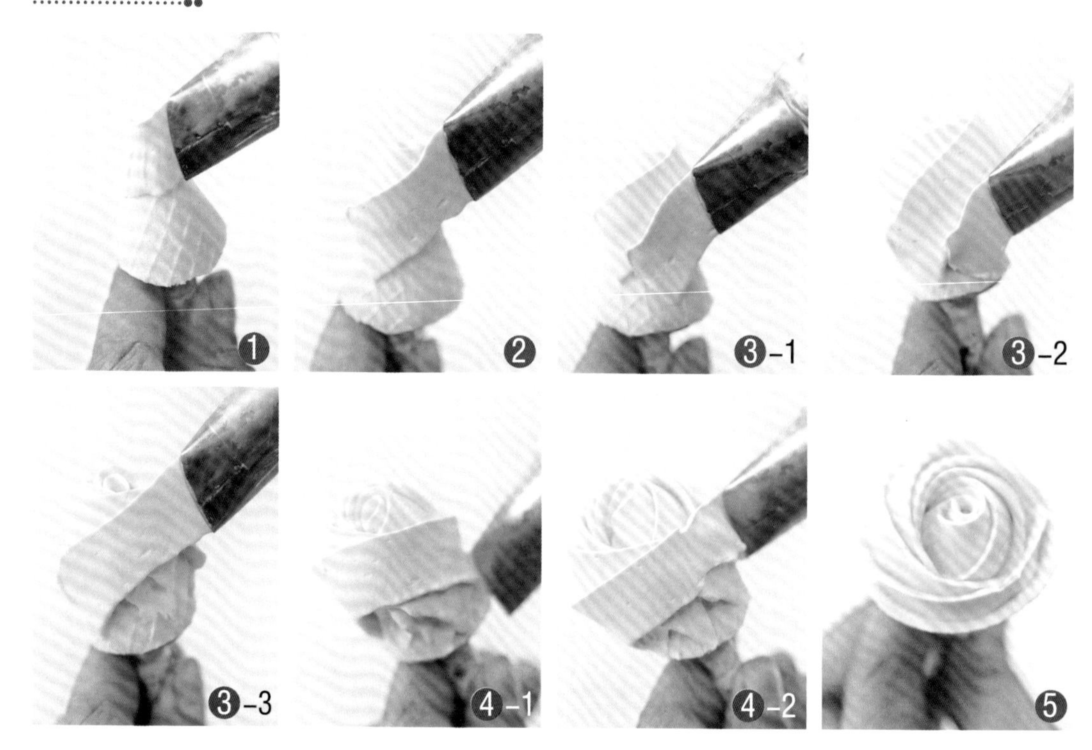

1. 将花嘴贴于花托尖部顶端，直绕一圈挤出花蕊。

2. 将花嘴向内倾斜45°，由花托尖端下部开始，由下往上再往下，直挤绕圈，把花蕊包住一半。

3. 花嘴放在前一瓣起步点后一点的位置，往下绕出一瓣花瓣，但绕过来收尾时，要向前进一些，花嘴向内收尾。制作前几层花瓣时，高度要与花蕊部高度几乎相同。

4. 最后几层花瓣需渐渐低于前一层花瓣，花嘴角度渐渐向外打开，绕长些结束收尾。

5. 整体花形圆润饱满，围绕蕊部呈四周旋式环绕，每层间隔统一。

玫瑰花

Meiguihua

主要工具

中直花嘴

制作过程

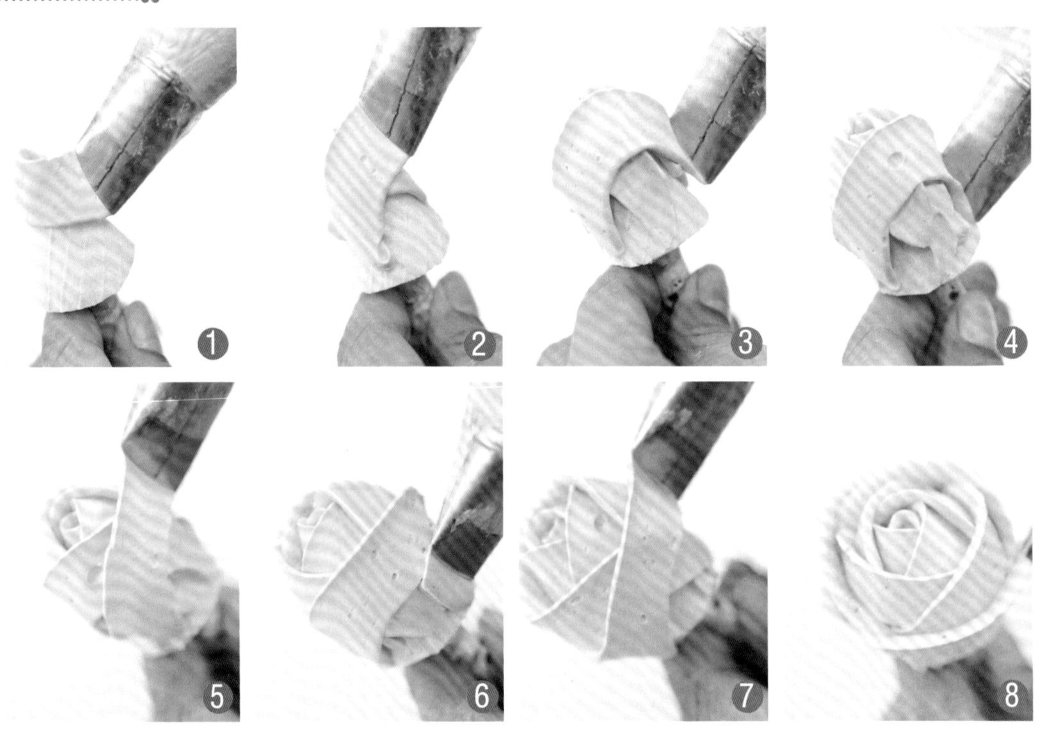

1. 将花嘴薄头朝上，紧贴于花托尖部，左手将花托轻转一圈，右手同时挤出奶油直绕一圈，作为花蕊部分。
2. 花嘴在花托尖部下端起步，花嘴向内倾斜45°，由下往上再往下，直绕挤出弧形花瓣，作为玫瑰花第一瓣。
3. 将花嘴放在第一瓣的1/2处，花嘴由下往上再往下，直转挤出第二瓣。
4. 用同样的手法再绕挤出第三瓣，至第一瓣的起步点收尾，三瓣花作为第一层。
5. 将花嘴放在第一层最后一瓣的1/2处，呈90°角，由下往上再往下，直绕挤一瓣，为第二层第一瓣。
6. 用与第一层同样的手法做出第二层，三瓣为一层，第二层高度需略低于第一层。
7. 再用相同的手法做出第三层，三瓣为一层，注意第三层的高度需略低于第二层，花嘴要向外倾斜20°~30°。
8. 最后制作出玫瑰花，注意花蕊为包形，整体花形饱满，三至四层即可。

主要工具

中直花嘴

螺旋玫瑰制作过程

将花嘴立在花托尖端起步，花嘴略向尖端内倾斜。

直挤一圈包蕊，左手转动花托，右手挤奶油，注意要速度相同，协调一致。

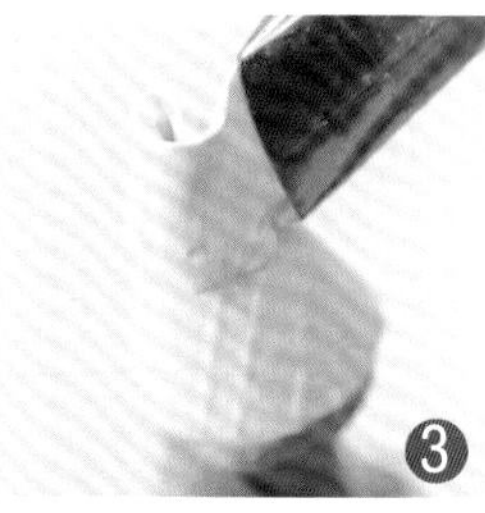

连续不断挤出奶油，至第二圈时，将花嘴变换为垂直角度，继续制作。

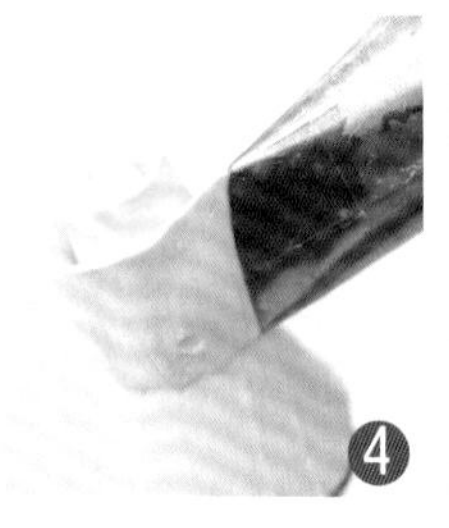

制作第三圈时，花嘴慢慢向外打开，约向外倾斜10° 。

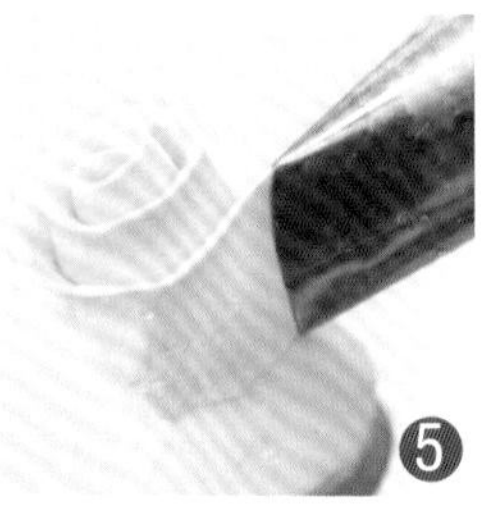

将花嘴角度变换为向外倾斜20° ，继续转挤第四圈。

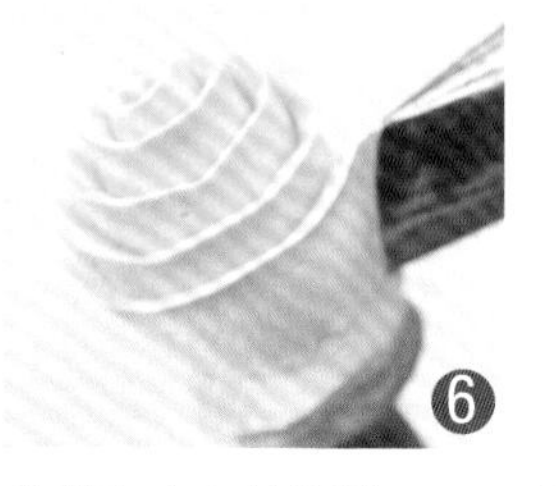

花嘴角度向外倾斜30°，转挤第五圈，依次每转一圈花嘴角度向外倾斜度加大10° ，至花朵完成。

最后挤出的花应是花圆蕊凸，每一层花瓣间隔一致。

主要工具

菊花嘴

绣球花制作过程

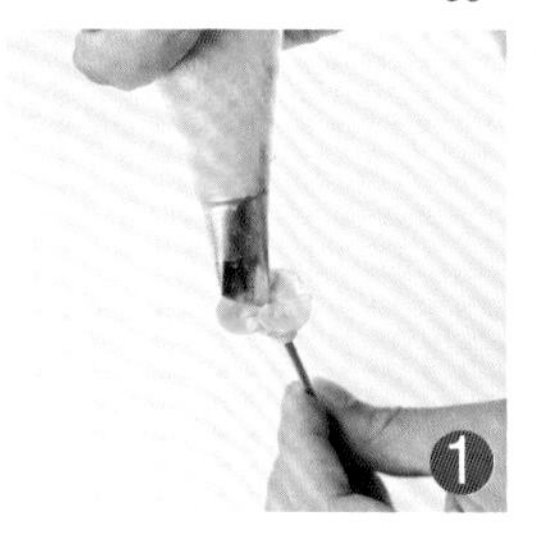

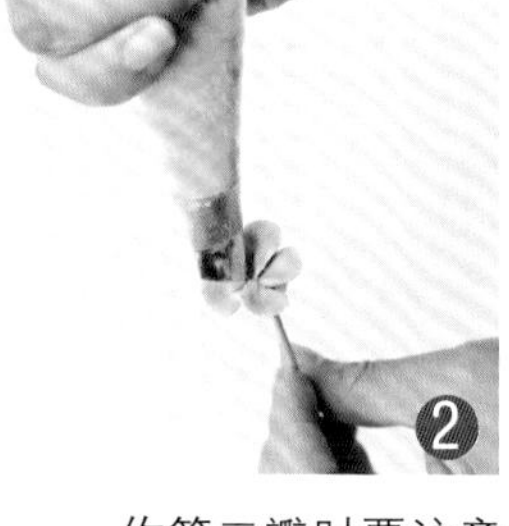

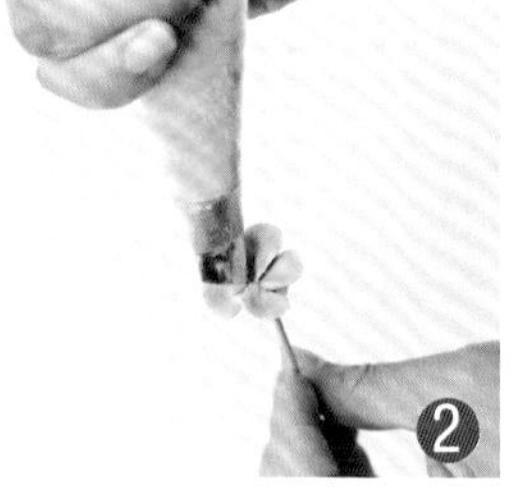

1. 在花托圆口的表面挤上一圈奶油，以方便进行下步操作。将花嘴薄头朝上，放在花托圆内1/2处，微向上翘起10° ~20° 。左手不断转动花托，右手挤出奶油，挤和转的速度要协调。花嘴上下小幅度抖动，挤出一瓣扇形花瓣，花瓣收尾时，花嘴角度略翘于起步时的角度。制作第二瓣花瓣起步时，花嘴要位于第一瓣收尾时的位置，花嘴角度要略低于第一瓣收尾时角度。制作第二瓣时要注意与第一瓣花大小一致，同时也要注意收尾时角度略高。
2. 制作每一瓣花瓣都需要注意前一瓣花瓣的大小和收尾时的角度变化。花嘴角度变化要统一，这样才能整体美观，特别要注意收尾时角度略翘，以免碰到下一个花瓣。
3. 将制作好的小五瓣花插入一个大的圆球上，组合成一个大的绣球花。

蛋糕装饰实例

螺旋玫瑰绣球

难易度 Nan Yi Du ★

Luoxuan Meigui Xiuqiu

郁金香

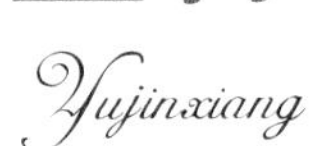

难易度 Nan Yi Du ★

主要工具

中直花嘴

制作过程

将牙签插入米托内，固定好。

将花嘴放在花托圆端外，略向外倾斜40°。

花嘴由下往上再往下，拉绕出扇形花瓣，三瓣绕一周，作为第一层。

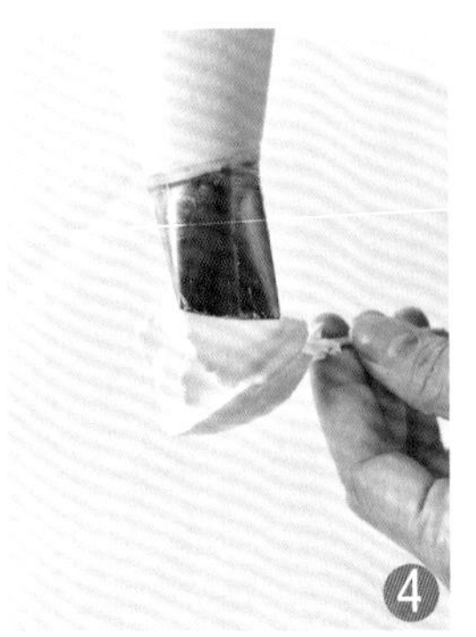

花嘴放在第一层两瓣的交错处。

花嘴直立90°，直绕出三瓣花瓣作为第二层。

用喷枪将花的外侧喷上颜色。

将制作好的花夹至蛋糕顶部。

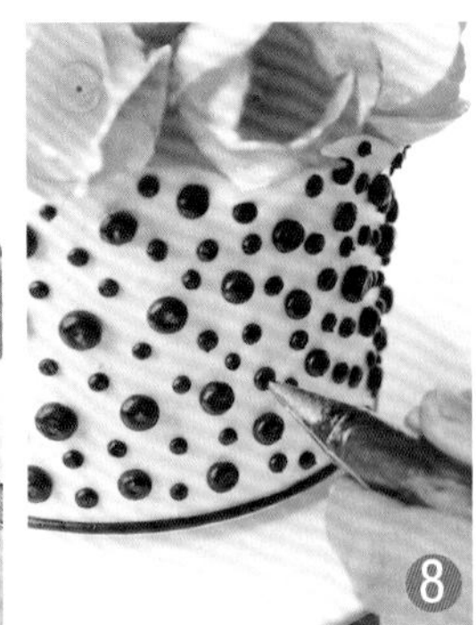

在蛋糕侧面用黑色奶油霜点上小圆球装饰即完成。

马蹄莲

主要工具

中直花嘴

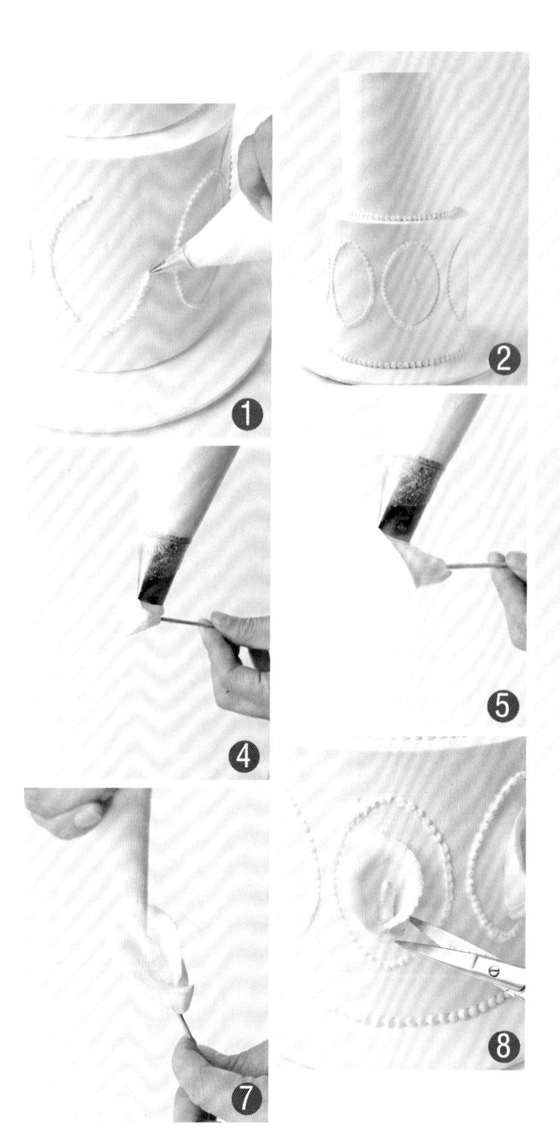

制作过程

1. 在蛋糕的侧面，用牙签画一个椭圆形，并用小号圆嘴挤出豆形边。
2. 在第一层蛋糕底部挤上一圈豆形边。
3. 将米托剪出一个"V"字形。
4. 将米托修成椭圆形，将中直花嘴贴于米托的底部。
5. 花嘴垂直于米托，由下至上挤出奶油，绕到接口处，平着拉出花瓣即可。
6. 用喷枪将马蹄莲喷上淡淡的黄色。
7. 在花的中间挤上圆柱形花芯。
8. 将花夹至蛋糕面上组合即可。

清新绿色五瓣花

Qingxin Lose Wubanhua

主要工具

中直花嘴　　毛笔

制作过程

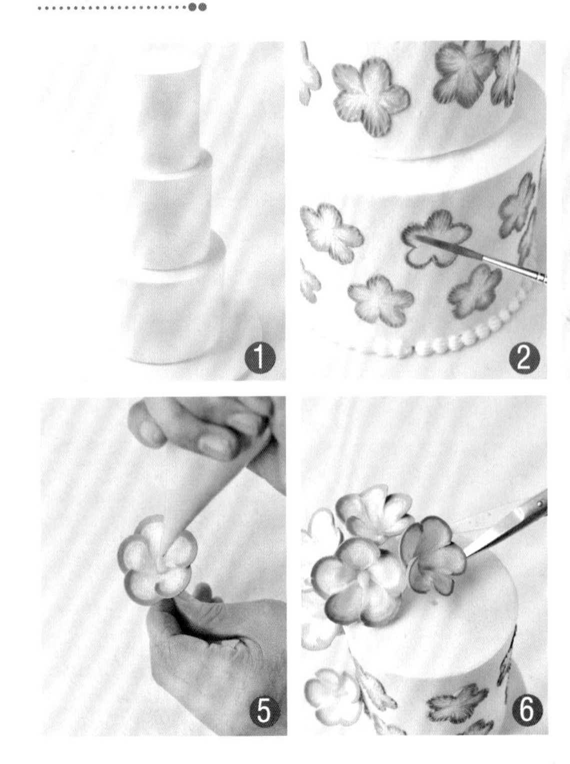

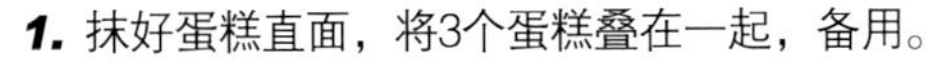

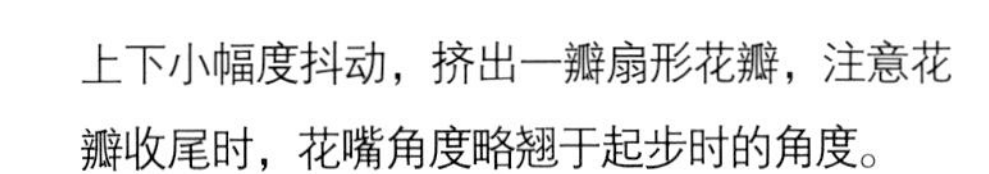

1. 抹好蛋糕直面，将3个蛋糕叠在一起，备用。
2. 用绿色奶油霜在蛋糕侧面画出五瓣花图案，并用毛笔将花表面刷出纹理。
3. 将花嘴薄头朝上，放在花托圆内1/2处，微向上翘起10°~20°，左手不断转动花托，右手挤出奶油，挤和转的速度要协调。花嘴上下小幅度抖动，挤出一瓣扇形花瓣，注意花瓣收尾时，花嘴角度略翘于起步时的角度。
4. 以同样的手法制作其余几瓣花瓣。
5. 用黄色奶油霜在花的中间挤上花芯。
6. 将制作好的花夹至蛋糕上装饰即可。

主要工具

小圆嘴

制作过程

1. 先制作一个蛋糕直面，在顶部用牙签画出一个心形，再用小号圆嘴沿着心形挤上花藤，用5齿花嘴垂直于蛋糕面，旋转挤出均匀的五瓣花。在花朵间隙之间挤出叶子，在米托上挤出玫瑰花摆放在蛋糕面上。在玫瑰花边上挤出花藤、叶子、花蕾、花朵。
2. 蛋糕侧面也用5齿花嘴旋转挤出花朵及花蕾、叶子。

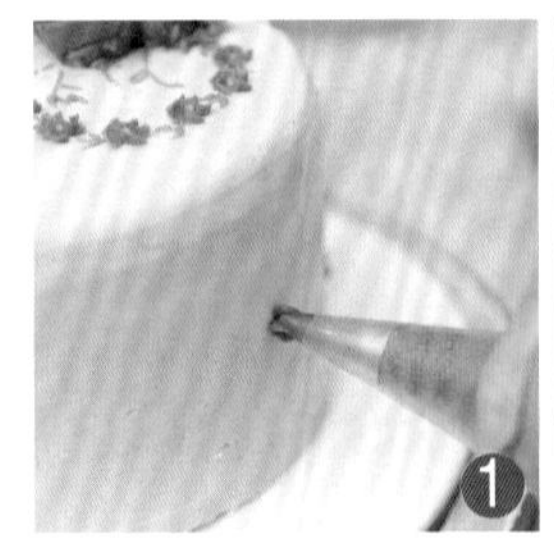

爱心

难易度 Nan Yi Du ★★

Aixin

爱心礼盒

Aixin Lihe

难易度 Nan Yi Du ★★

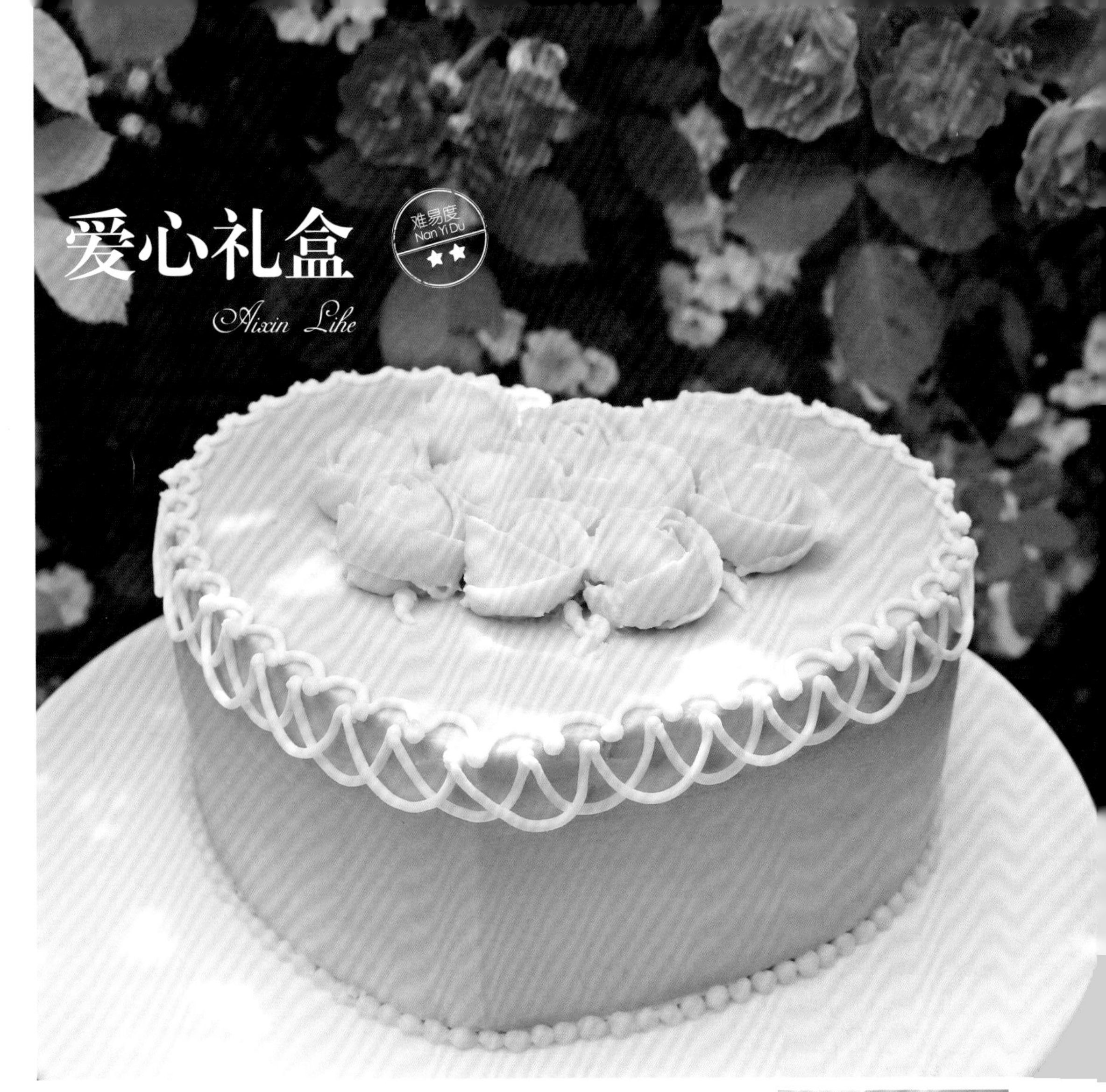

主要工具

小圆嘴

中直花嘴

制作过程

1. 在蛋糕面上用中直花嘴挤出大小均匀的玫瑰花。再在蛋糕面上用细裱拉出匀称的半弧形线条。
2. 在蛋糕侧面相应位置拉出大半弧形线条。
3. 在蛋糕侧面第一层上的相应位置再拉出均匀的弧线线条，并用小圆嘴在蛋糕底部挤上一圈豆边即可。

白天不懂夜的黑

Baitian Budong Yedehei

主要工具

小圆嘴

中直花嘴

制作过程

1. 先制作一个蛋糕直面，用圆模在蛋糕侧面顶部处压出弧形，再用黑色细裱描出弧形线条。

2. 用黑色细裱沿着圆模压出的弧形点上相同间隔的小圆点。

3. 用细裱在蛋糕顶部描出一圈波浪形边，再点小的圆点。

4. 用小圆嘴在蛋糕底部挤上豆边。

5. 用中直花嘴在米托上制作出玫瑰花，将其放在蛋糕顶部最中间即可。

百褶裙

Baizhequn

主要工具

中直花嘴

制作过程

1. 制作出大小两个蛋糕直面，将它们组合在一起。在蛋糕侧立面用中直花嘴从底部由下至上以“Z”形重叠向上挤奶油花边。
2. 用中直花嘴上下抖动挤出三圈花边，遮挡接缝处。
3. 最后将翻糖花放在蛋糕侧面装饰即可。

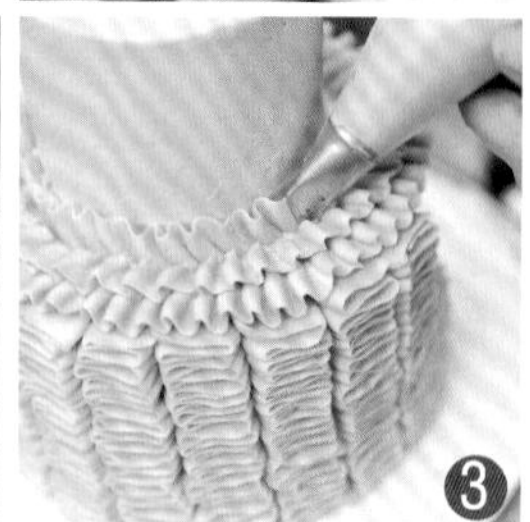

春花烂漫

Chunhua Lanman

主要工具

小直花嘴

制作过程

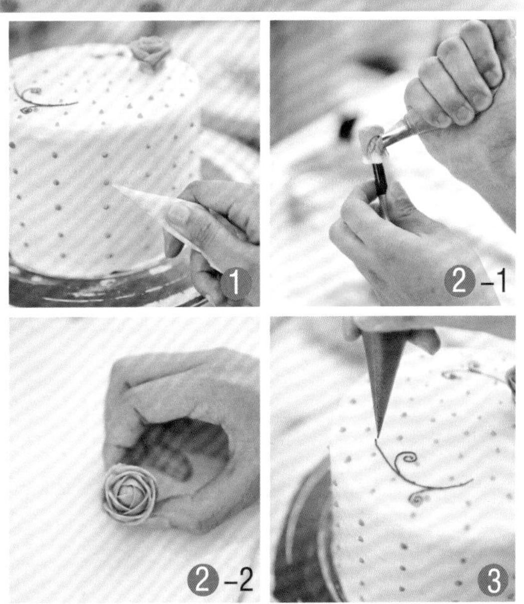

1. 先制作一个蛋糕直面，用紫色细裱在直面上挤出均匀的圆点。
2. 用小直花嘴在米托上挤出玫瑰花。
3. 用绿色细裱在蛋糕顶部描出花藤，再将制作好的玫瑰花一朵朵地放在蛋糕上即可。

主要工具

小直花嘴

U形嘴

小圆嘴

制作过程

1. 抹一个直角蛋糕坯，用圆形花嘴在蛋糕的底部挤一圈豆边。

2. 用黑色细裱在蛋糕面上画出树枝。

3. 用U形花嘴垂直于蛋糕面挤出花瓣。

4. 最后用小直花嘴挤出未开的小花苞即可。

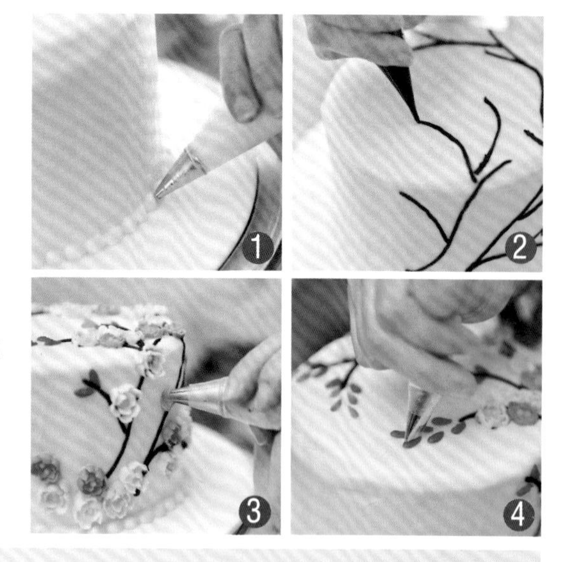

春暖花开

难易度 Nan Yi Du ★★

Chunnuan Huakai

二月春风

Eryue Chunfeng

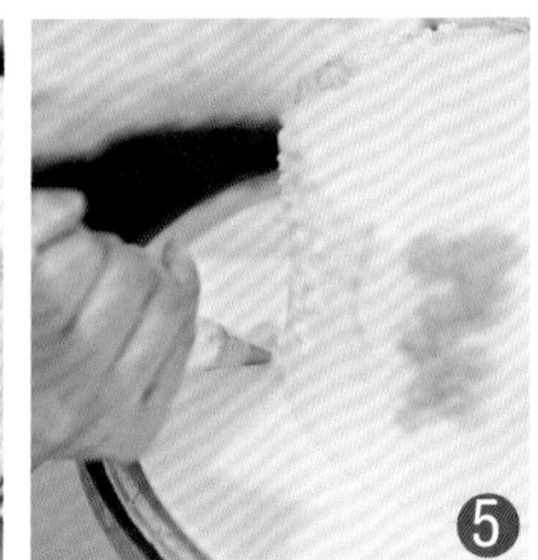

主要工具

中号圆锯齿嘴

小直花嘴

制作过程

1. 用圆形锯齿花嘴以绕圈和拔的方式在蛋糕上分别挤出花形。
2. 用U形花嘴垂直于蛋糕面，挤出对称的两片花瓣。
3. 用小直花嘴制作出小叶子。
4. 用细裱制作出小的五瓣花。
5. 用圆形花嘴在蛋糕坯的底部挤一圈豆边即可。

纷飞的花香

Fenfei de Huaxiang

主要工具

小圆嘴

小直花嘴

叶形嘴

制作过程

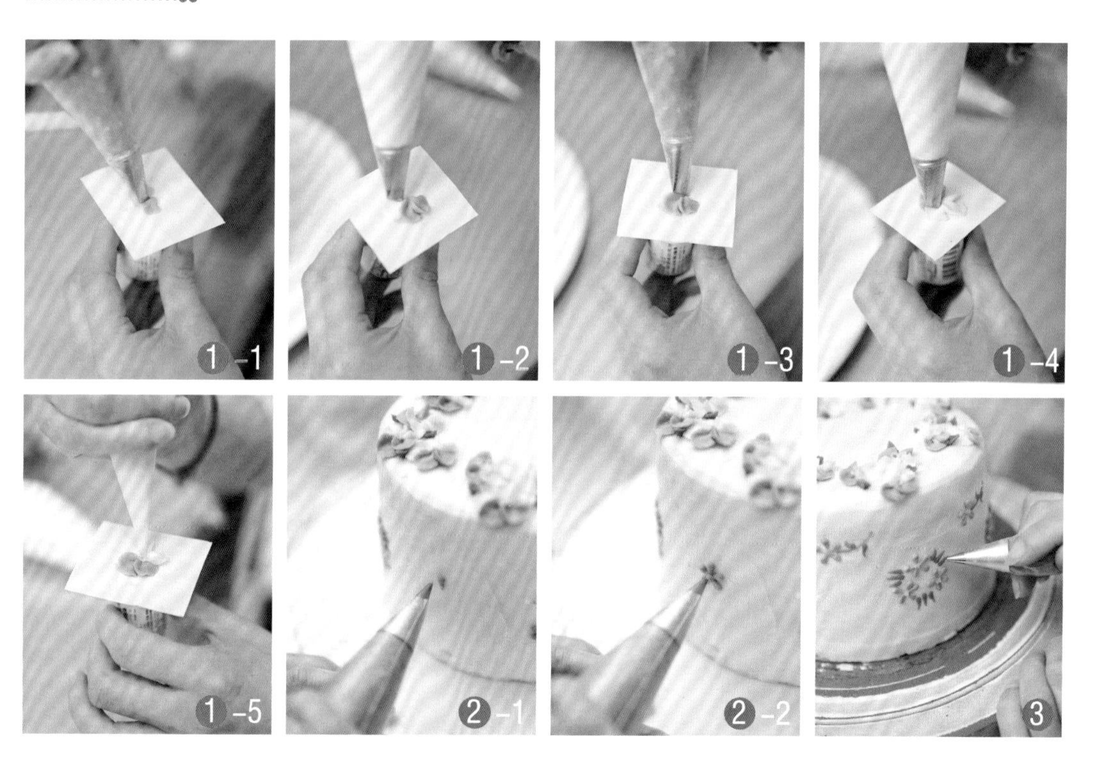

1. 先制作一个平面，在油纸上用小直花嘴挤出五瓣花（两瓣紫色、三瓣黄色），用黄色细裱在花朵中心挤出1~2个圈。

2. 将花朵都摆在蛋糕顶部，用叶形嘴挤出叶子，再用小号圆嘴在侧面挤五瓣花。

3. 用小号圆嘴或细裱点上花芯，绿色圆嘴挤出叶子。

蜂·蜜

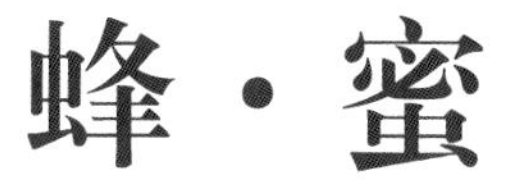

主要工具

小圆嘴

制作过程

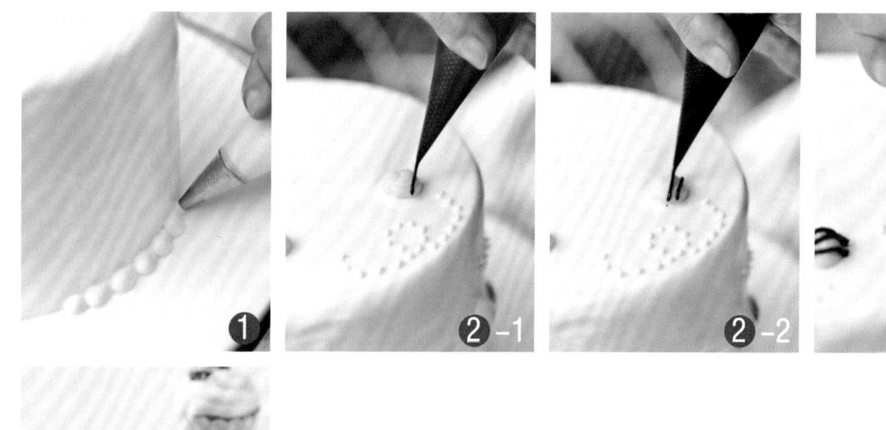

1. 抹一个直角蛋糕坯，用圆形花嘴在蛋糕的底部挤一圈豆边。
2. 在蛋糕面上选择好位置，圆嘴垂直挤球形作为蜜蜂身体，用黑色细裱画出蜜蜂身体的纹路并挤出头部。
3. 用细裱挤上小圆点、小花朵。
4. 最后用杏仁片作为蜜蜂的翅膀。

主要工具

抹刀　　中直花嘴

制作过程

1. 将8寸蛋糕抹直面后挑在底托上，将6寸蛋糕坯放在转盘上，用抹刀抹出紫色水纹面。
2. 将抹好的紫色水纹面蛋糕放在8寸蛋糕直面上。用中直嘴装入白色奶油，在8寸蛋糕侧面由下向上划出弧边。
3. 将用翻糖做好的蕾丝蝴蝶放在蛋糕上即可。

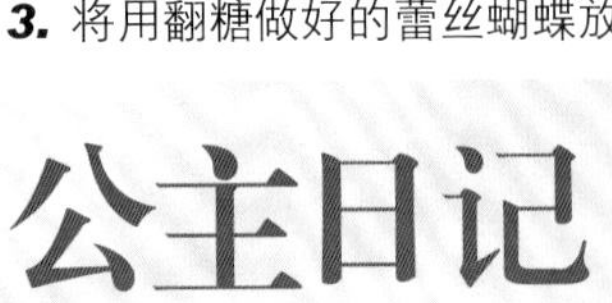

静静绽放

制作过程

1. 抹一个蛋糕圆面，转动转盘，用抹刀划出纹路。
2. 在相应位置插入大玫瑰花和叶子。
3. 用桂皮卷在旁边作装饰即可。

主要工具

抹刀

可爱姐妹淘

Keai Jiemeitao

主要工具

小圆嘴

中直花嘴

制作过程

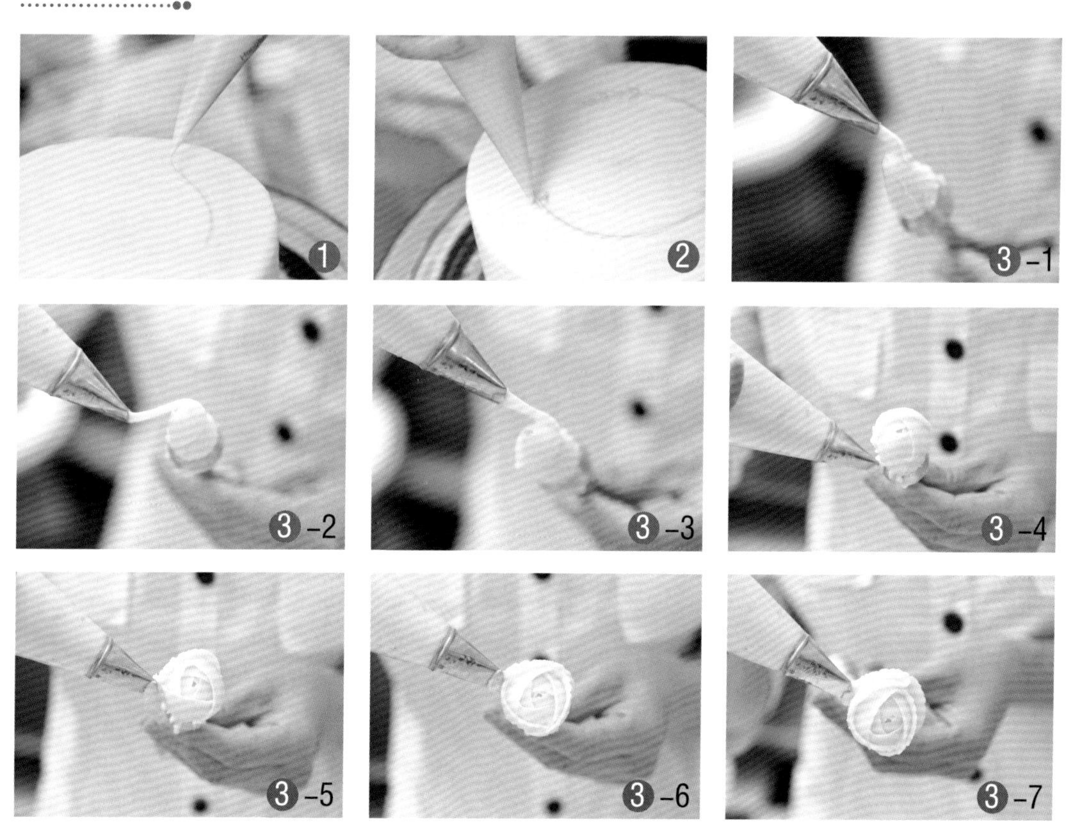

1. 先制作一个蛋糕直面，在顶部用圆模压出浅浅的印子，再用细裱或小号圆嘴在上面拉出弧形花藤。

2. 用细裱在花藤上挤出小花蕾。

3. 用中直花嘴在米托上制作出玫瑰花。

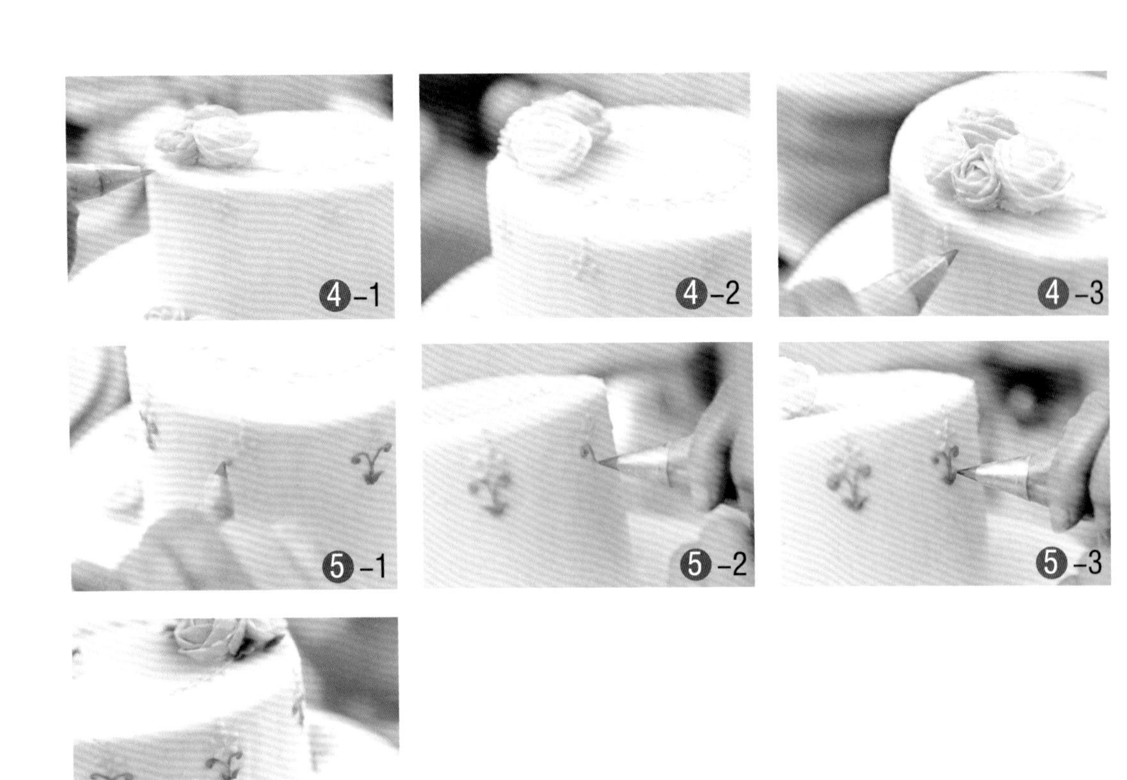

4. 将玫瑰花摆放在蛋糕顶部与底部。用小号圆嘴在蛋糕侧面及顶部分别挤出小圆点与花形。

5. 用小号圆嘴挤上花藤与叶子。

6. 用小号圆嘴以吊线的方式挤出圆弧形花边，最后在蛋糕底部用圆嘴挤上一圈豆边即可。

礼物

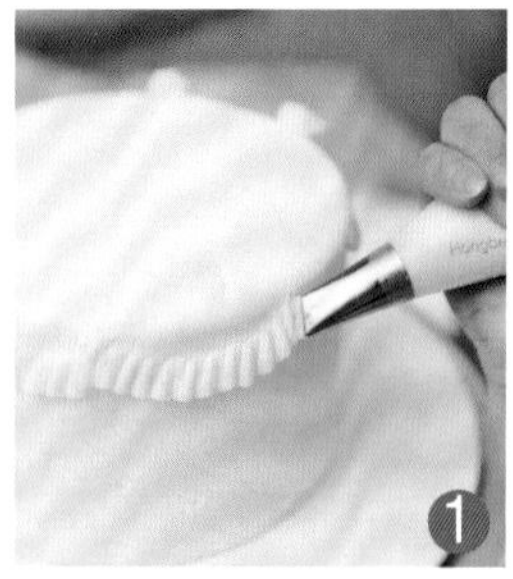

主要工具

小圆嘴

中直花嘴

叶形嘴

制作过程

1. 先制作一个蛋糕直面，在蛋糕侧面顶部用直花嘴抖出弧形花边。
2. 用小号圆嘴在弧形花边上方挤上小圆球。
3. 用小号圆嘴在弧形下方吊出细的圆弧形线条。
4. 用小号圆嘴在蛋糕底部与顶部直角都挤上一圈豆边。
5. 蛋糕顶部摆上玫瑰花与五瓣花，用叶形嘴挤上叶子即可。

绿色心情

Lose Xinqing

主要工具

菊花嘴

制作过程

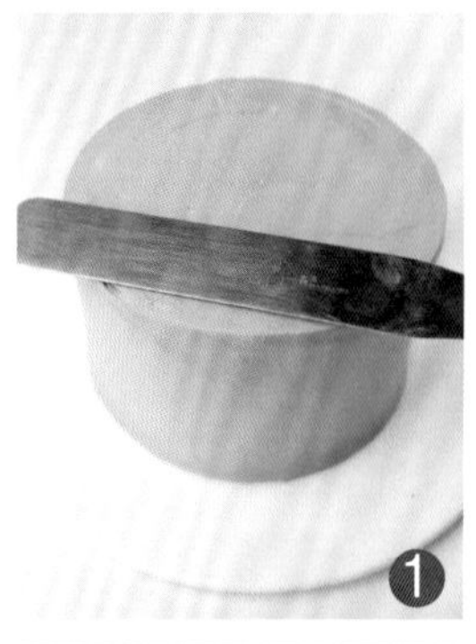

1. 将奶油霜调成草绿色，蛋糕抹成直面，顶部抹光滑。
2. 蛋糕顶部用圆形圈模压好位置，在蛋糕表面用菊花嘴依次平行拉出花瓣。
3. 第二层、第三层的起点处在前一层的两瓣之间制作，依次拉出花瓣，角度倾斜，让花瓣有立体感。
4. 在中心点挤出扁圆球，上面用细小的圆球填充作为花蕊，拉出绿色花芯。
5. 挤上绿色花叶、装饰上翻糖梅花，用黄色拉出梅花的花芯即可。

花芯的圆球要扁圆，做出的花芯凹进去才有立体感。花芯要有过渡色，才会更美观。

麦田里的守望者

Maitianlide Shouwangzhe

主要工具

小圆嘴

小圆锯齿花嘴

叶形嘴

制作过程

1. 先制作一个蛋糕直面，用圆齿嘴在蛋糕侧面顶部均匀地挤上一圈曲奇形状的花朵，再用小圆嘴以吊线的方式挤出弧形花边。
2. 用圆齿嘴在蛋糕侧面挤出水滴的形状。
3. 用圆齿嘴在蛋糕顶部挤上曲奇形的花束。
4. 用小号圆嘴挤出花枝。
5. 用叶形嘴在花束边上挤上叶子。
6. 最后用圆嘴在蛋糕底部挤上豆边即可。

梦想的婚礼

Mengxiang de Hunli

主要工具

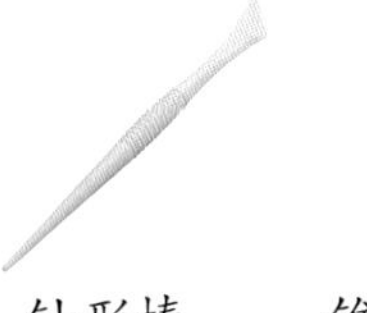

小圆锯齿花嘴　　针形棒　　锥形捏塑棒

制作过程

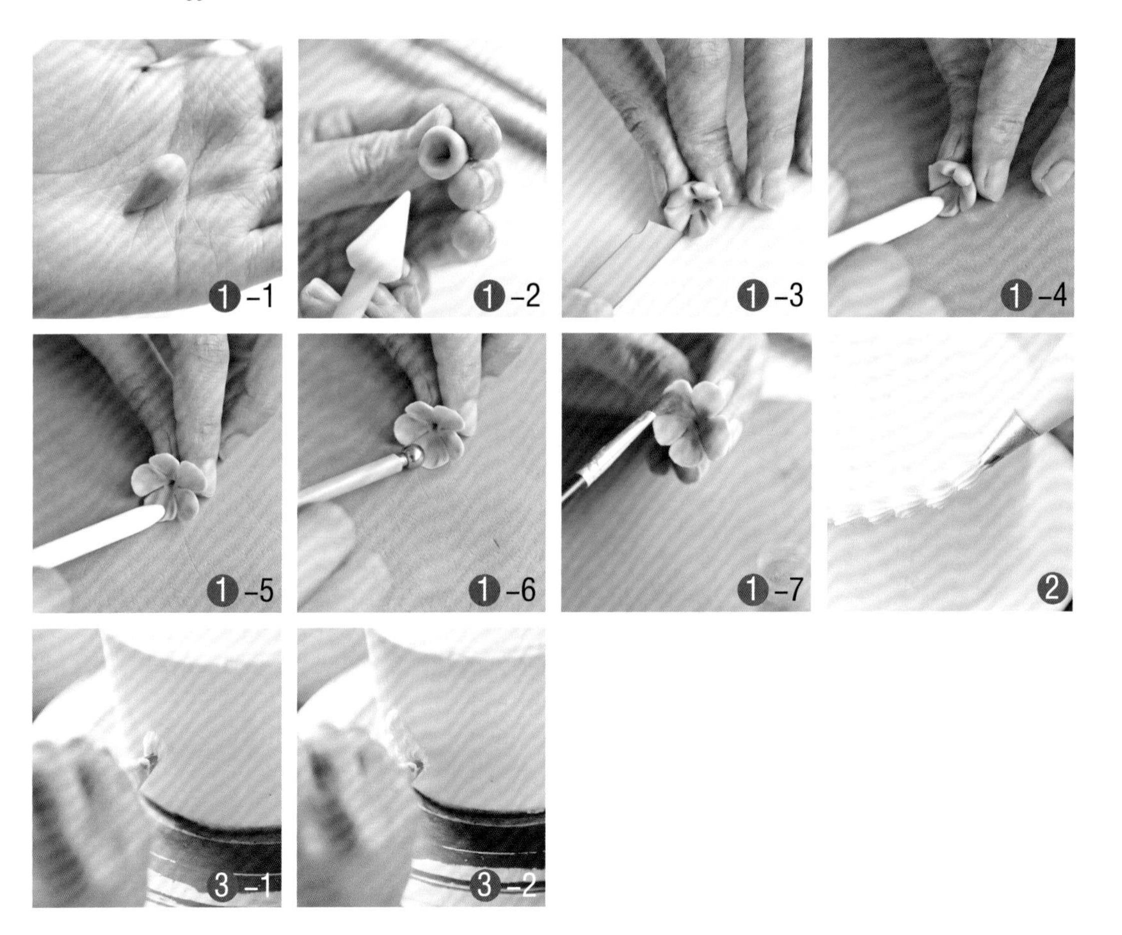

1. 用翻糖搓一个水滴，用锥形捏塑棒压型，用刀片切出对等的五瓣，用针形棒大头擀压五个瓣，用球刀压出弧形，最后在中间刷粉即可。

2. 用蛋白霜抹一个蛋糕圆面，用锯齿花嘴在蛋糕顶部边缘挤出锯齿花边。

3. 在蛋糕侧面1/3处，同样用锯齿花嘴挤出弧形花边。

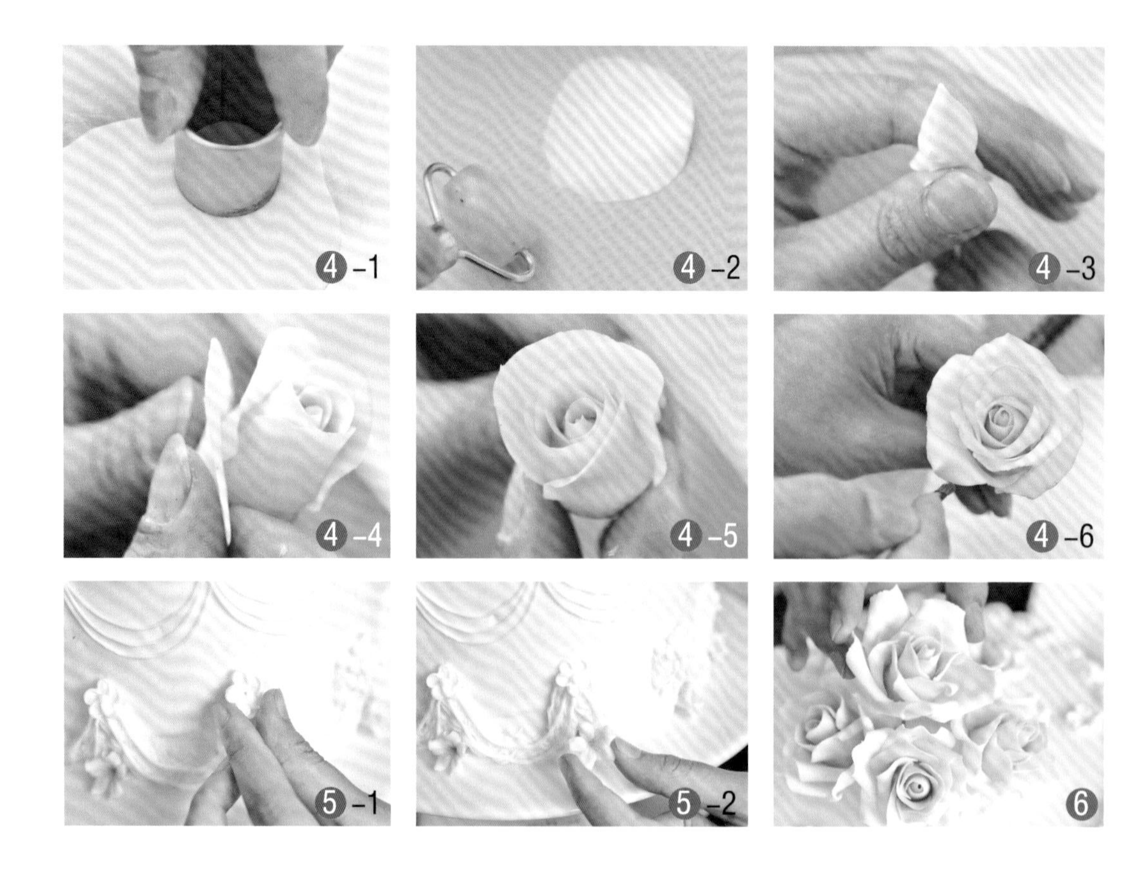

4. 擀一个很薄的翻糖面，用圈模压出，擀薄边缘，贴于花芯，做成玫瑰花。

5. 用细裱在蛋糕面上装饰线条。在接口处粘上小花装饰。在蛋糕底部相应位置插入小花装饰。

6. 在蛋糕顶部摆放数朵玫瑰花装饰即可。

抹胸小礼服

Moxiong Xiaolifu

主要工具

抹刀

制作过程

1. 抹一个蛋糕圆面，用抹刀从下到上划出纹路。
2. 插入康乃馨、玫瑰花与毛茛作装饰（也可用其他花型装饰）。
3. 在蛋糕底部相应位置也用花作为装饰。

瓢虫之夏

Piaochong Zhixia

主要工具

叶形嘴

拔草嘴

制作过程

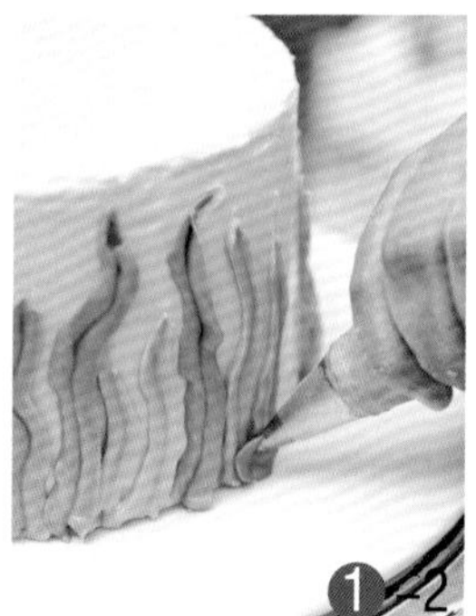

1. 抹一个蛋糕圆面，在底部用叶子花嘴向上挤出不规则的小草贴边。
2. 再用挤丝用的拔草嘴拔出小草。
3. 搓一翻糖圆球，压扁，中间用塑刀压出瓢虫的翅膀。
4. 在瓢虫背上贴上一些大小不一的黑色圆点。
5. 搓一圆球粘在瓢虫头上，点上眼睛。
6. 将瓢虫贴于蛋糕面上即可。

青花

主要工具

中直花嘴

小圆锯齿花嘴

叶形嘴

制作过程

1. 先制作一个蛋糕直面，用翻糖做一个花托并用直花嘴在上面制作出五瓣花，将其插在蛋糕顶部，再制作出其他五瓣花放在旁边。

2. 用叶形嘴在花的周围挤上叶子。

3. 用圆齿嘴在蛋糕底部与顶部直角边上打上花边即可。

太阳伞

Taiyangsan

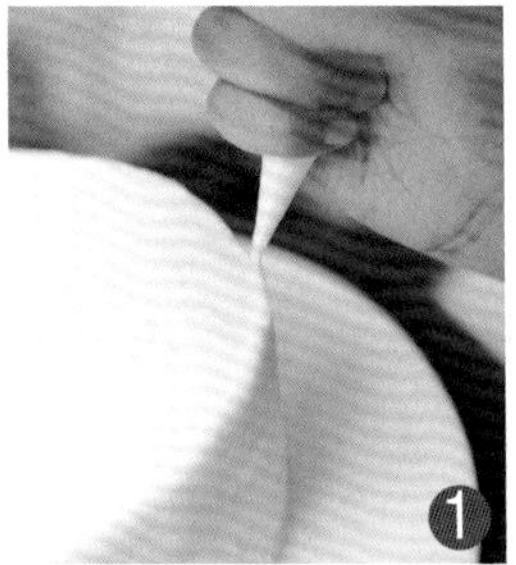

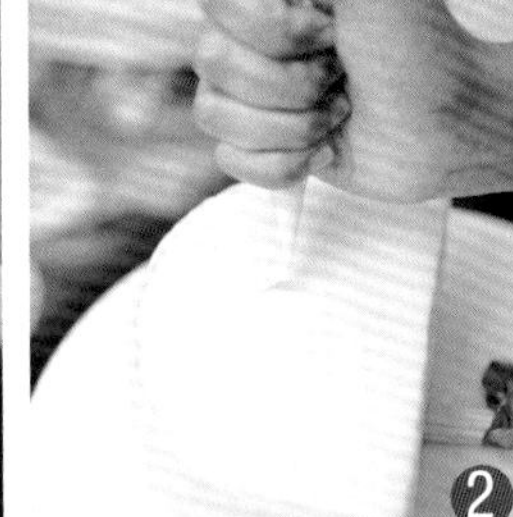

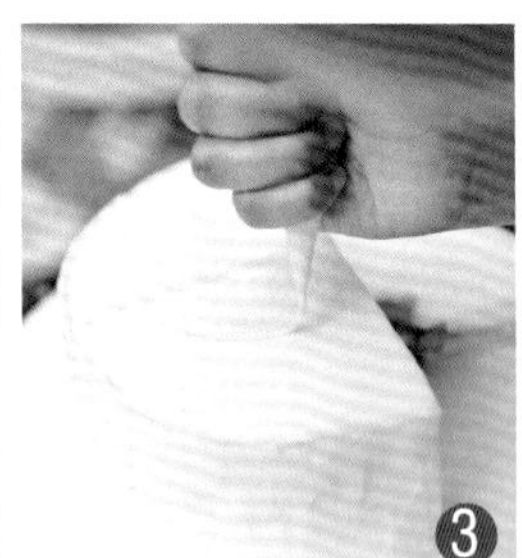

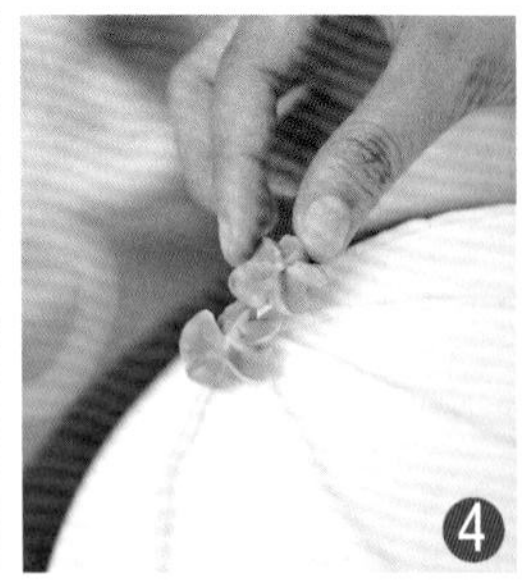

制作过程

1. 抹一个光滑的蛋糕面，用细裱在半圆弧的边上挤上线条。
2. 从蛋糕中间拉出一根线条。
3. 再从同一个点向下拉两根线条，作为伞的纹路。
4. 在蛋糕顶部粘上些许五瓣花。
5. 在伞的底部粘上若干五瓣花装饰即可。

少女心

Shaonvxin

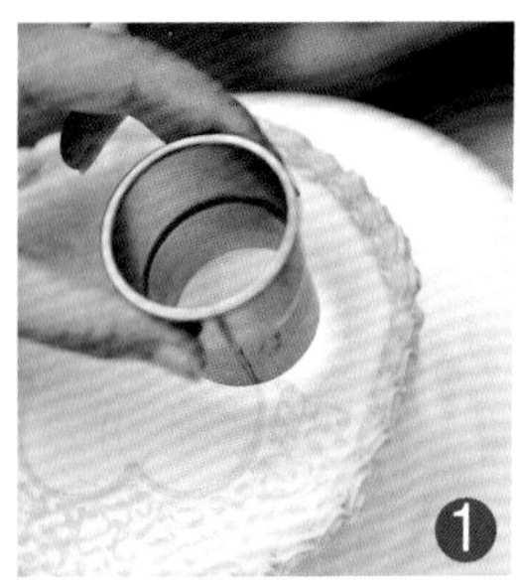

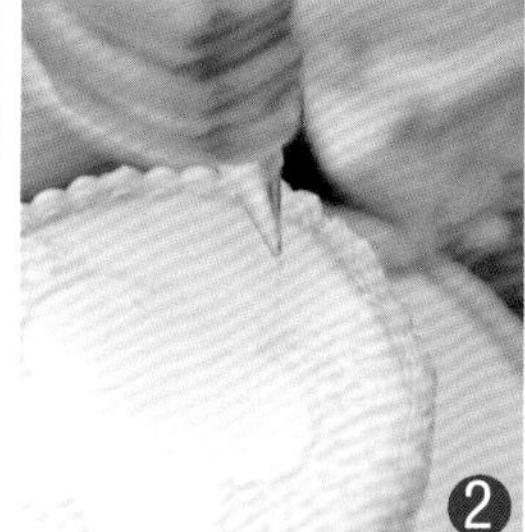

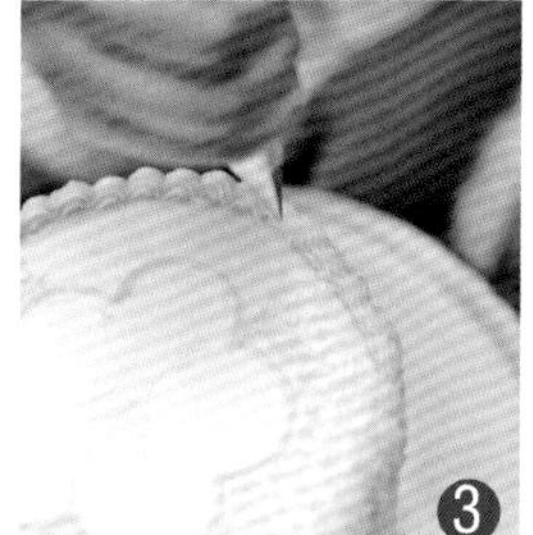

主要工具

小圆锯齿花嘴

制作过程

1. 抹一个蛋糕面，在蛋糕顶部边缘先用锯齿花嘴挤出一圈花边。用相应的圈模压出蛋糕面上留白的纹路。
2. 用细裱将印好的纹路拉出线条。
3. 用再细一点的细裱从上向下吊出不规则的线条，在蛋糕周边也以此方法拉出。
4. 用翻糖搓一水滴，剪出小花，刷上粉，插在蛋糕顶部与边缘装饰即可。

秋之哀伤

Qiuzhi Aishang

难易度
Nan Yi Du
★★

主要工具

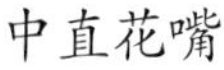
中直花嘴

菊花嘴

抹刀

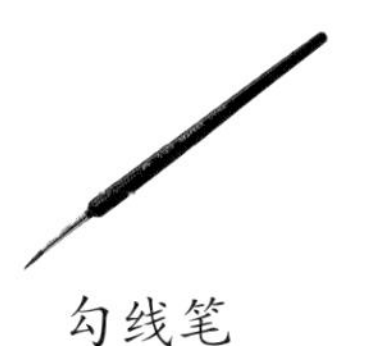
勾线笔

制作过程

1. 抹好蛋糕直面，在面的底部挤上黄色奶油，抹刀贴紧，向上走出螺旋纹路。
2. 奶油调成深紫色，用菊花嘴在花托上由外向内挤出弧形花瓣，约4层，作为花芯，花芯要包成凹形。
3. 采用渐变色的方法依次挤出花瓣，最后用白色奶油挤出花瓣，这样比较突出。
4. 用剪刀夹起做好的花摆放在蛋糕面上，摆放花的角度要有变化。
5. 糯米托剪好水滴形状扎在牙签上，中直花嘴由下向上垂直挤出叶子。
6. 用勾线笔勾勒出叶子的纹路。
7. 用剪刀取出叶瓣，摆在花的后方，使造型美观即可。

叶子的纹路要有大有小，这样做出来更逼真。

素洁的爱意

Sujie de Aiyi

主要工具

中直花嘴

小圆锯齿花嘴

制作过程

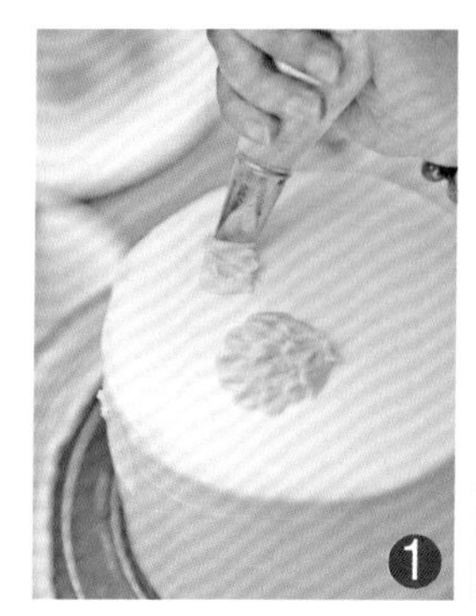
在蛋糕顶部用中直花嘴挤出图中花卉造型。

用绿色细裱在花朵根部挤出花蒂。

用绿色细裱画出花朵的枝干。

再挤出其他分枝。

在蛋糕底部用小圆锯齿花嘴挤出花边。

在蛋糕上部边缘用锯齿花嘴旋转着挤出花边。

在蛋糕底部用细裱按规格向下拉线。

在蛋糕侧面顶部拉出均匀的弧线。

无比眷恋的春天

Wubijuanlian de Chuntian

主要工具

抹刀

制作过程

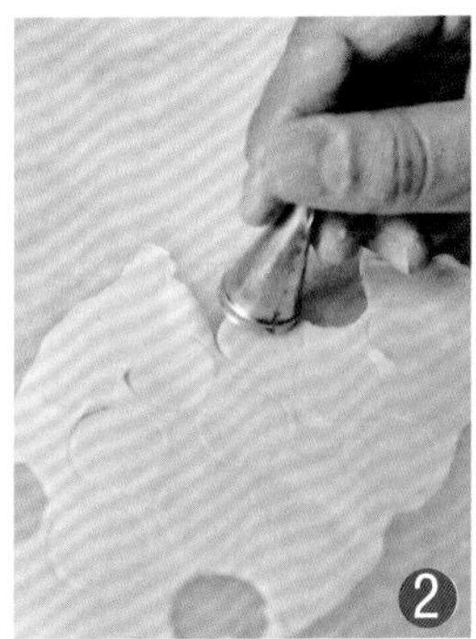

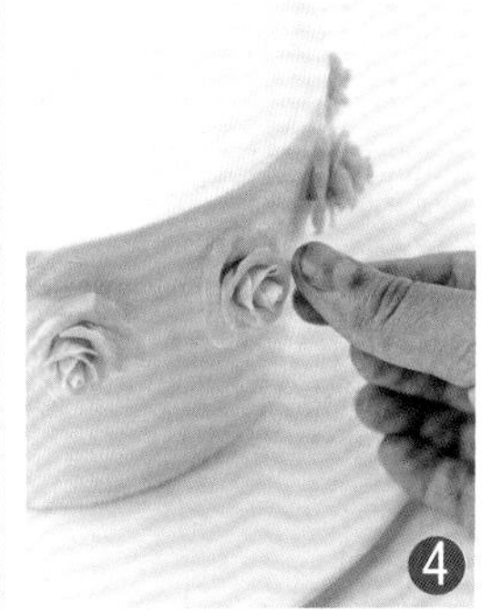

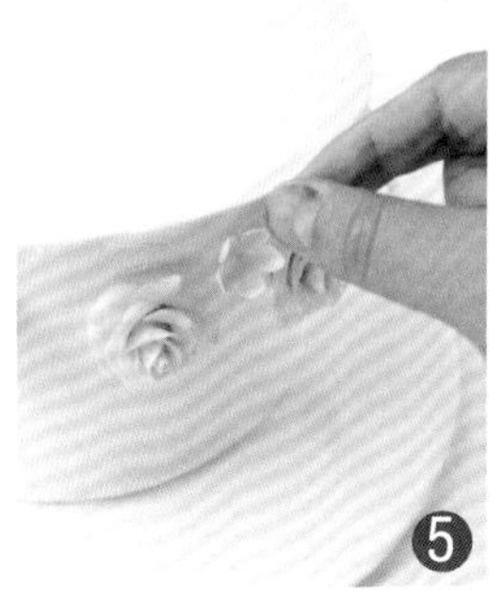

1. 将奶油霜打好，调成淡黄色，用抹刀将蛋糕抹成直面。

2. 粉色翻糖擀薄，用圆形模具压出备用。

3. 在牙签上做出花蕊，依次包出花瓣呈圆形的花朵，外延呈自然开放效果。

4. 将做好的玫瑰放于蛋糕直面3/4处，依次间隔开。

5. 将压好的白色梅花贴于玫瑰间隔处，大小错落开摆放。

6. 最后用绿色奶油霜挤上叶子，在蛋糕最下方用银色扎带系上蝴蝶结，边缘撒上少许的小花装饰即可。

Tips:

此款蛋糕采用8寸蛋糕坯制成，上面的装饰玫瑰花不要做得太大。

雅致生活

Yazhi Shenghuo

难易度 Nan Yi Du ★★

主要工具

抹刀

小圆嘴

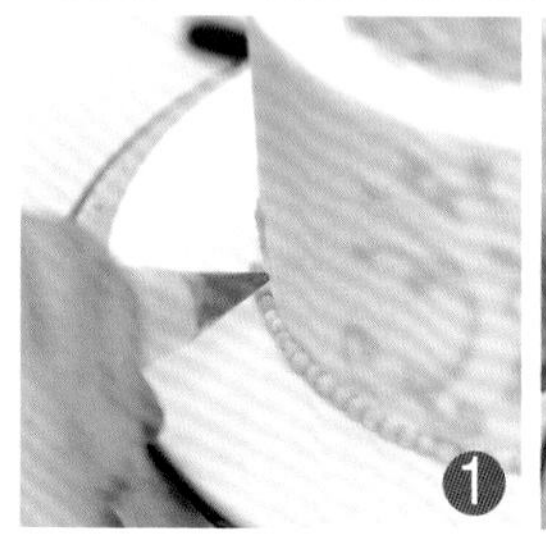

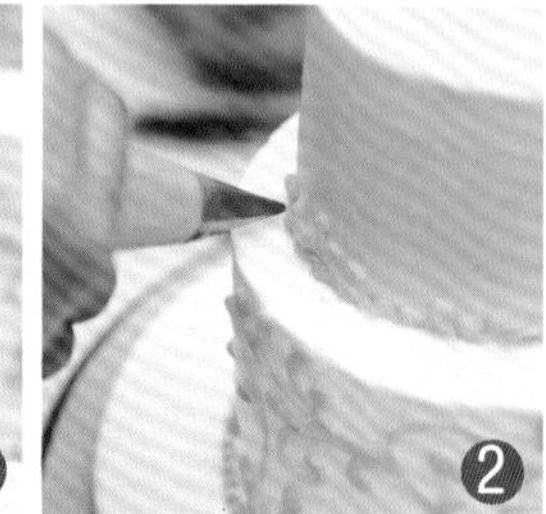

制作过程

1. 抹一个蛋糕直面，用黄色奶油霜在面上画相应图案。用小圆嘴在蛋糕底部挤一圈豆边。
2. 在两层蛋糕连接处画出花纹。
3. 在相应位置装饰插花即可。

紫色年华

Zise Nianhua

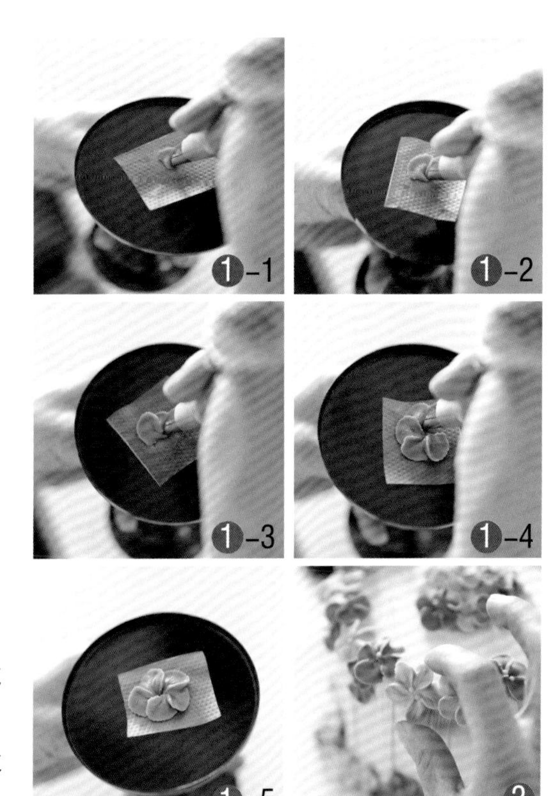

主要工具

小直花嘴

扁锯齿嘴

制作过程

1. 用花嘴挤出五瓣花，需一瓣一瓣挤出，要求花瓣大小及间隔均匀。
2. 用扁锯齿嘴在蛋糕侧面上挤出一些如图所示纹路，将小花粘于蛋糕面相应位置即可。

小公主的花环

难易度 Nan Yi Du ★★

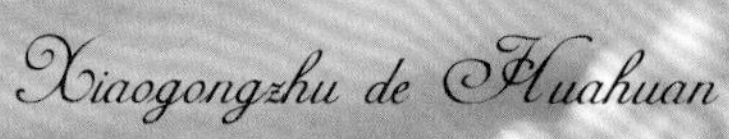

主要工具

小圆嘴

小直花嘴

叶形嘴

制作过程

1. 先制作一个蛋糕直面，用小号圆嘴在顶部与侧面描出花藤。
2. 在顶部与侧面都用六齿花嘴垂直在蛋糕面旋转挤出六瓣花。
3. 用小号圆嘴在花朵中心挤出圆球状绿色花心。
4. 用黄色细裱在绿色花心周围挤上一圈花蕊。
5. 用叶形嘴在侧面花藤根部与顶部花朵边上挤上叶子。
6. 用圆嘴在蛋糕顶部沿着花藤挤出两排花蕾。
7. 用圆嘴在蛋糕底部与顶部直角边上挤上一圈豆边。

一处相思

Yichu Xiangsi

难易度 Nan Yi Du ★★

主要工具

小圆嘴

中圆锯齿花嘴

制作过程

1. 抹一个直角蛋糕坯，用圆形花嘴在蛋糕坯的底部挤一圈豆边。
2. 用圆形锯齿花嘴以绕圈的方式制作出像曲奇一样的花朵。
3. 在蛋糕面上装饰同样大大小小错落有致的花朵即可。

CHAPTER 4

翻糖篇

翻糖蛋糕是源自于英国的艺术蛋糕。具有极佳延展性的翻糖可以塑造出各式各样的造型，并能将精细特色完美地展现出来，其造型的艺术性无可比拟，充分体现了个性与艺术的完美结合，翻糖蛋糕凭借其豪华精美以及别具一格的时尚元素成为了当今蛋糕装饰的主流!

翻糖蛋糕基础

制作翻糖蛋糕的常用工具

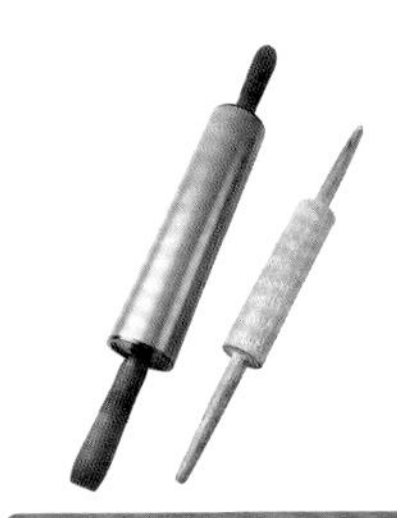

防粘擀面杖

防粘擀面杖常用的有塑料和木质两种，从6寸到20寸不等。做翻糖至少要准备两根，一根比较长的用来擀糖皮，一根比较短的用来擀做糖花用的干佩斯。

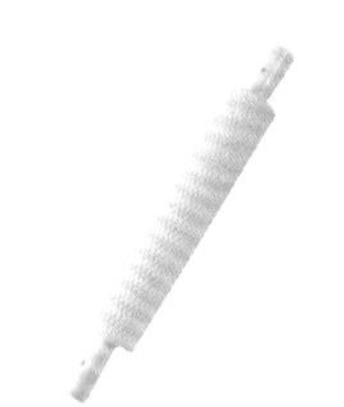

印花擀面杖

因其表面有凹凸纹理，所以擀出的糖皮就会有相应纹理。印花擀面杖的种类、样式和尺寸都很多。一般来说，花纹突出的擀面杖比较好。

打磨板

打磨板是用来打磨糖皮的，通常需准备一只圆头的，一只方形的，打磨的时候，一手拿一个，配合使用。

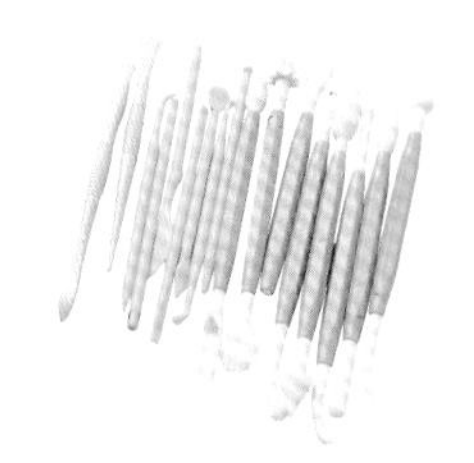

一套捏塑工具

用它来做翻糖造型、糖花都可以，型号大、中、小号最好都能备齐。

泡沫蛋糕假体

一般用于做蛋糕陈列品，泡沫要选用高密度的，厚度在10厘米较好，这个泡沫假体也可用来晾干糖花

蛋糕托盘

纸质的蛋糕托盘最常用，也可用瓷盘来体现档次，也有的是将KT板裁切成托盘。

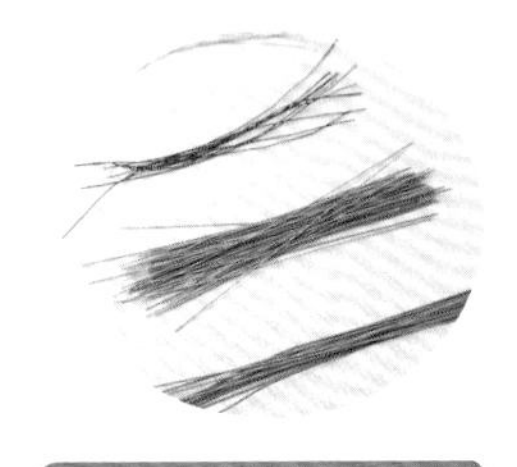

铁丝

铁丝主要用来做花瓣的支撑及绑花瓣用的。它们从18号到30多号不等，各种尺寸、粗细，使用范围非常广泛。

花夹

主要用来在翻糖蛋糕上夹出各种花纹，是一种很实用的装饰工具。

裱花袋

用来挤翻糖膏时用。

压模

主要用来压制各种造型。

丝带

用来装饰翻糖蛋糕的边。

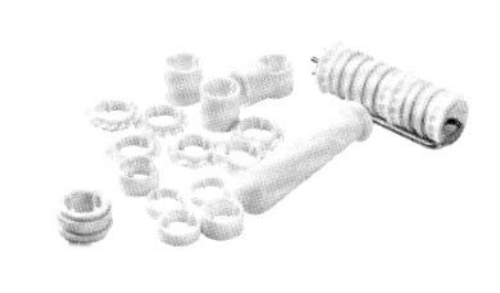

切条器

一般适用于做蝴蝶结及蛋糕花边。

美工刀及刀片

美工刀主要用来做糖花和翻糖造型，刀片要选择锋利的，这样切口就没有毛边。

镊子、毛笔

毛笔用来画小花朵，镊子在粘一些小东西的时候可以用来夹取。

金丝扣

装饰蛋糕时用，与裱花袋同时使用，用来绑紧裱花袋的袋口，防止材料从袋子尾部流出。

花蕊

花蕊可以自己做，也可以买成品，在卖假花的市场可以买到。

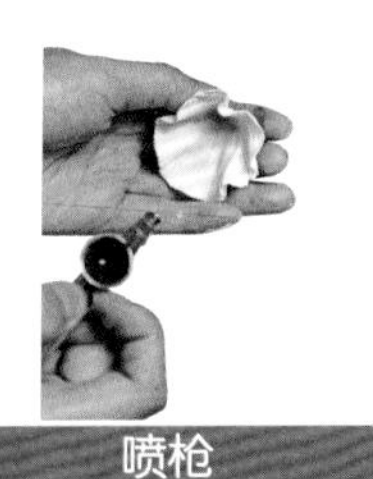

喷枪

有低压、高压两种，低压喷枪较适合初学者，高压喷枪因为要调压，新手很难掌握好气流。使用时先在喷笔里加入水再加色素，把喷嘴堵住，让色素与水调匀。先在纸上试喷，出来没有溅点、气流顺畅时再开始在蛋糕上喷色。

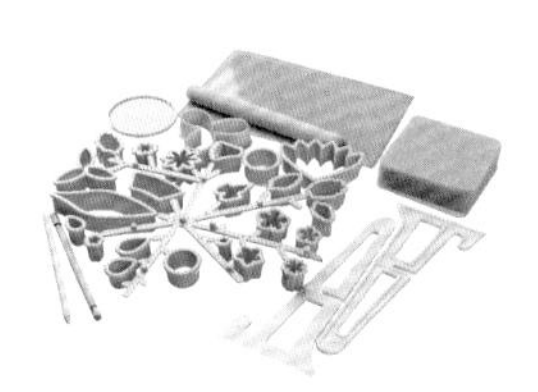

糖花工具套装

花朵切模有不锈钢的和塑料的两种。选择压模的边口越薄越锋利越好，这样切出的花瓣边口整齐光滑，海绵垫主要用来压花瓣弧度。

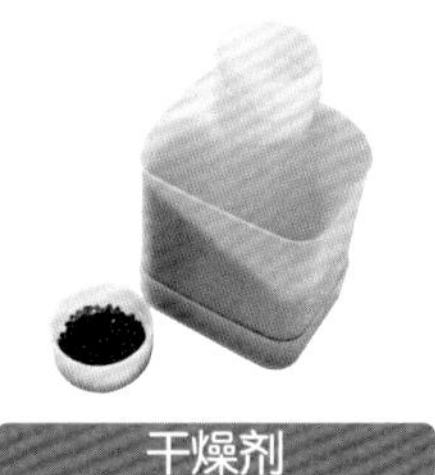

干燥剂

用来防潮，放在做好的翻糖蛋糕密封罩里，当蓝色变为透明色时表明干燥剂里已吸了潮气，此时就要重新换上新的干燥剂，受潮的干燥剂经烘烤水分蒸发后还可以再用两次。

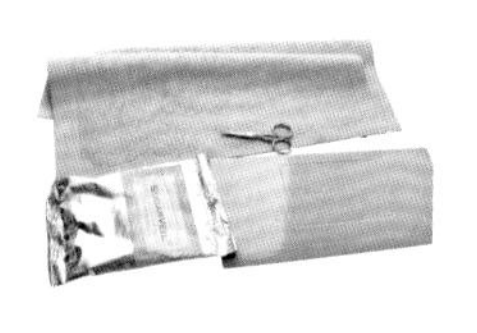

蕾丝套装

做蕾丝的工具、材料有硅胶垫、刮板、蕾丝粉。这套蕾丝套装是不可代替的。例如，蕾丝粉配方复杂，做起来费时费力，而市售的蕾丝粉一小包就能用很久。另外，大刮板也不能用抹刀代替，因为抹刀轻，而且覆盖面小，刮的过程中容易出现不均匀现象。

制作翻糖蛋糕的常用原料

塑性翻糖/造型翻

这种翻糖质地结实、稍微有弹性，干得比较快，干燥后的成品非常坚硬牢固，常用来制作各种小动物、人物、器具的造型。造型翻糖放入开水后搅拌成浓稠液体，也可以做翻糖粘合剂胶水使用。

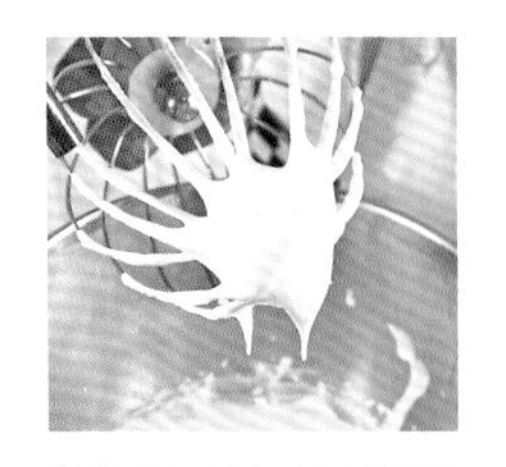

白奶油糖霜

可以在家里自己制作。主要用来蛋糕裱花，比鲜奶油花坚固，保存时间长。当然，其观赏价值大于其食用价值。

蛋白糖霜

立体吊线、平面吊线、浮雕吊线，做翻糖饼干，也可作为翻糖蛋糕中的黏合剂用。

软质翻糖/糖皮

这种翻糖价格比较便宜，质地比较柔软，一般用来做覆盖蛋糕的糖皮。

硬质翻糖 / 干佩斯

干佩斯是糖面的一种，但是质地与翻糖不同，能够做出比较细致的糖花，风干后有点像瓷器，触感脆硬且易碎，干佩斯风干的速度比翻糖还要快，因此制作糖花的速度也要相对的快一些。所有尚未使用的干佩斯材料必须注意密封保存以免风干变硬，在蛋白糖霜里加入增稠剂，使糖霜结成面团状，就可以用来制作糖花。常用的干佩斯因为含有蛋白，所以风干速度很快，制作糖花时可以快速定型，操作上比较节约时间。对新手来说，这种快干特性可能会造成整形难度，需要多练习才能抓住要领。有些地方能买到现成的预拌粉，只要按照包装上的说明，加水搓揉成团即可，使用上以新鲜蛋白打发的糖霜调制的干佩斯更富延展性，不过风干速度相对更快，新手应斟酌使用。

以上做翻糖蛋糕的五种材料成分配方各不相同，但对于我们来说，表现出来的区别其实就是软硬程度、延展性以及成型后的坚固程度不同。每一种翻糖都有各自的不同配方，可以自己购买材料制作，也可以购买现成的翻糖。

金属粉

金属粉是一种食用色粉，主要用来表现蛋糕的金属色，也有珍珠粉和银粉等。

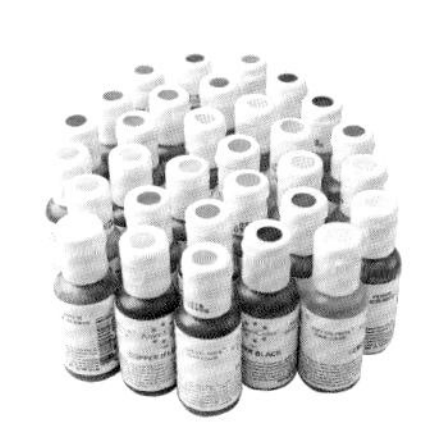

色膏

色膏是食用色素的一种，色素有液体状，有膏状，还有粉状。液体状用在鲜奶油中为主，色膏用在翻糖中较多，色粉有时也会调水后加入翻糖中，但更多是用在花卉刷色上。使用时只要把色膏放在糖团里揉匀即可。

色粉

用毛笔蘸上色粉给做好的糖花上色，可以达到逼真的效果。色粉有很多种。比如Wilton、Americolor、Sugarflair、Squires Kitchen等英美的品牌。使用色粉时，要仔细阅读包装上的使用说明。有很多色素是不能食用的，因此，不可以直接接触蛋糕。

如何制作翻糖糖膏

材料

无味明胶粉9克，冷水57克（浸泡明胶用），柠檬汁1小勺（增白去腥），玉米糖浆168克，甘油14克（保湿用），太古糖粉907克，白色植物起酥油2.5克（防粘用）

制作过程

1. 将无味明胶粉用冷水浸泡至膨松状。
2. 将其隔热水融化成透明液体。
3. 加入柠檬汁，搅拌均匀；再加入玉米糖浆，拌匀；然后加入甘油，搅拌均匀；最后再次隔水加热，搅拌成较稀的液体。

4. 取一个容器，加入过筛的糖粉约680克（余下的糖粉放在操作台上揉面时用）。
5. 在糖粉中间挖一个井，然后倒入调好的混合液，用勺子或木铲先搅拌，使其变成面团，再把面团从盆中取出放在撒了糖粉的操作台上。
6. 边揉边分次放入操作台上剩余糖粉。将其揉成一个光滑、柔软的面团，在手掌搓上白色酥油，揉入其中，使其黏性消除。

Tips:

1.步骤3调制的混合液状态应以勺子舀起来液体流下呈直线，碗底没有颗粒物为佳。
2.用保鲜膜紧紧包裹住翻糖，装入密封袋或盒里，放入冰箱，可保存两个月。注意：翻糖放置24小时后用是最佳状态。
3.制作干佩斯：将翻糖454克，泰勒粉3克，白油2.5毫升混合揉匀即成。干佩斯具有价格稍贵，质地稍硬，容易造型，适合制作精致花卉的特点。

如何进行翻糖蛋糕包面

蛋糕包面的材料多种多样，这里选用的是普通的糖皮，要注意包面的平整。

1 把蛋糕坯切成两层，中间夹上奶油霜。

2 在蛋糕顶部倒上奶油霜抹平。

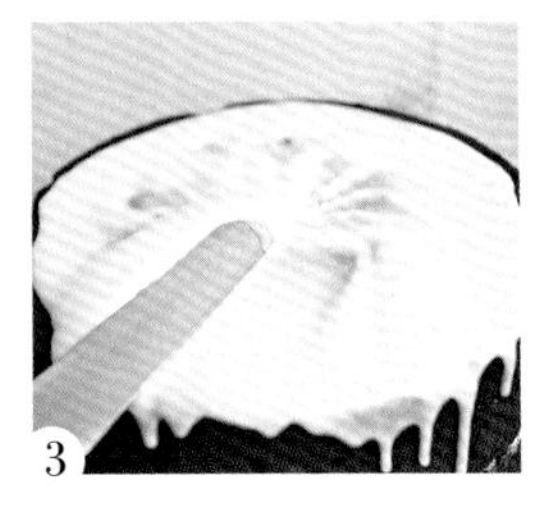

3 先薄薄地涂一层，等变硬后再涂一层。

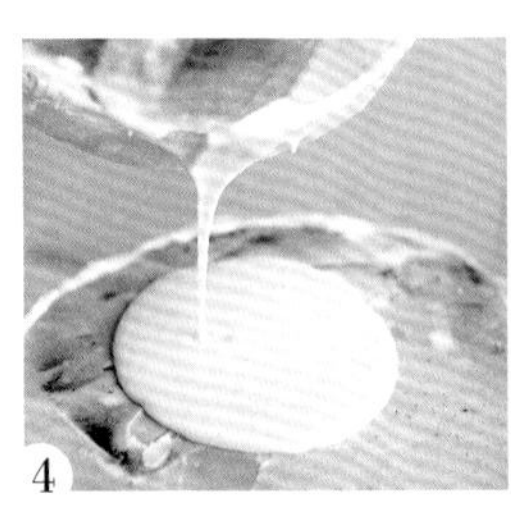

4 然后再淋上一层奶油霜。

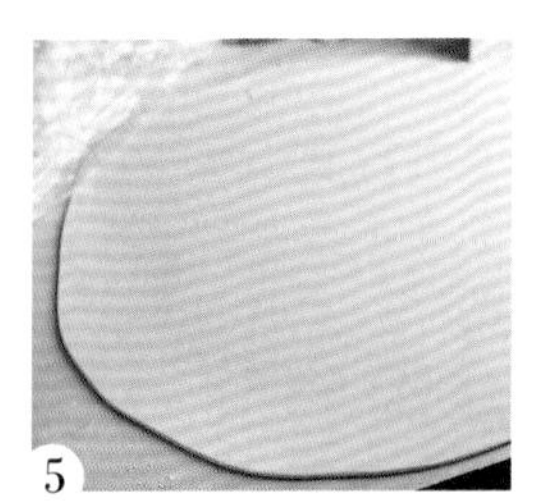

5

把糖皮擀成圆形，直径要比蛋糕坯直径多出6厘米左右。

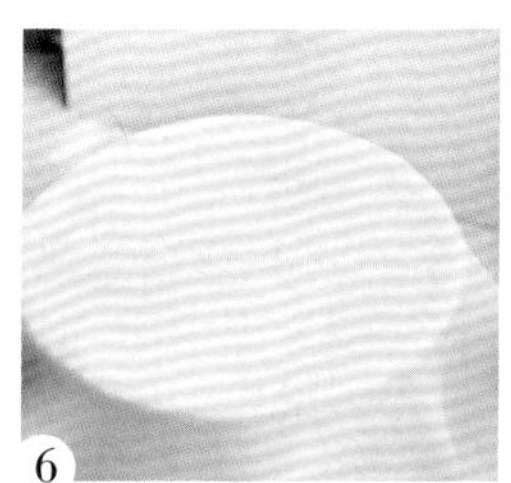

6

用双手捧起糖皮放在蛋糕坯上，如果蛋糕过大也可用擀面棍卷起糖皮再放到蛋糕上，这样糖皮不容易断裂。

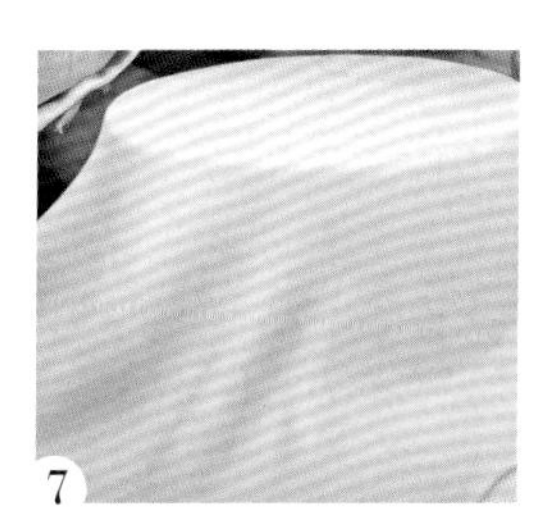

7

用两只手的大拇指肌肉处轻轻压平糖皮。由上向下推压糖皮，将其褶皱向下推。

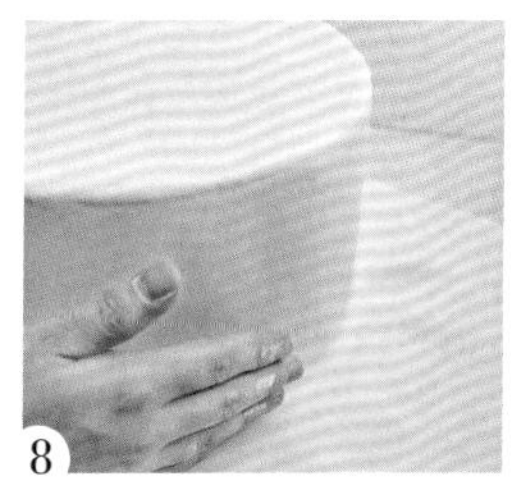

8

糖皮侧面用手掌整平后再用刮板整平下面，把底边多余的糖皮切掉，包好的面应该是表面平整，侧面没有断纹出现，底边整齐。

翻糖蛋糕侧面装饰常用技巧

直接在面上压出花纹

可用直尺先向右倾斜压出平行线，再向左倾斜压出平行线，注意距离适当。

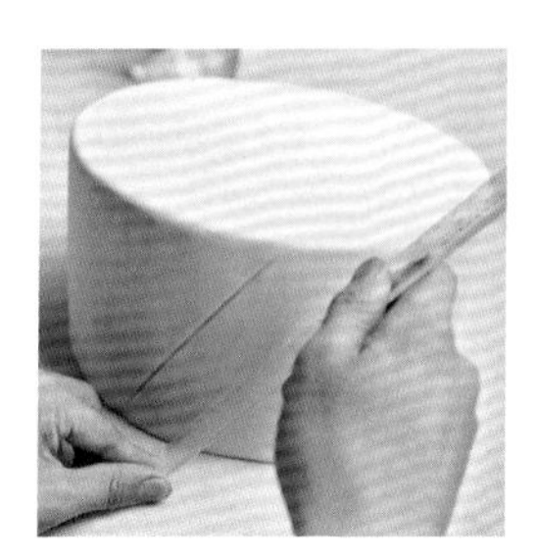

绑缎带的花边

制作这种花边时糖皮要擀得薄一些且两边长宽一致，否则就会显得粗糙。折叠缎带花边时要注意第一层比第二层稍窄，贴边粘合到蛋糕上时，注意接口要美观且粘紧。

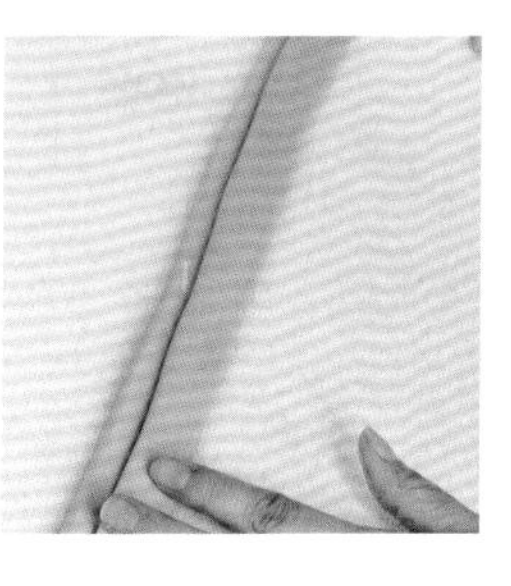

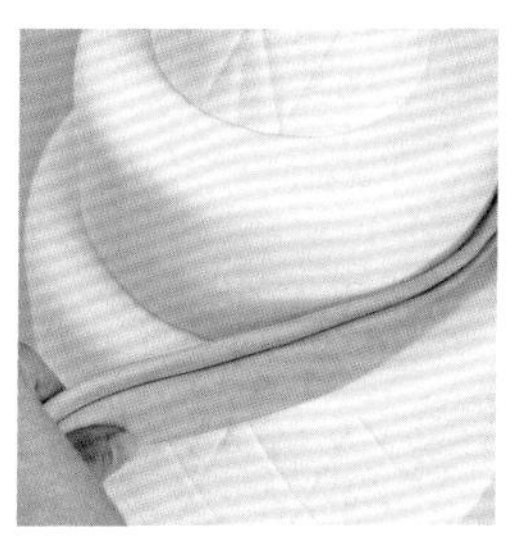

褶皱的裙边效果

制作这种花边时把边缘用球形棒先擀薄，再用尖形棒划出不规则的边。制作褶皱裙边时，糖皮擀得越薄越好看。褶皱裙边粘合到蛋糕侧面上时，注意接口要美观且粘紧。

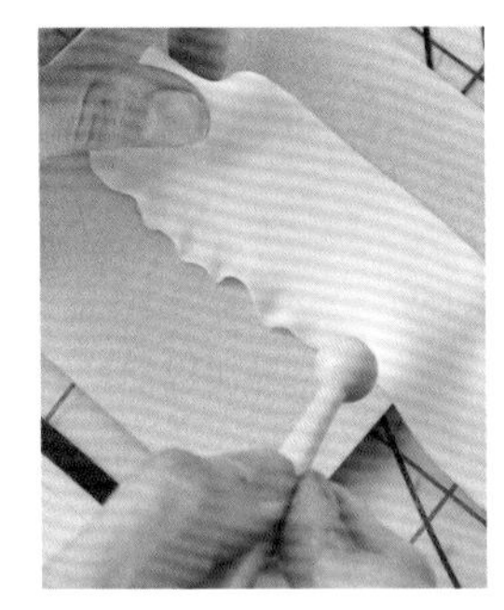

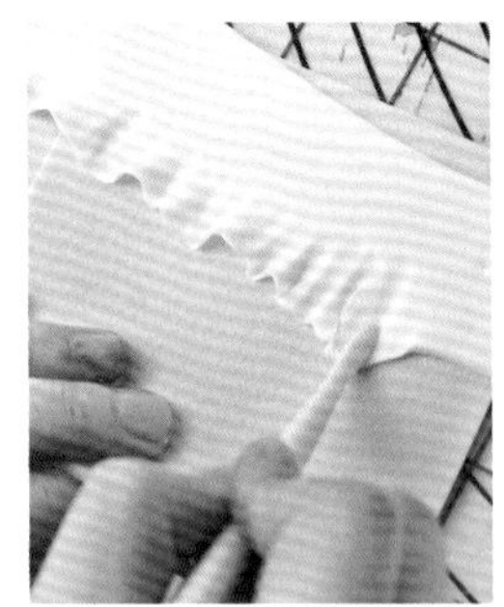

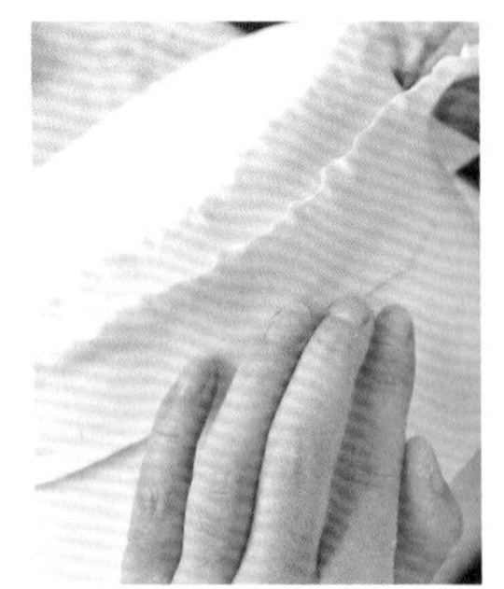

线条贴边

用滚轮刀切出长宽一致的线条，在每一条糖皮上蘸上糖水再贴在蛋糕面上。将线条贴合到蛋糕侧面上时，要注意接口要美观且粘紧，线条间的间距需均匀。

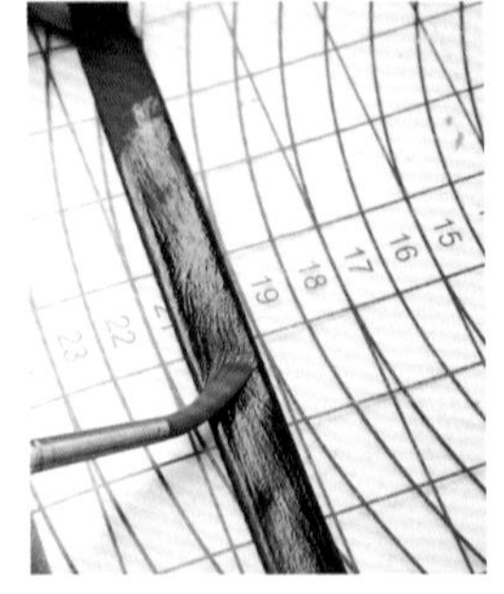

压模贴边

用模具压出各种形状，贴在蛋糕的侧面，压模时要注意模具切口要干净，每压一次都要用热水擦去残留在模具上的糖料，防止压下一个时会让其边缘毛糙。要注意接口要美观且粘紧，图形间的间距需均匀。

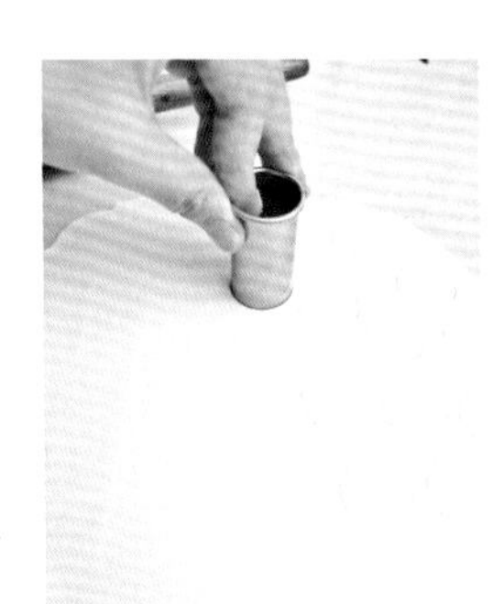

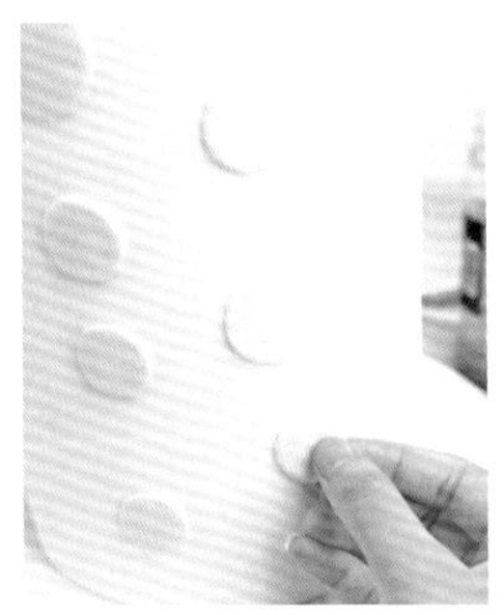

裙边

把压好的圆形糖皮边缘擀出褶皱，这种边很像女孩的裙子，所以也叫它裙边。将裙边贴合到蛋糕侧面上时，要注意接口要美观且粘紧，裙边的间距需均匀。

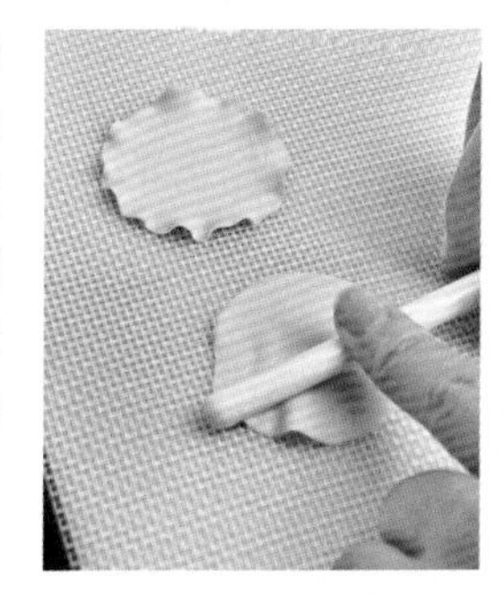

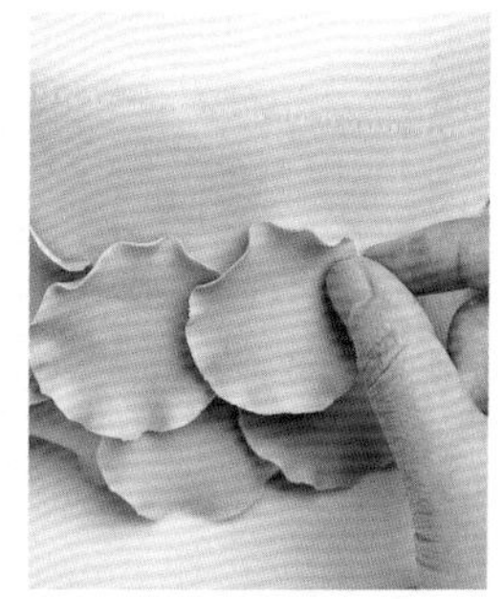

浮雕法

填蛋白膏

这种方法装饰出来的蛋糕给人一种很强的艺术设计感，但制作时比较耗时，因为要等干了一部分再填另一部分。制作时，先用吊线手法画出图案，再填充相应颜色的蛋白膏，注意填充时要慢一点，使每部分蛋白膏都均匀饱满。

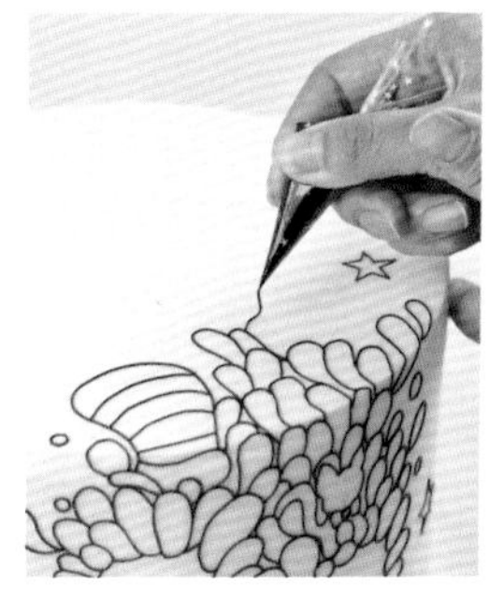

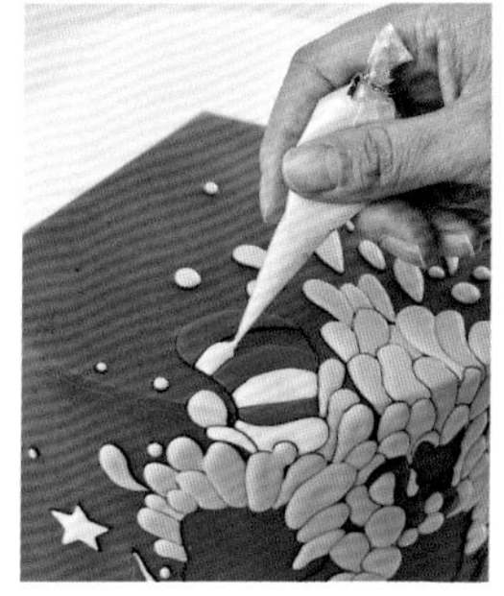

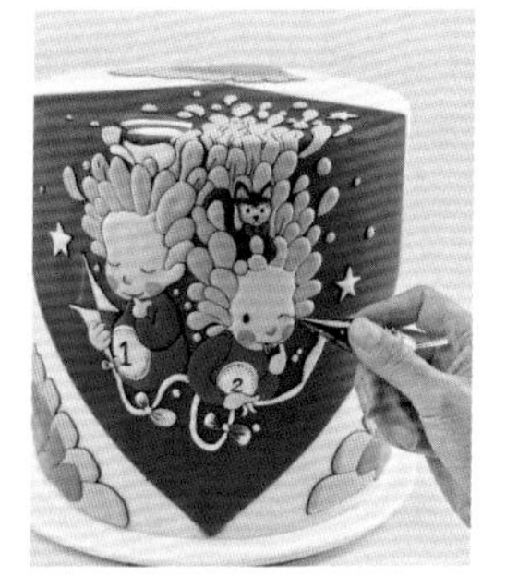

蛋白膏浮雕

把蛋白膏挤好后，用毛笔从边缘向中心刷出纹路，此时花边会出现边缘厚中间渐渐变薄的效果。

蕾丝边

先在纸上画出图形，再将一张透明玻璃纸放在上面，顺着图形先用硬质蛋白膏挤轮廓，再在里面填上软质蛋白膏，待晾干后再拼装到蛋糕上，这样的装饰手法会让蛋糕看起来立体感强，很有档次。

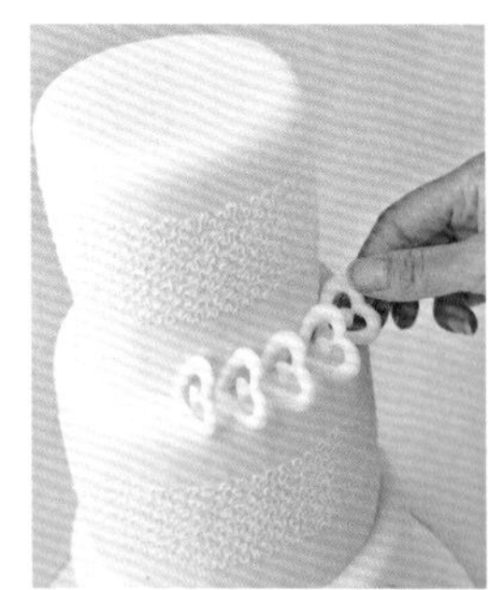

刺绣的手法

先在蛋糕面上画出大概的轮廓线，再用蛋白膏从边缘开始向中间一层层地拉出细线条，拉线条的蛋白膏一定是现打现用的硬质蛋白膏为好。

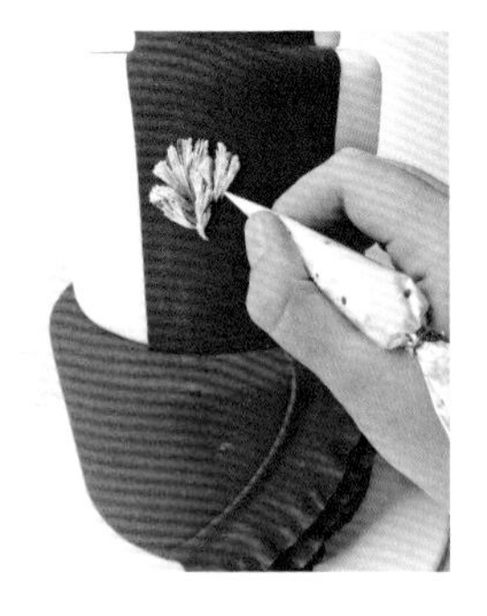

立体花卉装饰

装饰时要注意花朵不要大，否则会从面上掉下来，各种花卉均可用来装饰蛋糕侧面。

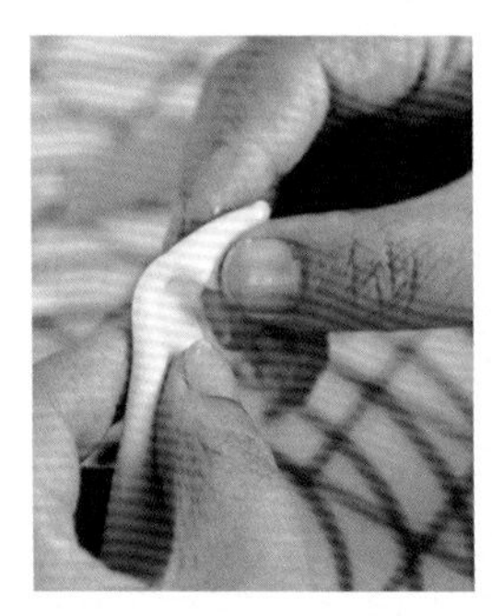
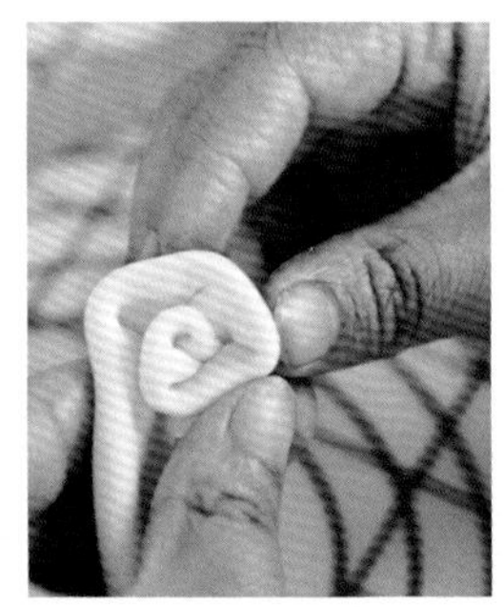

手绘装饰

用毛笔蘸上食用色素在蛋糕侧面画出图案，也可用喷画的方式上色，不过这两种手法都要有美术功底的人才能画出层次分明的图案。

翻糖蛋糕制作技巧

搓圆球的技巧

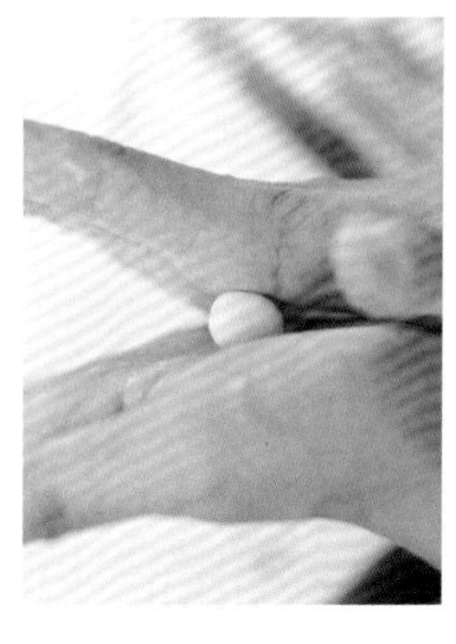

将两手掌伸平，把圆球放在两只手的大拇指肌肉处，下手掌不动上手作滚圆的动作。许多人会把圆球放在掌心处搓，这样很难搓圆，因为掌心处不平整，是有凹陷的。

搓细长条的技巧

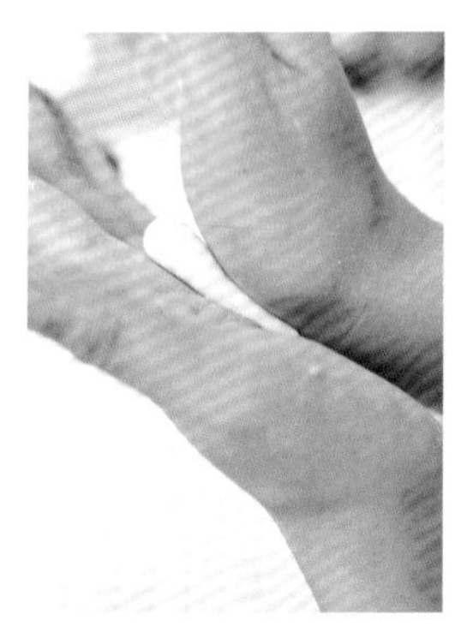

与搓圆球一样也是用大拇指的肌肉处搓长条，如果长条又细又短可用直板放于掌心搓，如果又长又细就要用直尺在桌子上搓。

让蛋糕档次倍增的方法

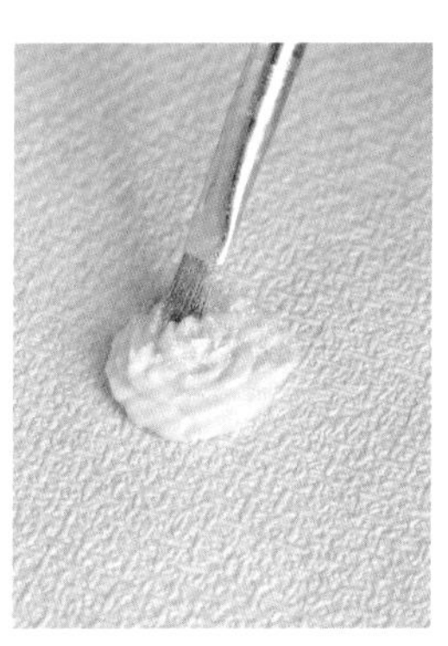

给你的配件扫上点珠光粉会让蛋糕看起来档次更高，还有遮盖粗糙点的作用，如果想要整个蛋糕面都有珠光粉，就要用酒精加上珠光粉放在喷枪里，用喷色法整体喷在蛋糕面上。

花卉上色最好是用色粉刷色

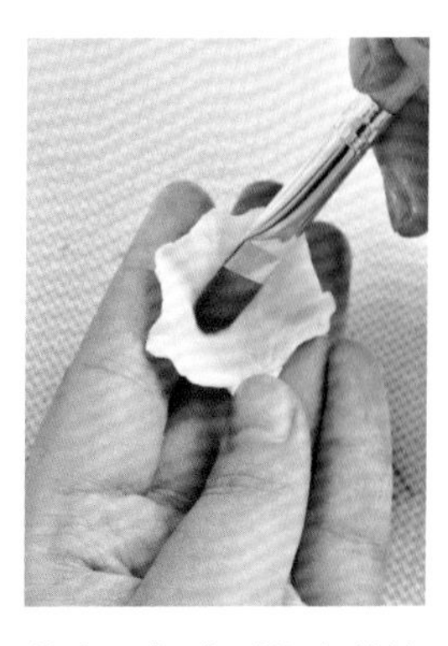

花卉要想达到仿真的效果，就最好用翻糖专用色粉刷上去，这样会更显自然逼真。

翻糖造型定型技巧

翻糖皮在未干前是软的，如果有需要定型的配件出现时，就要找些能达到定型效果的工具或材料支撑在糖皮里，常用的工具以纸材质、塑料材质这两种居多。

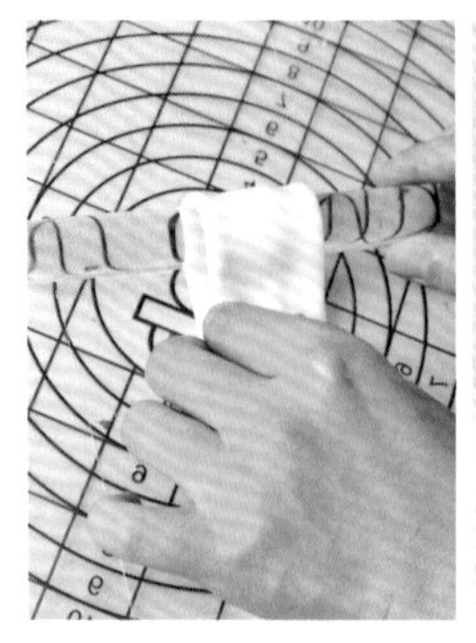

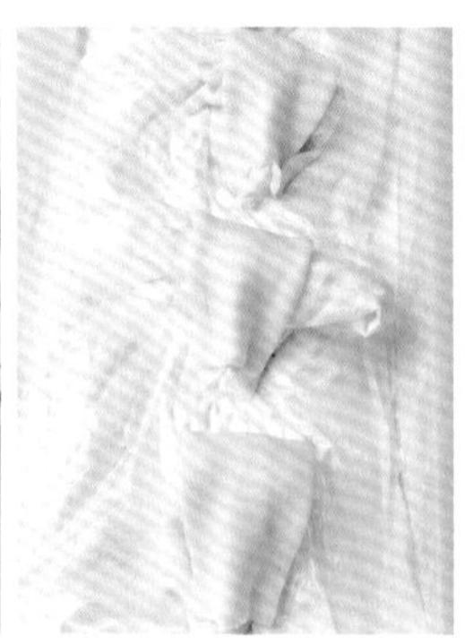

用纸型切糖皮时刀要顺着切

有些形状是需要事先画好纸型剪下来后，再照着纸型边缘切下糖皮，在切边时要用干净锋利的刀片，刀片的角度越低越好，每切一次都要用湿毛巾擦一下刀片再切下一刀，这样切出的糖皮不会有毛边，刀片最好选用专业雕刻刀，这种刀片薄且品种多，选择性大。

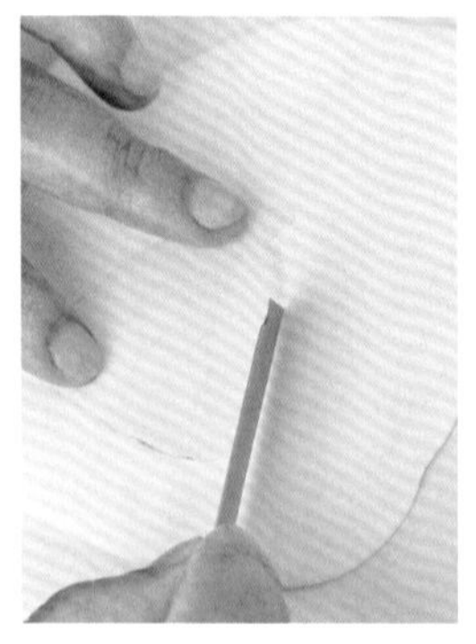

▲美工刀片

▲专业雕刻刀

能用模具切割图形的尽量用模具而少用雕刻刀去切

用模具压出来的图形又快边缘又整齐，大小好控制，特别是店面量化生产翻糖蛋糕时，装饰件最好都用模具来操作。

切割线条时要借助工具

可以用尺子量好长宽，定好位置再切割糖皮。

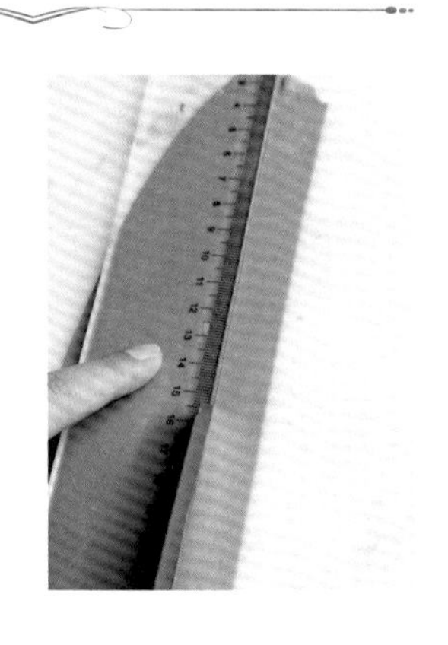

有些时候需要倾斜放置蛋糕

特别是用蛋白膏挤边时，侧面很难挤得整齐，需要把蛋糕面倾斜放置就方便挤边了，可以用手托起蛋糕，也可用可以倾斜的转盘。

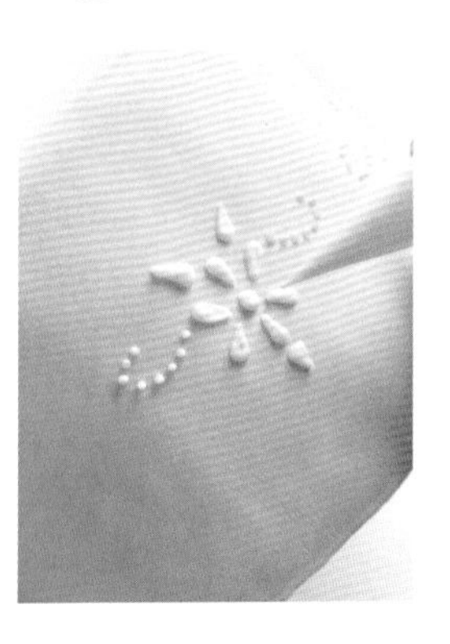

用模具填压糖皮技巧

把糖皮搓成圆球放在模具里，用手掌压平，把多出的部分用刀片水平切掉即可。

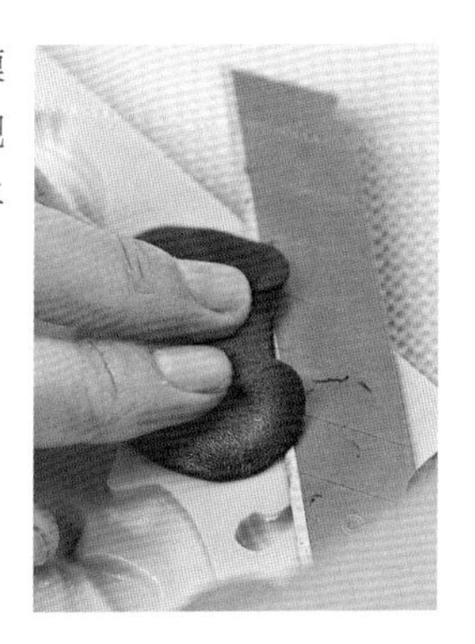

贴边时糖皮过长怎么拿起来

为了让蛋糕接头只有一个，通常就会擀很长的线条用来贴边，太长了两只手去拿中间就会断裂，此时就要将擀好的面皮卷起来拿。

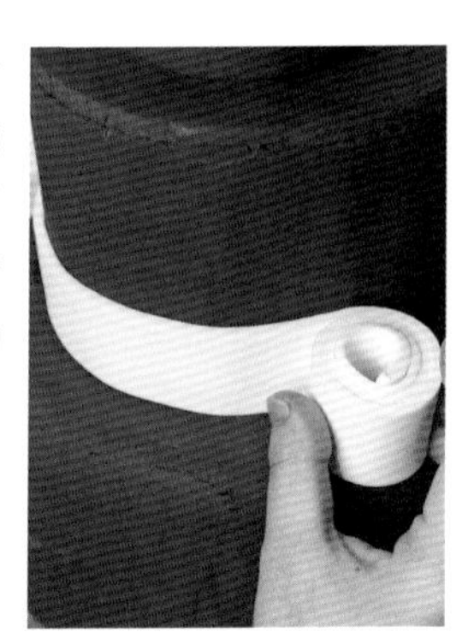

如何快速晾干翻糖皮

切好的翻糖皮想要干得快些，就要放在干燥背阴处晾干，放翻糖皮的底板要撒点淀粉防粘，要多翻动糖皮，防止背面的水气太重而粘在底板上，不要将糖皮放在太阳下直晒，糖皮太厚易裂口，太薄易翘起。

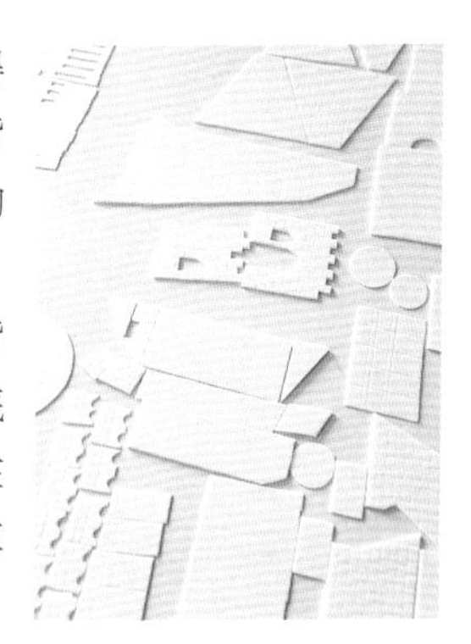

涂蛋白膏的技巧

先用硬质蛋白膏勾出轮廓，再用软质糖膏填色，糖膏最好是现打现用。

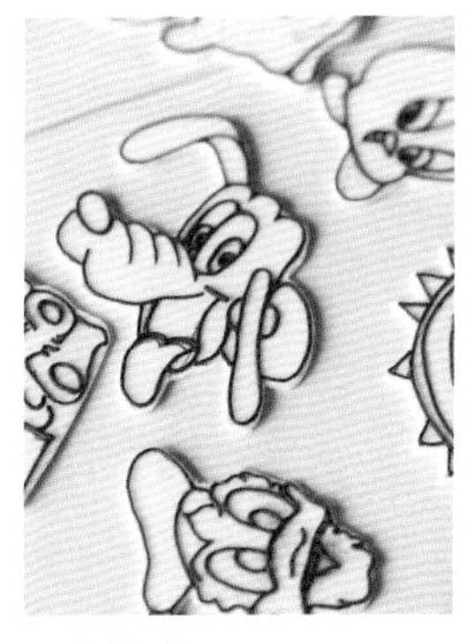

▲勾轮廓

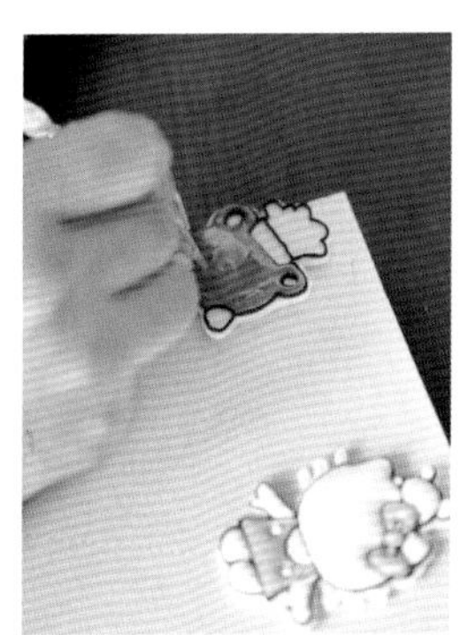

▲填色

花忆

Huayi

主要工具

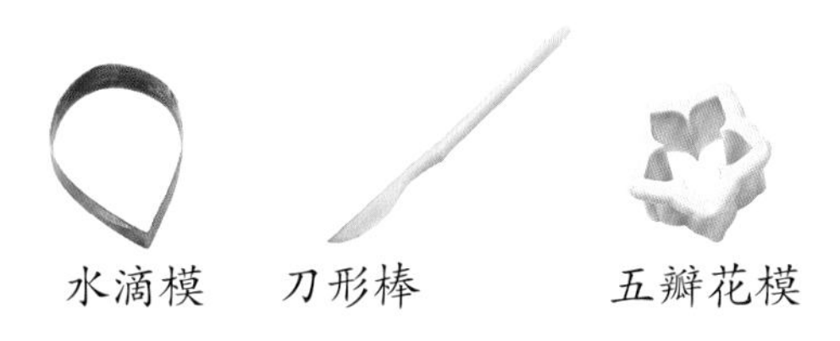

制作过程

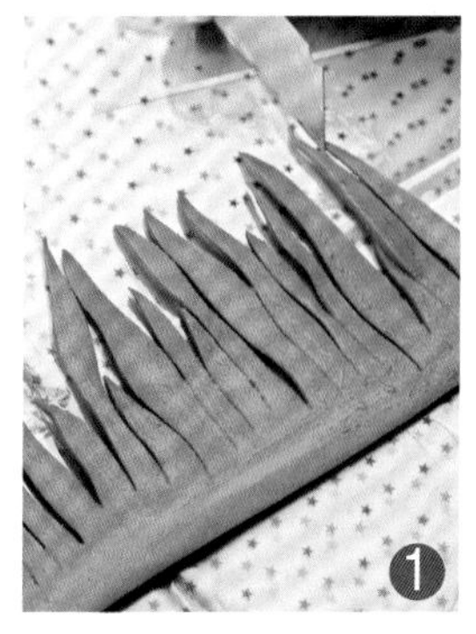

取深绿色糖膏擀成薄皮，裁成长方形，用刀片割出草的样子。

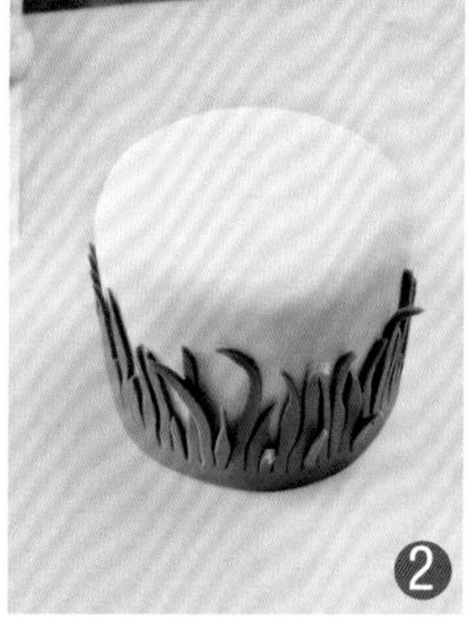

将割好的绿草围绕在蛋糕侧面，将草弯曲并随意摆弄一下。

擀一张浅黄色糖皮，用水滴模压出花瓣。

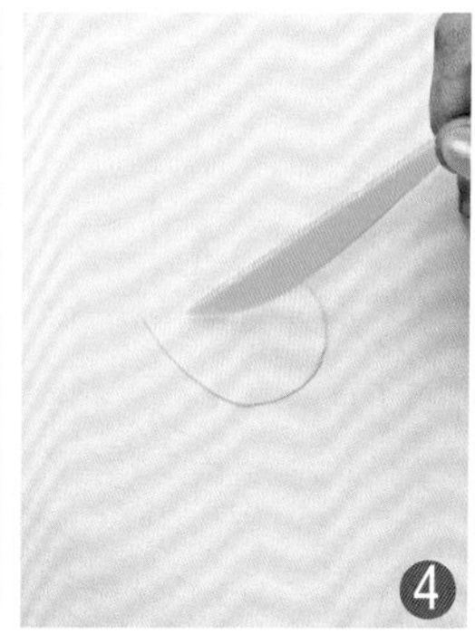

用刀形棒在花瓣上割出纹路，在海绵上擀出褶皱，风干定型。

将风干的花瓣粘接在蛋糕面上，五瓣一层。

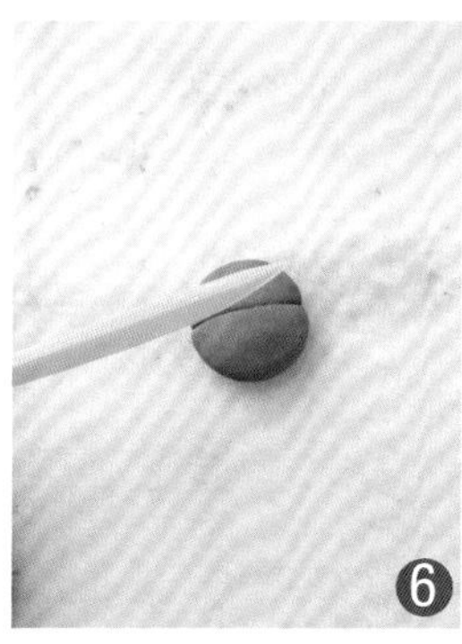

取绿色糖膏，用刀形棒压出纹路，做成花芯。

擀一张香槟色糖皮，用五瓣花模具压出小花。

将压好的小花在海绵上压出中间凹陷，粘接在蛋糕面上即可。

Zhuimeng

主要工具

小圆嘴

叶子压模

制作过程

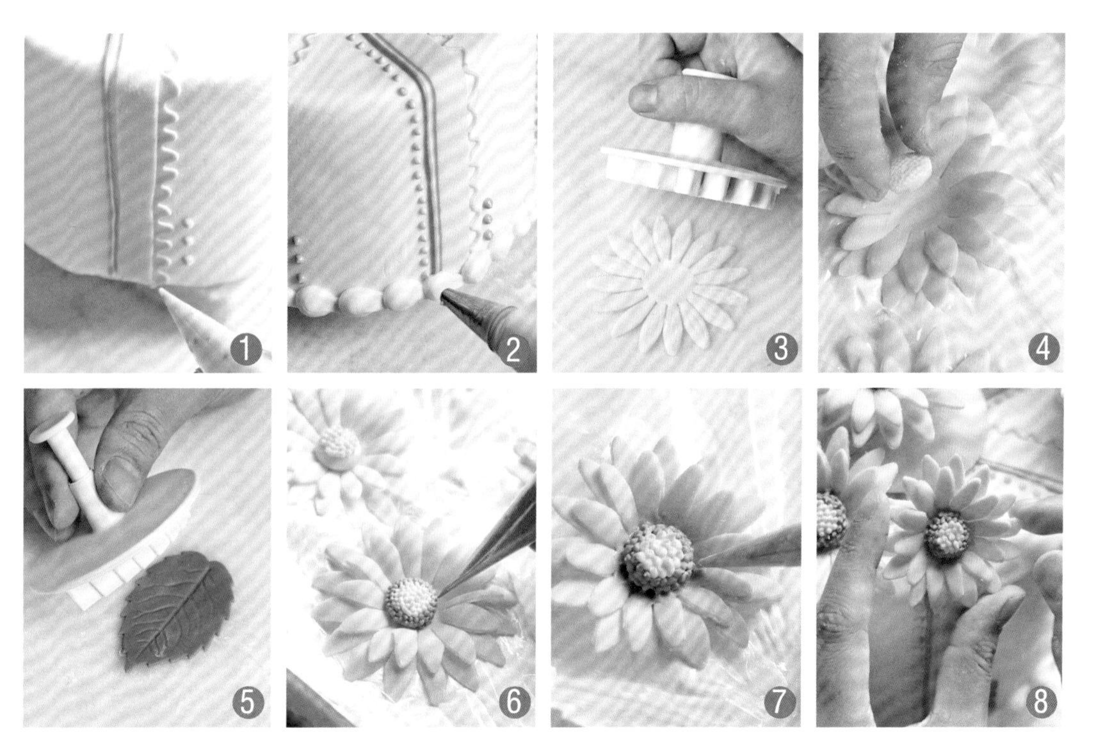

1. 在蛋糕面上用蛋白膏画出纹路。
2. 用小圆嘴在蛋糕底部挤出蛋白膏花边。
3. 取一块翻糖擀成薄皮，用向日葵压模压出花瓣。
4. 将花瓣在淀粉盘中定型，粘上圆形花芯。
5. 取一块绿色翻糖，擀成薄皮，用叶模压出叶子形状，放入淀粉盘定型。
6. 用蛋白膏挤出花蕊，黄色蛋白膏周围挤一圈咖啡色蛋白膏。
7. 用绿色蛋白膏在咖啡色蛋白膏周围勾出绿蕊。
8. 将定型好的向日葵粘贴于蛋糕上，在花空隙中粘贴叶子即可。

玛利亚之梦

Maliya Zhimeng

难易度 Nan Yi Du ★★★★

主要工具

五瓣花模

制作过程

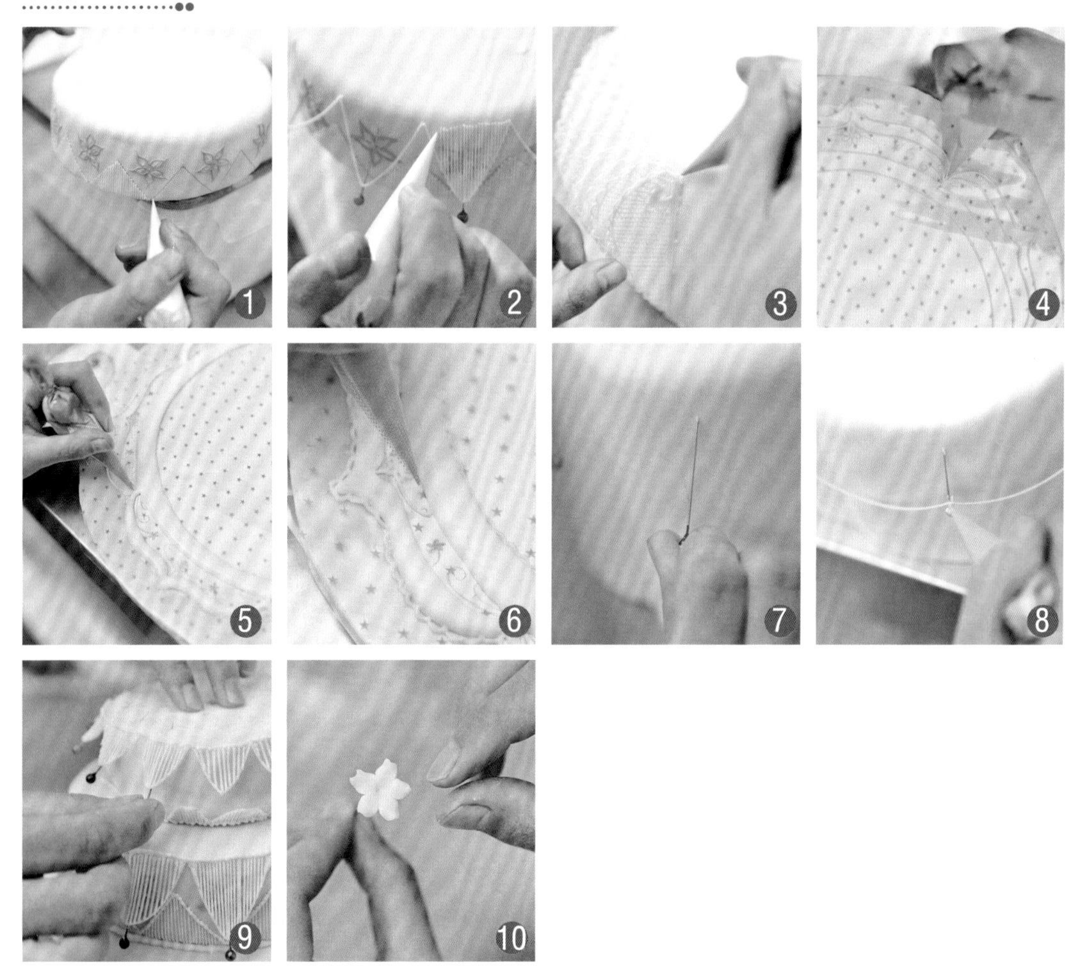

1. 先在面上画出线条的轮廓，然后用硬质蛋白膏吊线。
2. 插上大头针，隔空吊线。
3. 把吊好的线依次拼接。
4. 在画好图形的纸模上放上玻璃纸，开始吊线。
5. 吊好轮廓后，再填充软质蛋白膏。
6. 在边缘挤上蓝色的小豆边。
7. 在面上插上大头针。
8. 吊出隔空的边缘。
9. 拔掉大头针。
10. 用五瓣花模做出花卉，与其他花卉一同组装到蛋糕上即可。

花语爱丽丝

Huayu Ailisi

难易度
Nan Yi Du
★★★★

主要工具

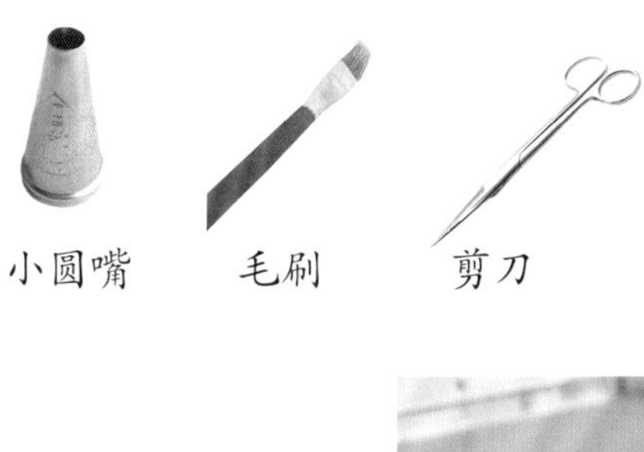

小圆嘴　毛刷　剪刀

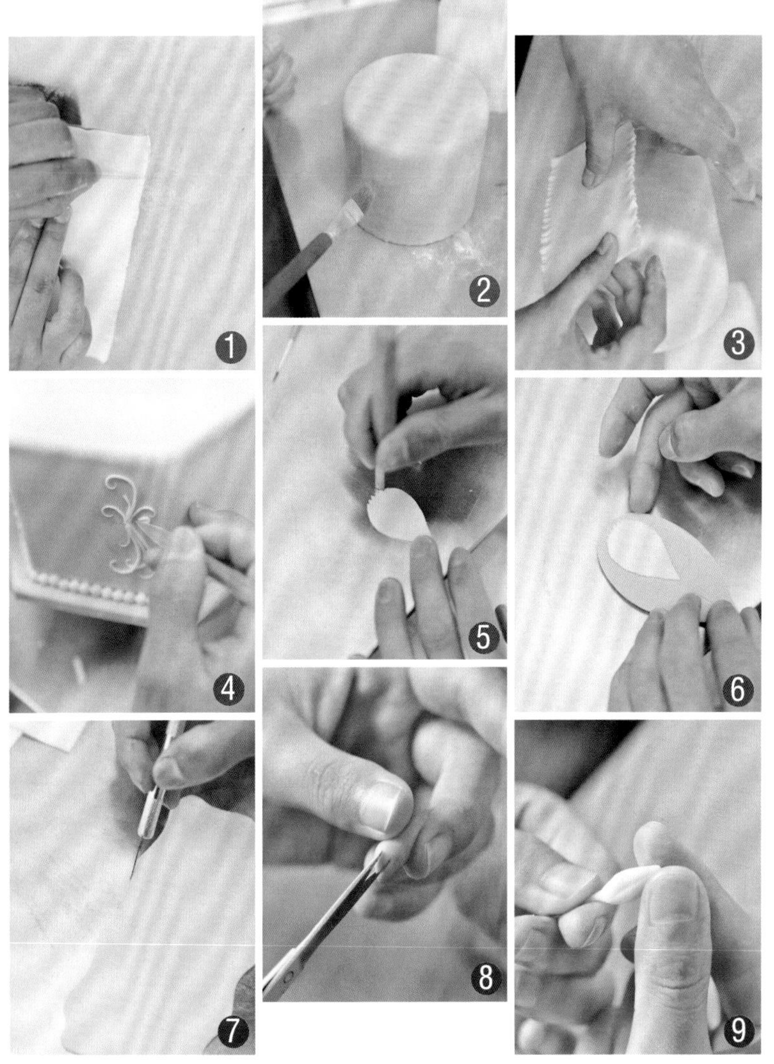

制作过程

1. 取一块长方形翻糖皮，把两边用牙签擀出皱褶。

2. 在蛋糕面上用毛刷刷上水。

3. 将翻糖皮贴在蛋糕面上。

4. 在蛋糕面上装饰线条。

5. 裁出芙蓉花的花瓣，把边缘擀薄。

6. 放在模具上压出纹路。

7. 取一块翻糖皮用刀片切出波纹状。

8. 制作出小碎花花卉。

9. 做出花蕊，将花蕊与花瓣组合成芙蓉花，再组装到蛋糕上。将蛋糕底部以小圆嘴挤一圈豆边即可。

倾城之恋

难易度 Nan Yi Du ★★★

Qingcheng Zhilian

主要工具

针形棒

制作过程

1. 用向日葵花模压出花瓣，做出向日葵造型。
2. 做出玫瑰花芯的花托晾干。
3. 玫瑰花蕊对包。
4. 依次包出花瓣，每一瓣花瓣都在前一瓣的二分之一处。
5. 最后一圈花瓣翻开边缘部分。
6. 用圈模在翻糖皮上压出圆片，用针形捏塑棒把边缘擀薄。
7. 对折，包在花托上。
8. 取一块糖皮，擀出皱褶，压出纹路。
9. 贴在kt板上。
10. 组装蛋糕即可。

绿意

Lvyi

主要工具

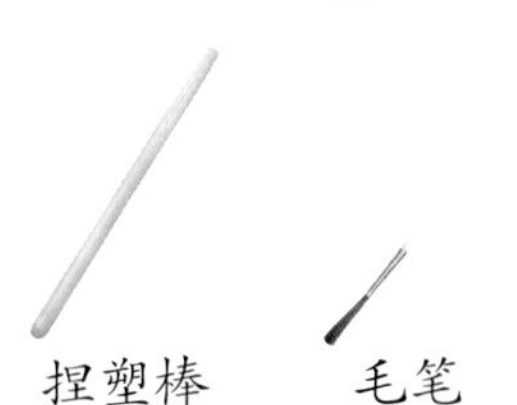

捏塑棒　　毛笔

制作过程

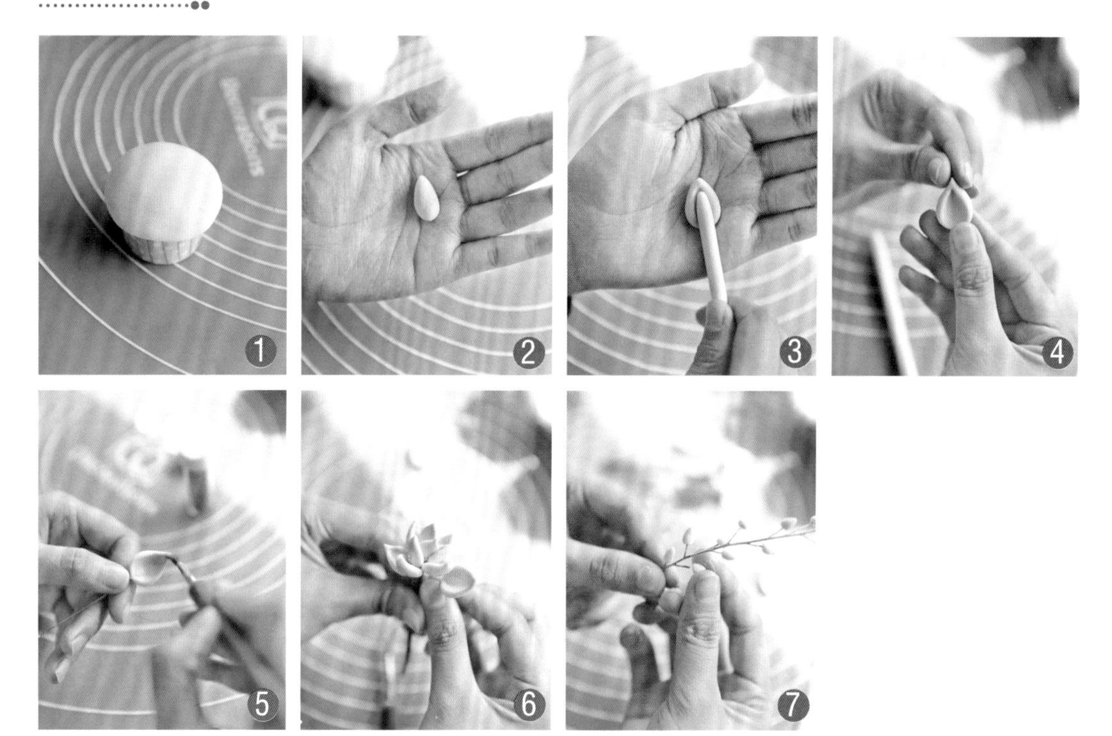

1. 先将杯子蛋糕包一个光滑的面。
2. 再将翻糖调成图中颜色后，搓成水滴。
3. 用光滑的捏塑棒按压出多肉植物的内部凹陷。
4. 一头捏尖成多肉的叶瓣尖，部分插入花枝。
5. 用可食用色粉在尖头刷色。
6. 将做好的叶瓣绑在一起，裹上锡纸后插入蛋糕适当位置，未插花枝的用糖霜粘在杯子蛋糕上。
7. 搓出较小的叶瓣装饰在蛋糕上即可。

金色年华

Jinse Nianhua

主要工具

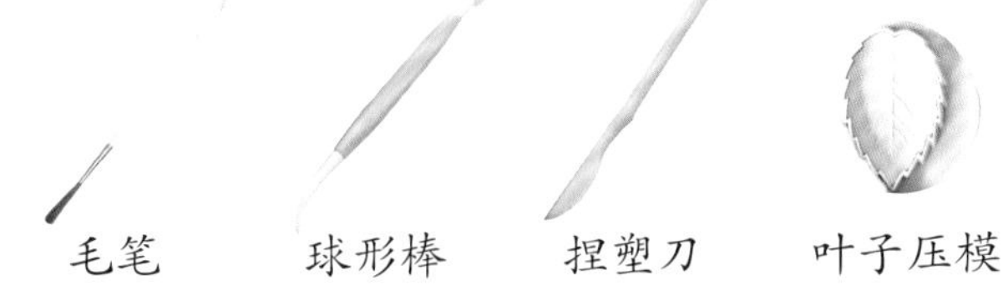

制作过程

1. 用白色翻糖搓出一个水滴状的花托，在网筛上压出网格，在压出网格的区域刷上一层橙色色粉。

2. 搓一个小水滴压扁，用球形棒将其擀薄，并做出凹槽，大小不一的花瓣做若干个，晾干后在花瓣上刷上橙色色粉备用。

3. 借助蛋白膏组装花朵，从内向外花边依次变大。

4. 搓出水滴形花托，将花芯插进花托中。

5. 裁出如图的花瓣，大小一样。用刀片在花瓣上压出纹路。用锡箔纸做出想要的凹槽，把花瓣放在上面定型晾干。

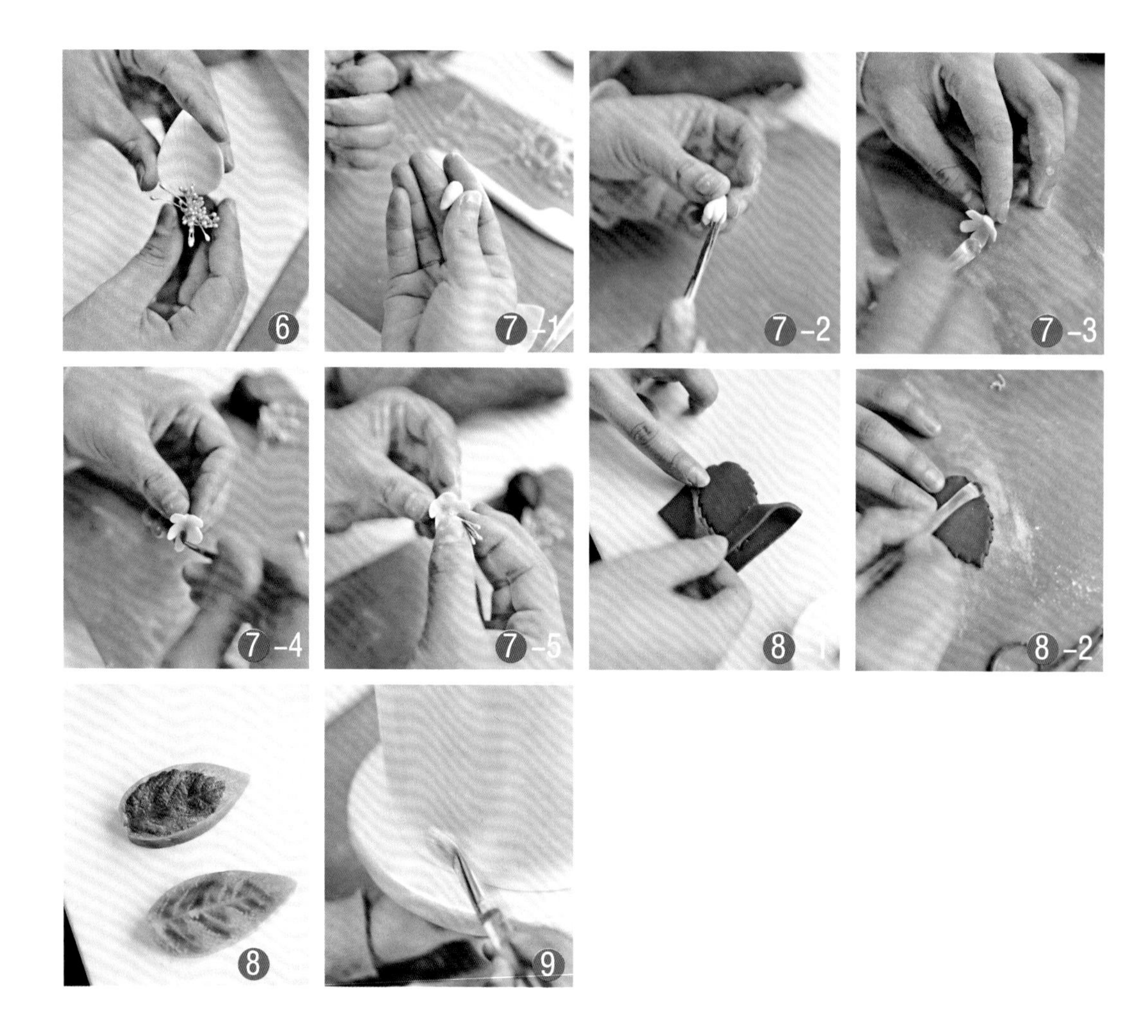

6. 组装花朵，每层三瓣，一共两层。

7. 搓一个小水滴，用剪刀剪出五瓣花瓣；用捏塑刀将花瓣擀薄，刷上橙色色粉，从花芯向花瓣方向轻刷，然后插入花芯。

8. 用叶子压模压出叶子，用捏塑刀将叶子边缘擀薄，然后放进硅胶压模中压出叶脉，注意模具用之前要刷少量粉防粘。

9. 将制作好的花卉及叶子进行组装后插于顶层蛋糕上即可。银粉兑食用酒精后均匀地在蛋糕表面刷一层，然后再加一点点的金粉再刷一遍提亮。

晴天

Qingtian

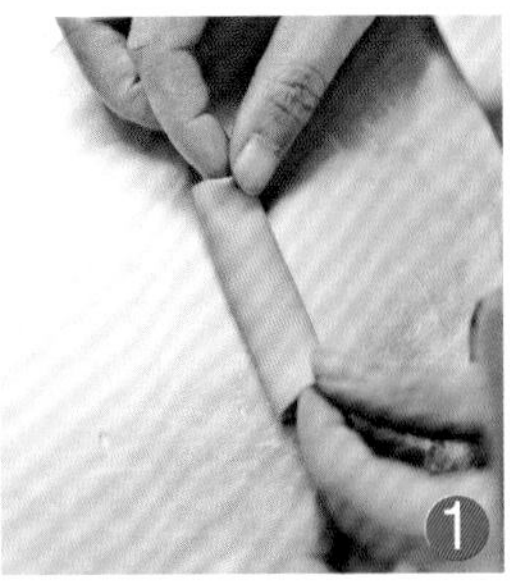

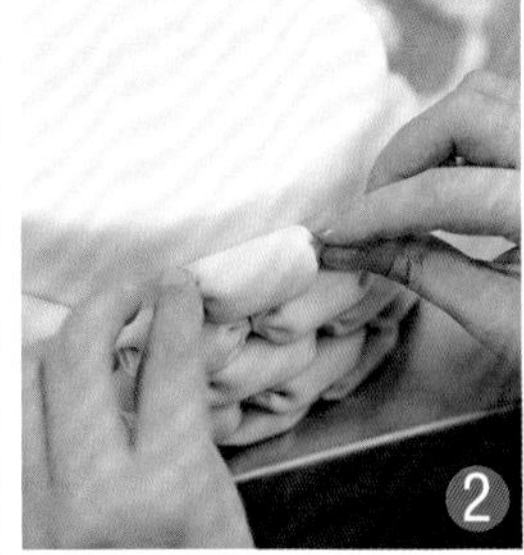

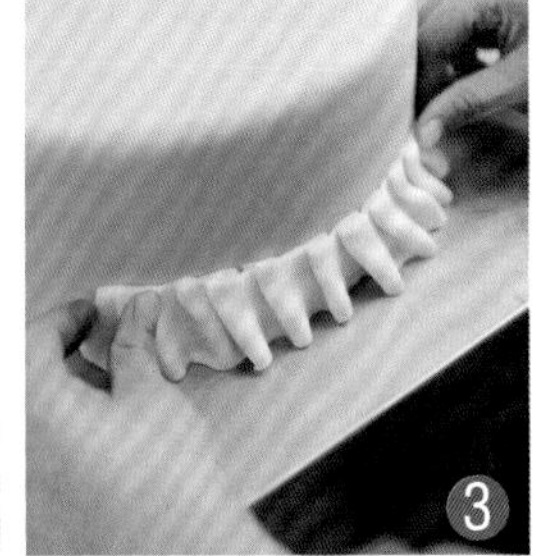

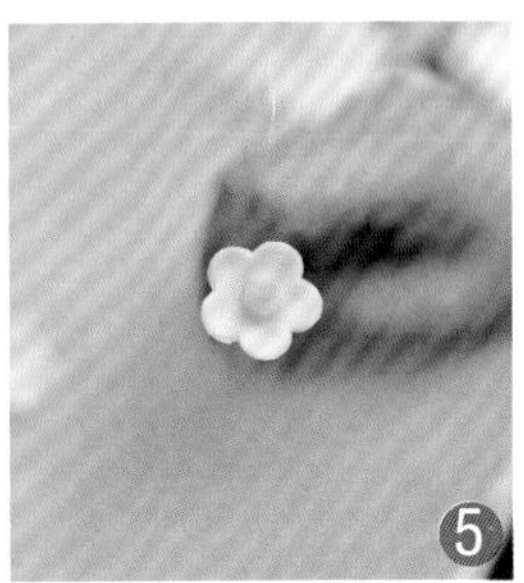

主要工具

五瓣花模

制作过程

1. 擀一张翻糖皮，裁出一个正方形，对折卷起，将两头捏紧，中间要有空隙。
2. 将两头多余的材料切掉，如此制作数个中空翻糖皮，颜色需渐变，粘在中层蛋糕侧面上，尽量紧凑。
3. 擀一张白色的翻糖皮褶出皱边贴在底层蛋糕侧面上，再贴上一圈蕾丝花边。
4. 擀一张蓝色的翻糖皮贴在蕾丝边上部。
5. 用模具压出五瓣花，点上花芯。
6. 将制作好的花卉插于顶层蛋糕上即可。

皇家牡丹

难易度 Nan Yi Du ★★★

Huangjia Mudan

主要工具

球形棒

叶子压模

牡丹花瓣压模

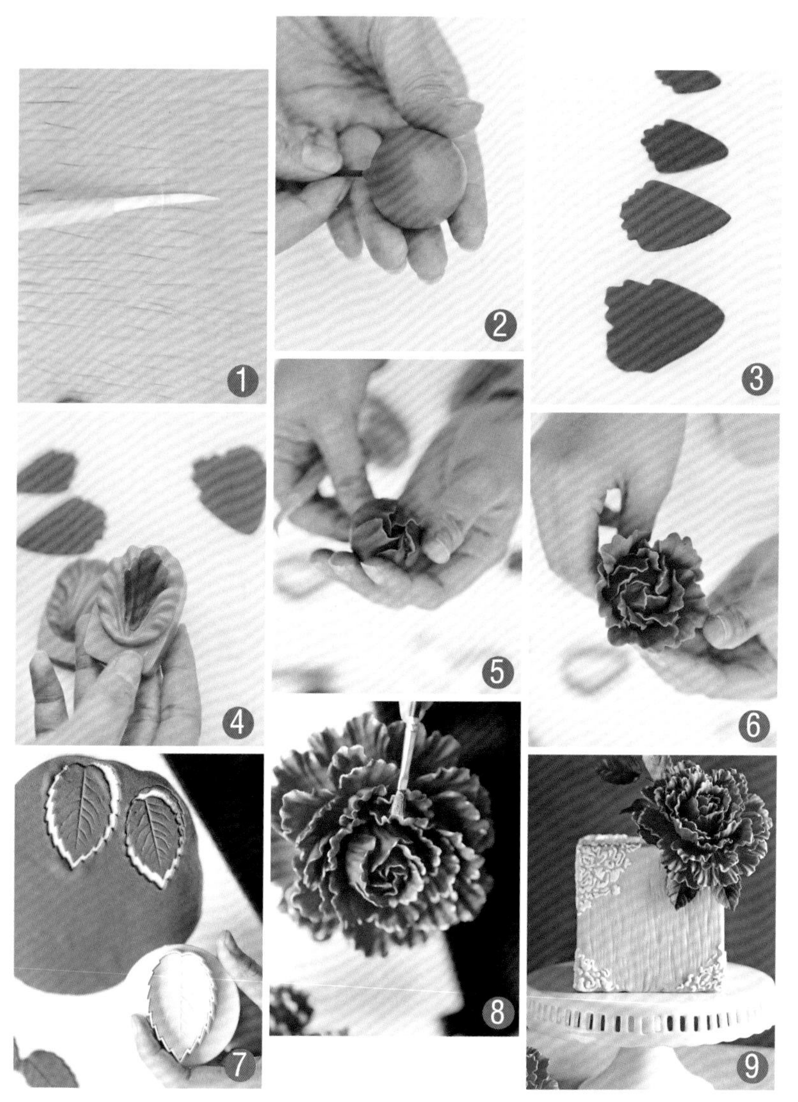

制作过程

1. 首先将方形蛋糕包一个直边面，用球形棒的尖头在糖皮上划出不规则的竖纹。
2. 搓一个球插入粗花枝，作为花的内部支撑。
3. 用模具压出大小不一的四种花瓣。
4. 用硅胶模压出牡丹花瓣的纹路。
5. 将最小的花瓣粘于所做的球上，采用旋转式粘法。
6. 用稍大一点的花瓣粘接下来的两层，以此类推，直至成为一朵完整的花。
7. 用模具压出叶子，插入花枝，等待晾干。
8. 将做好晾干的花瓣边缘刷上食用金粉，与叶子一起裹上锡纸，插入蛋糕内。
9. 用糖霜画出不规则的图案装饰蛋糕面，刷上橙色色粉即可。

流金岁月

Liujin Suiyue

主要工具

制作过程

1. 裁两张中间宽两边窄的糖皮贴在蛋糕面上，用手整形，将边稍稍往外翻。
2. 搓若干个大小不一的圆球，晾干备用；用酒精兑上银粉，在小球上均匀喷上一层银粉。
3. 用镊子将小圆球粘在蛋糕面上。
4. 裁出花瓣的大轮廓，做成大、中、小三种；在模具中刷点粉防粘，然后放入裁好的花瓣，压出纹路。
5. 在晾干的花瓣上从根部往花瓣中央凹槽处刷橙色色粉，注意要用力均匀。
6. 组装花朵，每一层个数不定，包圆为止，由中心往外花瓣渐渐变大。
7. 用勾线笔蘸取银粉刷在蛋糕上，线条呈射线状。
8. 搓出相应图案蘸上银粉，固定在射线图案下端，将花朵组装到蛋糕上即可。

金秋送爽

Jinqiu Songshuang

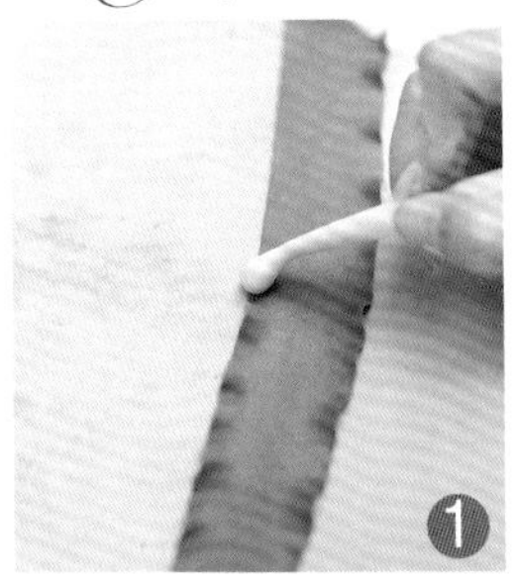

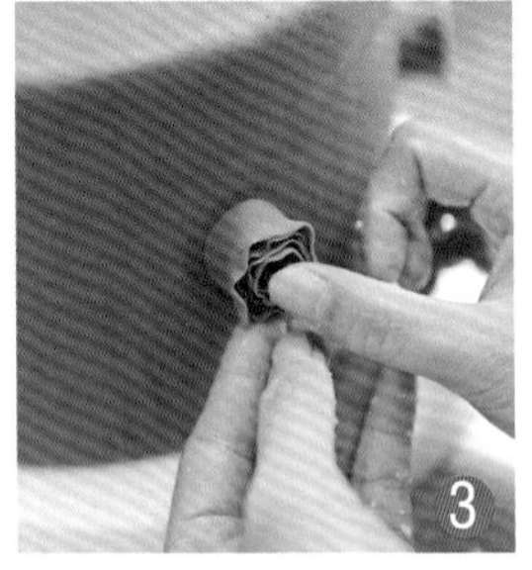

主要工具

球形棒

制作过程

1. 裁一条长条状翻糖皮，边缘用球形棒压薄。

2. 在蛋糕应该粘接的部位插上一根大头针，将擀好的糖皮卷在大头针上。

3. 在这个卷上进行多次重复，将糖皮卷固定在底层蛋糕上。将蛋糕底层其余部分都用卷边粘满。用蕾丝膏印模，晾干拿下粘在上层蛋糕面上。

4. 将做好的玫瑰花插在顶部。

献给母亲

Xiangei Muqin

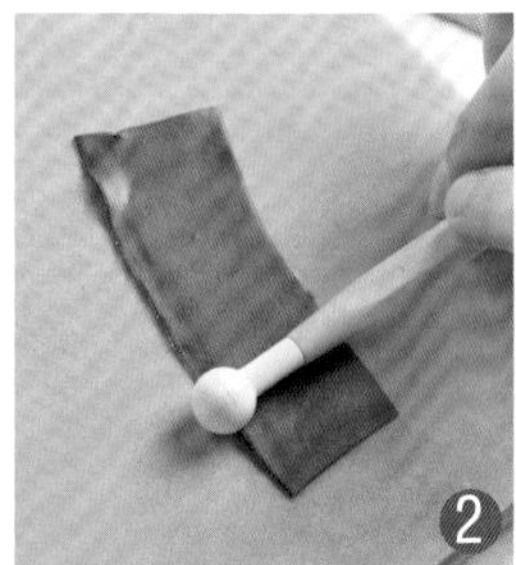

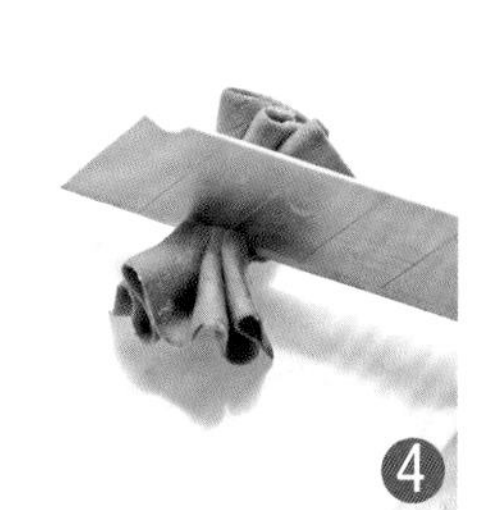

主要工具

球形棒

制作过程

1. 取一块翻糖膏擀成薄面皮，裁成等宽长条。
2. 切一小段长条在海绵垫上用球形棒擀薄边缘。
3. 随意折出褶皱，中间部位捏紧。
4. 用刀片切出想要的长度。
5. 由球形花托底部开始逐层向上粘贴（注意尽量不要有空隙）。
6. 将做好的花深浅交错地粘贴于蛋糕面上即可。

致宝贝

Zhibaobei

主要工具

圆圈模

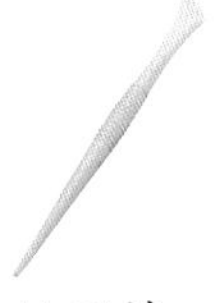

针形棒

制作过程

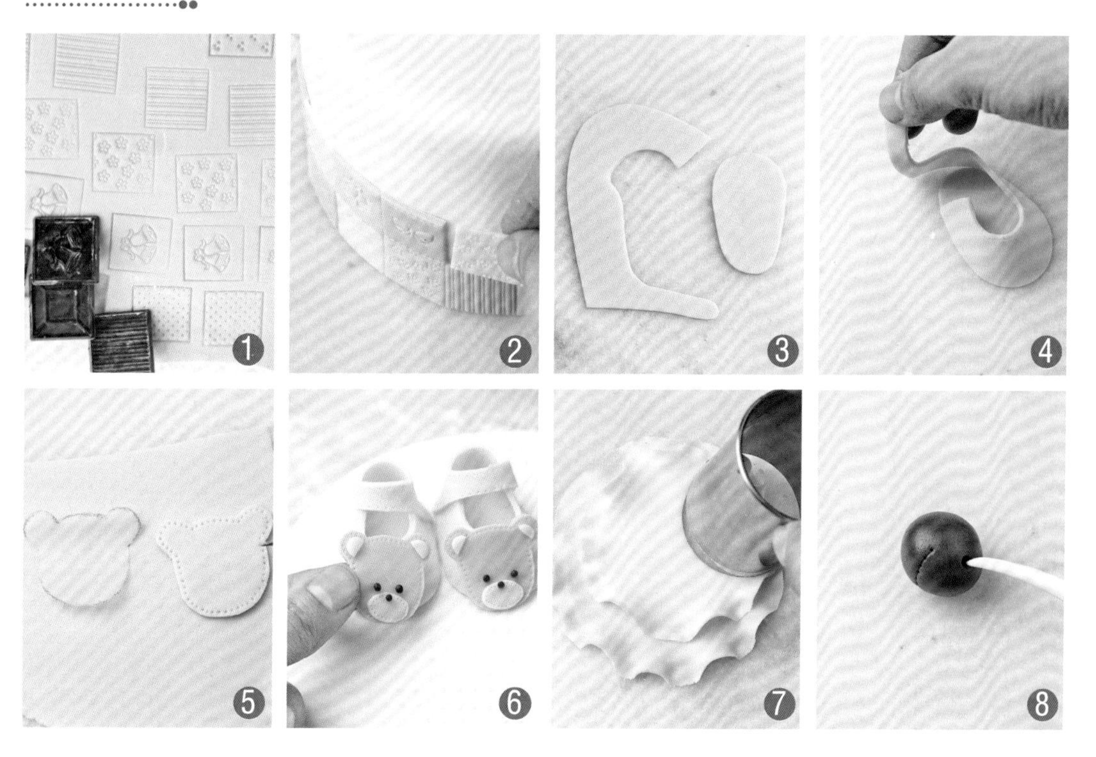

1. 调出三种渐变蓝色糖膏，擀薄，用模具压出花纹备用。
2. 将压好的糖膏片颜色不一地贴在蛋糕侧面。
3. 画好纸模，在糖皮上裁出制作婴儿鞋子所需的形状。
4. 将糖皮鞋面粘在糖皮鞋底上，鞋头部可用糖膏支撑内部。
5. 在糖皮上裁出小熊的轮廓，用锥子或者牙签沿边缘扎上针孔，粘上耳朵、眼睛、嘴巴。
6. 将小熊头贴在鞋子头部，鞋子摆在蛋糕顶部。
7. 在糖皮上裁一大一小两个圆片后擀出褶皱，交叠在一起，用小圆圈模压出领口，做婴儿围领，再做一个蝴蝶结贴上即可。
8. 取咖啡色糖膏，制作一个小熊，在小熊身上扎上针脚制成布偶图样。将所有造型组装到蛋糕上即可。

三口之家

Sankou Zhijia

主要工具

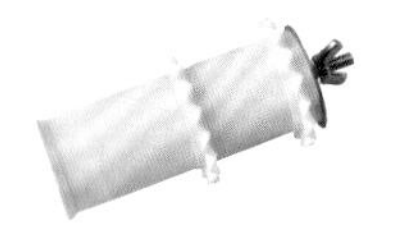

彩带轮刀

椭圆形压模

制作过程

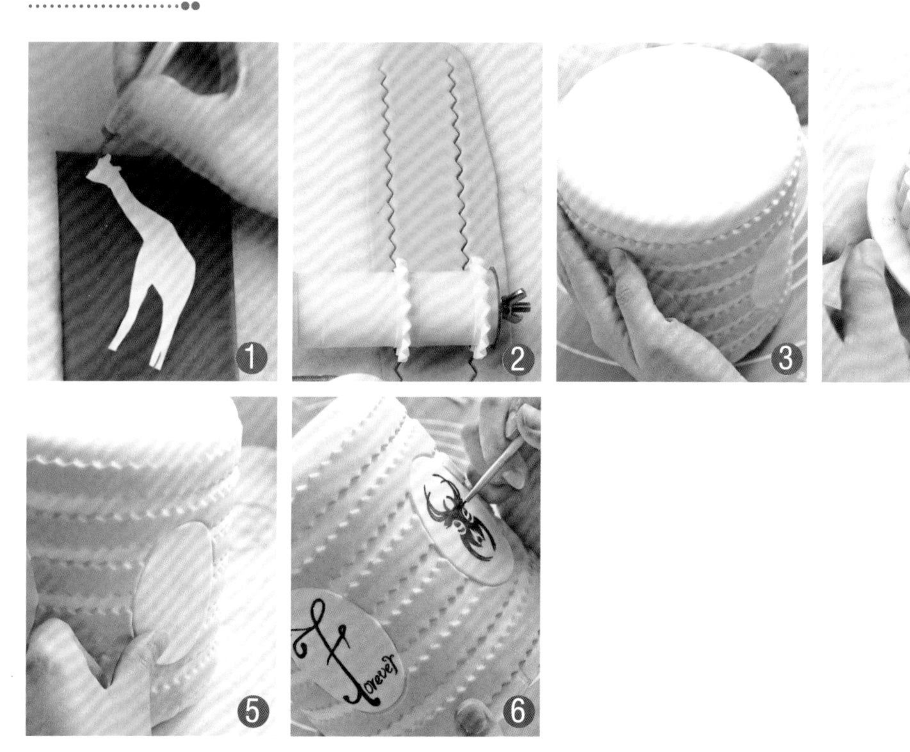

1. 擀一张黑色糖皮，沿画好的小鹿形状刻出，贴在顶层蛋糕侧面。

2. 擀一张黄色糖皮，用彩带轮刀割出锯齿缎带。

3. 将割好的缎带一条条贴于底层蛋糕侧面上。

4. 取椭圆形压模压出椭圆形圆片。

5. 将6个椭圆形圆片贴在底层蛋糕面上，间隔相等。

6. 用可食用色素笔在椭圆形圆片上画出喜欢的图案即可。

满月之喜

Manyue Zhixi

难易度 Nan Yi Du ★★

主要工具

圆圈模　五瓣花模

制作过程

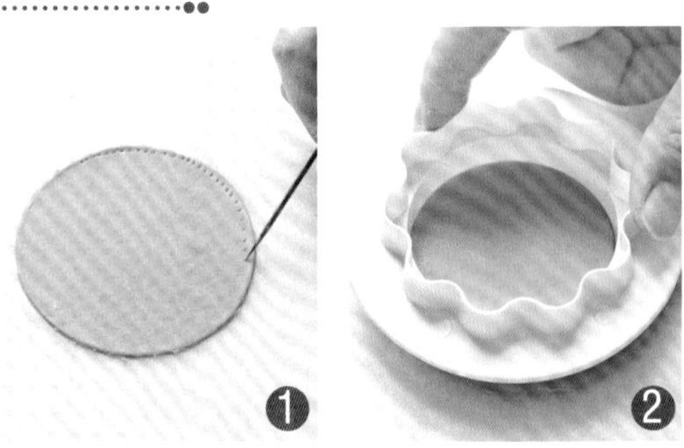

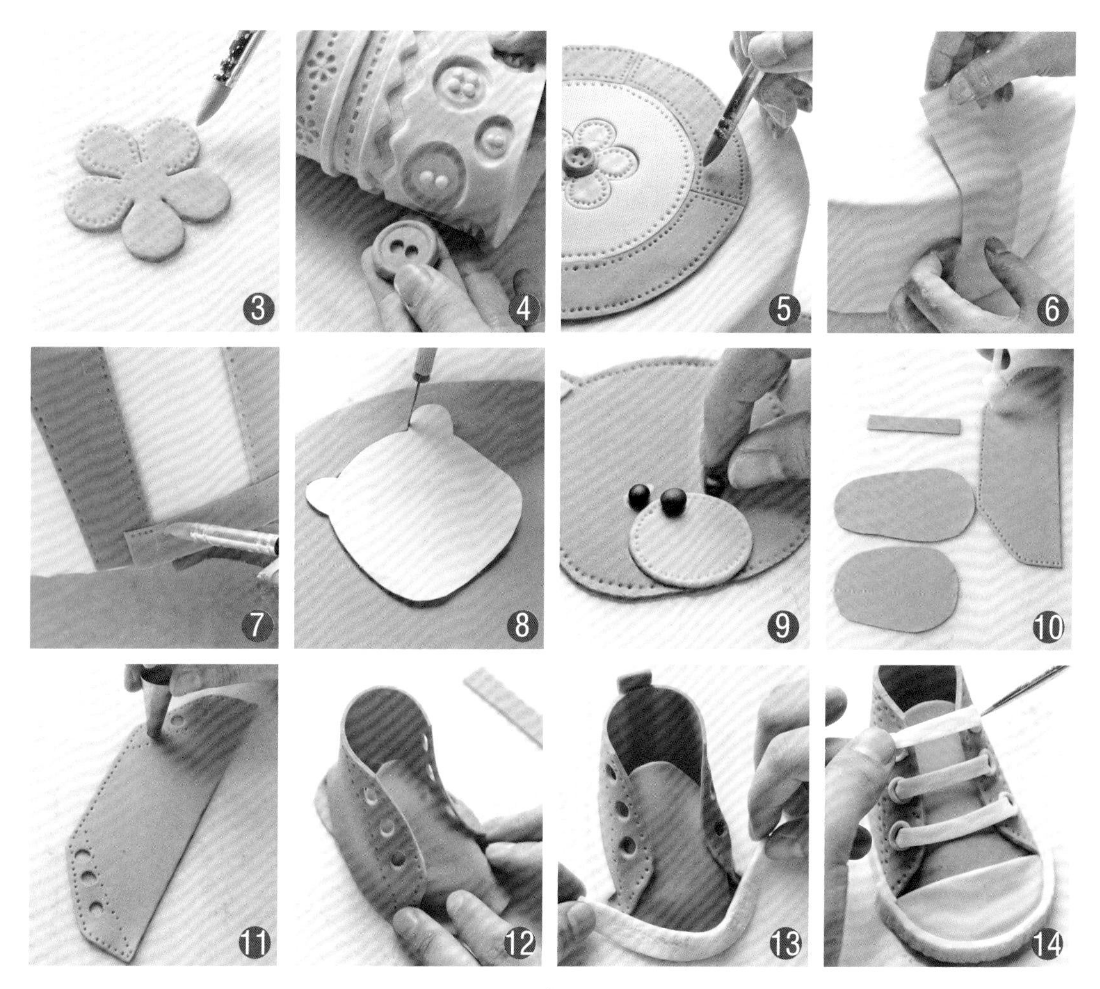

1. 在粉色糖皮上用圆圈模压一个圆片，在圆片的边沿用针扎出小孔。

2. 取一个小一点的圆圈模，在粉绿色圆片上压出，将中间的小圆片取出。

3. 取小五瓣花模在糖皮上压出些许五瓣花片，颜色不一，在边沿扎出小孔，备用。

4. 取小块翻糖在扣子硅胶模具上压出些许小扣子，备用。

5. 将花瓣花贴于粉绿色圆片中间，在花芯处贴上压好的小扣子，将所有图形边缘扎上小孔。

6. 擀一张粉绿色糖皮及一张粉色糖皮，裁成长梯形，交错贴于蛋糕面上。

7. 贴好蛋糕侧面围边后，在蛋糕下端贴上长条围边，扎上小孔。

8. 擀一张深卡其色糖皮，沿着纸模裁出小熊的头部。

9. 在小熊脸上粘上耳朵、眼睛、鼻子，边缘扎上小孔。

10. 擀一张桃红色糖皮，裁出鞋子的形状。

11. 在鞋帮的糖皮上用花嘴压出鞋带孔，在边缘处扎上小孔。

12. 将鞋子组装固定好，定型。

13. 取白色翻糖皮裁两条细条，一条细条粘贴于鞋子头部。另一细糖皮条作为鞋带。

14. 粘上鞋带，将多余糖皮塞入孔内。将所有造型组装到蛋糕上即可。

抱枕

Baozhen

主要工具

针形棒　刀形棒　锥形棒

制作过程

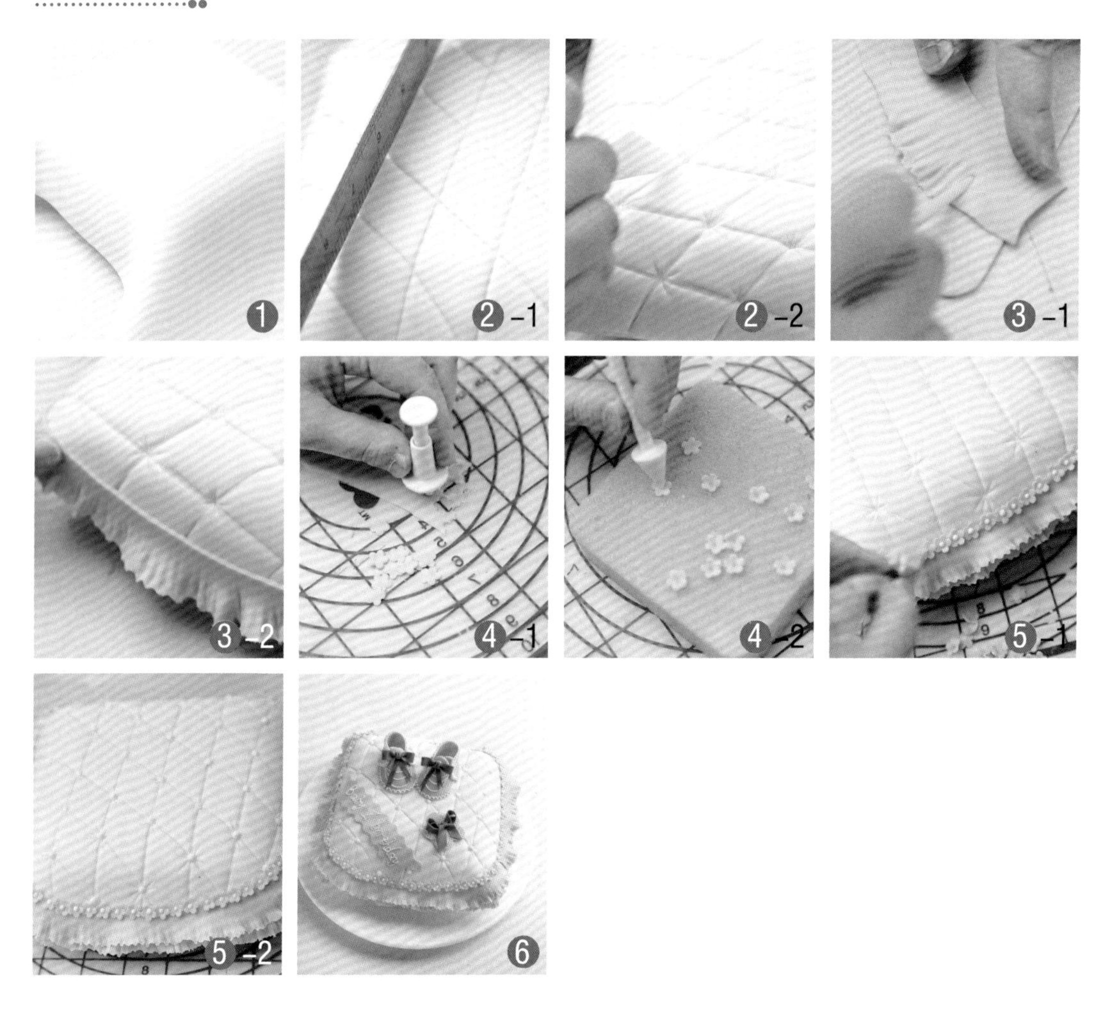

1. 擀一张白色翻糖皮包裹住蛋糕坯。

2. 用长尺压出菱形纹路，再用刀形棒修饰菱形棱角。

3. 取一块蓝色翻糖皮，用针形棒压出裙摆一样的花纹，粘贴在蛋糕上。

4. 用蓝色花形模具压出小花，在海绵上用锥形棒在小花中心压出凹点。

5. 用蛋白膏在小花中心挤出花蕊，在蛋糕面菱形角上挤上小圆点。

6. 最后用提前做好的小鞋子和蝴蝶结配件装饰即可。

粉粉公主

Fenfen Gongzhu

难易度 Nan Yi Du ★★

主要工具

五瓣花模

砖形模具

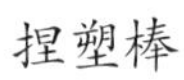

捏塑棒

豆形棒

制作过程

1

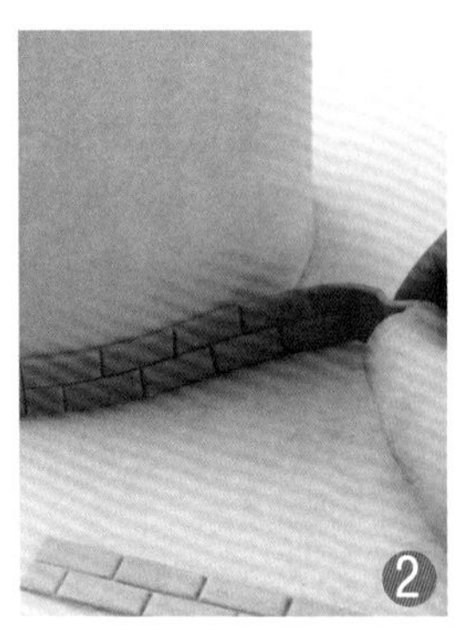

2

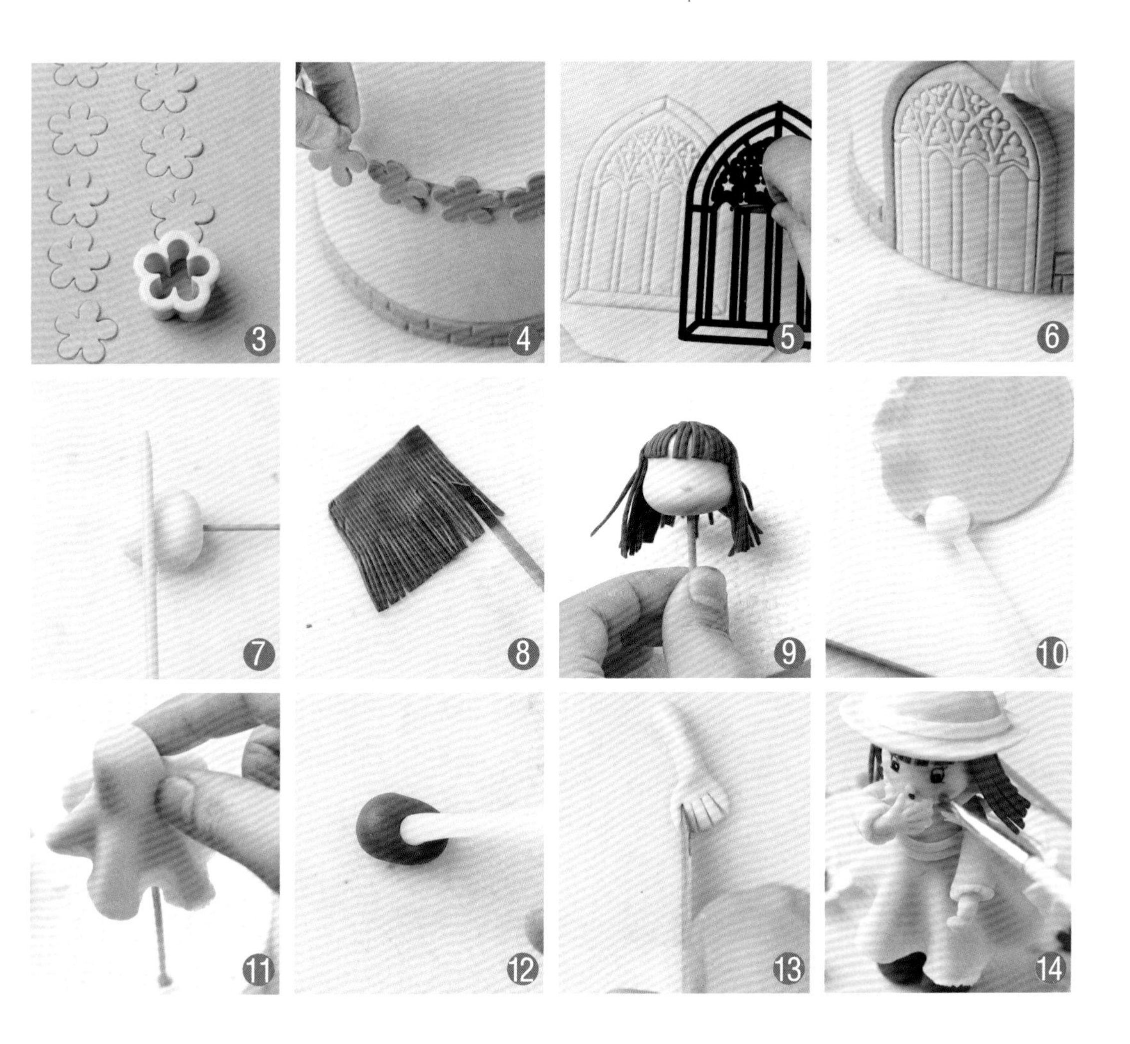

1. 擀一块桃红色糖皮，用砖形模具压出纹路。
2. 将压好的砖形糖皮用刀片两行一条裁好，围绕于蛋糕底端。
3. 在桃红色糖皮上用五瓣花模压出五瓣花片。
4. 将晾干后的五瓣花片贴在蛋糕上部边缘。
5. 取一块浅蓝色糖膏，加一滴蓝色素，不要揉匀，擀成薄皮，用门形压模压出门。
6. 将压好的门贴在蛋糕面上，周围贴一圈粉色门框。
7. 取肉色翻糖搓成球形，用捏塑棒压出女孩的头部。
8. 擀一张咖啡色糖皮，裁成四边形，用刀片切成一根一根的头发，注意不要切断。
9. 将头发贴在女孩的头顶并做一顶小帽子戴上。
10. 压一片圆形糖皮，将边缘擀出褶皱。
11. 将糖皮做成裙子覆盖在身体上，中间做一根腰带。
12. 取咖啡色糖膏，搓成椭圆形，用豆形棒压出鞋口。
13. 取肉色糖膏搓成长条，一头压扁，用刀片割出手指，揉圆滑。
14. 将四肢组装好的小女孩立于蛋糕面上，用可食用色素画上眼睛，刷上腮红即可。

可爱宝贝

Keai Baobei

难易度 Nan Yi Du ★★

主要工具

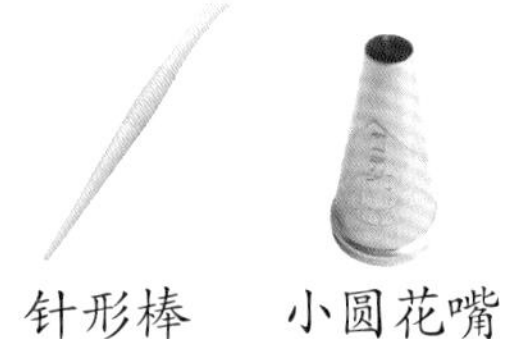

针形棒　小圆花嘴

制作过程

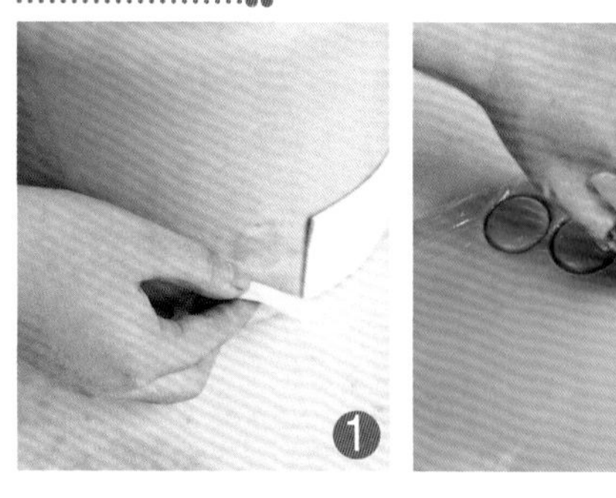

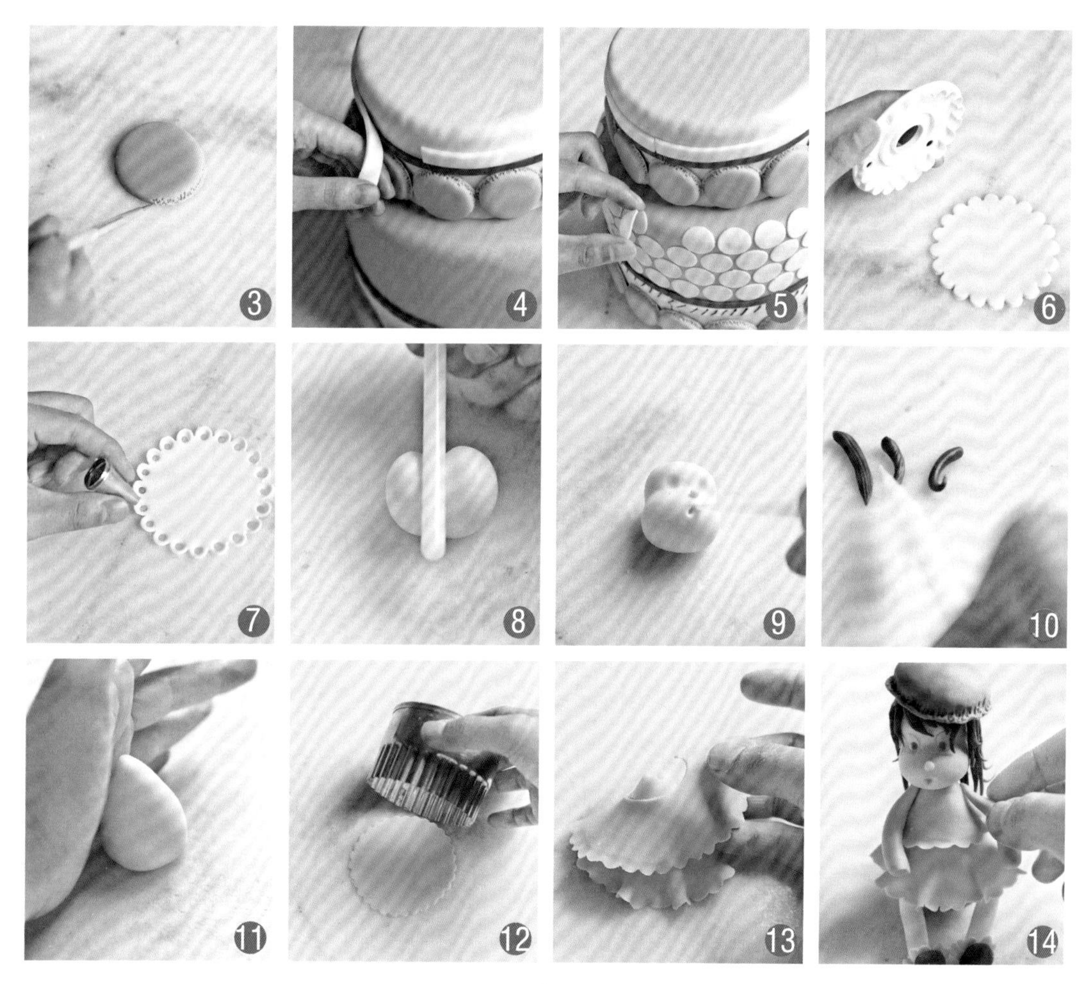

1. 取一块浅蓝色糖膏，擀成薄皮，裁成长条，围绕于蛋糕底端。
2. 取一块深蓝色糖膏，擀成1厘米厚糖皮，覆盖上保鲜膜，用小圈模压出圆片。
3. 在圆片底端用针形棒或者牙签压出褶边，做成马卡龙。
4. 将做好的马卡龙贴在每层蛋糕面底端，上面围绕上一条咖啡色和一条白色的长条。
5. 取白色糖膏擀成薄皮，压出一个个小圆片，紧密贴于底层蛋糕面上。
6. 用花边圆模压出一个花边圆片。
7. 用小圆花嘴在每瓣花边上压出镂空圆，然后放于蛋糕顶部。
8. 取肉色糖膏，搓成球形，用捏塑棒压出小女孩头部眼窝处。
9. 用针形棒挑出女孩的鼻子、嘴巴。
10. 取咖啡色糖膏，搓一根根头发，粘贴于女孩头顶。
11. 取白色糖膏，搓成大水滴状，作为女孩身体支撑。
12. 擀一张浅蓝色糖皮，用花边圈模压出圆片，将边缘擀出褶皱。
13. 将擀好的圆片覆盖于女孩身体上作裙子。
14. 搓出女孩四肢，在头顶带一顶马卡龙帽子，将女孩放于蛋糕顶部即可。

快乐童年

难易度 Nan Yi Du ★★

Kuaile Tongnian

主要工具

捏塑棒　　豆形棒

制作过程

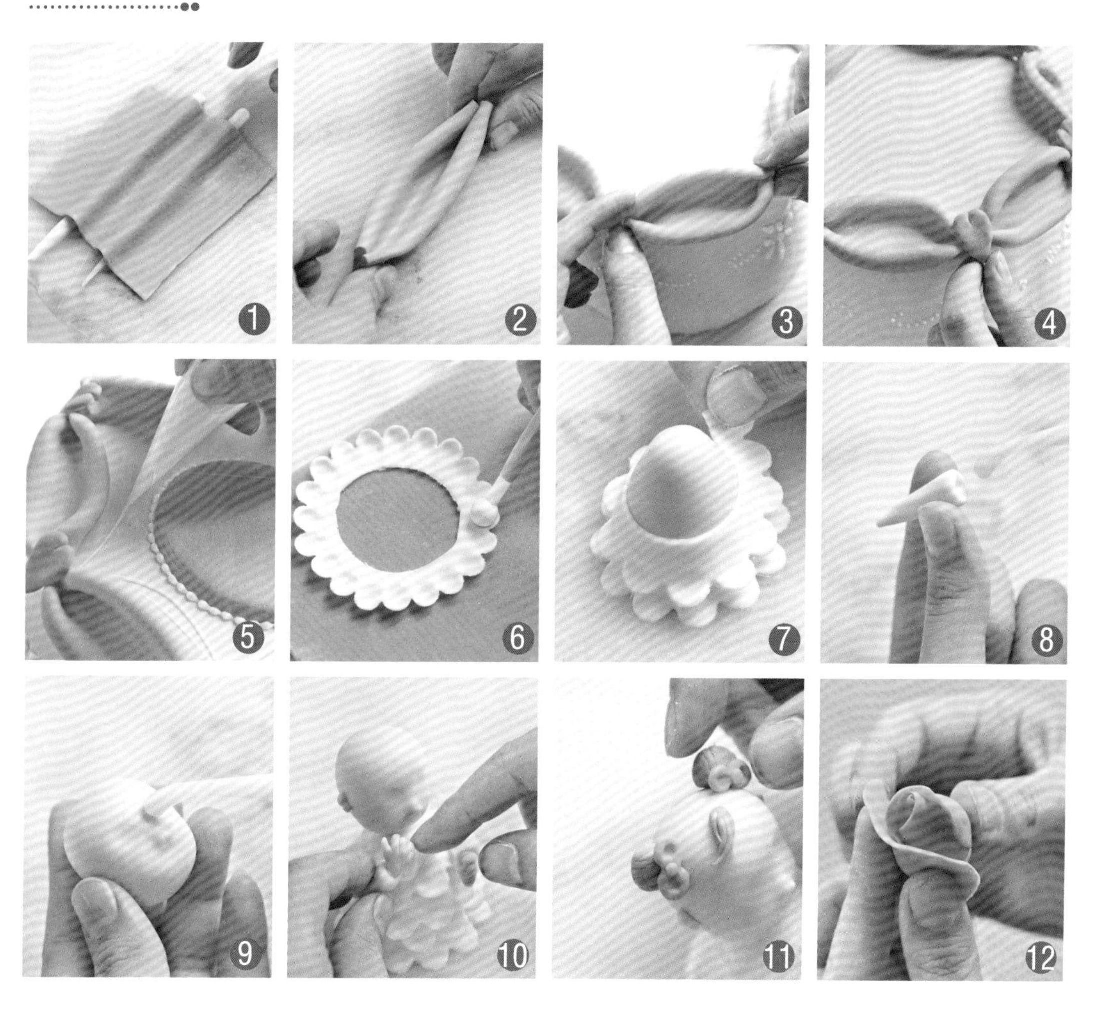

1. 取一块翻糖擀成薄皮，裁出6片相同大小的长方形，用两根木棒拱出褶皱。
2. 将糖皮两边向中间对折，再将两端接口捏紧。
3. 将做好的围边贴于蛋糕顶部边缘，把多余的部分裁掉。
4. 用心形压模压出心形片，贴在围边接口处。
5. 在花边内侧用蛋白膏吊出细线装饰。
6. 用花边圆模压出裙子，在海绵垫上压出弧度。
7. 将裙子依层贴好。
8. 取一块翻糖，搓成水滴状，用豆形棒压出袖口。
9. 取一块肉色翻糖，搓出头部形状，用捏塑棒挑出眼眶、鼻子。
10. 将头部粘在身体上，固定好，再取一块肉色翻糖搓出手，粘在袖口上。
11. 在头顶找好位置粘上头发，再做两个小蝴蝶结粘于发根。
12. 最后做一朵玫瑰花，将蛋糕组装起来即可。

天秤座

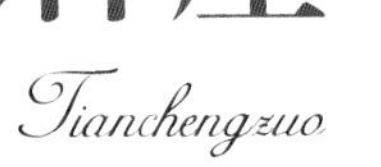

主要工具

针形棒

制作过程

1. 在蛋糕侧面贴一条2厘米宽的橙色细条，再在橙色条上端贴一圈0.5厘米宽的白色细条。
2. 取棕红色翻糖，搓成2毫米粗的细条，缠在固定好的秤杆上。
3. 将缠好的秤杆插进蛋糕中，固定好，在两端粘好秤盘，上端粘一枚蝴蝶结。
4. 擀一块粉色糖皮，用心形模具压出些许小心形。
5. 搓一个小椭圆，在两端粘上压好的心形，呈糖果状。
6. 取一块肉色翻糖，搓出娃娃的头部，压出眼眶，挑出鼻子、嘴巴。
7. 搓两条黑色小细条，粘在眼眶处，做眼睛。
8. 将娃娃头固定在秤盘上，做两条手臂向外伸，在头顶盖一块蓝色圆片。
9. 在圆片边缘处，搓几根头发，作刘海。
10. 将另一个秤盘用糖果填满。
11. 将另一个娃娃粘在蛋糕上，固定好。
12. 擀一张黑色糖皮，裁出天秤座标志，贴在蛋糕侧面即可。

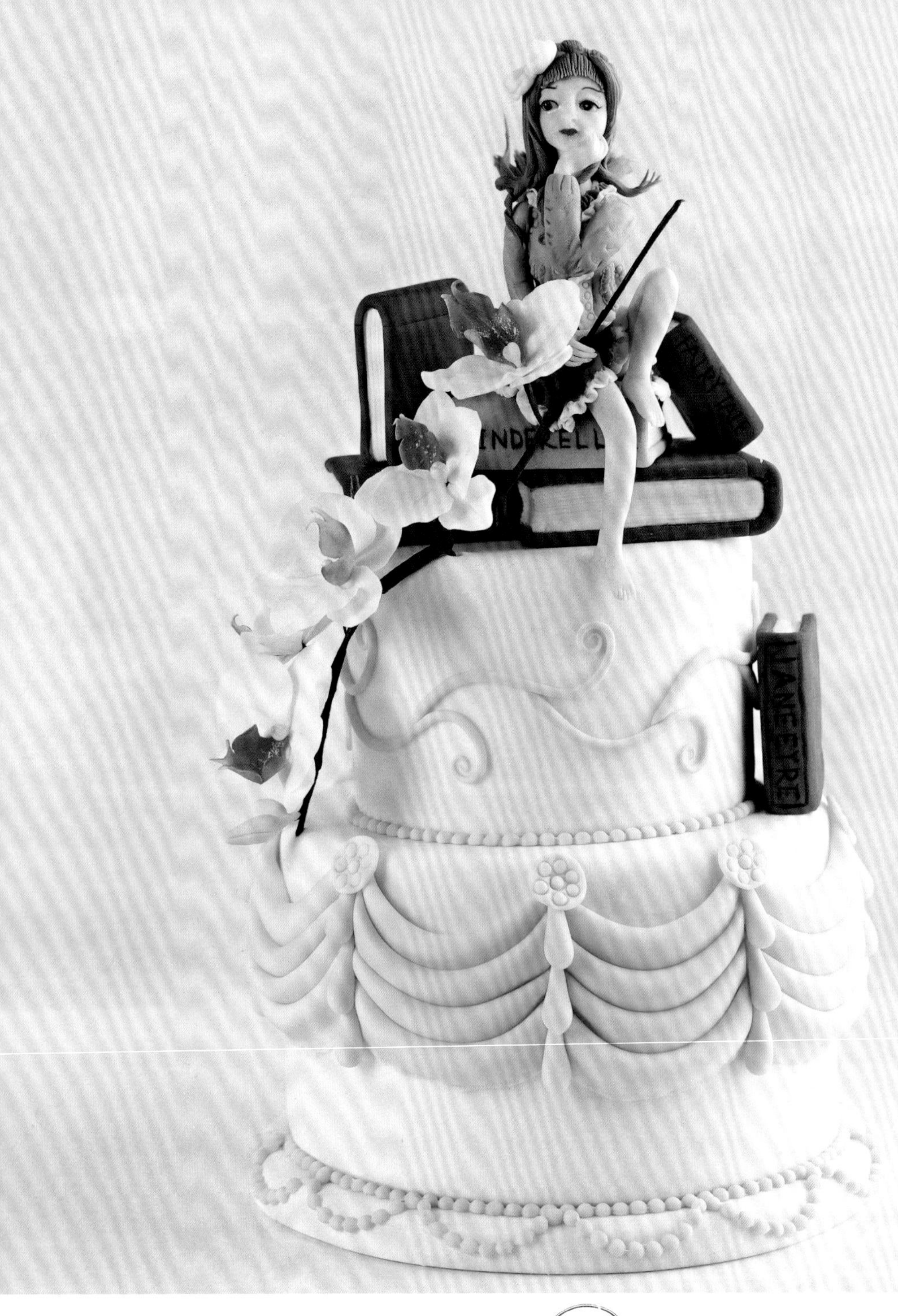

灰姑娘的思绪

Huiguniang de Sixu

制作过程

1. 将烤好的重油蛋糕分别修成10寸和8寸的圆坯，包上白色翻糖。再用翻糖制作出几本书的形状放于蛋糕上。
2. 用调好的肉色翻糖捏出女孩的头部，再用塑刀塑出女孩的眼睛、鼻子、嘴巴。
3. 做出女孩的身体，再用黑色翻糖做出眼线。然后捏出腿和脚，用剪刀剪出指头后修圆，最后拼接固定到摆好的书上。
4. 擀一块深蓝色的翻糖皮作为裙摆，叠出裙褶穿在女孩身上。
5. 做出女孩的上衣，用塑刀压出纹路，接口处蘸点水然后抹平。
6. 用浅黄色的翻糖搓成条，压出头发的纹路，把做好的头发粘接在女孩头上。擀一块浅蓝色的翻糖做成女孩的外套，用塑刀压出图案并做出白色的衣领。
7. 用一块淡蓝色的翻糖做成蝴蝶结的形状粘在女孩头顶，搓出胳膊，裹上上衣衣袖后粘在身上，做出手及五指。
8. 做好要用的围边小部件，组装好围边装饰。
9. 做好每一瓣兰花花瓣和花骨朵，组装成一束兰花备用。
10. 最后把兰花固定在蛋糕上，调整好女孩的姿态，修饰细节。

童真

Tongzhen

主要工具

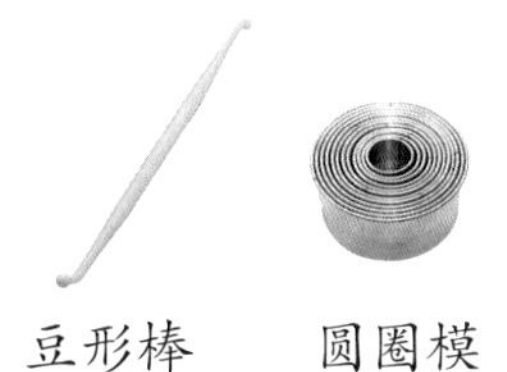

豆形棒　　圆圈模

制作过程

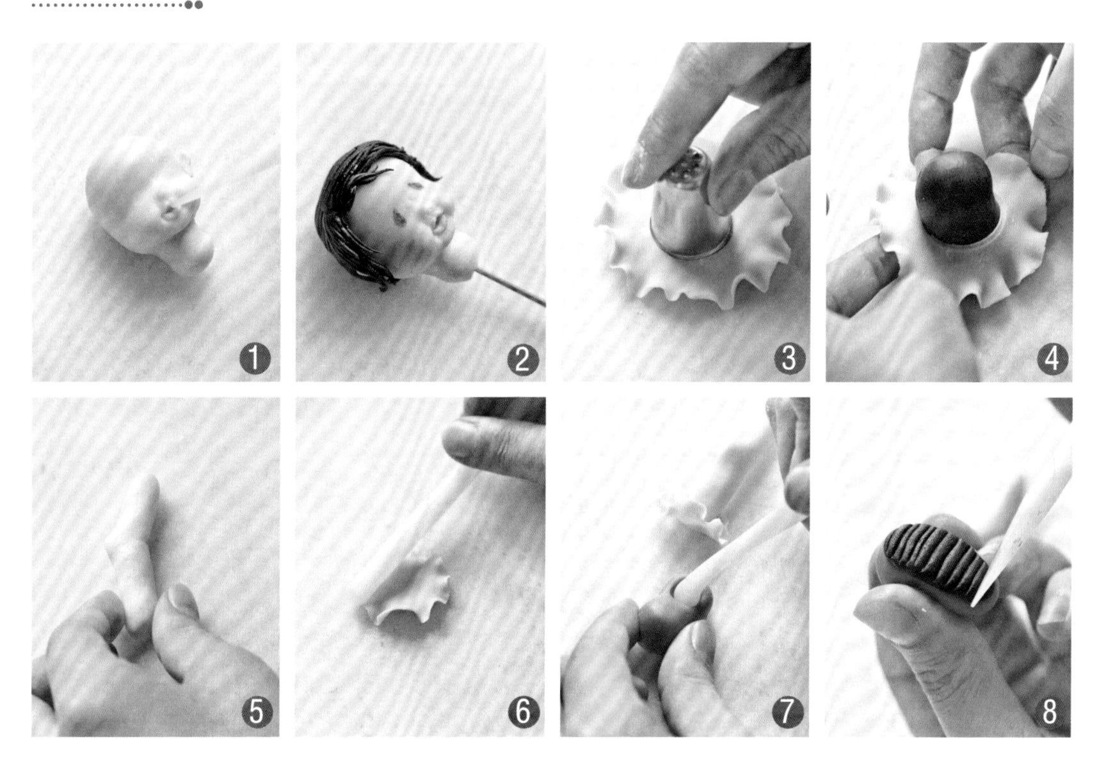

1. 取一块肉色翻糖，搓出娃娃头部，压出眼眶、鼻子和嘴巴。

2. 画出娃娃的眼睛、腮红及唇色，用黑色糖膏搓出一根根头发，粘在头顶。

3. 擀一张浅绿色糖皮，压出大圆片，将边缘擀出褶皱，用小号圈模在中间压空，作裙边。

4. 将裙边粘在娃娃身体上。

5. 取肉色翻糖搓出腿的形状。

6. 压两个小圆片，擀出褶皱后贴在小腿根部。

7. 取深绿色翻糖搓成椭圆形，用豆形棒压出鞋洞。

8. 给鞋贴上黑色鞋底，割出纹路。

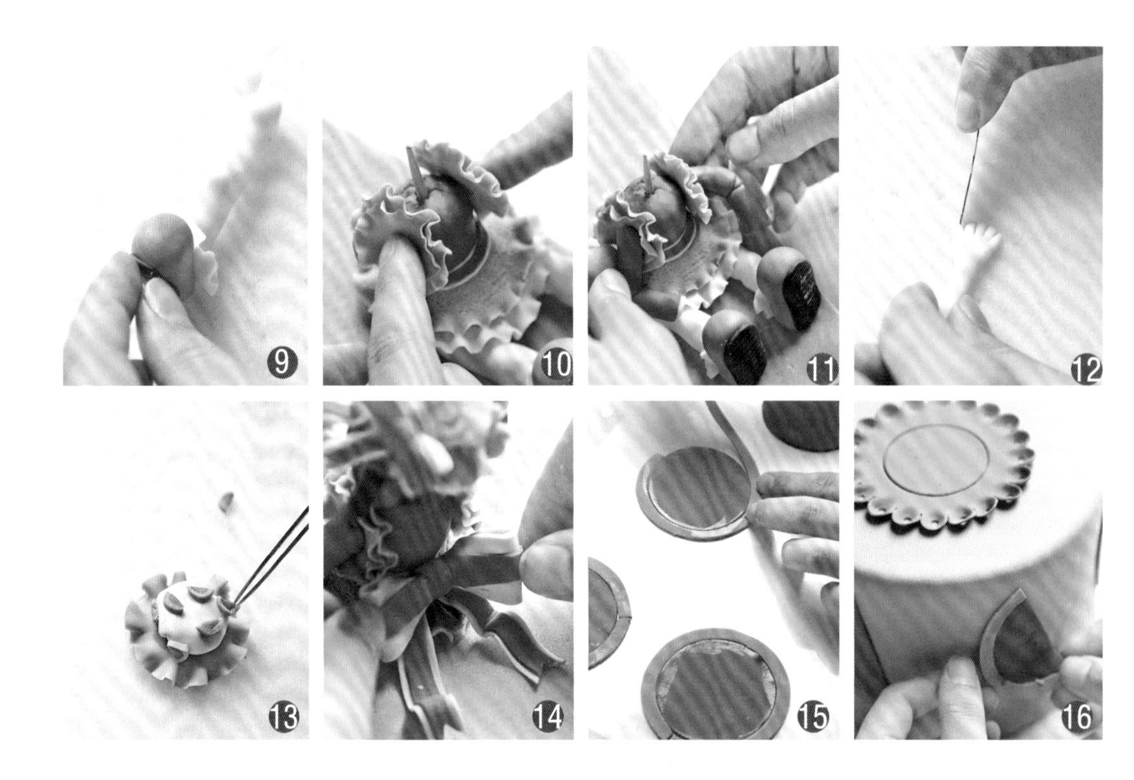

9. 将小腿带花边的那端插入鞋洞。

10. 在娃娃身体两侧粘上花边，作背带。

11. 在花边两端用红色翻糖搓出胳膊，摆好想要的姿势。

12. 取肉色翻糖做出娃娃的手掌，并用刀片划4刀切出手指并搓圆滑。

13. 做一顶小帽子。将深色圆片擀出褶皱，浅色糖皮折出小包，粘在深色糖皮上，粘上做好的小西瓜装饰即可。

14. 做一大一小两个蝴蝶结，小的粘在帽子上，大的粘在娃娃背部裙子上。将娃娃放至蛋糕顶部。

15. 在糖皮上用圆圈模压出红色圆片，再裁些许绿色细条缠绕在圆片周围。

16. 将做好的西瓜片对折切开，粘在蛋糕面上，用黑色素画出种子即可。

唯美相框

Weimei Xiangkuang

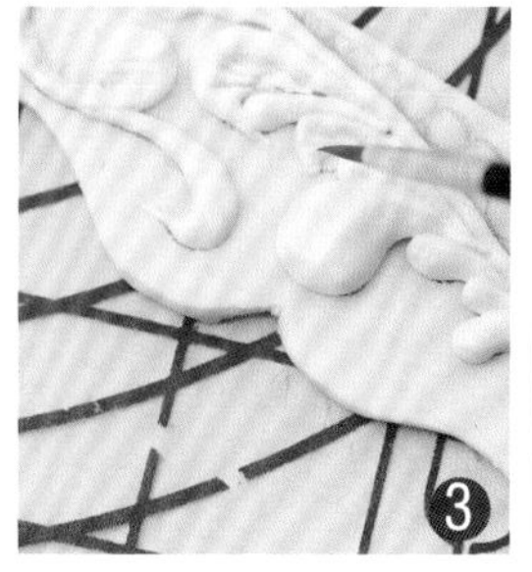

制作过程

1. 用一块白色翻糖皮压出相框外形。
2. 在相框表面画出花纹。
3. 用白色蛋白膏挤满花纹。
4. 用粉色蛋白膏挤出心形和花朵装饰。
5. 用白色翻糖皮填满相框中间部分，画上花纹即可。

爱美丽

Aimeili

难易度
Nan Yi Du
★★★

主要工具

制作过程

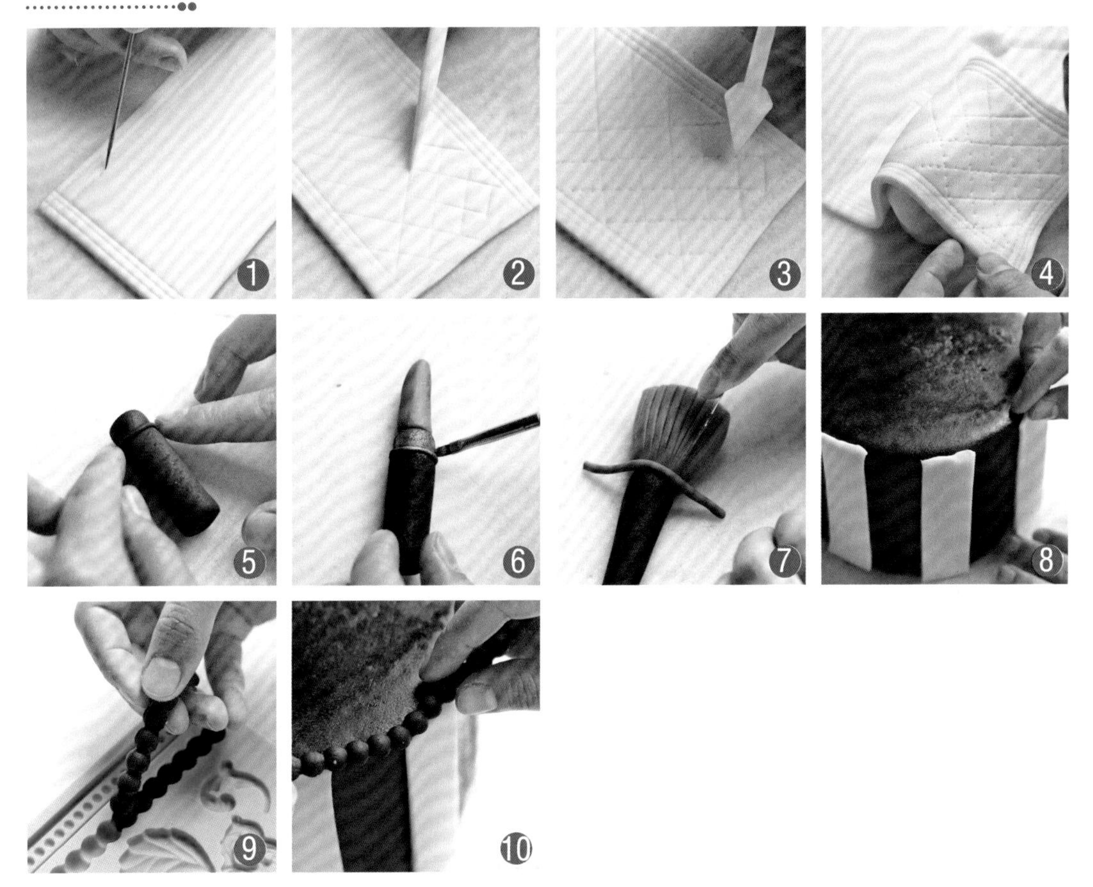

1. 擀一张白色糖皮，按比例裁好长片，糖皮边缘压上直线纹路，扎上针孔。
2. 在糖皮上用刀形棒画出格子纹路。
3. 用牙签或者其他尖锐物沿线扎上针孔。
4. 将做好的糖皮覆盖在支撑物上，与其他配件一起组装成皮包。
5. 取黑色糖膏搓成长条圆柱，上面再粘一个小圆柱，接口处围绕一根细条。
6. 取粉色糖膏搓出口红部，将中间部位刷上金粉。
7. 取咖啡色糖膏搓成刷子的形状，用刀片割出纹路。
8. 擀一张白糖皮和一张黑糖皮，裁成等宽等长的贴片，围绕贴于蛋糕侧面。
9. 取黑色糖膏填充于半球花边模具中，将多余的用刀片削掉，脱模备用。
10. 将脱模好的半球花边粘贴在蛋糕边缘处即可。

首饰盒

主要工具

针形棒

制作过程

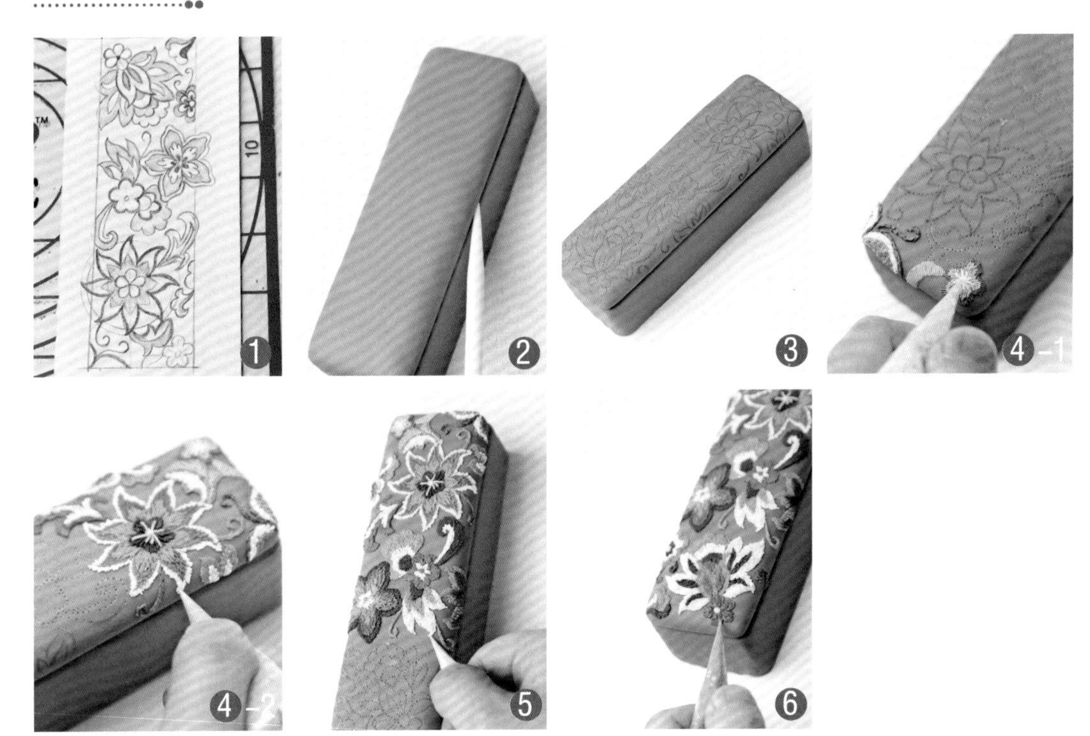

1. 先在纸上画出花纹。

2. 取一整块深蓝色翻糖作出首饰盒，用针形棒修出盒口。

3. 在盒面上按照纸上原图画出花纹。

4. 用深蓝色、浅蓝色以及白色蛋白膏勾出花纹和藤蔓。

5. 注意色彩搭配和纹路勾勒。

6. 最后把所有纹路填满即可。

主要工具

毛笔

时尚女包

Shishang Nobao

制作过程

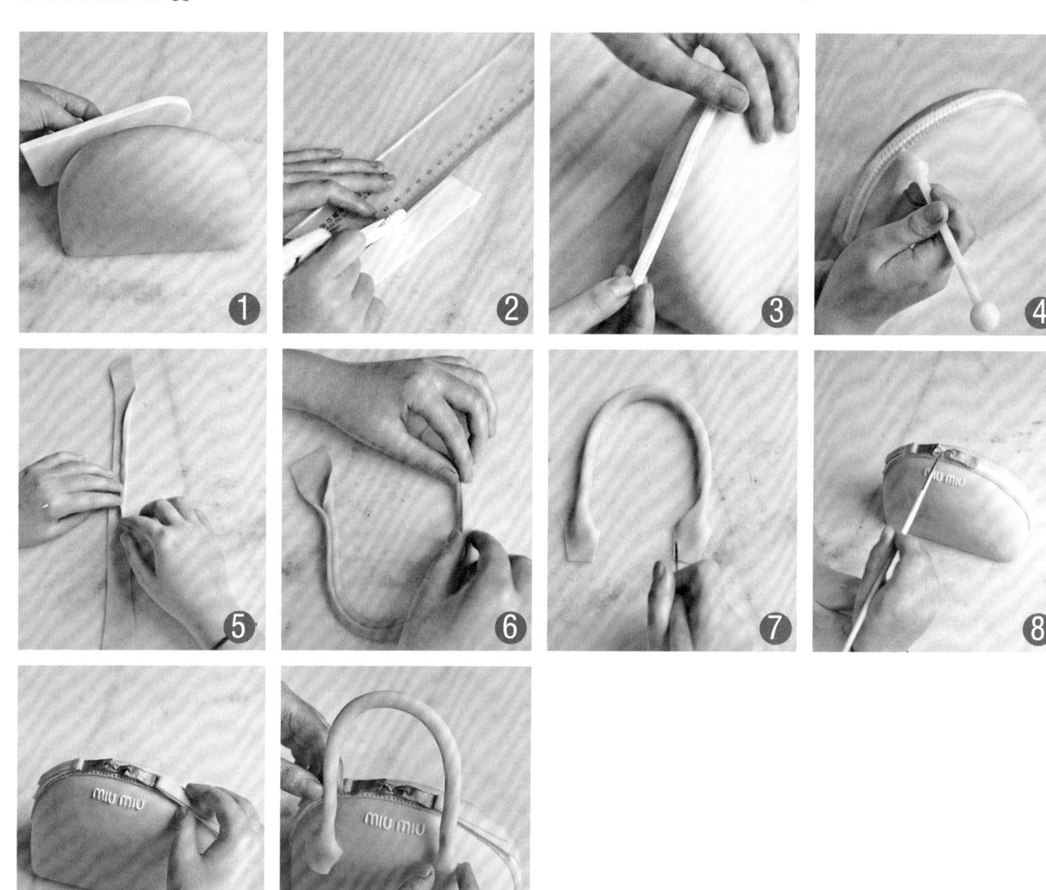

1. 擀一张黄色翻糖皮，包于蛋糕面上，用磨平器磨平整。
2. 擀一张白色糖皮长条，用锯齿轮刀划出印迹。
3. 将有印迹的长条裁下来，做成拉链，贴在包包的顶端。
4. 拉链两侧贴两条黄色细条，在细条上扎上小孔。
5. 擀一张黄色糖皮，裁出两条长条，将两端压平，中间折起做成包带。
6. 折好后的包带再向内折，呈圆柱状。
7. 翻过包带，在两端扎上孔，备用。
8. 做两个拉锁贴在包的顶端，刷上金粉，再用蛋白膏在拉锁正下端写上商标。
9. 将拉锁的飘带粘接在拉锁两端。
10. 将定型好的包带粘贴在包包上即可。

诱惑

Youhuo

主要工具

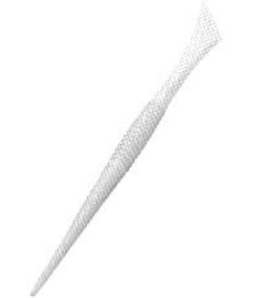
针形棒

小圆花嘴

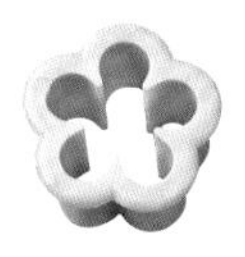
五瓣花模

制作过程

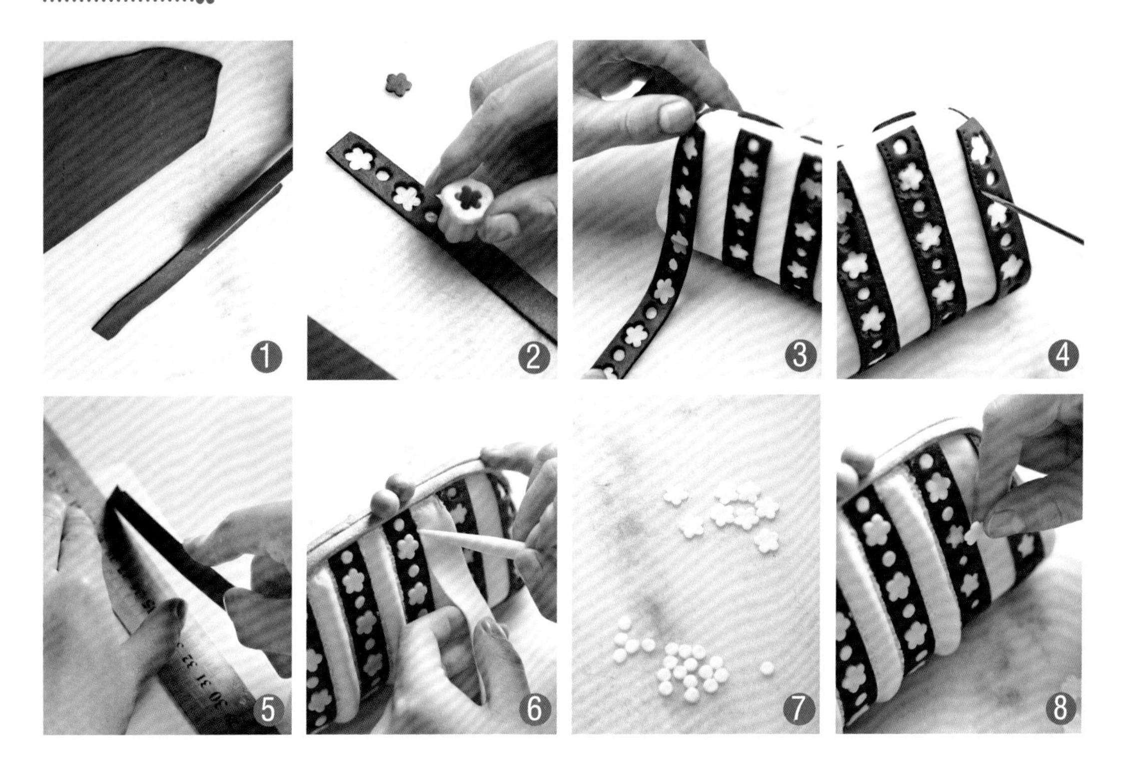

1. 擀一张黑色糖皮，裁成等宽长条。
2. 在长条上用五瓣花模压出五瓣花，再用花嘴压出小圆孔，呈镂空状。
3. 将做好的长条贴在蛋糕面上，间隔均匀。
4. 用针在长条边缘扎上小孔。
5. 擀一块白色糖皮，裁成等宽长条，宽度比黑条间距要宽一点。
6. 将白色长条贴在黑条中间，边缘用针形棒扎在蛋糕面上，使中间鼓起来。
7. 擀一张白色糖皮，用五瓣花模及小圆花嘴压出糖片，备用。
8. 将压好的五瓣花及小圆贴在黑色长条的镂空处填充即可。

致美丽的你

Zhi Meilide Ni

主要工具

捏塑棒

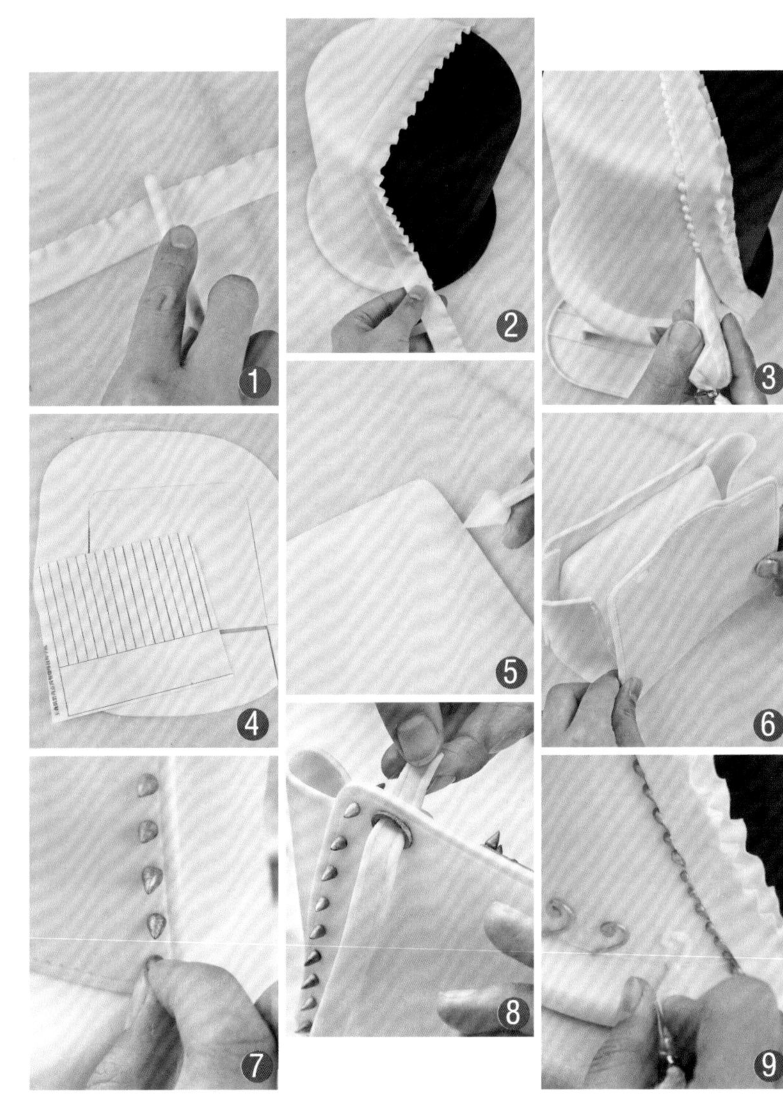

制作过程

1. 裁一条白色翻糖长条，将一侧用捏塑棒擀出褶皱。
2. 将擀好的花边贴在蛋糕黑白交接处。
3. 用蛋白膏沿花边边缘挤出豆形边。
4. 擀一张白色糖皮，将按比例画好的模型纸覆盖于上面并刻出，裁成包包片。
5. 在裁好的包包片四边用锥形棒扎上针线孔。
6. 将处理好的包包片组装到一起，风干固定即可。
7. 搓一些小锥体铆钉，刷上金粉，粘在包包边缘。将制作好的包锁配件粘于包包上。
8. 裁两条细长条包带，将边缘扎上针孔，将包带穿入包带孔，孔洞周围刷上金色。
9. 在蛋糕底端白色区域用蛋白膏挤上花边，刷上金粉。

尊贵

Zungui

难易度 Nan Yi Du ★★★

主要工具

刀形棒　锥形棒　格纹擀面杖

制作过程

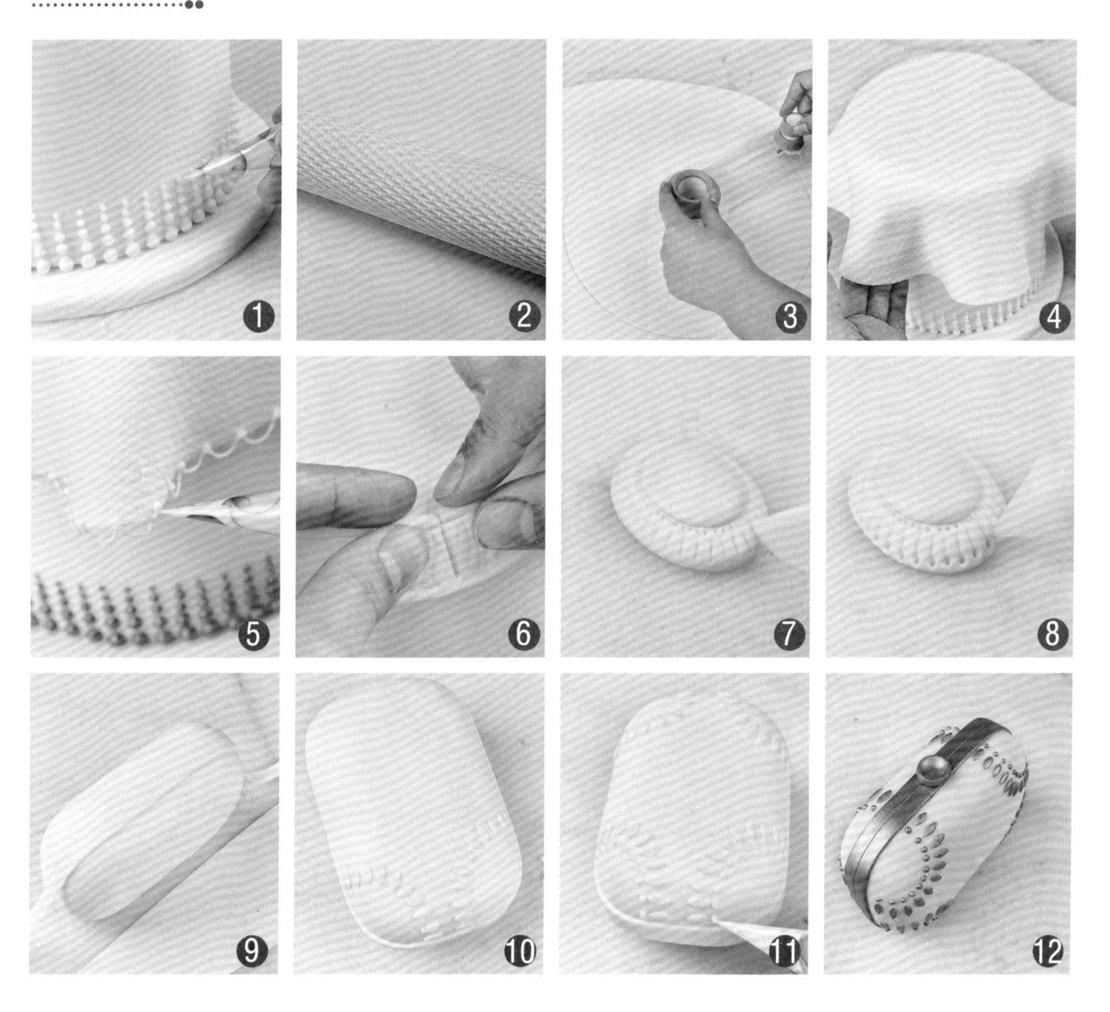

1. 用蛋白膏在蛋糕底端挤出由小到大的小圆点，刷上金粉。
2. 取白色糖膏擀成薄皮，用格纹擀面棍擀出花纹。
3. 用割圆轮刀割出大圆片备用。
4. 将割好的大圆片覆盖在蛋糕顶部，做裙摆状自然落下。
5. 用蛋白膏在裙摆处吊出波浪花边，刷金粉。
6. 裁一条格纹长条围绕在蛋糕顶部，将长条边缘刷上金粉。
7. 取一块白色糖膏，搓成椭圆形后压扁，用牙签在中央戳出一个小椭圆形，再用刀形棒压出纹路。
8. 用锥形棒在最外围压出圆孔，将边缘刷上金色，中间刷珠光色，贴在格纹长条接口处即可。
9. 裁两条白色长条，贴在包包中央。
10. 用最小橄榄形模具压出橄榄形贴片，贴在包包四角。
11. 在贴好的橄榄形片内侧用蛋白膏点上圆点，将需要着色的部位刷上金粉。
12. 在包包中间贴一个凹陷的扁圆柱，上面粘一颗圆球即可。

Shehua

主要工具

刀形棒　　针形棒　　豆形棒

制作过程

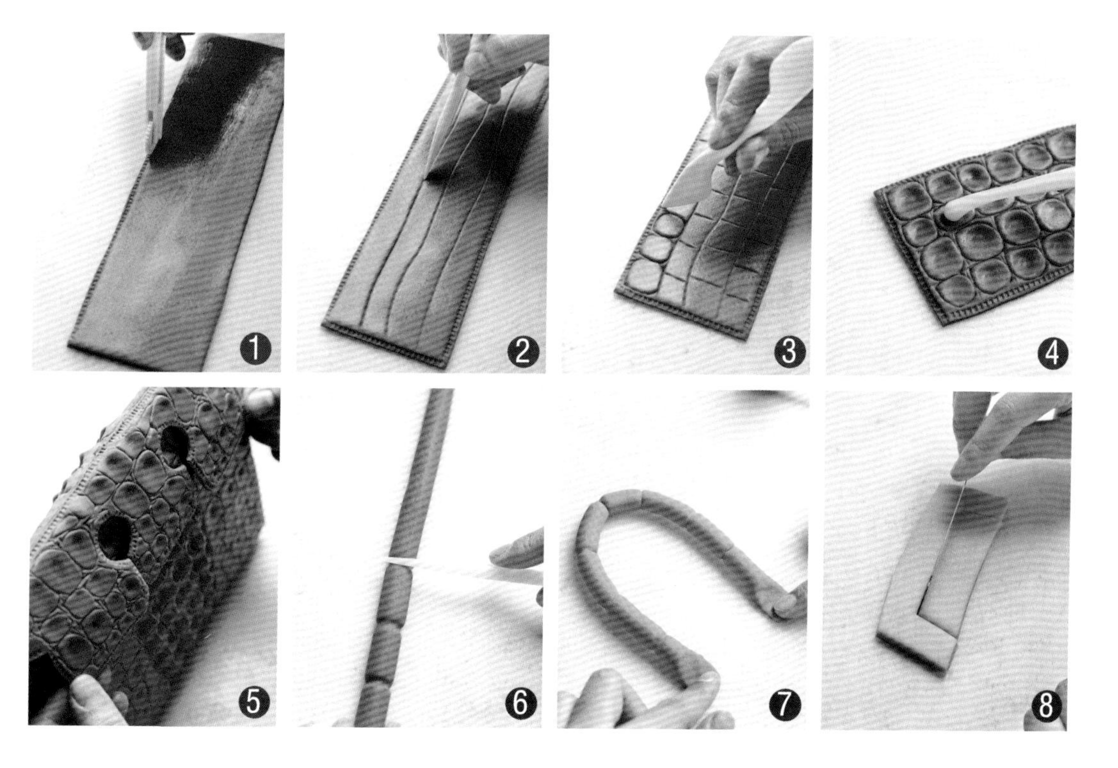

1. 擀一张玫红色糖皮，裁出所需尺寸的长方形，在边缘用锯齿轮刀压出印迹。
2. 用刀形棒划出不等宽的纹路。
3. 再划出不等宽格子，用刀形棒在格子内再划一圈。
4. 用圆头的棒子在格子内压出凹槽。
5. 将压好的糖皮包在削好形状的蛋糕上，按比例贴好。
6. 取一块玫红色糖膏，搓成长条，用捏塑棒压出一条条凹槽。
7. 将两端压扁，用刀片裁成所需形状的手包带。
8. 擀一张1厘米厚的糖皮，按比例裁出两个包包封口处的糖片。

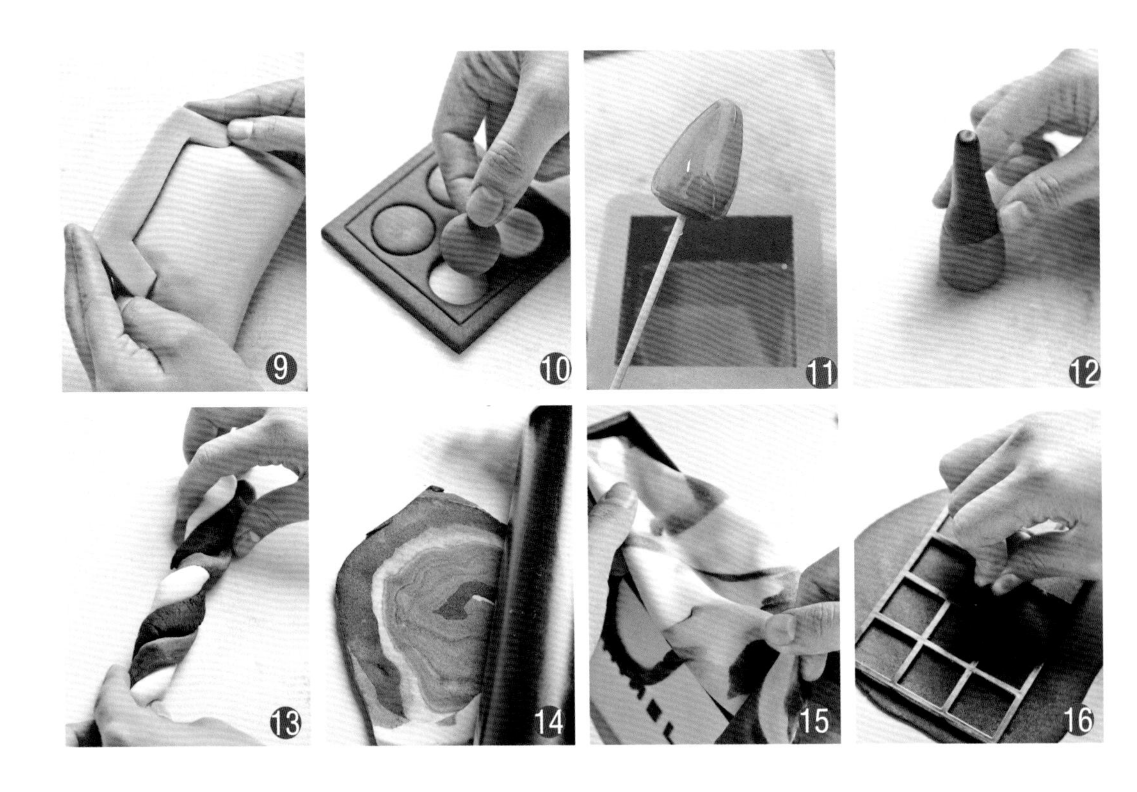

9. 将裁好的糖片重合粘在一起，贴在包包上，固定牢。

10. 擀一块黑色糖皮，裁成正方形，用小圆圈模压出四个圆，填上不同颜色圆片即成四色眼影。

11. 搓一个圆锥体，在上面淋上熬好的糖，冷却后做成指甲油瓶体备用。

12. 在冷却的指甲油瓶上端搓一个细长圆锥，做指甲油瓶盖。

13. 取黑白灰三种颜色翻糖，混合在一起。

14. 将混合好的糖皮擀薄后裁成正方形，即成丝巾。

15. 将丝巾折叠好，呈自然状态搭在包装袋上即可。

16. 第一层和第三层蛋糕用纯黑翻糖皮包好后，用方形格子模压出方形纹路；第二层蛋糕用黑白方形糖皮粘贴。将所有配饰与蛋糕一同组装即可。

甜美

Tianmei

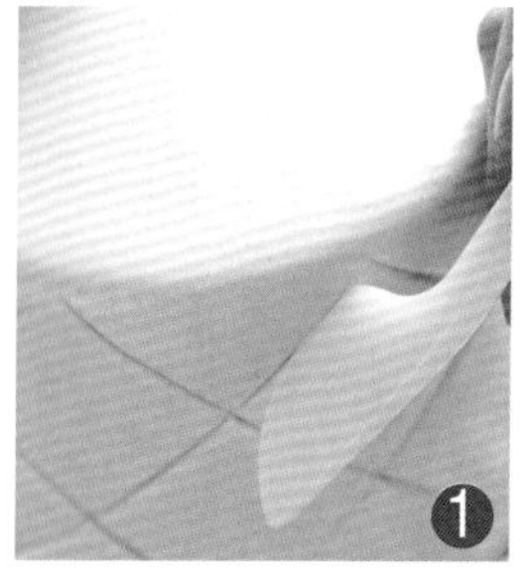

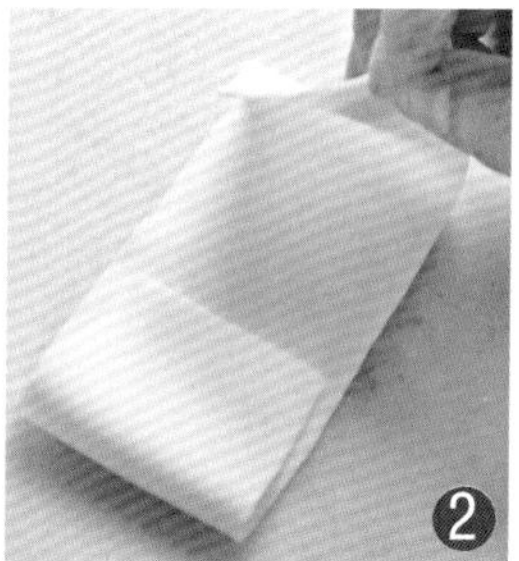

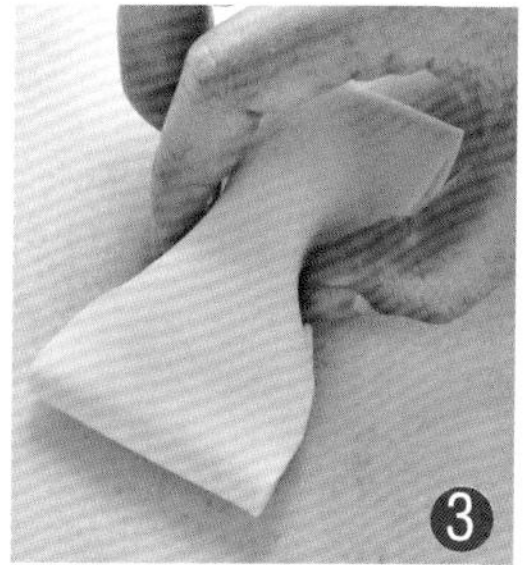

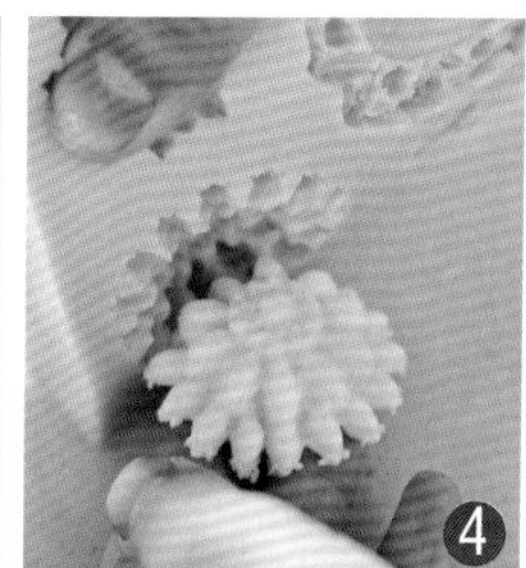

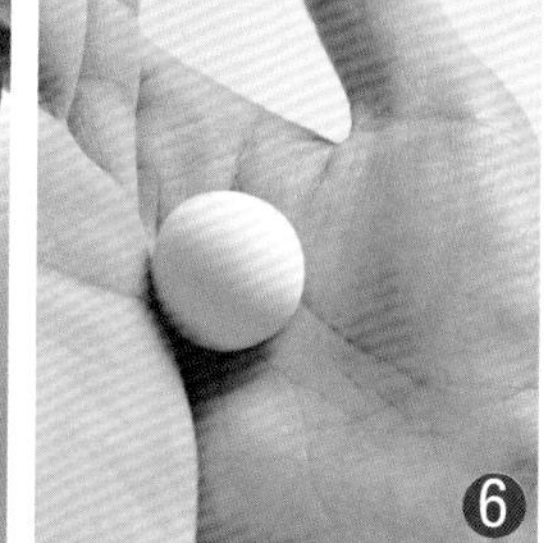

主要工具

刀形棒　　毛笔

制作过程

1. 在包好的蛋糕面上压出菱形格子。

2. 擀一块白色糖皮，裁出一条6厘米宽、22厘米长的长条，将两端向中间对折。

3. 将对折的糖皮翻过来后将中间捏起，做成蝴蝶结。

4. 取一块白色翻糖，填在硅胶模具中，压出所需形状，做成珠宝扣。

5. 在珠宝扣上刷上金粉和珠光粉。

6. 搓同样大小的圆球，放在蛋糕底端作围边。

优雅

难易度 Nan Yi Du ★★

Youya

主要工具

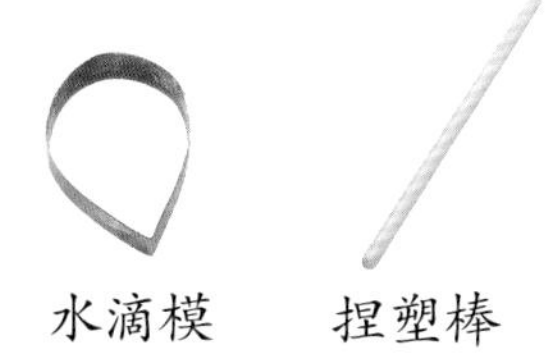

制作过程

1. 取一块翻糖膏擀成薄皮，裁出一根长条贴于蛋糕底部作围边。

2. 用水滴圈模压出水滴形花瓣，再用捏塑棒擀出褶皱。

3. 将花瓣对折再对折，折出花芯。

4. 将折好的花芯用色粉刷上颜色。

5. 花芯包圆后的花瓣不需再折，直接包在花芯上，每瓣粘接于上一瓣中间位置。

6. 在蛋糕面上用蛋白膏勾画出花纹。

7. 取一块翻糖，搓成长条，放入珍珠形硅胶模具中，用力挤压，将多余的翻糖切掉。

8. 取出压好的珍珠串，贴于蛋糕面上，将花放在珍珠串中央即可。

闺密

Guimi

主要工具

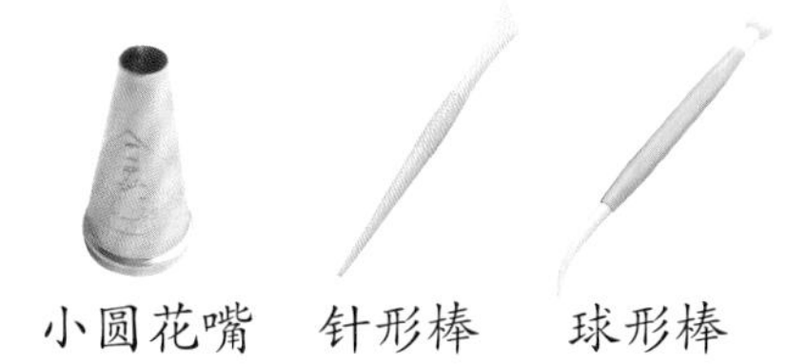

小圆花嘴　针形棒　球形棒

制作过程

1. 取白色翻糖擀成薄面皮，裁12片同样大小的长三角形绕圆心贴于蛋糕面上。
2. 将下面多余的糖皮切掉。
3. 取一块黑色糖皮用花形轮刀切出花边，贴于蛋糕面下端。
4. 擀一小张白色糖皮，用花边圈模压一个花边圆片，用小圆花嘴在花边上压出圆孔。
5. 将花边圆片放于海绵垫上，用捏塑棒圆头擀薄边缘。
6. 压取一片小圆片，用针形棒扎出不规则小孔后贴于花边圆片上。
7. 取黑色糖膏，擀成薄面皮，裁出名媛女的形状，贴于圆片上。
8. 用蛋白膏在圆片周围挤出珠边，将其贴于蛋糕顶部即可。

主要工具

捏塑棒

五瓣花模

浪漫蝴蝶结

Langman Hudiejie

制作过程

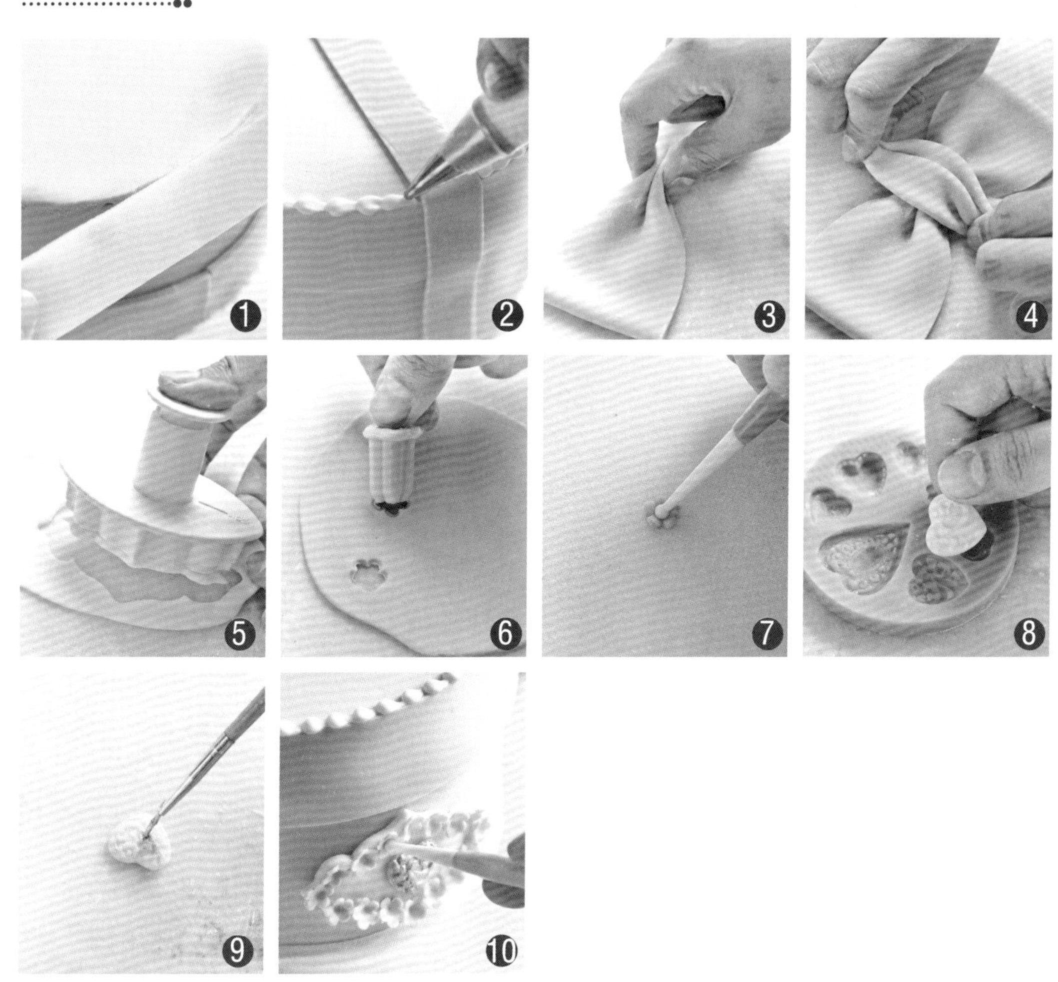

1. 擀一块粉绿糖皮，约4毫米厚，裁出长条，贴于蛋糕上部。
2. 蛋糕顶端边缘用蛋白膏挤出花边。
3. 用粉色糖皮做一个大蝴蝶结。
4. 裁一块正方形糖皮，折出布的质感，贴在蝴蝶结中间。
5. 擀一块白色糖皮，用模具压出菱形面片，贴在蛋糕面中间。
6. 擀一块粉色糖皮，用小五瓣花模压出五瓣花。
7. 将五瓣花放在海绵垫上，用捏塑棒压出凹槽。
8. 取一块白色翻糖，在心形模具上压出需要的图案。
9. 在心形糖片上刷上银粉。
10. 将五瓣花贴在蛋糕面中间的菱形片边缘，将心形片贴在菱形片中央即可。

惊喜

Jingxi

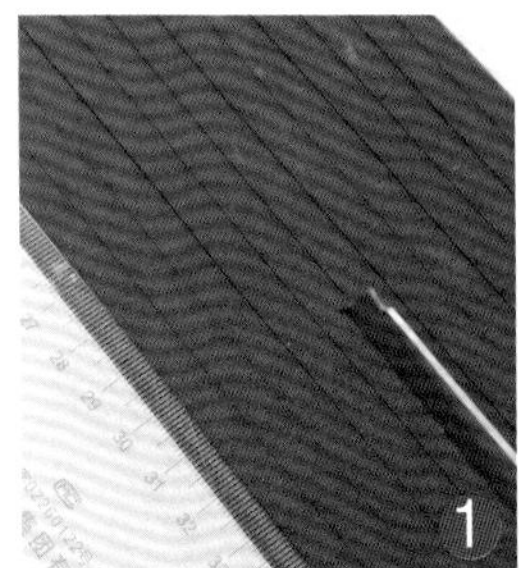

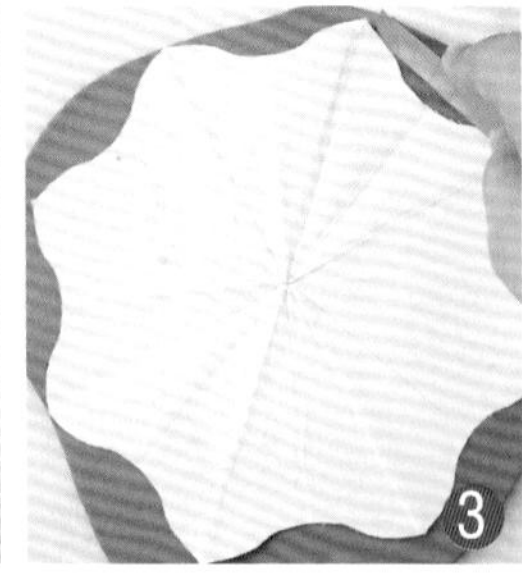

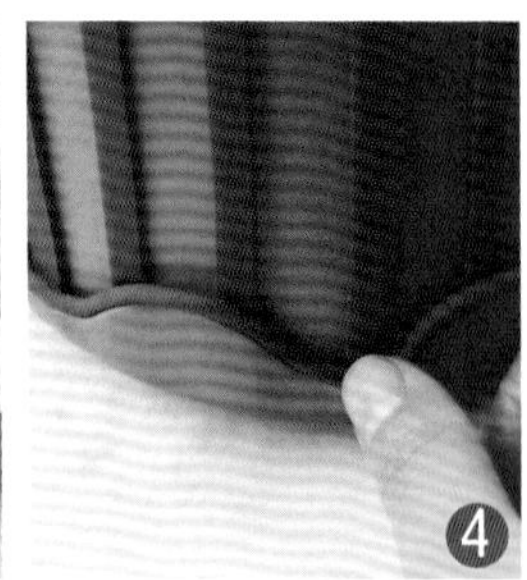

制作过程

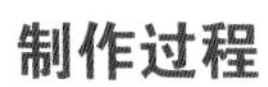

1. 取一块黑色糖膏，擀成薄皮，裁成等宽的细条。

2. 将裁好的细条贴在蛋糕面上。

3. 擀一张紫红色糖皮，按纸模裁出花形。

4. 将裁好的花形片包在蛋糕顶端，边缘处贴上黑色细条。

5. 擀一张紫红色糖皮，裁成等宽的长条，两边对折，中间用珍珠棉支撑。

6. 在定型好的彩带上贴上黑色圆片，边缘贴上黑条，在蛋糕顶部组装即可，第一层、第二层均为5段彩带，顶部为2段彩带。

衍纸艺术

Yanzhi Yishu

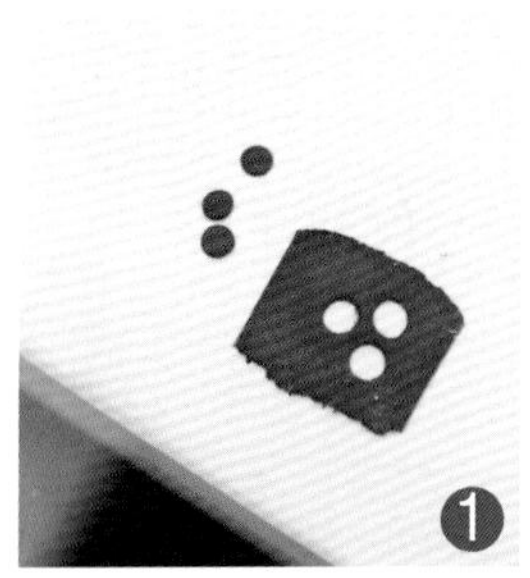

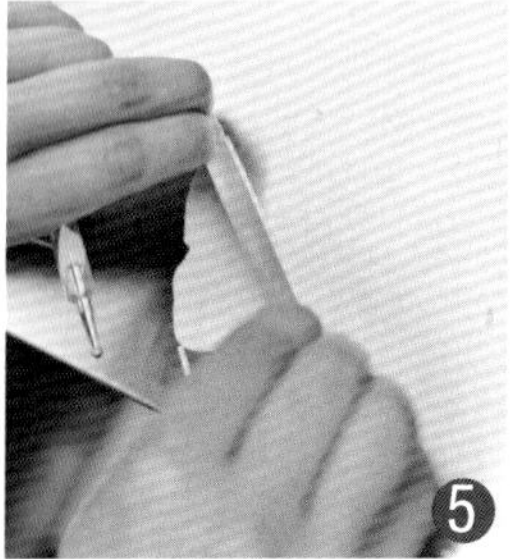

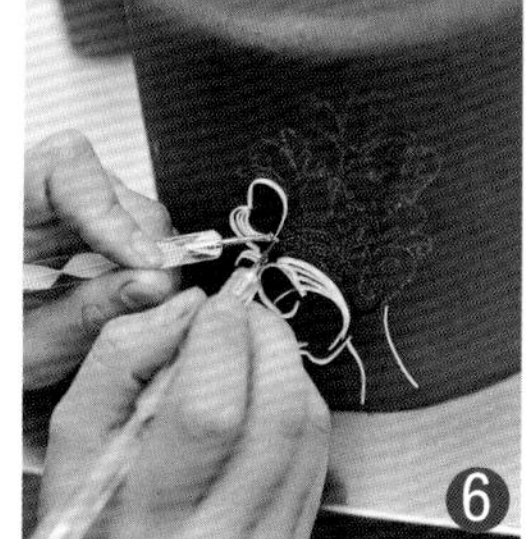

主要工具

小圆花嘴

球形棒

制作过程

1. 用模具压出若干个圆片，晾干备用。
2. 金粉兑上食用酒精，在圆片上均匀地喷一层，制成金色圆片。
3. 在蛋糕面上刷上一层可食用胶，贴上晾干的金色圆片。
4. 用大头针在第二层蛋糕面上扎出要做的图案。
5. 裁出细长条。
6. 运用衍纸工艺将裁好的长条立在蛋糕面上，固定时可借助两个较小的球形棒。

粉色少女心

主要工具

针形棒

制作过程

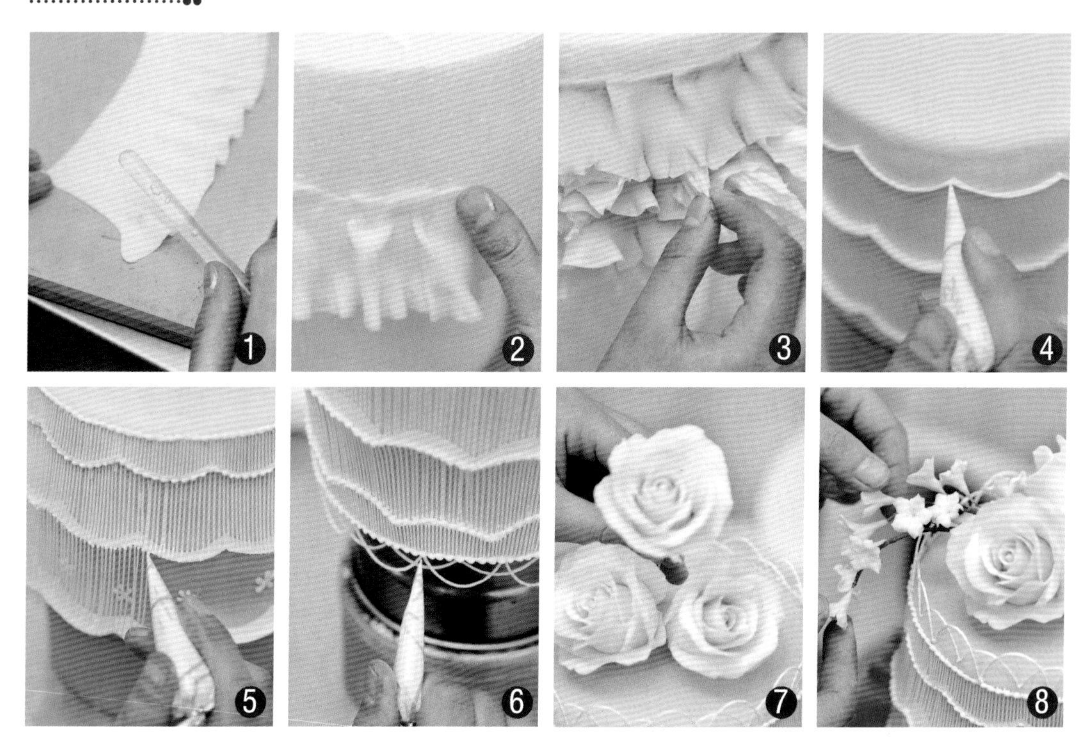

1. 取一块白色长方形翻糖皮，两边用针形捏塑棒擀出褶皱。
2. 在蛋糕面上用毛刷刷上水，贴上白色褶皱翻糖皮。
3. 同上，将粉色褶皱翻糖皮贴在蛋糕面上。
4. 用裱花袋在顶部蛋糕侧面吊出线条。
5. 隔空吊线，注意间隔。
6. 把蛋糕倒过来，再吊出线条。
7. 组装上事先做好的花卉。
8. 组装上小碎花和花枝即可。

黑纱裙

Heishaqun

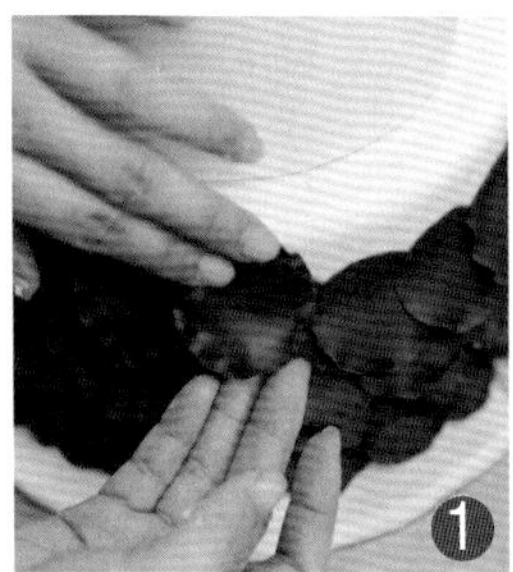

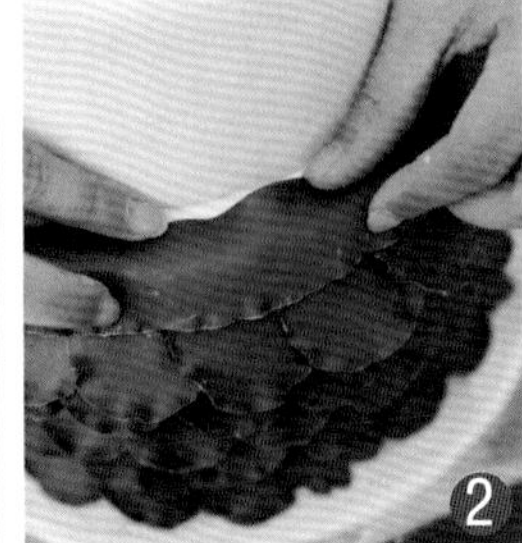

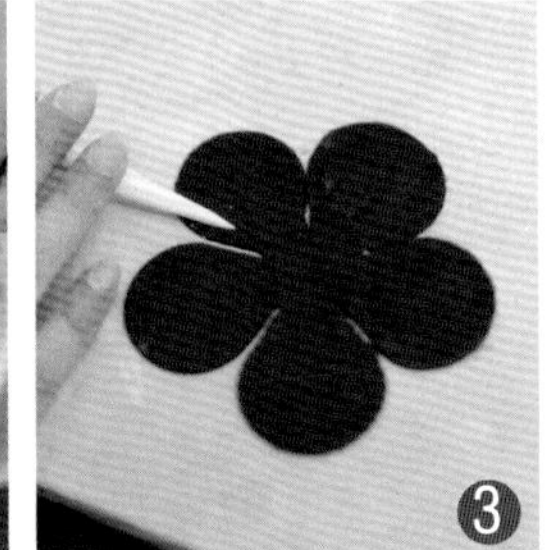

主要工具

针形棒

玫瑰花模

圈模

制作过程

1. 将翻糖皮擀薄，用圈模压出，再将边缘擀薄，贴于蛋糕面上。
2. 裁一根长条，将边缘擀薄，贴于圆片之上。
3. 翻糖皮擀得越薄越好，用玫瑰花模具压出花瓣，用针形棒压出花瓣纹路。
4. 擀卷花瓣边缘，三种规格的花瓣从大到小用蛋白霜粘住，中间粘上花芯，粘于蛋糕顶部。
5. 画出所需图案，用蛋白霜吊出晾干，贴于蛋糕面上。
6. 在蛋糕面上点上圆点装饰即可。

浪漫一生

Langman Yisheng

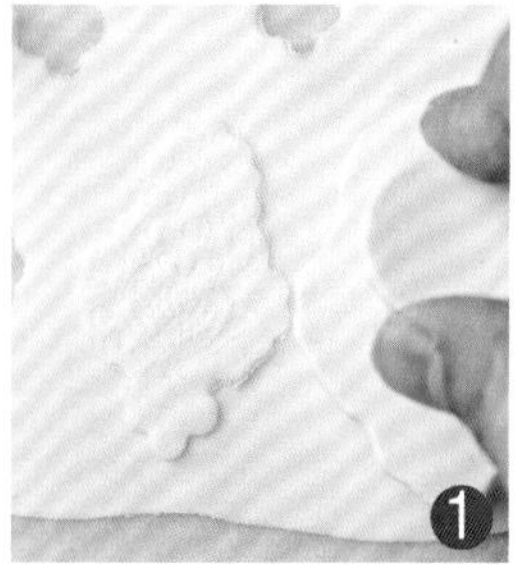

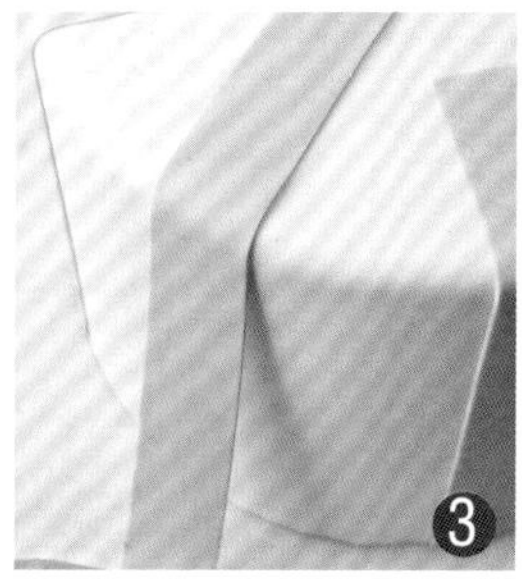

主要工具

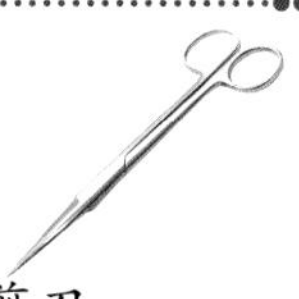

剪刀

制作过程

1. 取白色糖膏擀成薄皮，用模具压出复古花纹，贴在蛋糕最下层底端，再刷上香槟色珠光粉。
2. 在底层蛋糕面上端用蛋白膏挤出圆点花边。
3. 取浅紫色翻糖，擀成薄皮，裁成长条，贴在第二层蛋糕面上。
4. 取白色翻糖，填于复古花边模具内，削掉多余糖膏，将花边脱模后贴在第一层蛋糕面底部。
5. 用蛋白膏在第一层蛋糕侧面上吊出不规则的线条。
6. 取一小撮糖膏，搓成一厘米长的水滴状，用剪刀剪成四瓣，把每瓣捏扁，如此操作制作多组四瓣花风干后粘贴于球形花托上制成绣球花，放置于顶层蛋糕上即可。

粉红色的回忆

Fenhongse de Huiyi

主要工具

球形棒　　牡丹花瓣压模

制作过程

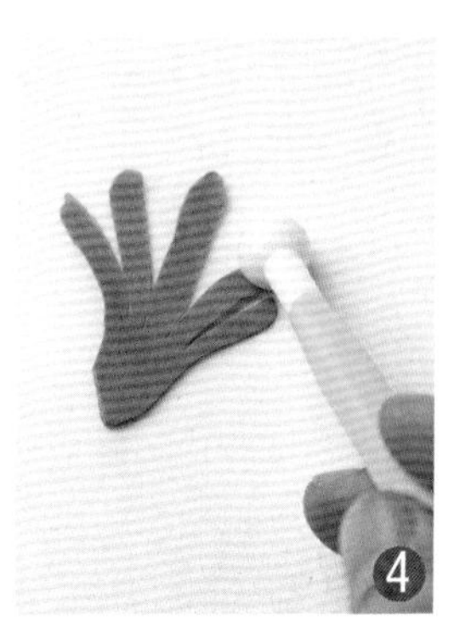

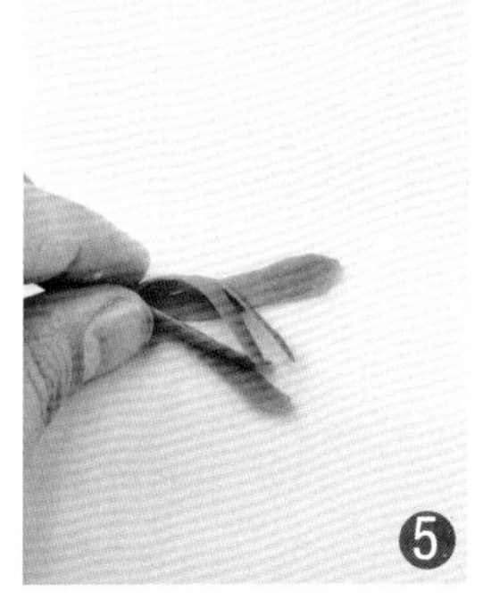

1. 取白色糖膏在模具上压出半球形围边，围绕在每层蛋糕底端，刷上金粉。

2. 在蛋糕空白侧立面上用金粉勾画出花藤图案。

3. 取粉红色糖膏，擀成薄皮后用牡丹花花模压出花瓣，将最小的花瓣切取两边，再切成五瓣。

4. 将花边放置于花垫上，用球形棒将其擀压薄。

5. 将擀压好的花瓣卷起，做20多瓣后粘接在一起做花芯，也可多做，按花朵大小来定。

6. 将其他大小的花瓣擀出褶皱边缘，一瓣一瓣将花芯包裹起来，一般五瓣为一层，一层比一层花瓣大，花朵定型完毕后粘接在蛋糕面上即可。

洁白婚纱

Jiebai Hunsha

主要工具

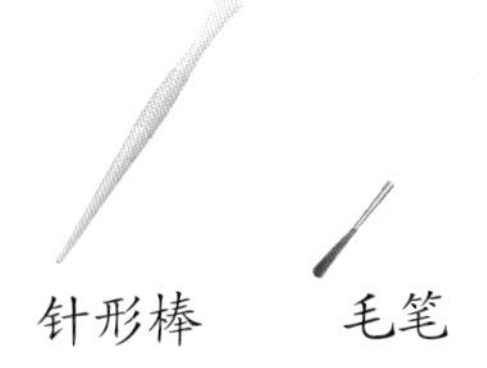

针形棒　　毛笔

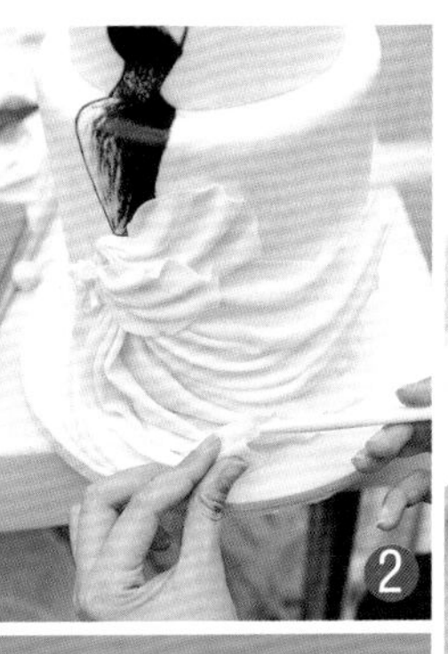

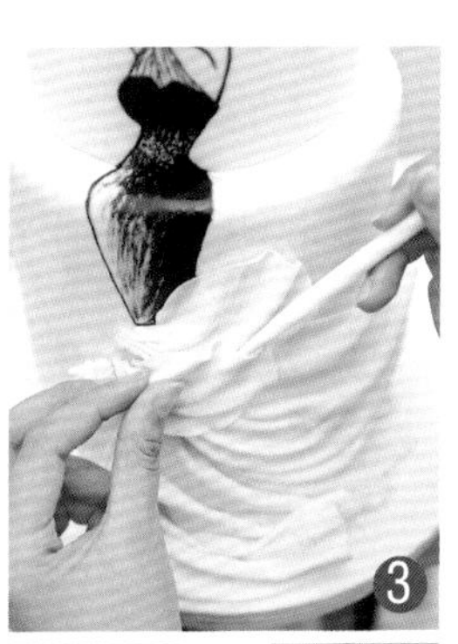

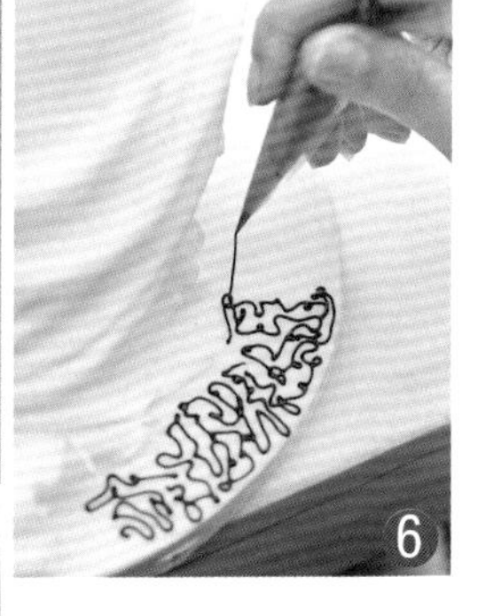

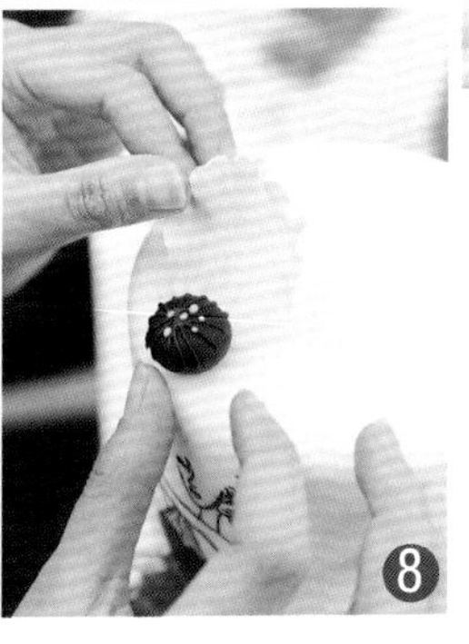

制作过程

1. 在蛋糕面上用色膏画出所需的图案（先用针棒勾出轮廓）。
2. 擀糖皮，做出不规则褶皱贴于蛋糕面上，作为裙摆。
3. 折出扇形贴于裙摆接口处。
4. 用模具压出图中形状，再用针形棒划出纹路。
5. 擀出褶皱边，定型晾干，制成花瓣。
6. 用黑色糖霜拉出不规则线条，作为底盘装饰。
7. 搓一个圆球压扁，用糖霜拉出纹路，以翻糖小球点缀花芯。
8. 将花芯粘在蛋糕顶部相应位置，将花瓣粘于花芯下部。
9. 将杯子蛋糕包面装饰即可。

喜结良缘

Xijie Liangyuan

难易度 Nan Yi Du ★★★

主要工具

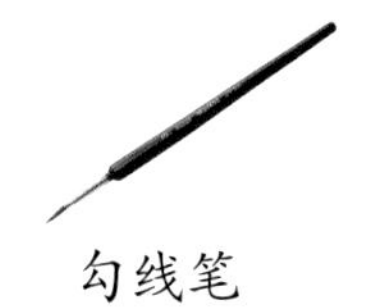

勾线笔

制作过程

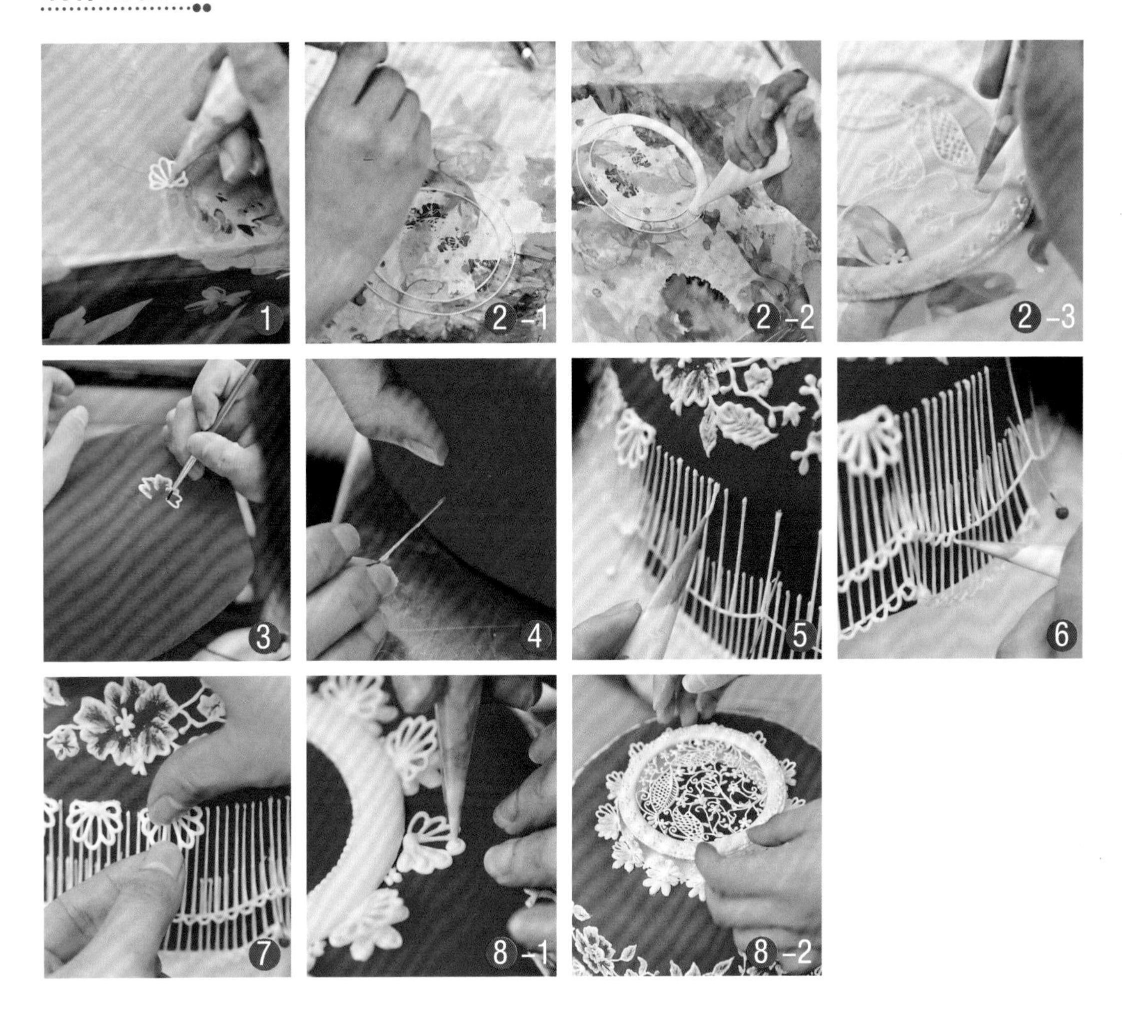

1. 用硬质蛋白糖霜拉出小配件若干，晾干备用。
2. 用硬质蛋白糖霜拉出两个圆圈，再用软质蛋白糖霜填充在两个圆圈中，注意排出里面的气泡，使之光滑，晾干备用。在晾好的其中一个圆盘中拉线。
3. 用软硬度适中的糖霜拉出花瓣的线，然后用勾线笔刷上色。
4. 在大头针上抹少许白油，均匀地插入蛋糕体定位，并拉出弧线。
5. 用细裱依次拉出竖线，注意间隔要均匀。
6. 待拉好的线条干透之后打上一层花边。
7. 将之前做好的小配件蘸取一点蛋白膏，均匀地粘在拉线的接口处。
8. 将中间没有图案的圆盘放在蛋糕中央，用蛋白膏固定，再粘上小配件，最后将中间有图案的圆盘架在小配件上面即可。

5
奢华时代

圣诞交响曲
Shengdan Jiaoxiangqu

难易度
Nan Yi Du

主要工具

制作过程

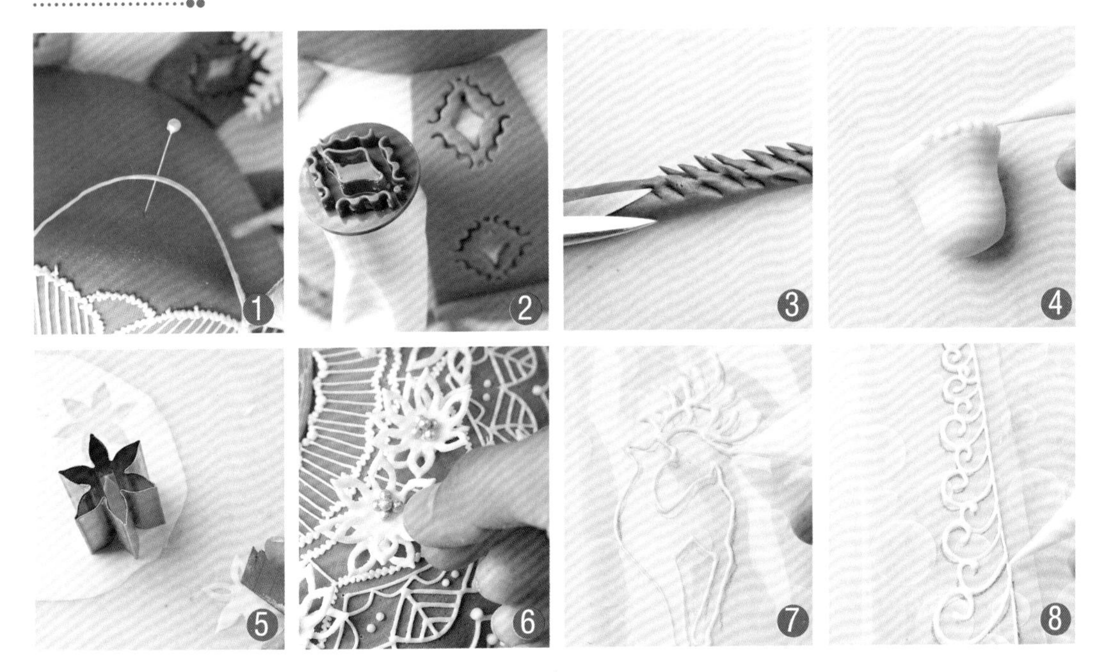

1. 在第一层蛋糕面上用蛋白膏吊出花纹，最外围的半立体吊线以蛋糕面上插入大头针来辅助定型。
2. 取绿色糖膏擀成薄皮，裁成长条贴在第二层蛋糕面上，将末端向上卷起，用缎带压模压上花纹。
3. 取一块绿色糖膏搓成长条，用剪刀顺势剪出一根根针叶，做成圣诞草环，贴于第三层蛋糕面侧面。
4. 取白色糖膏搓成铃铛的形状，用蛋白膏挤出一个个圆点，整齐覆盖于表面，将风干好的铃铛刷上金粉，粘于草环内，每个草环上端中间粘一个红色小蝴蝶结即可。
5. 取白色糖膏擀成薄皮，用六瓣花模压出轮廓，再用刀片刻出镂空，放入定型盘定型。
6. 将定型好的白色小花两个叠在一起，用银珠糖做花芯粘在中心，贴于第三层蛋糕面上。
7. 画出麋鹿的形状，用蛋白膏吊出轮廓，再填充，晾干后吊上花纹，刷上金粉，粘接于第二、第三层蛋糕中间处，围绕蛋糕柱。
8. 画出抽象圣诞树的形状，用蛋白膏吊出8片或更多，晾干后绕中线一片片粘接在一起，组成立体圣诞树，粘接完毕后刷上金粉，放于第一层顶端。

主要工具

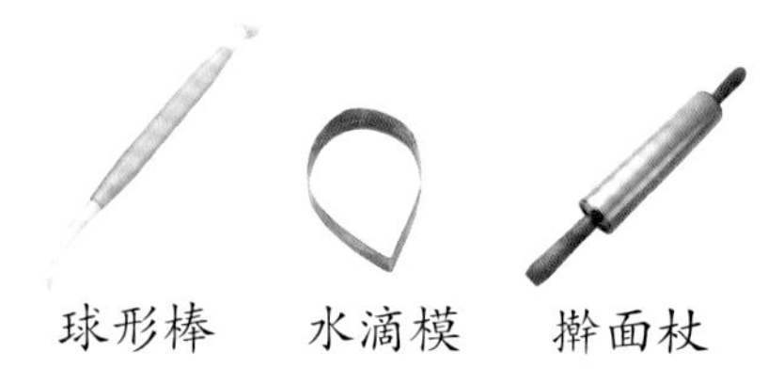

依恋

Yilian

制作过程

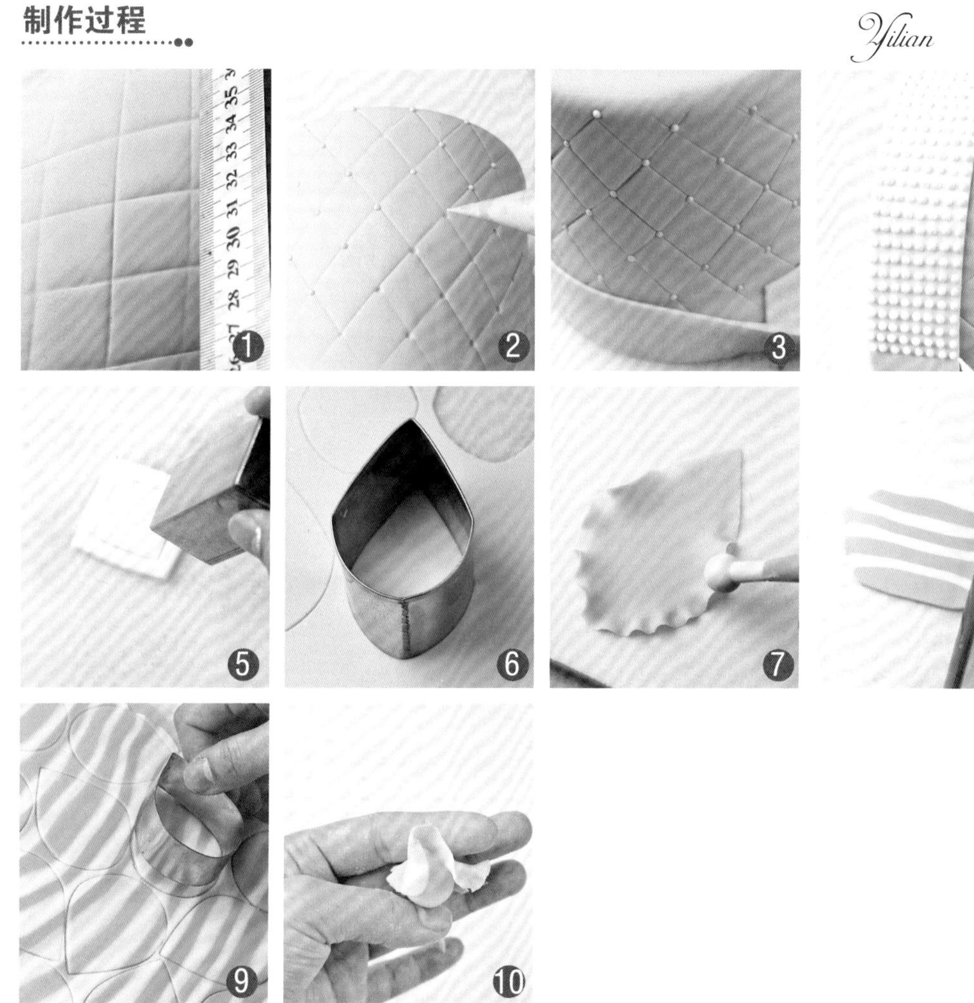

1. 在包好的蛋糕面上用钢尺压出格子纹路。
2. 在格子线交接处用蛋白膏挤上圆点。
3. 裁一条白色长条，围绕在顶层蛋糕底端。
4. 在白色围边上整齐地用蛋白膏挤出圆点，刷上银粉。
5. 擀一张薄糖皮，用大小两个方形压出贴签，用蛋白膏在上面挤出圆点，刷上银粉。将其与一折叠的白色长条糖皮组装制作出一个蝴蝶结备用。
6. 取白色糖膏，调成由深到浅的三四种蓝色糖膏，取一块糖膏擀成薄皮，用水滴压模压出水滴形。
7. 用球形棒擀出褶皱，然后按由深到浅、由下向上贴于底层蛋糕面上。
8. 取白色、蓝色糖膏，一条间隔一条贴在一起，再擀成薄皮。
9. 用水滴压模压出水滴形花瓣，擀出褶皱备用。
10. 取一根花托，以包玫瑰花的手法来做成花朵，组装装饰蛋糕即可。

主要工具

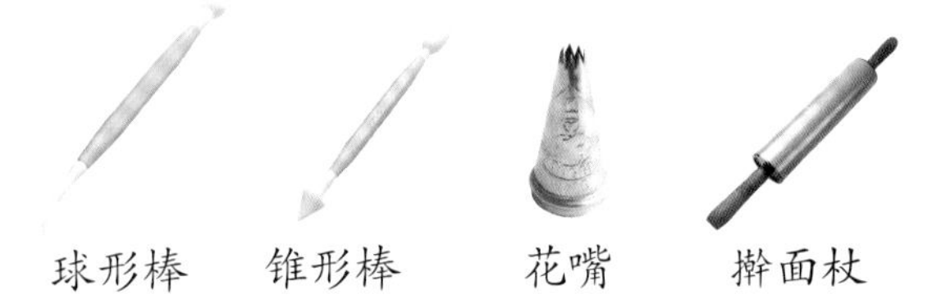

宝石

难易度 Nan Yi Du ★★★

Baoshi

制作过程

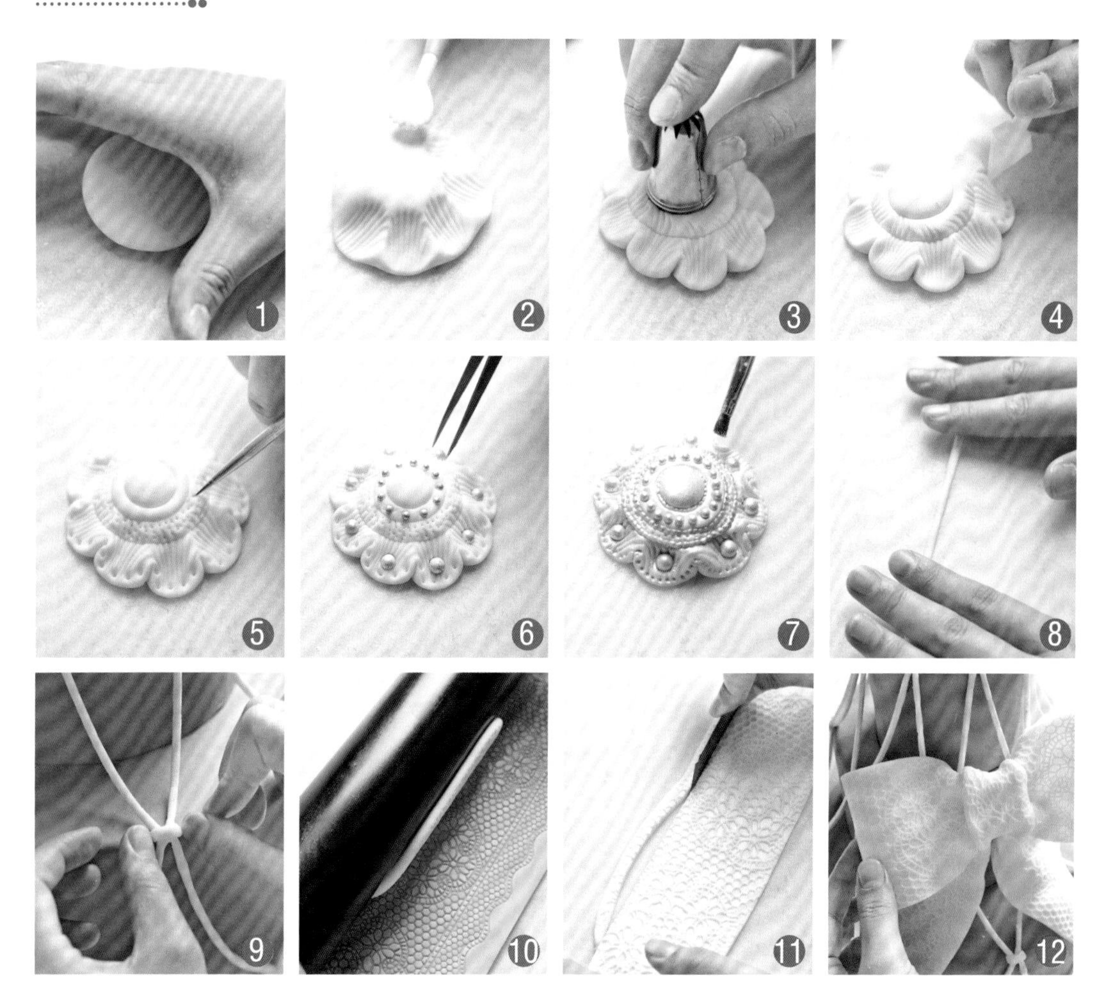

1. 取一块翻糖，搓成椭圆形后压扁。

2. 用捏塑棒中带纹路的一头将椭圆边缘压扁，形成花形。

3. 用两个圆形在中心压两个圈，一大一小。

4. 用锥尖沿花形外边缘戳孔。

5. 用针尖在花形的内圈戳满小孔。

6. 在每瓣花形中心按入银珠糖。

7. 再刷上金粉及珠光粉即可。

8. 取一块翻糖，搓成细条。

9. 将细条粘在蛋糕上，在四条细条接口处粘一根小条，掩盖接口。

10. 取一块翻糖，在蕾丝模具上擀压。

11. 将擀出纹路的翻糖皮裁成长条，做成蝴蝶结。

12. 将做好的配饰组装在蛋糕上即可。

绅士

Shenshi

主要工具

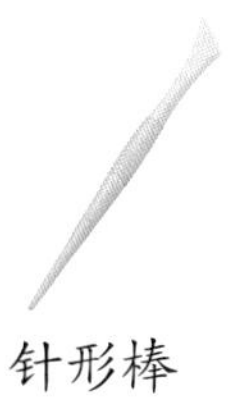

针形棒

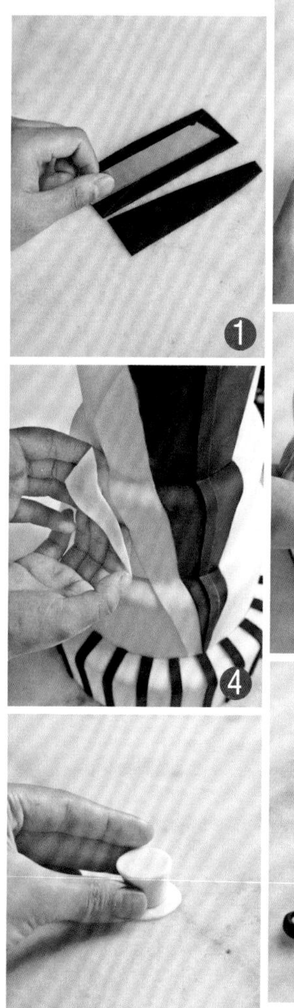

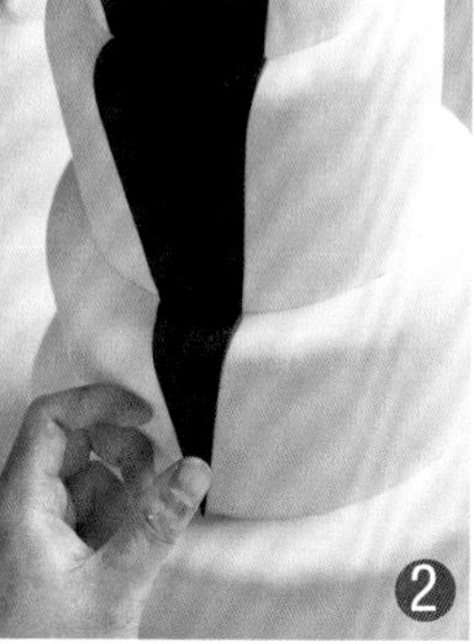

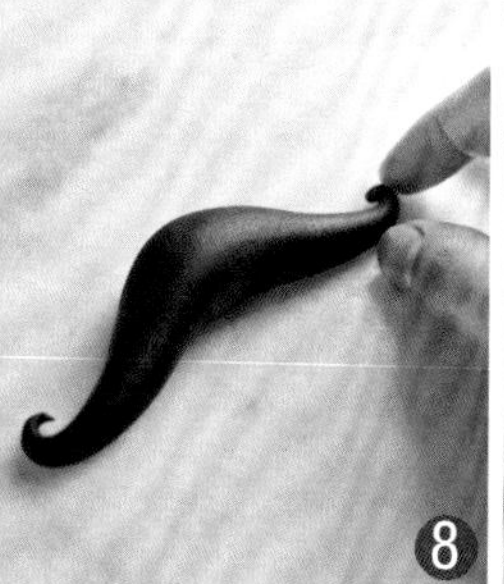

制作过程

1. 擀一张黑色糖皮，裁出数个由大到小的梯形。
2. 将裁好的梯形由上到下贴于蛋糕面上，衔接处修整干净，从正面看呈倒三角形。
3. 在最下层蛋糕面上贴上黑色细条。
4. 擀一张白色糖皮，裁出两个大三角，两个小三角，贴在黑色倒三角的两边。
5. 在黑色倒三角中间贴上白色小圆片，作为扣子。
6. 用糖皮做一个白色蝴蝶结，贴在领口处。
7. 做一顶小帽子。搓一个上大下小的梯柱体，粘在一个小圆片上，制成帽子备用。
8. 取一块黑色糖膏，搓成橄榄形，两边搓尖，将两头尖端向内卷起。
9. 用针形棒在中间压出凹槽，风干定型。将帽子及胡须组装到蛋糕上即可。

温柔时光

Wenrou Shiguang

主要工具

圆锯齿裱花嘴

制作过程

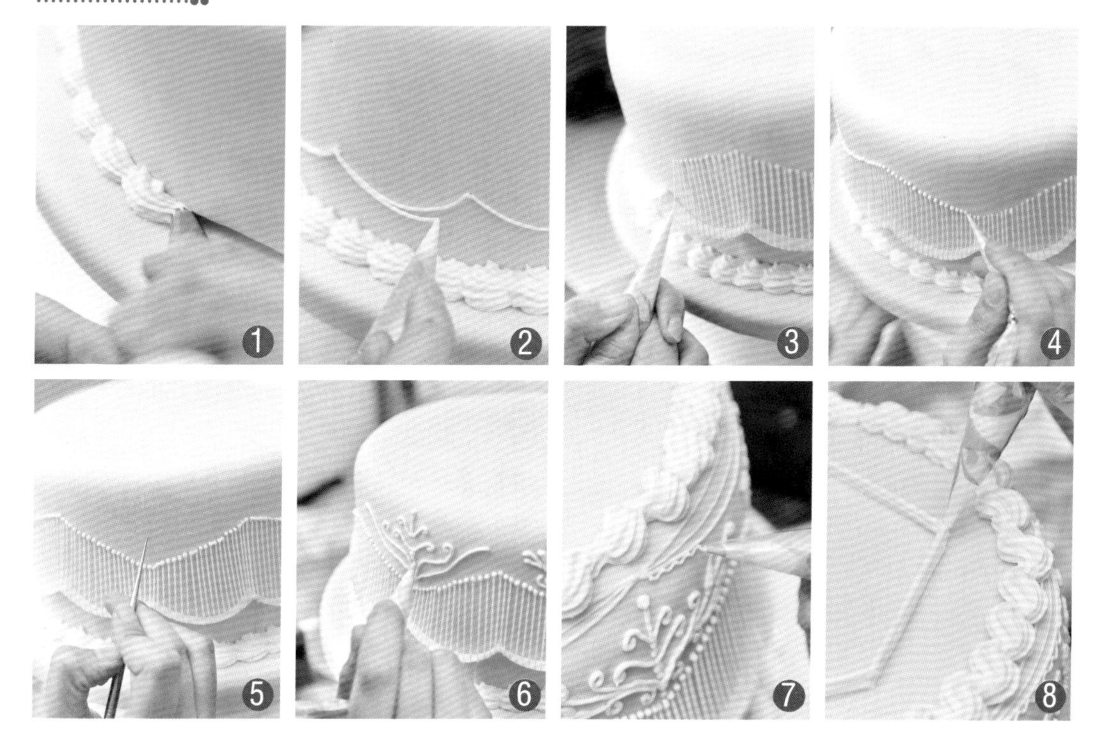

1. 将蛋糕面与底盘固定，再用锯齿裱花嘴挤上糖霜，裱出底边。

2. 事先量出适当的长度，在蛋糕侧立面拉出一圈弧形线，等干后再次拉线，反复拉到适当的宽度为止。

3. 在蛋糕面上的适当位置向宽弧线上拉线。

4. 点缀修饰拉线的接口处。

5. 用针形塑刀（或其他尖状物）在蛋糕面上勾出所需形状。

6. 用糖霜画出勾好的图案。

7. 在蛋糕上层裱出与底边相同的花边，再在花边下的空白处做出拉线装饰。

8. 在蛋糕顶面拉出五边形图形，手法与在蛋糕侧面拉线相同。

9. 裁出一片正方形翻糖薄片，对折成三角形，放入花枝。
10. 再次对折成三角形，将两边角向中间翻折。
11. 用刀片切下后面多余部分。如此制作多个花枝，最后固定扎成一朵花（可夹色），搓球做花芯。
12. 根据蛋糕顶面五边形大小再次包一个圆面。
13. 插入花朵，呈球形。
14. 搓小球填补空隙，再用糖霜装饰，最后放在蛋糕顶部五边形内即可。

CHAPTER 5

杏仁膏篇

用杏仁膏进行蛋糕塑形，近几年非常受欢迎。通过捏塑棒等专业工具，再加上细腻的表现手法，将动物、人物、水果等生活中常见的事物用杏仁膏制作出来。以杏仁膏装饰的蛋糕具有展示点突出、塑形立体、造型精致、视觉效果强烈的特点。造型唯美的蛋糕，不仅有着强烈的表现力，更是制作者心血的凝聚。

杏仁膏蛋糕基础

了解杏仁膏

杏仁膏又称杏仁糖膏、杏仁糖、杏仁糖衣，是一种主要由糖和杏仁制成的甜食，可用于烘焙、作糕面装饰或甜品内馅。杏仁膏的特色之一是加入了苦杏仁，其占杏仁总比例的12%。还有的杏仁膏会添加玫瑰香水。杏仁膏和杏仁酱（又称杏仁粉糖衣）十分类似，两者的差别在于所含杏仁成分的比例。杏仁糖衣最少要有 25% 的杏仁成分，少于这个分量的，则称为杏仁粉糖衣，无论是杏仁糖衣或杏仁粉糖衣，都不可以选用杏仁以外的果仁来制作。

德国杏仁膏是以整颗杏仁捣碎、加入糖，再经过部分烘干制成。法国杏仁膏则是以杏仁粉拌入糖浆制成。西班牙杏仁膏原料中没有加入苦杏仁。许多标榜加入杏仁膏的糕饼，实际上是使用成本较低的食材充数，例如黄豆膏或杏仁香精。由于桃仁价格较低，有时也会被用来代替杏仁。

在甜品制作中，杏仁膏普遍用于填充巧克力，或做水果、蔬菜等造型的杏仁饼。有时也会被滚压成薄片，装饰在糖霜蛋糕上，如生日蛋糕、结婚蛋糕和圣诞蛋糕等。这种手法在英国最为流行，尤其是使用于大型水果蛋糕上。杏仁膏也可用于蛋糕内馅的填充，例如德式圣诞蛋糕。在某些国家，杏仁膏会被塑形成动物形状的新年传统糖果。

制作卡通造型的基本技巧

基本比例关系

腿长是身长的一半(也可偏小点)，四肢大都等长，身体(不包括腿)与头的比例是1：1。

面部特征

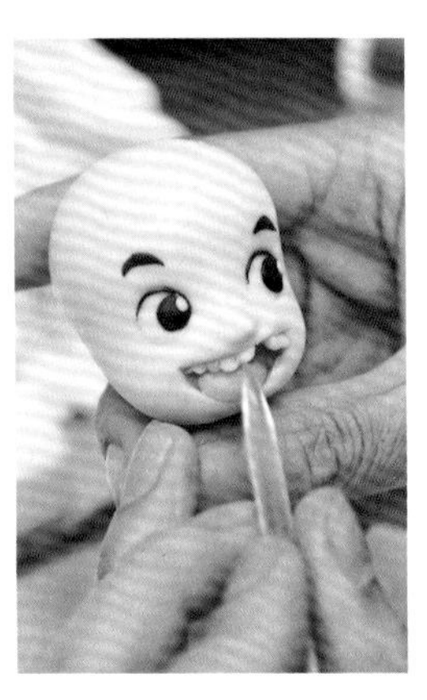

鼻子在面部1/2偏下处，眼睛的底边要在面部中间线上。眉毛与耳朵在一条直线上，脑门要露出1/3来(这一点是许多入门者最容易忽视的比例特征)。

捏身体的技巧

连身做法

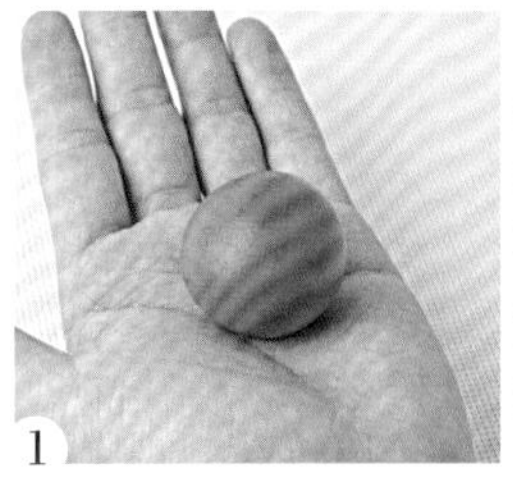

1 搓成直径约3.5厘米大小的圆。用食指在球的1/3位置压下并来回滚动，将头部和身体分开。

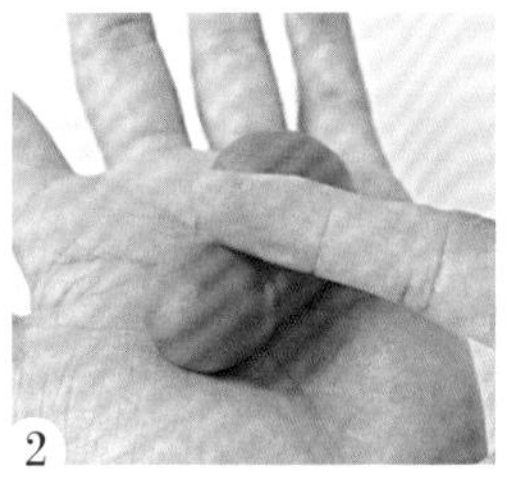

2 用掌根将其修细至光滑。

分身做法

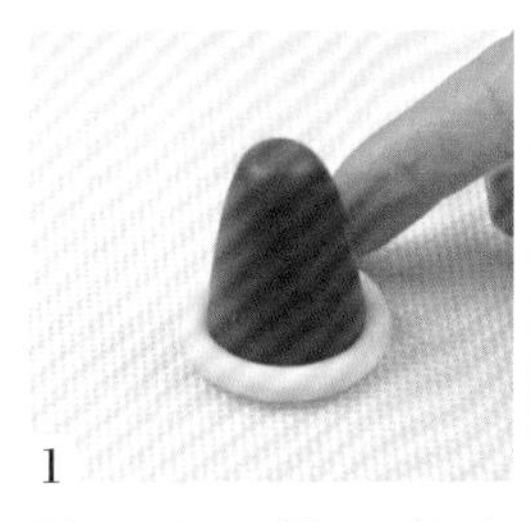

1 搓一个圆锥形的身体，再搓一个与身体差不多长的圆球。

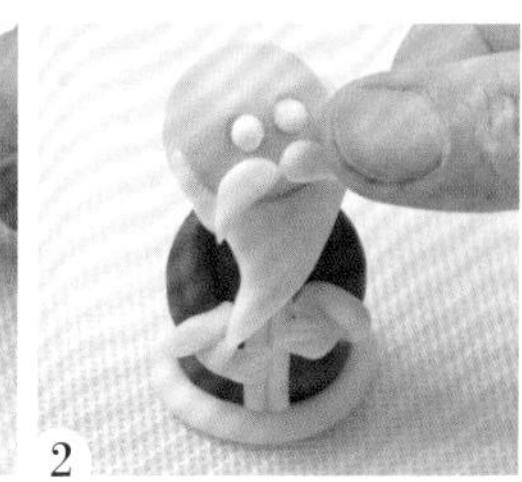

2 把圆锥体与圆球粘牢。

挑眼眶的技巧

挑眼眶时圆形棒是从中心点压下去再向上挑一下，才有眼骨的效果。

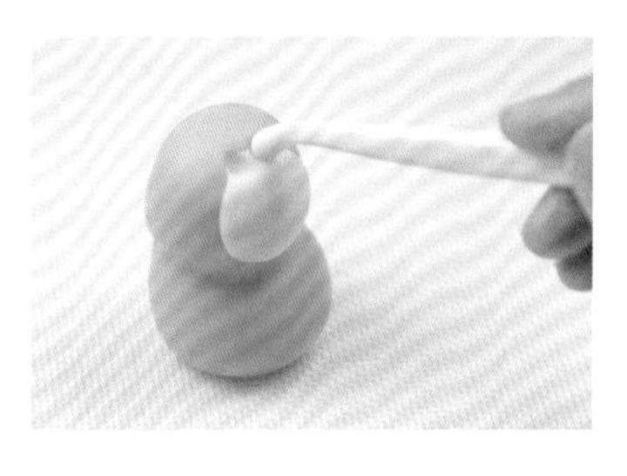

耳朵的安装技巧

将针形棒垂直插入圆球里，先扎个小洞，把做好的耳朵根部放进事先扎好的洞里。

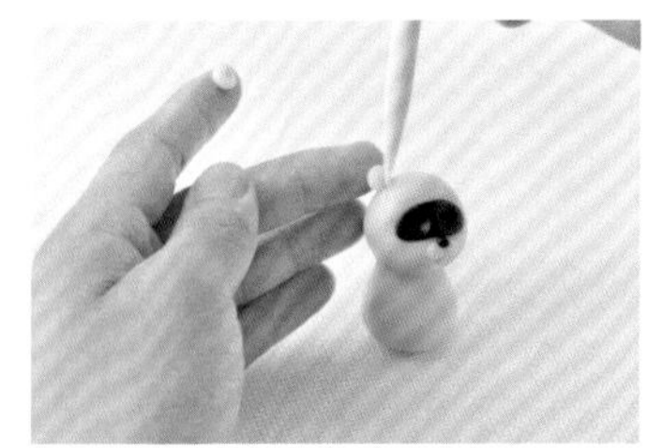

做嘴角线的技巧

用刀形棒从嘴角最末端以开始划弧的方式压出张嘴的效果（如果直线移动刀形棒就会把嘴巴划歪了）。

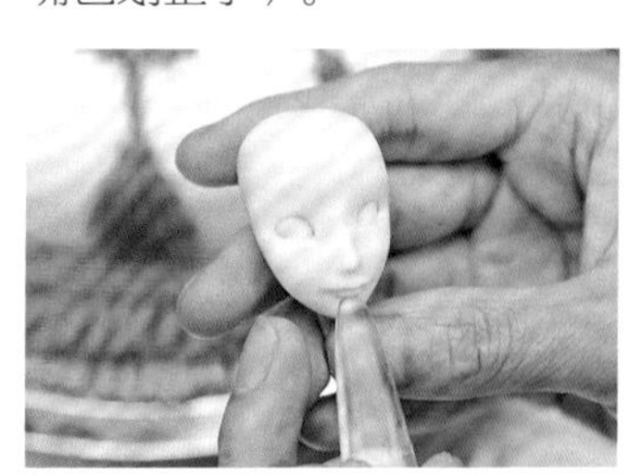

配饰的作用

做好的卡通造型最好能加点配饰，这样搭配起来会更可爱生动。刚入门者从一个球体的卡通形象学起，容易找到感觉。

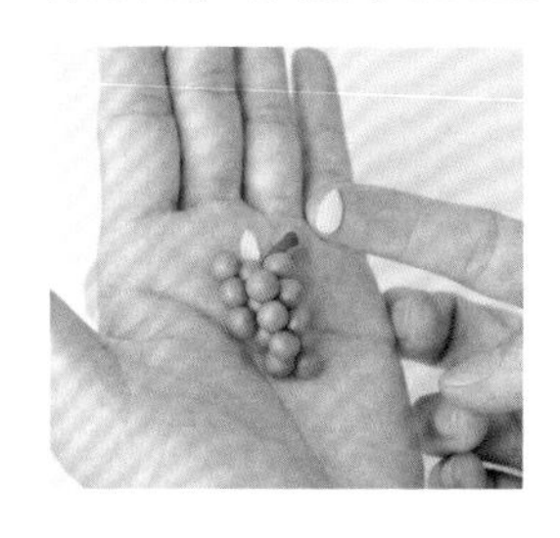

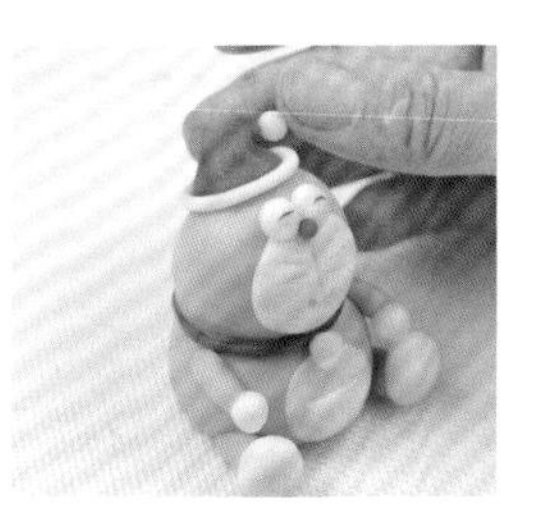

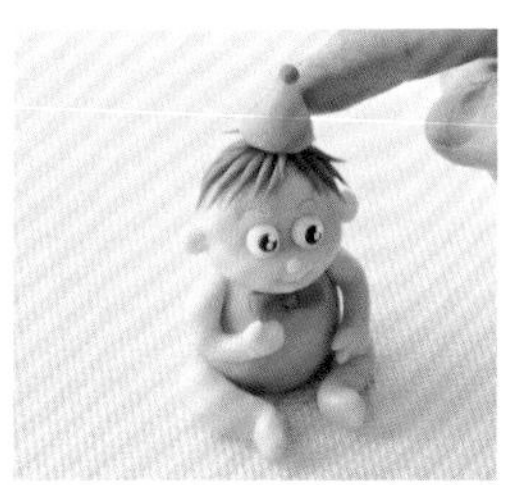

呆呆小浣熊

难易度 Nan Yi Du ★★★

Daidai Xiaohuanxiong

主要工具

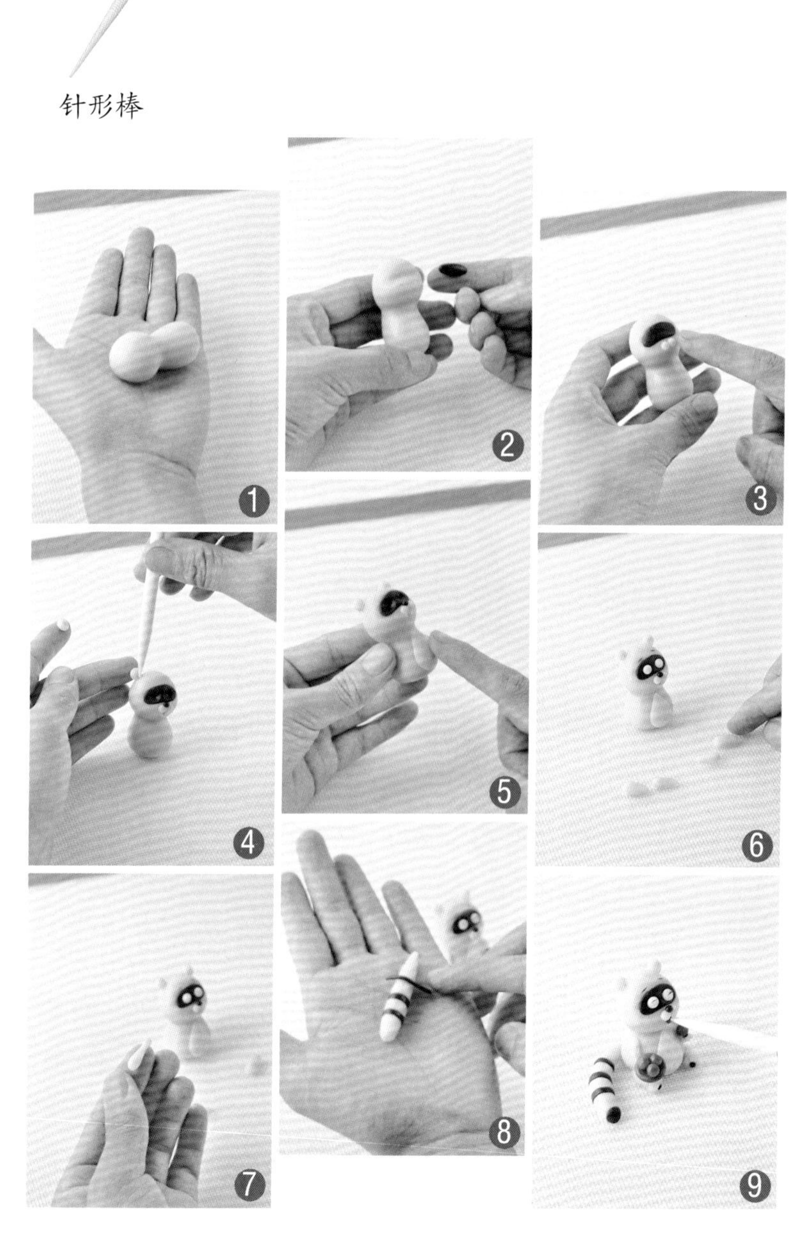

针形棒

制作过程

1. 将圆球揉成葫芦状，一端圆一些作为浣熊的头，一端长一些作为浣熊的身体。
2. 用器具压出浣熊眼圈的凹槽，搓一黑色细条贴在凹槽处，作为浣熊的眼圈。
3. 搓两个蓝色圆球，贴在眼圈下方作为鼻子。
4. 搓两个蓝色圆球，粘在浣熊的头部作为耳朵。
5. 用白色糖皮揉出水滴状，压平后贴在浣熊的肚子上。
6. 用器具压出眼睛的凹槽，将白色的圆球贴在凹槽里。
7. 搓一个小圆柱，作为浣熊的手臂，在一端捏出手的形状，并在手心用黑色糖皮作装饰，腿的做法同理。
8. 搓一个细长的水滴作为浣熊的尾巴，再搓几个黑色的细长条贴在浣熊的尾巴上，将尾巴粘在浣熊的身体后下方。
9. 用红色糖皮揉搓几个球，分别粘在浣熊手上的盘子里和嘴巴处即可。

狐狸与葡萄

Huli Yu Putao

主要工具

刀形棒

制作过程

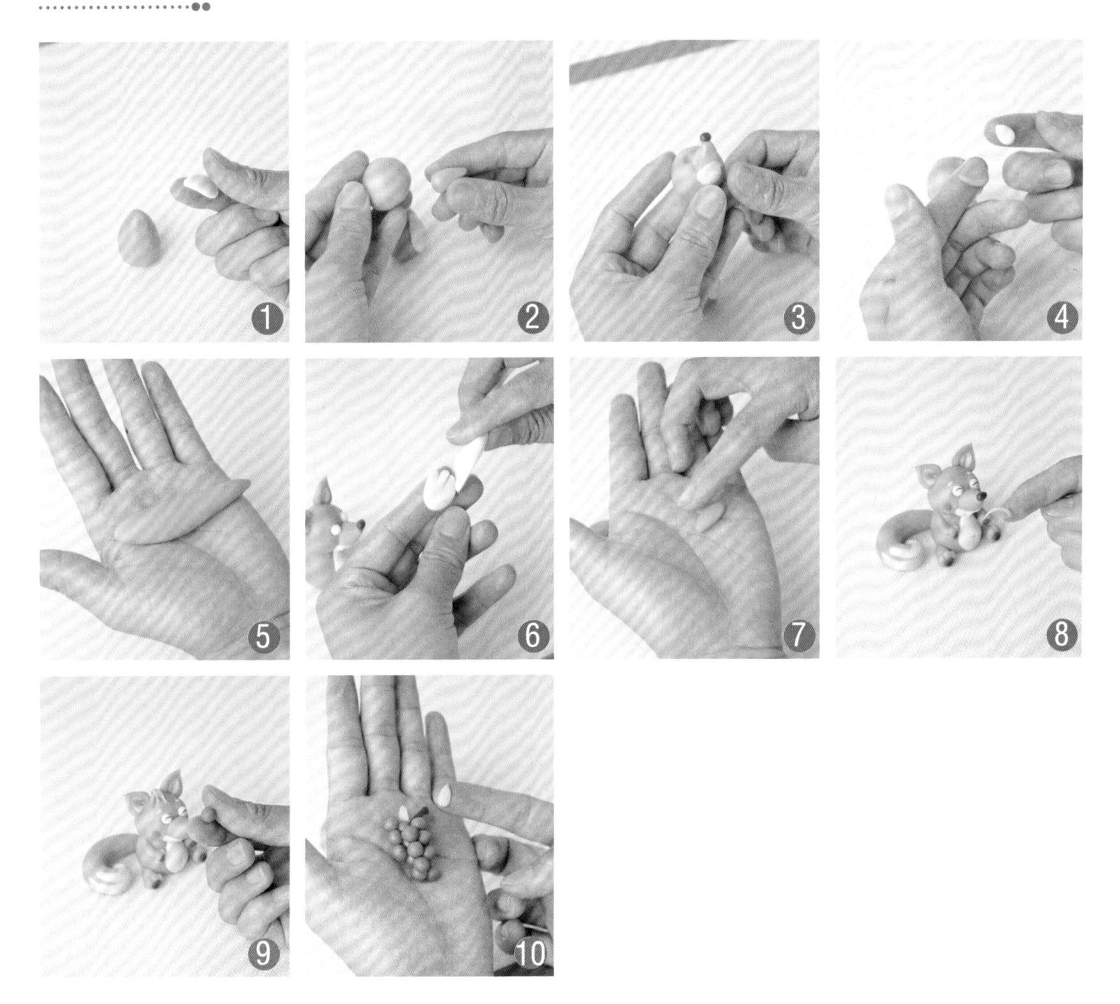

1. 搓一个白色的小水滴后稍稍压扁，贴在黄色的水滴上作为狐狸的肚皮。
2. 搓一个圆球和一个锥形体分别作为狐狸的头和鼻子，在鼻子尖端点缀一个褐色的小球。
3. 用一块白色的杏仁膏皮揉成椭圆球后压扁贴在狐狸鼻子的下方作为嘴巴，并用器具压出嘴巴的纹路。
4. 用器具将耳朵从中心压开，两边稍厚，并将白色的小水滴贴在黄色耳朵中间，压平。
5. 搓一根长条，一端细一端粗，作为狐狸的尾巴。
6. 用一小块白色的杏仁膏皮压成扁平的水滴状，在一端用模具压出几个条形，将其贴在狐狸的尾巴上。
7. 揉搓出两个小锥形，并将粗的一端揉捏出脚的形状，用器具压出脚趾的纹路。揉出4个褐色小球，分别粘于手掌及脚掌。
8. 揉搓出几条细长的黄色长条并将一端粘在一起，贴在狐狸的头顶。
9. 揉若干紫色的圆球，相互粘在一起，作为葡萄。
10. 给葡萄装饰上梗和叶子即可。

可爱圣诞鹿

Keai Shengdanlu

主要工具

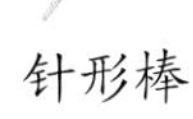

针形棒

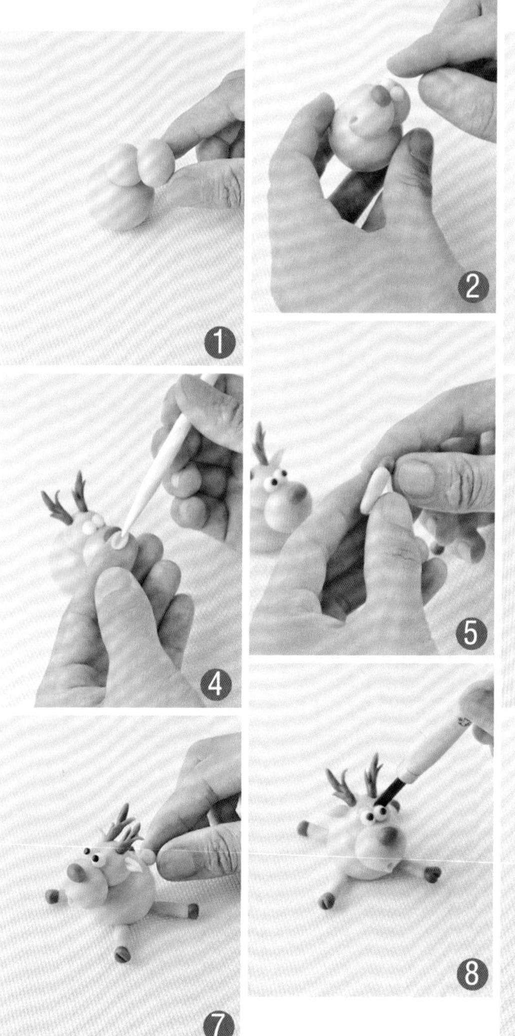

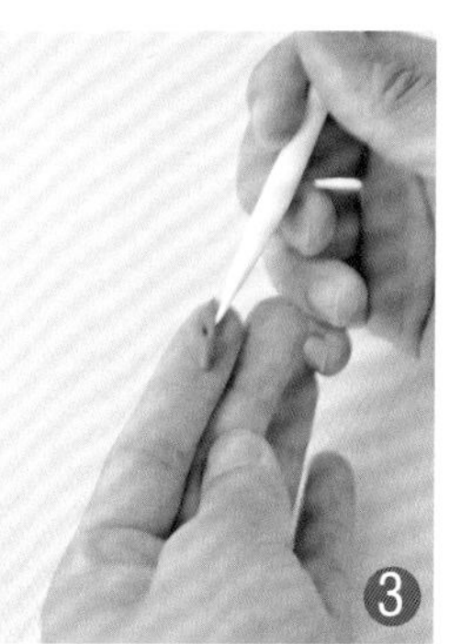

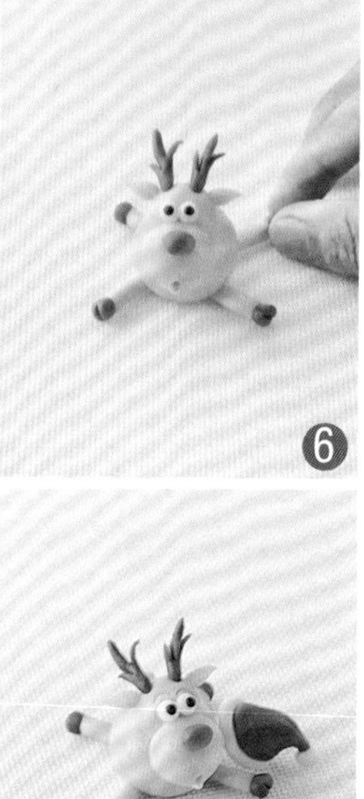

制作过程

1. 将三个球按序粘好。
2. 揉两个白球作为眼睛。
3. 用褐色糖皮搓成细条，并用工具压出鹿角的花纹。
4. 用器具压出树叶的形状作为鹿的耳朵。
5. 揉搓出四个柱状体和四个褐色的圆球，将圆球粘在圆柱上做成腿。
6. 将腿分别粘在鹿的身体四周。
7. 揉一个小圆球作为鹿的尾巴。
8. 用工具压出鹿的眉毛。
9. 再用红色糖皮揉成锥形做一顶圣诞帽。

主要工具

刀形棒　　豆形棒

勤劳的圣诞老人

制作过程

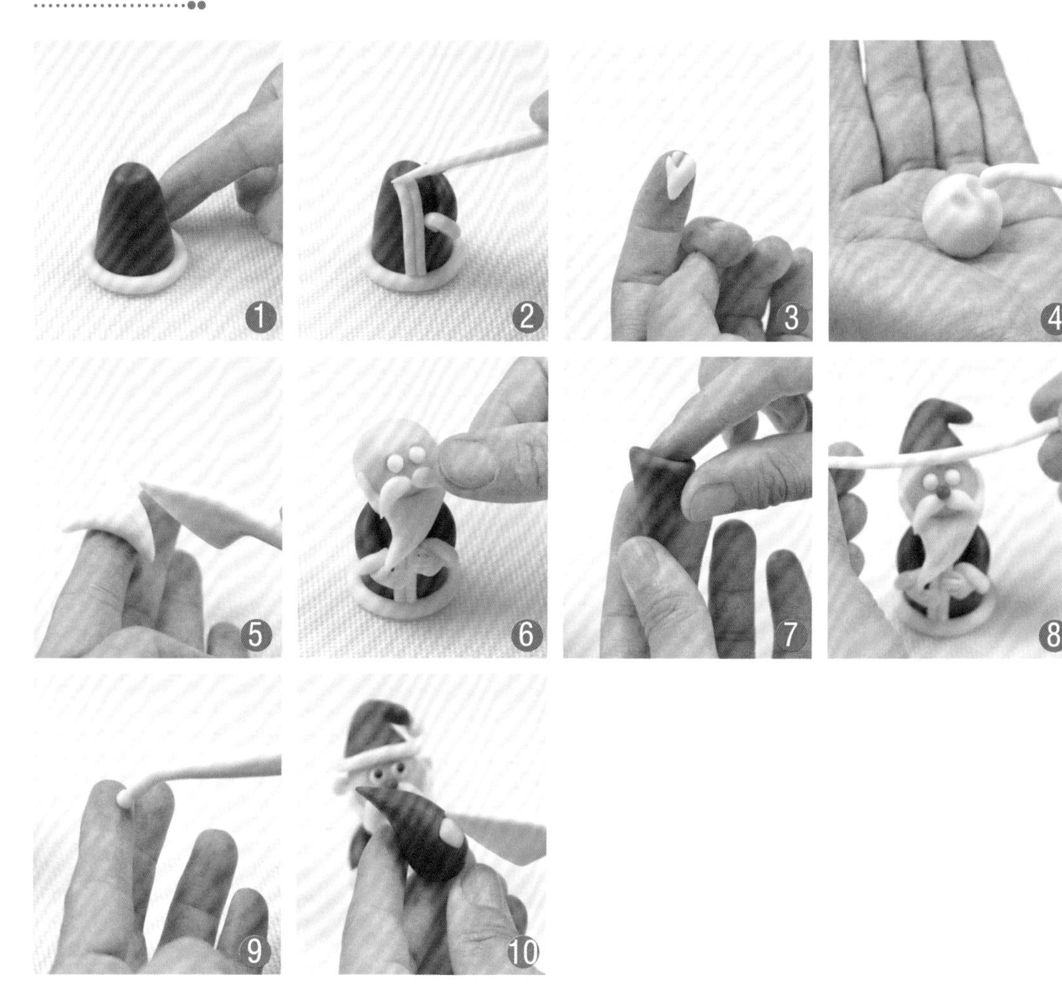

1. 揉一条白色长条围在圆柱体下端，袖子的制作同理。

2. 搓两条白色细长条贴在衣服上。

3. 用肉色的糖皮压成扁平的水滴，并用器具压出手指的纹路。

4. 揉一个圆球，并压出圣诞老人眼的凹槽。

5. 捏出一个三角形作为胡子，稍加修饰使其有弧度。

6. 将圆球眼睛和水滴状的胡子及三角形胡须贴到圣诞老人的脸上。

7. 揉一个圆锥体作为帽子，将底端向内压一点，以便贴合在圣诞老人头上。

8. 搓一白色长条绕在帽子底端。

9. 揉两个圆球并用器具压出耳朵的形状。

10. 在红色的水滴状布袋上加上白色的补丁。

微笑机器猫

Weixiao Jiqimao

刀形棒　　豆形棒

制作过程

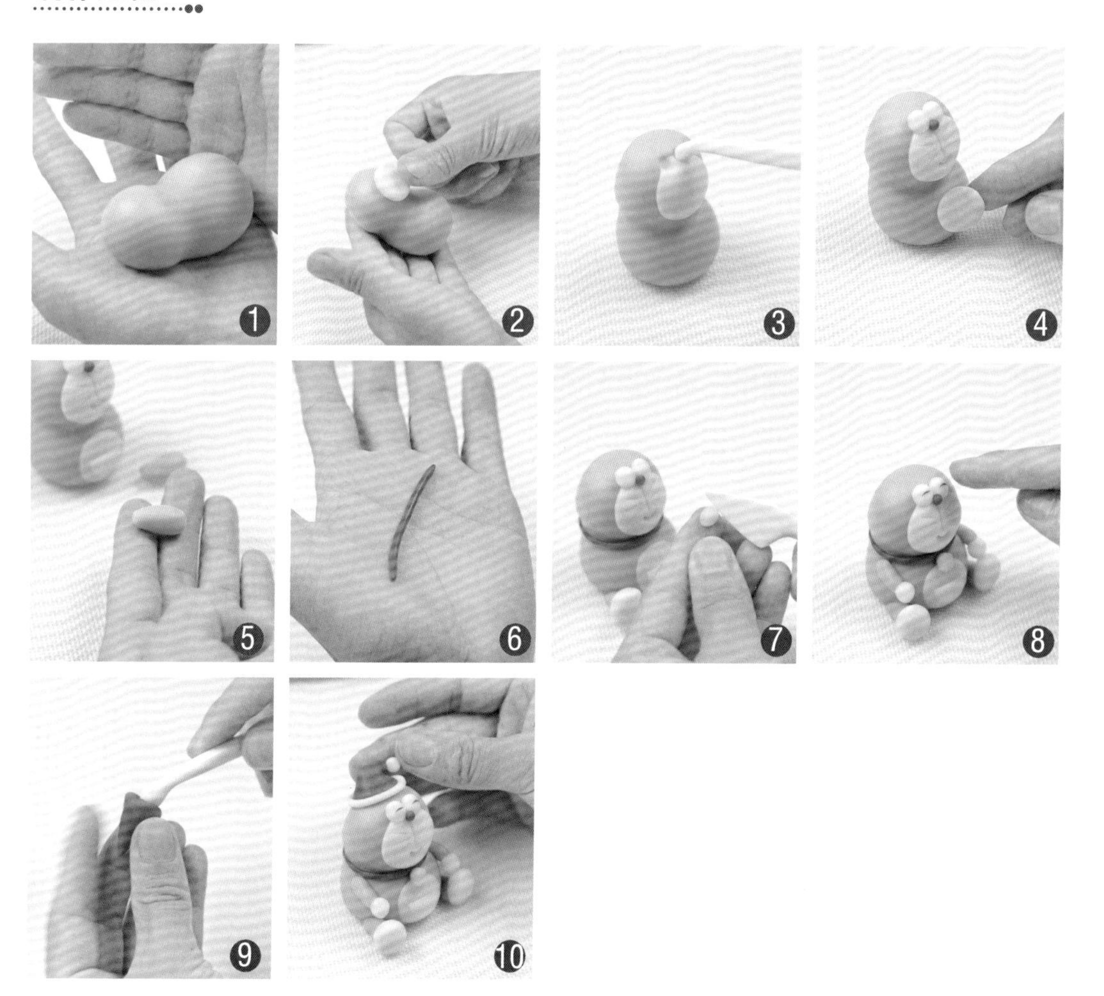

1. 将圆球揉捏成葫芦状，小的一端是机器猫的脸。
2. 用白色的杏仁膏皮压出一个小圆面，贴在小球上。
3. 用豆形棒压出机器猫的眼睛轮廓，将两个白色圆球粘于凹陷处。并于眼睛下方粘一个小红球作为鼻子，用塑刀刻出胡须及嘴巴。
4. 做一个小的圆形糖皮贴在大圆球上作为机器猫的口袋。
5. 用蓝色杏仁膏皮揉捏出两个水滴形状，作为机器猫的脚，再用白色的杏仁膏皮揉出机器猫的脚掌，将其粘在机器猫身体的下方。
6. 搓一根细长的红色杏仁膏带，围在机器猫的脖子处，作为挂铃铛的红绳。
7. 搓一个黄色的小圆球，并用刀形棒在中间压出一个缺口，制成机器猫的铃铛。
8. 用黑色杏仁膏皮做出月牙状的眼睛，轻贴在机器猫的白色眼球上。
9. 用红色杏仁膏皮揉搓出一个锥形，在底端用豆形棒压出一个凹槽，使帽子更逼真。
10. 将帽子尖端弯曲，并用白色的杏仁膏皮搓成细条，作为帽子的边缘，在帽子尖端点缀一个白色圆球。

小男孩

Xiaonanhai

主要工具

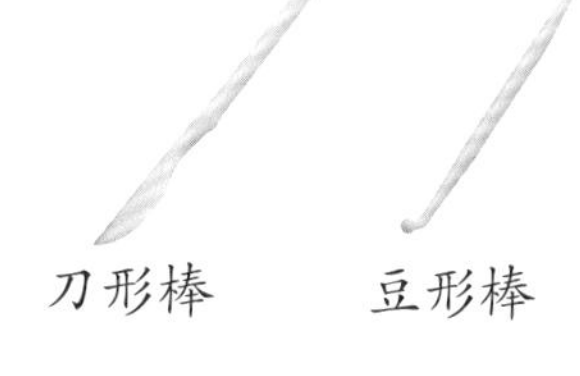

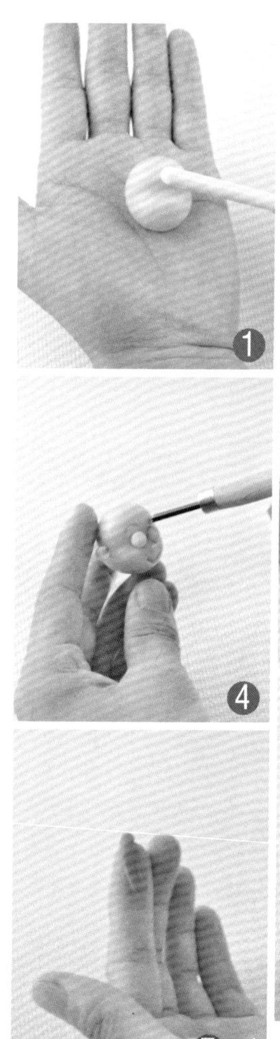

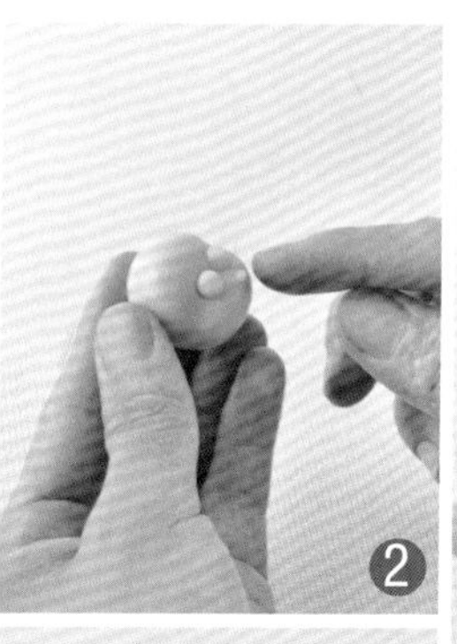

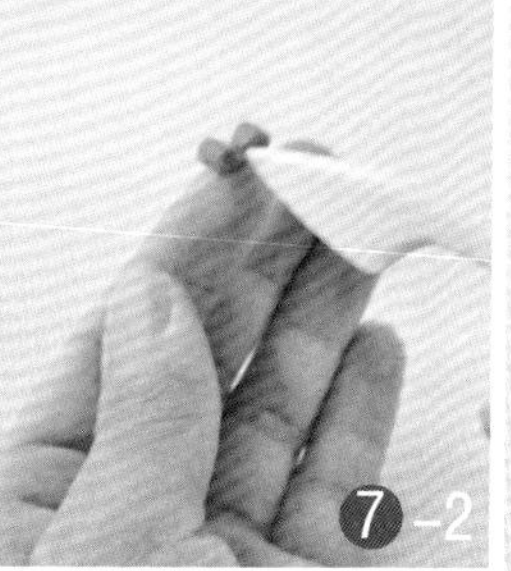

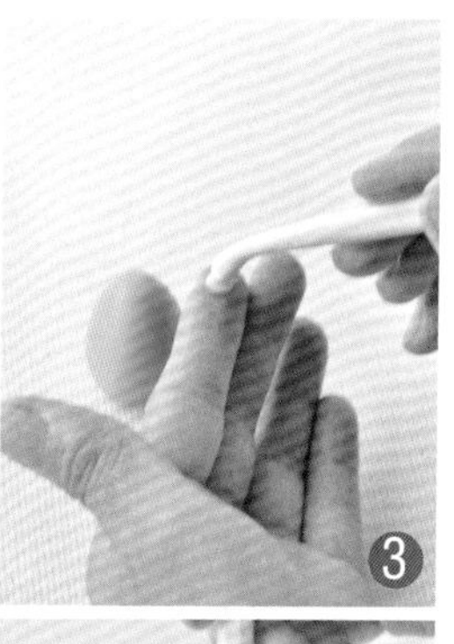

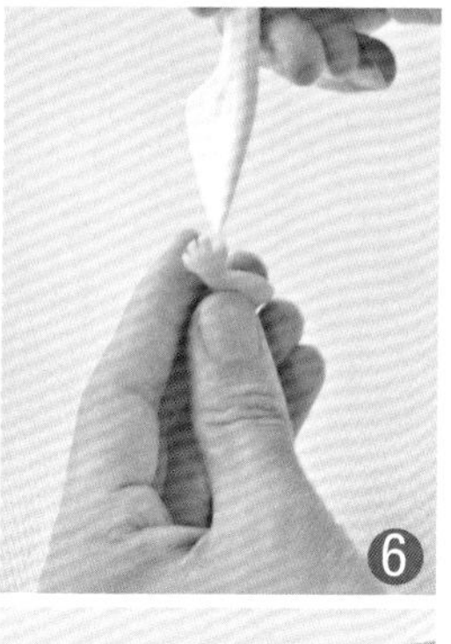

制作过程

1. 搓一个圆球作为小孩的头，用器具压出小孩的眼睛凹槽。
2. 搓两个白色的小圆球作为小男孩的眼睛，搓一个肉色小球作为鼻子。
3. 揉两个圆球并用豆形棒压出耳朵的形状。
4. 用工具画出小孩的眉毛和嘴巴。
5. 将几块小的褐色杏仁膏皮搓成细条状，贴在小孩的头上作为头发。
6. 搓一个小圆柱，作为小男孩的手臂，在一端捏出手的形状。用刀形棒压出手指的纹路。
7. 搓一个红色的长条，压平折叠做成蝴蝶结的形状。
8. 搓一个橘黄色的椎体作为小男孩的帽子。将各部位组装完成即可。

一对小孩

难易度 Nan Yi Du ★★★

Yidui Xiaohai

主要工具

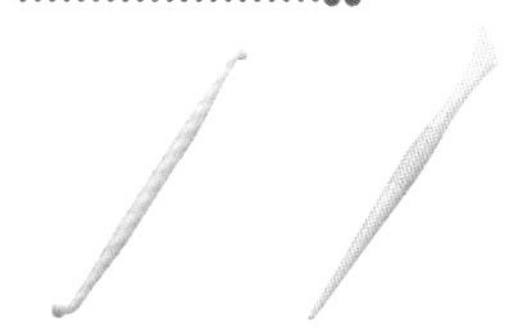

豆形棒　　针形棒

制作过程

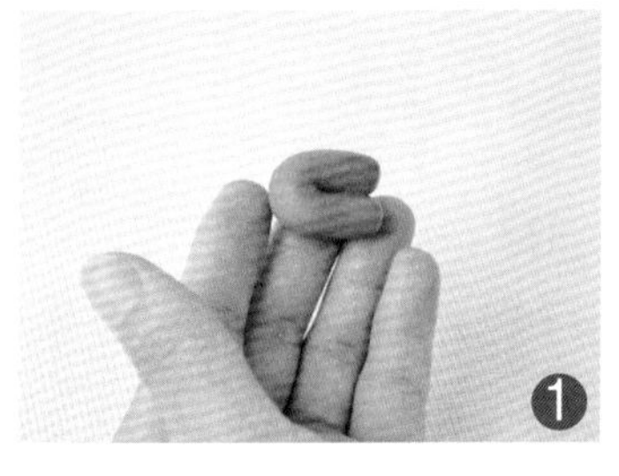

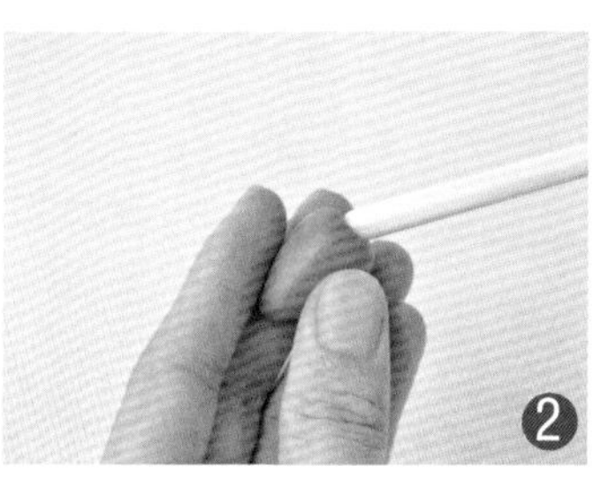

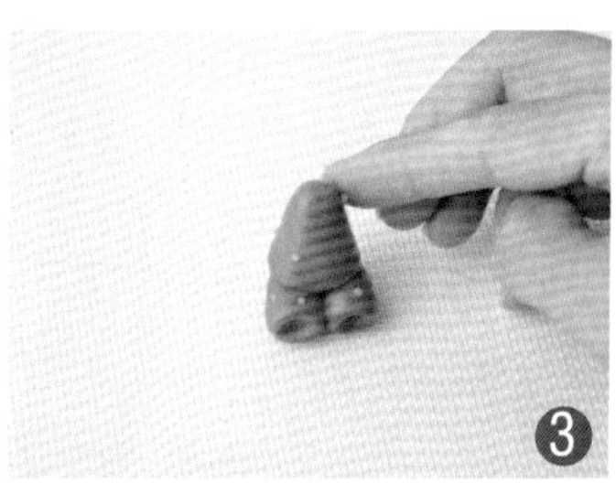

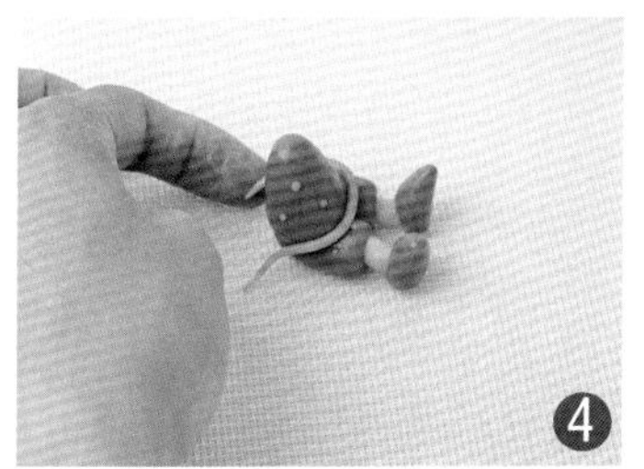

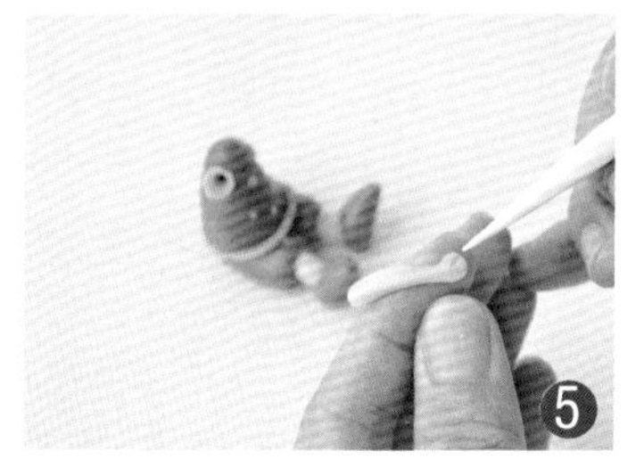

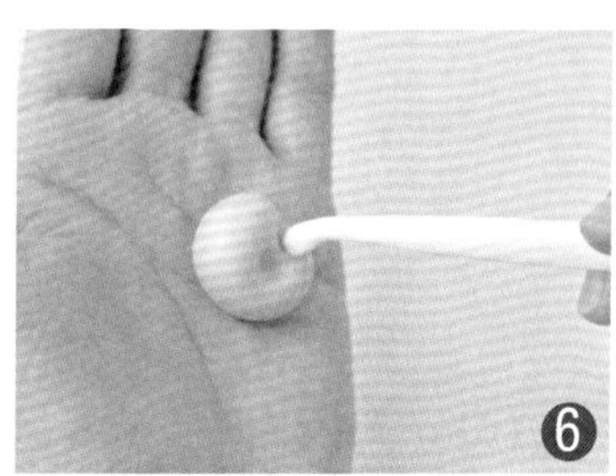

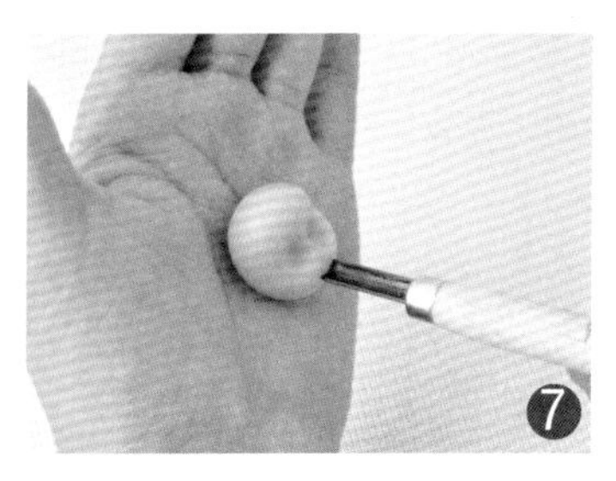

1. 搓一个长条并弯曲成裤子形状。

2. 搓一个锥形体，将粗端压出凹槽，作为小孩身体。

3. 在红色身体上添加一些黄色的点点作为装饰。

4. 在锥体粗端用工具压凹进去作为袖口。在衣服底端绕一圈绿色的丝带。用肉色的糖皮揉成细条状，捏出腿的形状，并用红色糖皮做出鞋子。

5. 将肉色的糖皮揉成细条状，捏出手的形状，并用器具压出手指的纹路。

6. 搓一个圆球作为小孩的头，用器具压出小孩的眼睛凹槽。

7. 用工具画出小孩的眉毛和嘴巴。

8. 用白色及黑色杏仁膏小球做出小孩的眼睛。用几块小的褐色杏仁膏皮搓成细条状，将一端粘合，贴在小孩的头上作为头发。做出帽子，另一个小孩同法完成即可。

主要工具

刀形棒　　豆形棒

幼狮

Youshi

制作过程

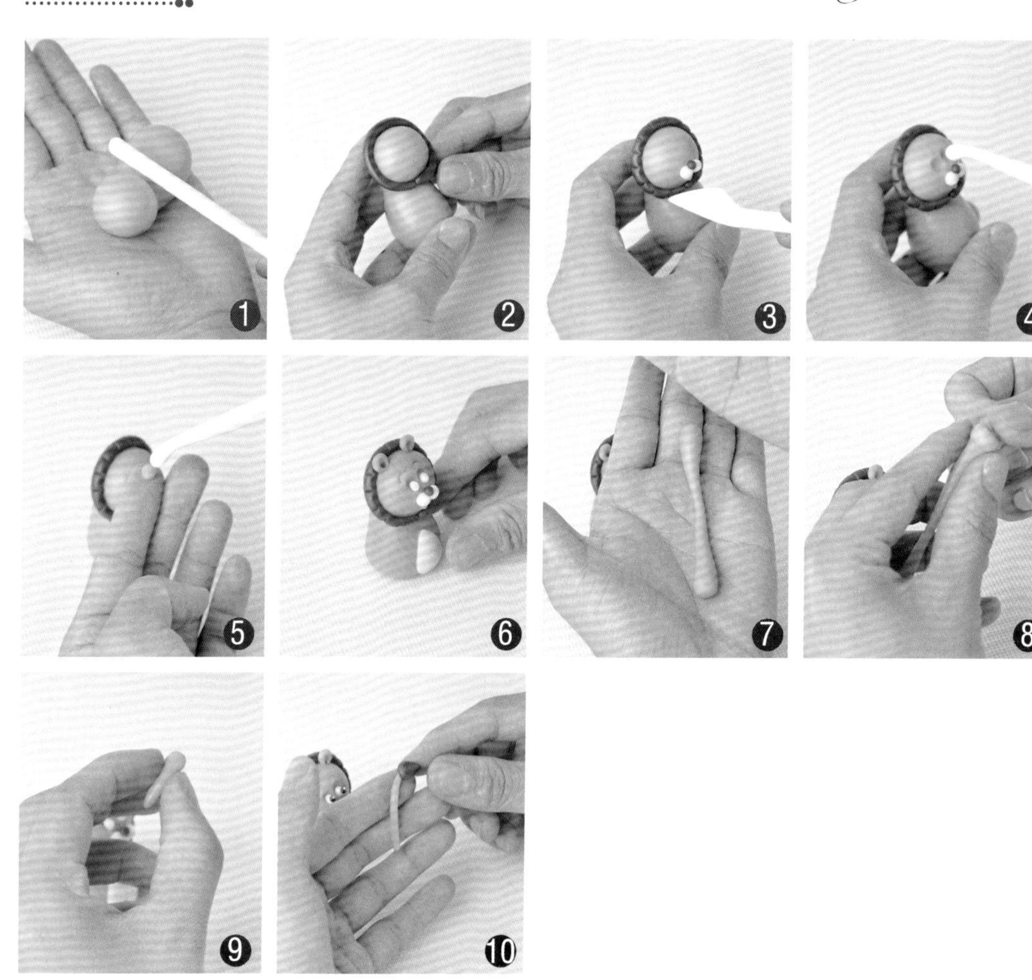

1. 将圆球揉成葫芦状，一端圆一些作为狮子的头，一端长一些作为狮子的身体。
2. 将褐色的细条围在狮子的头上。
3. 用刀形棒在褐色的圈上压出花纹。
4. 用豆形棒压出狮子眼睛的凹槽，搓一白色圆球贴在凹槽处作为狮子的眼睛。
5. 搓两个黄色的小圆球，将中间压凹进去，作为狮子的耳朵。
6. 用白色糖皮压成扁平的水滴状，贴在狮子的肚子上作为肚皮。
7. 将圆球揉成细条状，两边粗中间细。
8. 将粗的两端揉捏出狮子脚掌的形状。
9. 揉两个小水滴，粗端捏出手掌的形状。
10. 揉一条细长条，粘上一块灰色的糖皮，作为狮子的尾巴。将各部位组合到一起即可。

醉卧大象

Zuiwo Daxiang

主要工具

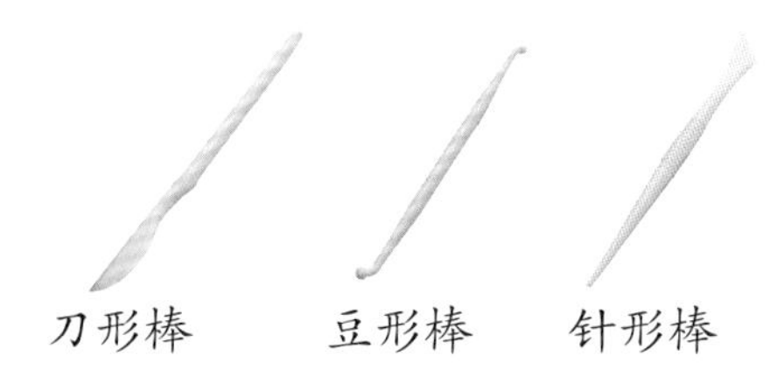

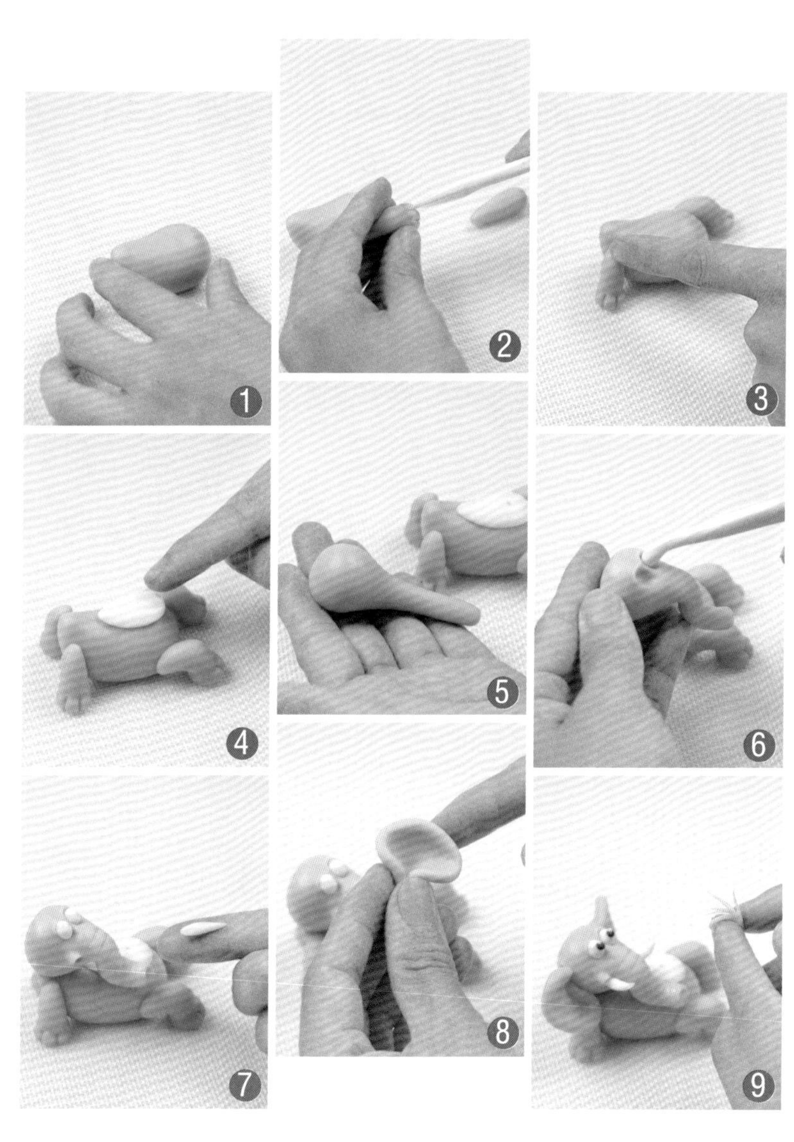

制作过程

1. 将圆球揉捏成水滴状，并将尖头处稍微弯曲，作为象身子。
2. 捏两个细长的小水滴作为小象的腿，用刀形棒切出小象的脚趾。
3. 将小象的腿分别粘到身体的两侧。
4. 用白色的杏仁膏皮做一个白色的扁平水滴，作为小象的肚皮。
5. 捏一个水滴状圆球，将尖头拉长并弯曲，揉捏成小象的鼻子。
6. 用豆形棒挤压出小象的眼窝及鼻孔。
7. 在小象的鼻子两侧用针形棒挑出两个洞，将搓揉好的象牙粘在洞上。
8. 搓两个小圆球，由中心压扁，将一端捏出褶皱，制成小象的耳朵。
9. 用几块小的杏仁膏皮搓成细条状，将一端粘合，贴在小象的头上作为毛发。

熊猫爱竹

Xiongmao Aizhu

主要工具

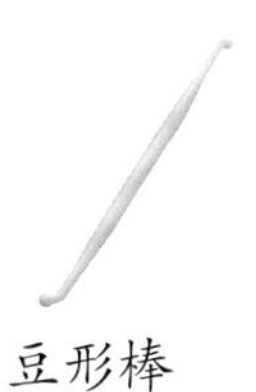

豆形棒

制作过程

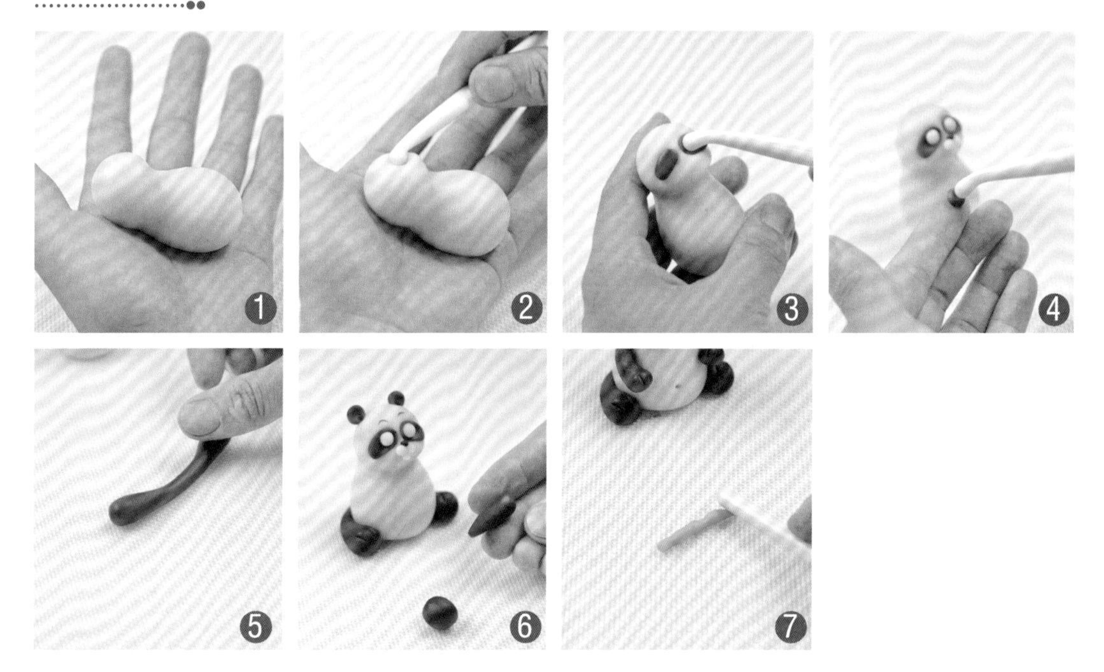

1. 将圆球揉成葫芦状，一端小一些作为熊猫的头，一端大一些作为熊猫的身体。

2. 用豆形棒压出熊猫眼睛的凹槽。

3. 搓两个紫色的椭圆糖皮贴在凹槽处作为熊猫的眼圈。

4. 揉两个白色小圆球放至眼圈上做出眼睛。揉两个圆球并用豆形棒压出耳朵的形状。

5. 将柱状体揉搓成中间细两边粗的条形，做成熊猫的腿。

6. 搓两个水滴形状，作为熊猫的手臂，在水滴状的粗端捏出手掌的形状。

7. 搓一条绿色的长条，用模具压出竹子的竹节并粘上竹叶修饰。将各部分组装完成即可。

鳄鱼兄弟

Eyu Xiongdi

难易度 Nan Yi Du ★★★★★

制作过程

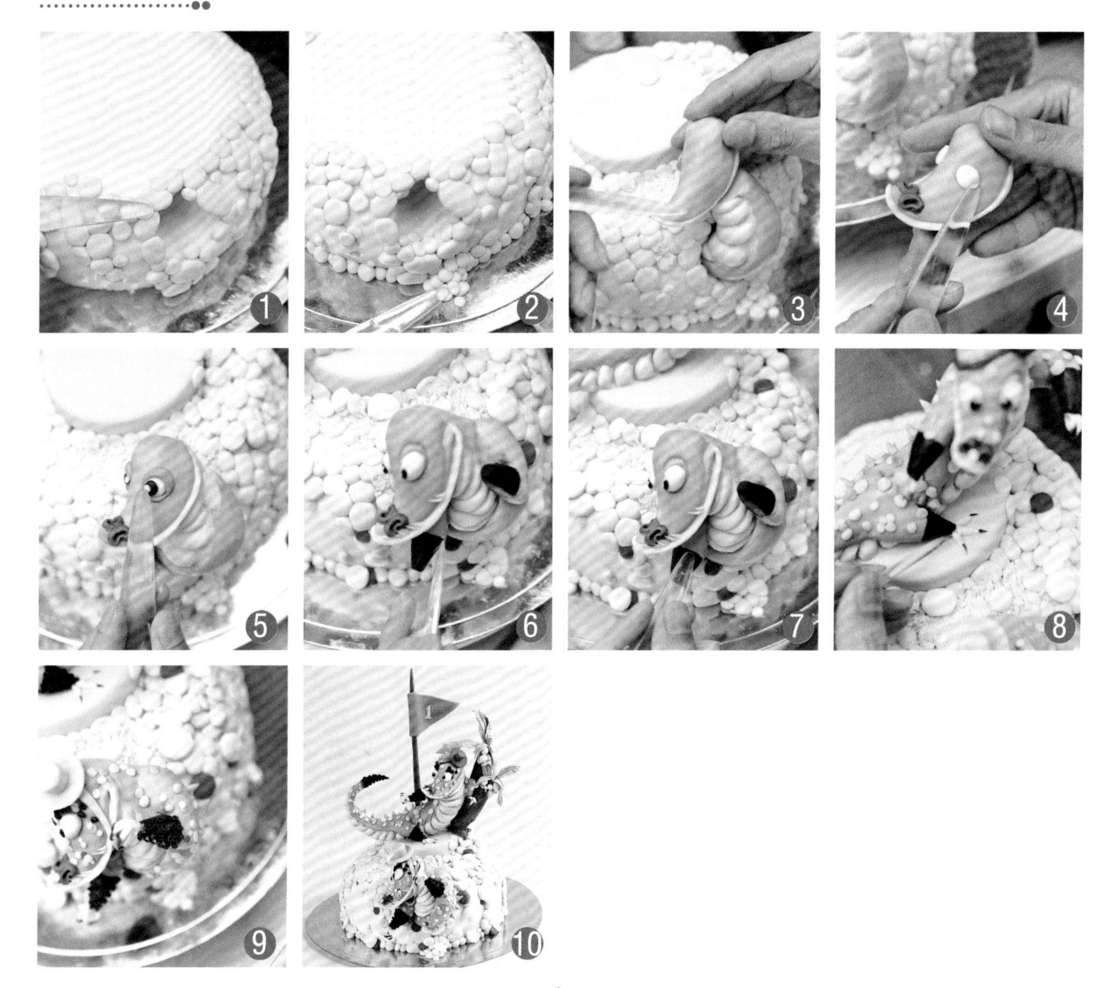

1. 将烤好的重油蛋糕先修成圆形，在蛋糕上打个空洞，再抹上奶油霜，包上白色杏仁膏；取调好的淡蓝色杏仁膏，揉成大大小小的圆形，贴到蛋糕上，用主刀压紧。
2. 将调好的淡蓝色杏仁膏揉成圆形，贴到空洞的周边，用主刀压紧周围。
3. 取调好的绿色杏仁膏揉成半圆形，做成鳄鱼的头部，再用白色杏仁膏捏出鳄鱼下巴，把头部贴到下巴上，用开眼刀塑出鳄鱼的嘴角线。
4. 将调好的咖啡色杏仁膏揉成圆球状，用针形棒塑出鳄鱼的鼻洞；取调好的白色杏仁膏揉圆贴到眼眶内，用主刀从上往下压平白眼球。
5. 将头部安装到鳄鱼的身体上；取调好的黑色杏仁膏揉成小圆点，贴到眼白上，用主刀压平。
6. 取调好的绿色跟黑色杏仁膏揉到一起，做出鳄鱼的手臂，贴到脖子下方位置，用主刀组装手臂。依法做出另一只鳄鱼。
7. 用主刀塑出鳄鱼手臂上的纹路。
8. 取调好的淡绿色杏仁膏捏成小条，用针形棒塑出鳄鱼爪子上的纹理。
9. 取调好的黄色、红色杏仁膏，捏出两顶帽子，分别组装到两只鳄鱼头部上。
10. 组装后的成品。

海盗奇兵

Haidao Qibing

制作过程

1. 将烤好的重油蛋糕先修成圆形，再抹上奶油霜，包上白色杏仁膏；取调好的咖啡色杏仁膏捏成车轮形，用红色杏仁膏绕着外围包一圈，要包两层；用咖啡色杏仁膏揉出4条相同长的条，晾干；再取咖啡色杏仁膏捏出8个小圆球，把小圆球贴到长条上，做出舵的形状。
2. 把做好的舵组装到作品上，再取一小块黄色杏仁膏揉成小圆点，贴到舵的中心点，用开眼刀定型。
3. 取烤好的重油蛋糕修成船体形状，包上咖啡色杏仁膏，安装到作品上，用主刀做出船体细节。
4. 取调好的咖啡色杏仁膏揉成半圆形，安装到船体的左下方，用开眼刀开出章鱼的双眼；取一小点白色杏仁膏揉圆，做出章鱼的眼白，再取三分之一的黑色杏仁膏揉圆贴到眼白上，做成黑眼球。
5. 取调好的咖啡色杏仁膏揉成长条，弯出“S”形状，再取一小块白色杏仁膏，揉圆贴到章鱼脚上，用针形棒定出吸盘上的中心点。
6. 取调好的黄色杏仁膏揉圆，做出人物头部，安装到身体上，用捏塑刀开出人物嘴巴。
7. 取调好的咖啡色杏仁膏揉成水滴状，安装到小孩头上，用开眼刀塑出头发形状。
8. 做出海盗的头、身体、帽子、衣服。再取调好的白色、黑色杏仁膏揉到一起，揉成长条形状，做出海盗的手臂。
9. 取调好的咖啡色杏仁膏揉成长条，晾干后用美工刀切出小短条，组装到船体上，用白色杏仁膏做出护栏上的细节。
10. 组装后的成品。

蘑菇乐园
Mogu Leyuan
难易度
Nan Yi Du

制作过程

1. 将烤好的重油蛋糕修成圆形，抹上奶油霜，包上白色杏仁膏；把烤好的另一个重油蛋糕修成树桩形状，抹上奶油霜，包上黄色杏仁膏，用开眼刀塑出树桩上的年轮。
2. 用主刀塑出树桩上的表面纹路。
3. 取调好的黄色杏仁膏揉成长条，晾干，用美工刀切出长10厘米、短2厘米数条长度不等的条，组装到一起，搭出楼层。
4. 把做好的楼梯安装到空楼上。
5. 把做好的黄色杏仁膏条用主刀组装到大门上。
6. 取调好的肉色杏仁膏揉成圆形，做出女孩的脸；将黄色杏仁膏揉成长条，贴到女孩头上，用开眼刀做出头发大型。
7. 修出女孩头部大型。
8. 用调好的肉色杏仁膏捏出女孩下半身，把做好的头部安装到身体上，再用开眼刀塑出头发大型。
9. 用滚刀塑出女孩发丝。做出其他几个女孩及蘑菇、花盆造型。
10. 组装后的成品。

瓶水相逢

难易度 Nan Yi Du ★★★★★

Pingshui Xiangfeng

制作过程

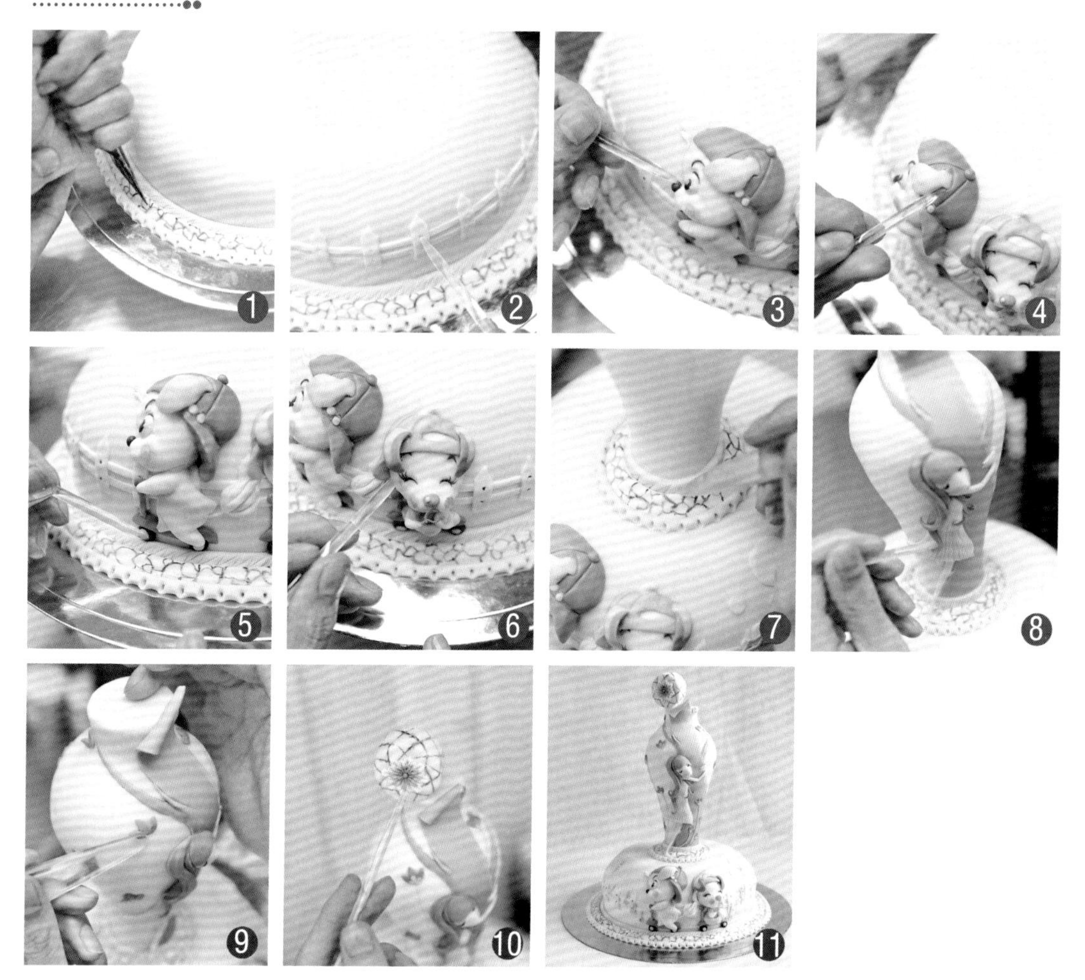

1. 将烤好的重油蛋糕修成圆形，再抹上奶油霜，包上白色杏仁膏，用咖啡色巧克力在杏仁膏周边勾出花边。
2. 用滚刀点出护杆上的中心点。
3. 取调好的黑色杏仁膏揉成小圆球，贴到卡通仔的鼻子上，用滚刀点出作品的鼻子形状。
4. 取调好的一小块白色杏仁膏、一小块蓝色杏仁膏，将其揉到一起，做出卡通仔的耳朵，再用滚刀压平缝隙，塑出纹理。
5. 取调好的一小块白色杏仁膏、一小块黑色杏仁膏，揉圆贴到一起，做出小滑板车的车轮。
6. 用调好的黑色杏仁膏揉成小长条，贴出卡通仔的睫毛。
7. 用开眼刀压出花瓶下的纹理。
8. 用滚刀开出小女孩的裙子线条。
9. 取调好的红色杏仁膏捏出水滴形状，贴到花瓶上，用主刀压平，塑出花瓣形状。
10. 取调好的蓝色杏仁膏捏成水滴形状，贴到花边上，用滚刀压出纹理，组装到花瓶上。
11. 组装后的成品。

青苹果乐园

Qingpingguo Leyuan

制作过程

1. 将烤好的重油蛋糕修成圆形，抹上奶油霜，包上桃红色杏仁膏；再取绿色杏仁膏揉成长条，贴到蛋糕上，然后压出花纹。
2. 取烤好的重油蛋糕修成苹果形状，包上绿色杏仁膏，压平，注意苹果上不要有裂缝。
3. 取调好的肉色杏仁膏揉圆，用大拇指压出眼眶、鼻子的形状。
4. 取调好的蓝色杏仁膏贴到小孩头上，做出头发的大型，用开眼刀塑出头发纹理。
5. 取一块红色杏仁膏和一块黑色杏仁膏，做出手风琴，再用白色杏仁膏揉成小圆点，贴到手风琴上，做出按键。
6. 取一块桃红色杏仁膏和一块白色杏仁膏贴到一起，做出小孩的耳朵，再用滚刀压出纹理，定型。
7. 用一块调好的咖啡色杏仁膏做出小孩的头发，用开眼刀压出头发纹理线条。
8. 用毛笔把食用银粉刷到话筒上。
9. 把调好的黄色杏仁膏揉成两条10厘米长条及数根短条，晾干后组装到一起。
10. 取调好的绿色杏仁膏揉圆，再用滚刀压出苹果的上下窝。
11. 组装后的成品。

唐老鸭的故事

Tanglaoya de Gushi

难易度
Nan Yi Du

制作过程

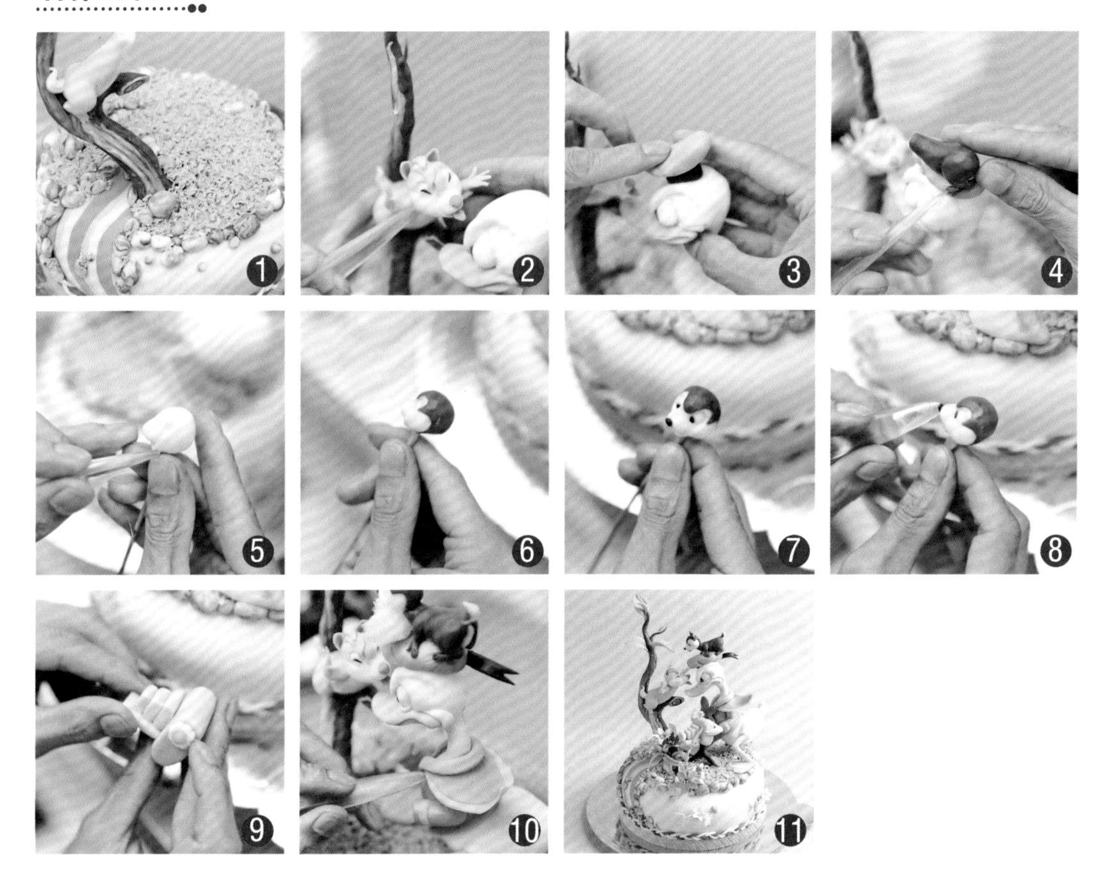

1. 将烤好的重油蛋糕先修成圆形，再抹上奶油霜，包上白色杏仁膏；取调好的绿色杏仁膏揉成长条，贴到包好的蛋糕底部，压出纹理；取白色、蓝色杏仁膏，揉到一起做出小溪；取绿色杏仁膏做出上层的草地；取咖啡色、白色杏仁膏揉到一起，做出树枝；取黄色、白色杏仁膏揉到一起，做出小松鼠下半部身体。
2. 取黄色杏仁膏揉成长条，用剪刀剪出小松鼠的爪子，用开眼刀定出小松鼠的手臂，安装到小松鼠身体上。
3. 取调好的蓝色杏仁膏揉成长条，做出唐老鸭的帽子。
4. 取调好的咖啡色、白色杏仁膏揉到一起，做出另一只小松鼠的身体和脚，做好后安装到唐老鸭的帽子上面。
5. 取调好的白色杏仁膏揉成半圆形，用主刀塑出小松鼠的头部大型。
6. 取调好的咖啡色杏仁膏，捏成三角形，贴到小松鼠头部上半面。
7. 取调好的白色杏仁膏揉成小圆形，贴到小松鼠的眼眶内，再取一小块黑色杏仁膏，揉成小圆形，贴到白眼球上。
8. 取调好的黑色杏仁膏揉成小圆，贴到小松鼠的鼻子上，用主刀定型。
9. 取调好的紫色杏仁膏揉成长条，用切刀切出小方块，等小方块晾干后，组装到一起制成相机。安装到唐老鸭的手上。
10. 取蓝色杏仁膏做出衣服，用开眼刀塑出衣服上的纹理细节。
11. 组装后的成品。

天使爱美丽

Tianshi Ai Meili

难易度
Nan Yi Du

制作过程

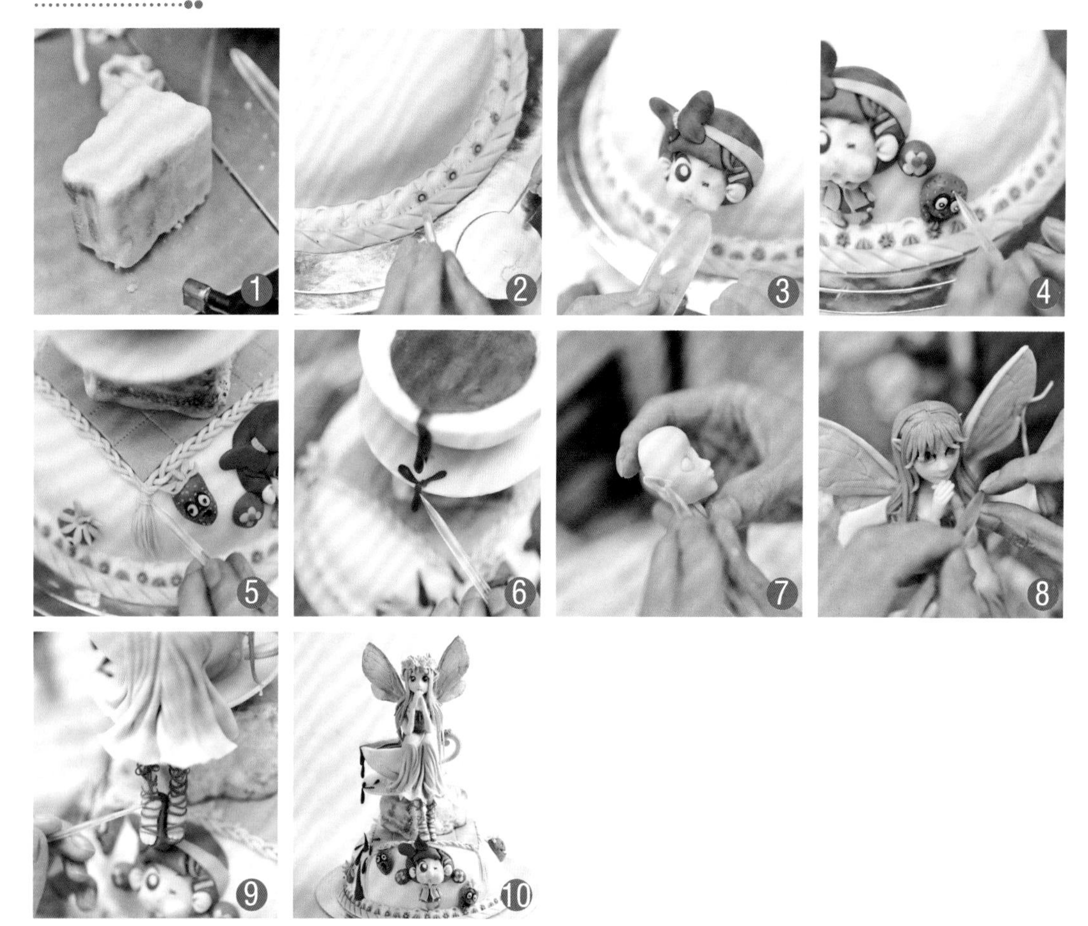

1. 将烤好的重油蛋糕修成方形，抹上奶油霜，包上白色杏仁膏，晾干后用火枪烧成金黄色，作为底座。
2. 将烤好的重油蛋糕修成圆形，抹上奶油霜，包上白色杏仁膏；取调好的黄色、桃红色杏仁膏揉成长条，贴到包好的蛋糕底层，再用针形棒塑出花纹；取紫色杏仁膏揉成小圆球，贴到黄色花纹上。
3. 取调好的肉色杏仁膏，揉圆贴到蛋糕上面，用主刀塑出小女孩头部；取调好的咖啡色杏仁膏做成小女孩头发；再取调好的红色、蓝色杏仁膏做出小女孩发夹。
4. 取调好的红色杏仁膏揉成半圆形，贴到蛋糕上，用针形棒塑出双眼跟嘴巴；用黑色、白色杏仁膏贴出眼睛；用调好的黄色杏仁膏捏成小圆点，贴到草莓上，用滚刀定型。
5. 取调好的绿色杏仁膏揉成长条，贴到蛋糕上。
6. 取调好的咖啡色杏仁膏揉成半圆贴到咖啡杯里，再取少许的咖啡色杏仁膏揉出水滴状，贴到咖啡杯边上。
7. 取调好的肉色杏仁膏做出女孩的头部，再取少许的肉色杏仁膏揉圆，做出耳朵。
8. 把做好的头部安装到身体上；取咖啡色杏仁膏捏成长条，做出女孩头发。
9. 将调好的咖啡色杏仁膏擀成片，用美工刀切成小条，贴到女孩脚上安装好。
10. 组装后的成品。

甜蜜乐园

Tianmi Leyuan

制作过程

1. 将烤好的重油蛋糕先修成圆形，再抹上奶油霜，包上白色杏仁膏；用调好的蓝色杏仁膏做出小女孩的帽子；用调好的肉色杏仁膏做出小孩的手、脸、脚，注意在贴的时候不要有裂缝；再用黄色杏仁膏做出蛋糕底层的花纹。

2. 取调好的桃红色杏仁膏贴到杯子蛋糕底层，用开眼刀压出下方纹理。

3. 取调好的肉色杏仁膏揉成圆形，用开眼刀开出小孩眼睛，呈半圆形，用咖啡色杏仁膏揉成长条，贴出小孩眼皮、眉毛。

4. 取调好的黑色杏仁膏揉成水滴状，贴出小孩的头发，用开眼刀开出头发的纹理。

5. 把做好的两个小孩组装到杯子杏仁膏上，注意组装时要有空间感。

6. 用调好的黄色杏仁膏做出花瓣的形状，贴到杯子杏仁膏上，压平、组装。

7. 用调好的红色杏仁膏捏出草莓大型。

8. 取黄色杏仁膏捏出五角星形状，组装到小孩手上。

9. 组装后的成品。

小兔子的城堡

Xiaotuzi de Chengbao

难易度 Nan Yi Du ★★★★

制作过程

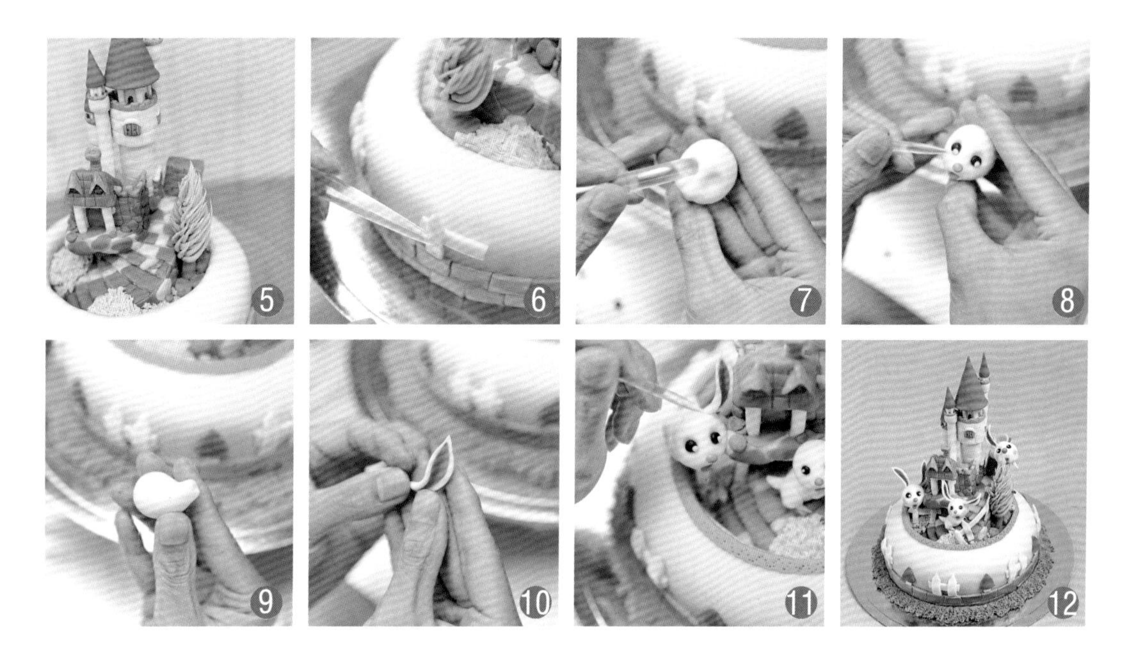

1. 将烤好的重油蛋糕先修成圆形，再抹上奶油霜，包上白色杏仁膏；将烤好的重油蛋糕修成楼台形状，上下层包上咖啡色、黑色、白色的杏仁膏，用主刀塑出楼梯的裂缝。

2. 将烤好的重油蛋糕修成圆柱形，包上白色杏仁膏，用开眼刀塑出城堡大型；将烤好的重油蛋糕修成圆锥形，包上调好的红色杏仁膏压平，作为城堡的房顶。

3. 取调好的黄色杏仁膏揉成长条，捏出城堡围墙，呈高低形，层次分明。

4. 取调好的绿色杏仁膏揉成水滴状，晾干。将调好的咖啡色杏仁膏揉成大长条作为树干，把晾干后的绿色杏仁膏组装到树干上。注意造型要同一个方向。

5. 把做好的树安装到作品的右下侧，再用绿色杏仁膏做出草地；将调好的黄色杏仁膏揉成半圆形，作为石头贴到作品上。

6. 取调好的白色杏仁膏捏成长条，用美工刀切出护杆，形状像箭头，用主刀组装到作品上。

7. 取调好的白色杏仁膏揉成圆形，用球刀定出小兔子的双眼。

8. 取调好的白色杏仁膏揉成小圆形，作为小兔子的眼白，再取黑色杏仁膏揉圆作为小兔子的黑眼球；将调好的桃红色杏仁膏揉成半圆，贴到小兔子鼻子上，用同样的方法贴出小兔子的嘴巴。

9. 取调好的白色杏仁膏揉成半圆，上小下大，作为小兔子的身体。

10. 取调好的白色杏仁膏捏成荷花花瓣形状，取三分之二的桃红色杏仁膏捏成荷花花瓣状，两种花瓣形状贴到一起，做出小兔子耳朵。

11. 把做好的耳朵组装到小兔子的头上，用滚刀定型。

12. 组装后的成品。

许愿树

Xuyuanshu

制作过程

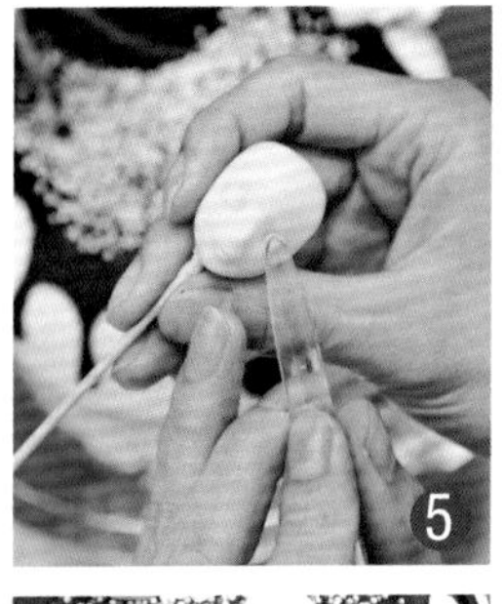

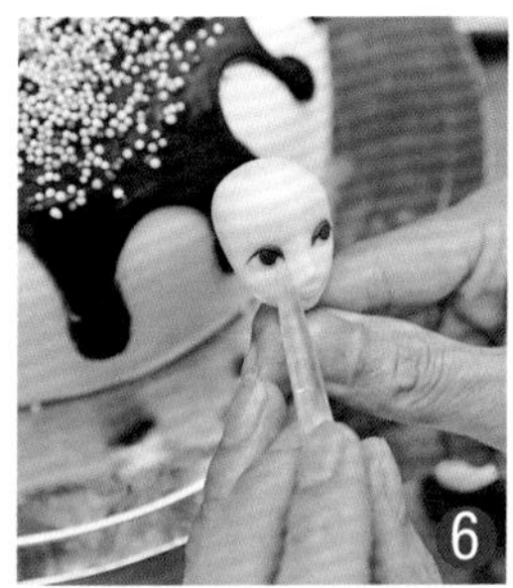

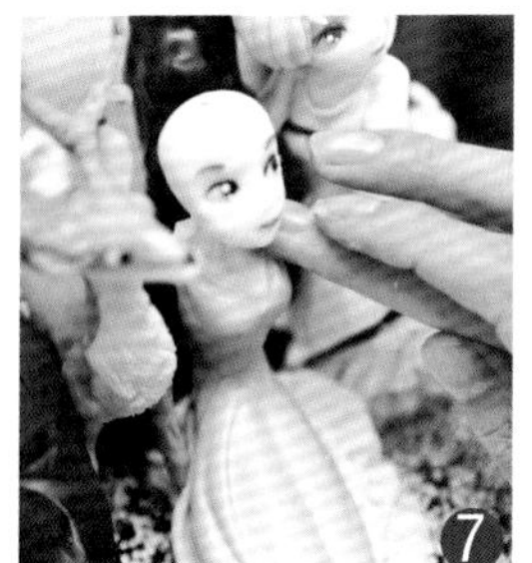

1. 将烤好的重油蛋糕先修成圆形，再抹上奶油霜，包上白色杏仁膏；取调好的咖啡色杏仁膏擀成长条，用美工刀修出围墙的形状，贴到蛋糕上面，用主刀塑出“S”形状，用开眼刀从下到上塑出树的形状，把树贴到围墙旁边。
2. 分别取调好的红、绿、白、黄色杏仁膏，揉成小圆球，贴到蛋糕上，用主刀定型。
3. 组合好的许愿树。
4. 取调好的咖啡色、白色杏仁膏揉到一起，做出鹿的身体形状，再做出鹿的四只脚，组装到墙边；再取咖啡色、白色杏仁膏揉到一起，做出鹿的头部、耳朵、角，晾干后组装到鹿的身体上。
5. 取调好的肉色杏仁膏揉成圆形，用主刀塑出女孩的头部大型，再用开眼刀塑出女孩的眼眶。
6. 取调好的白色杏仁膏捏成小圆球，贴到女孩的眼眶内做出眼白，再用同样的方法做出黑眼球贴到眼白上；用调好的黑色杏仁膏揉成小长条，贴出睫毛，用捏塑刀定眼睛形状。
7. 取调好的紫色杏仁膏揉成长条，做出女孩的下半身，用主刀塑出女孩衣服，把做好的女孩头部组装到身体上。
8. 取调好的肉色杏仁膏揉成长条，用剪刀剪出五个手指，用主刀塑出手的形状，晾干后贴到手臂上。
9. 取调好的紫色杏仁膏揉成长条，贴到蛋糕底部，用主刀从内到外塑出花纹；再取调好的黄色杏仁膏揉成长条，贴到紫色花纹外围，用开眼刀塑出花纹。
10. 组装后的成品。

书香门第

Shuxiang Mendi

Tips:

1.注意正确把握捏塑手法，图形跟理论相结合自行发挥。

2.在捏作品时，如作品有变形，注意及时修正过来。

制作过程

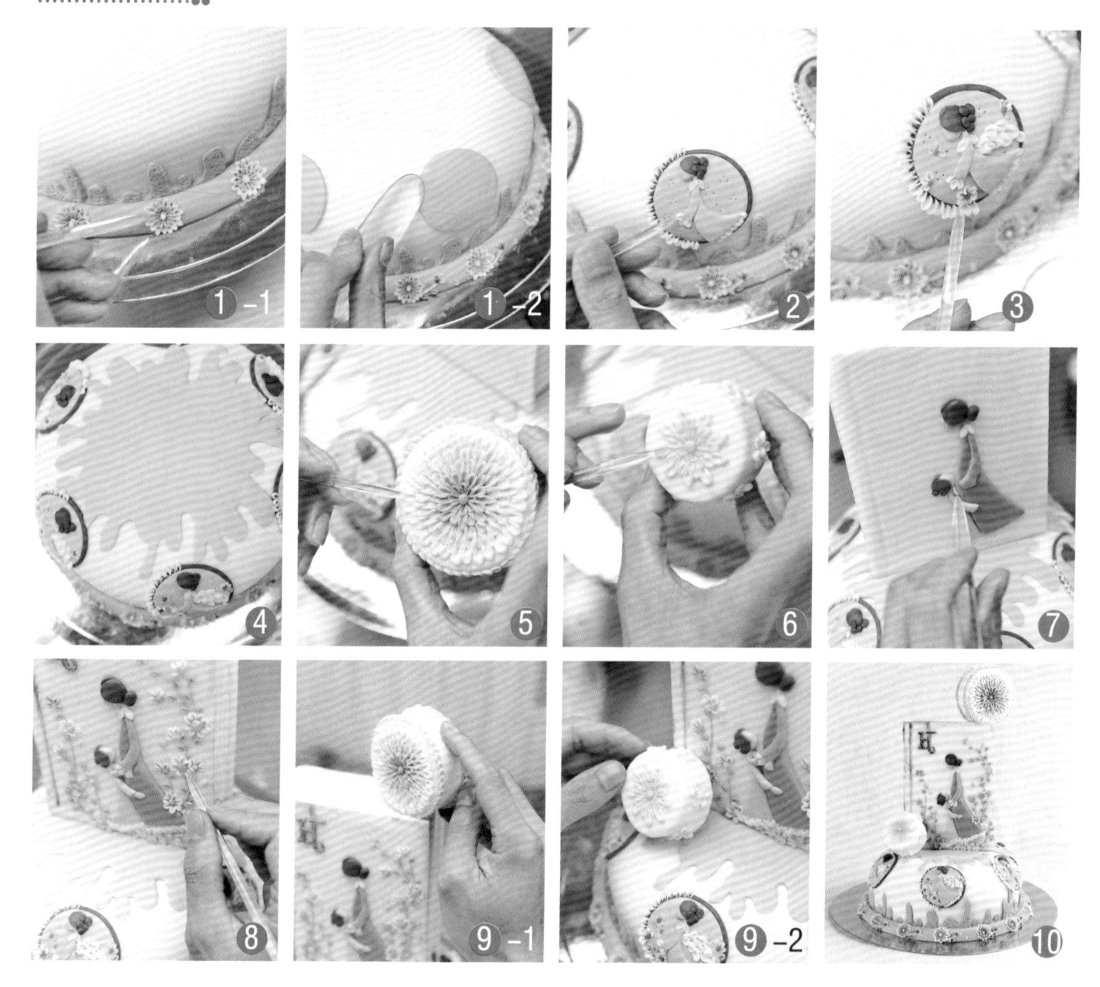

1. 先将烤好的重油蛋糕修成圆形，再抹上奶油霜，包上白色杏仁膏；取调好的桃红色杏仁膏揉成长条，贴到蛋糕上，用主刀从上往下压平，做出圆形和底层小花。

2. 把做好的小女孩贴到桃红色杏仁膏上，取白色杏仁膏揉成小雨滴状，贴到小女孩手上压紧，用同样的方法做出其他几个，形成鲜明对比。

3. 取调好的白色杏仁膏揉成小水滴状，贴出小女孩的翅膀，从后往前贴，用针形棒压紧，再用同样方法贴出小花朵。

4. 取调好的桃红色杏仁膏擀成片形，用美工刀修出花纹形的造型，贴到蛋糕上。

5. 用包好的白色杏仁膏做出花纹；取调好的蓝色杏仁膏揉成小圆球状，从内往外贴出花瓣，用针形棒定型。

6. 取调好的黄色杏仁膏揉成小圆球状，从内往外贴出花瓣，用针形棒定型。

7. 取已经用杏仁膏包好的书，安装到蛋糕上；取调好的肉色杏仁膏做出女孩的脸，用褐色杏仁膏做出头发，再用紫色、桃红色杏仁膏做出女孩的下身跟手臂，贴到书上。

8. 用调好的蓝、红、绿色杏仁膏做出树枝、树叶、花瓣，用针形棒定型。

9. 把做好的花成品组装到书上。

10. 组装后的成品。

新婚快乐

Xinhun Kuaile

制作过程

1. 将烤好的重油蛋糕先修成长方形，再抹上奶油霜，包上白色杏仁膏，用主刀塑出台阶和楼梯上的纹理。
2. 将烤好的重油蛋糕修成两块小方块形状，再抹上奶油霜，包上白色杏仁膏，把包好的两块小方块杏仁膏贴到一起晾干，用四根竹签做凳子腿；将白杏仁膏擀成片，贴到凳子上，再用主刀塑出纹理。
3. 取调好的绿色杏仁膏擀成片，用美工刀修出长条，折成蝴蝶结贴到凳子上，用淡绿色杏仁膏做出小玫瑰贴到蝴蝶结上。
4. 取调好的绿色杏仁膏揉成圆球，晾干，再用桃红色、淡绿色杏仁膏做出小玫瑰，贴到晾干后的绿色杏仁膏圆球上。
5. 取调好的白色杏仁膏揉成长条，晾干，组装到一起做出场景，将做好的小玫瑰组装到场景上。
6. 用开眼刀塑出花幔上端的纹理。
7. 取调好的桃红色杏仁膏揉成小长条，折成蝴蝶结形状，贴到花幔上端线条上，再贴上桃红色、淡绿色小玫瑰。
8. 取调好的肉色杏仁膏揉成圆形，做出新郎头部，用白色杏仁膏捏成小长条，贴到嘴巴上，用滚刀做出新郎牙齿。做出新郎身体、新娘及其他装饰造型。
9. 婚礼场景局部1。
10. 婚礼场景局部2。
11. 婚礼场景局部3。

蜜月旅行

Miyue Lvxing

制作过程

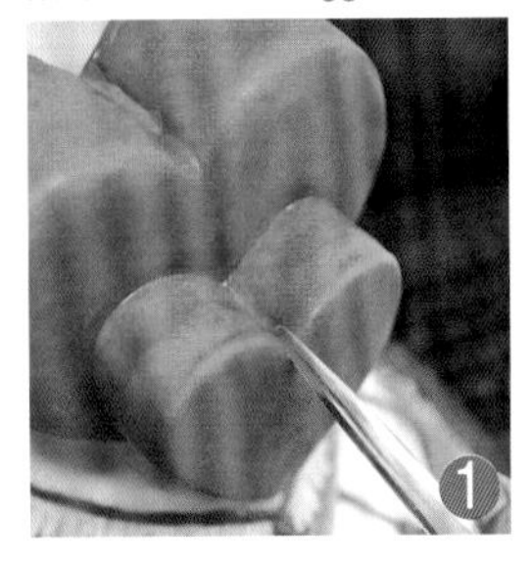

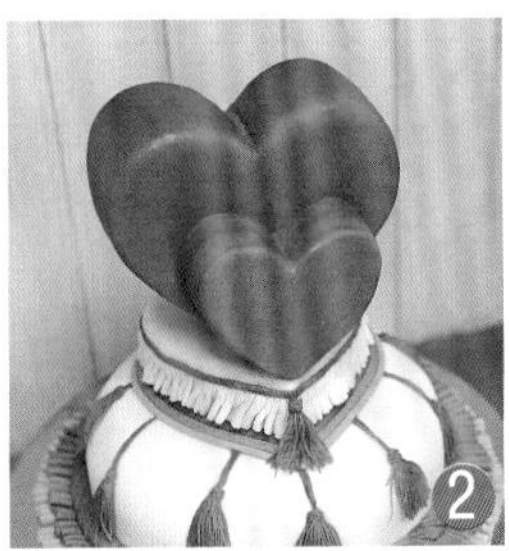

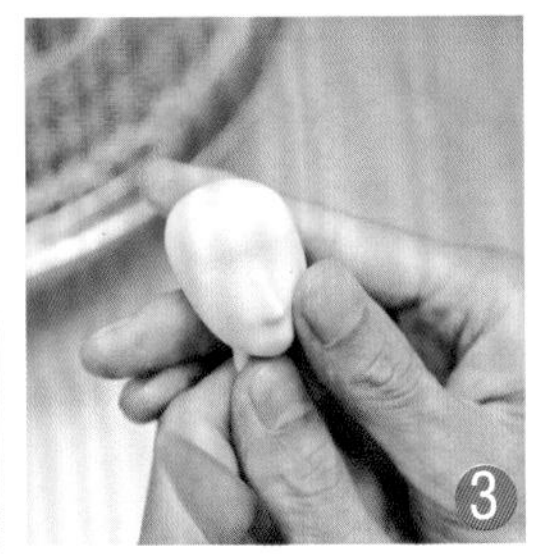

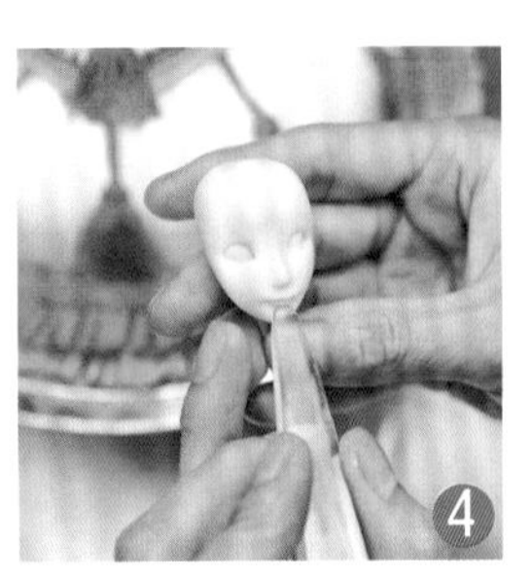

1. 将烤好的重油蛋糕修成桃心形状，再抹上奶油霜，包上红色杏仁膏。

2. 把烤好的重油蛋糕包上杏仁膏面皮，做成扇子形的花边效果。

3. 把杏仁膏调为肉色，团成鸭蛋形状，捏出头部大体轮廓。

4. 用开眼刀在头部中庭位置开出两眼睛，彼此相距一个眼睛的宽度，使眼睛的形状呈半圆；在头部三分之二的位置用主刀推出鼻子，用捏塑刀在鼻子下方开出嘴巴，推出下嘴皮；将白色杏仁膏揉成水滴状，做眼白贴入眼眶内；再取出三分之二眼白分量的黑色杏仁膏揉成水滴状，做黑眼珠，贴在眼白中间。最后，紧挨眼睛上下边缘贴上黑色杏仁膏制作的细条状眼线，完成眼睛的制作。

5. 用主刀塑出人物的主体部分，包括胸部、腰部以及双腿，使其整体动态呈现“N”形。

6. 用白色杏仁膏从新娘的胸部往下贴，制作出新娘衣裙的褶皱感，让裙子看起来顺畅自然。

7. 用黄色杏仁膏贴出新娘头发，用开眼刀压出头发局部的纹路，制作出发丝效果，使其真实自然。

8. 用相同步骤制作出新郎的动态造型。将白色杏仁膏擀成薄片状，贴在新郎衬衫上部，制作出衣领。

9. 把杏仁膏调和成灰色，使其与衣服的颜色存在对比后，同样擀成薄片状，贴在新郎的西装上，形成西装领子。

10. 调和出咖啡色杏仁膏，作为新郎的头发，将其擀成条状贴和头部，再用开眼刀塑出头发丝，使新郎的头发整体富有立体感及层次感。

11. 作品组装后的局部效果。

12. 组装后的成品。

动物世界

Dongwu Shijie

难易度
Nan Yi Du
★★★★★

制作过程

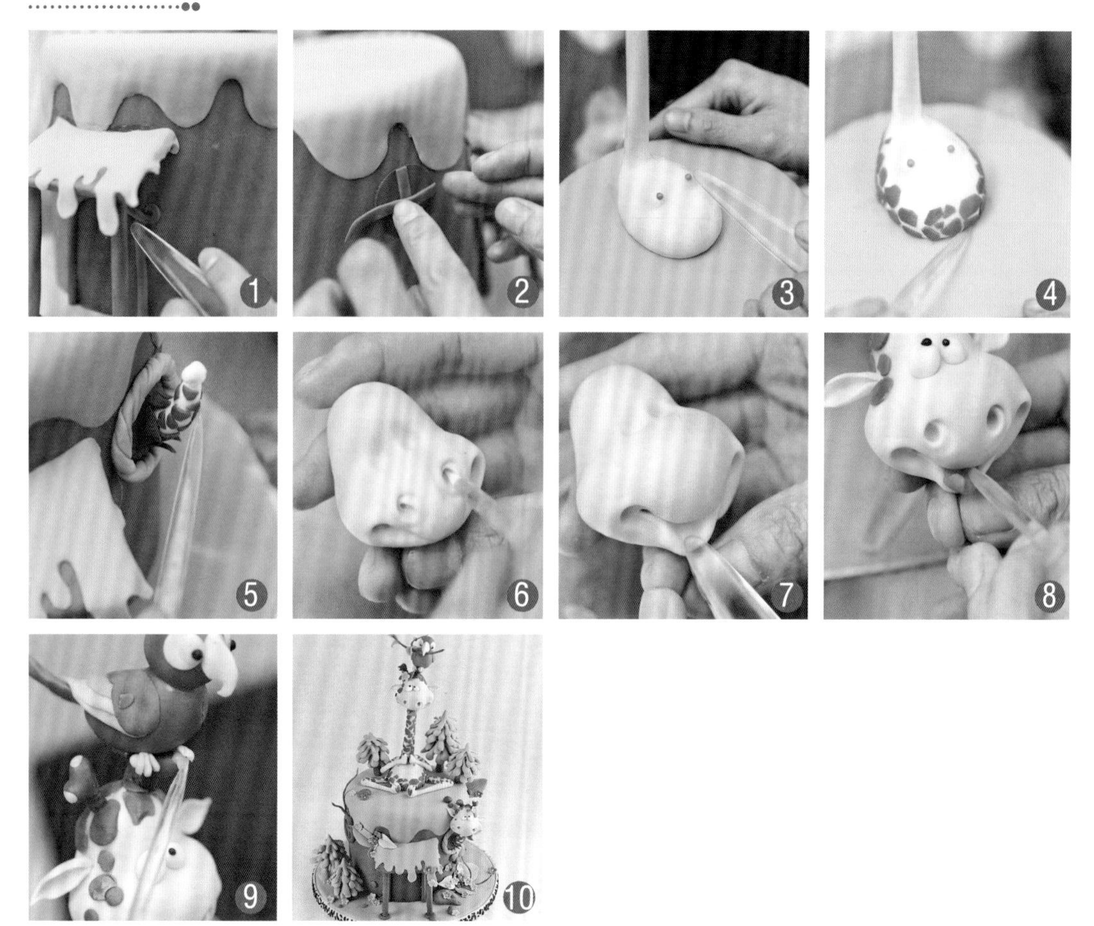

1. 将烤好的重油蛋糕修成圆形，再抹上奶油霜，包上咖啡色杏仁膏皮，取调好的绿色杏仁膏擀成圆形，贴到咖啡色蛋糕上，用主刀从上往下塑出水浪形并压平，再用主刀塑出蛋糕侧面的门。
2. 把调好的咖啡色杏仁膏擀成圆形，用小刀切成小条，在窗户上粘出十字形。
3. 取调好的黄色杏仁膏揉成大小水滴状，捏出长颈鹿的胸部与长颈鹿的脖子。将调好的红色杏仁膏揉成小水滴状粘到长颈鹿胸上。
4. 取调好的咖啡色杏仁膏擀成圆形，用小刀切成小方块，贴到身体的下半部分。
5. 用同样的方法，把第二只长颈鹿的脖子做出来。
6. 取调好的黄色杏仁膏，揉圆，用球形刀塑出眼睛，再用针形棒开出鼻子。
7. 用主刀从内到外按压，开出嘴巴上的形状。
8. 取调好的白色杏仁膏，揉成小球贴出眼睛；再用黄色杏仁膏揉成小水滴捏出耳朵粘到眼睛后方，用红色杏仁膏捏出舌头贴到嘴巴里。做出长颈鹿的四条腿。
9. 把做好的小鹦鹉贴到长颈鹿的头部上，将事前做好的小花及小树装到蛋糕上。
10. 组装后的成品。

神笔马良

Shenbi Maliang

制作过程

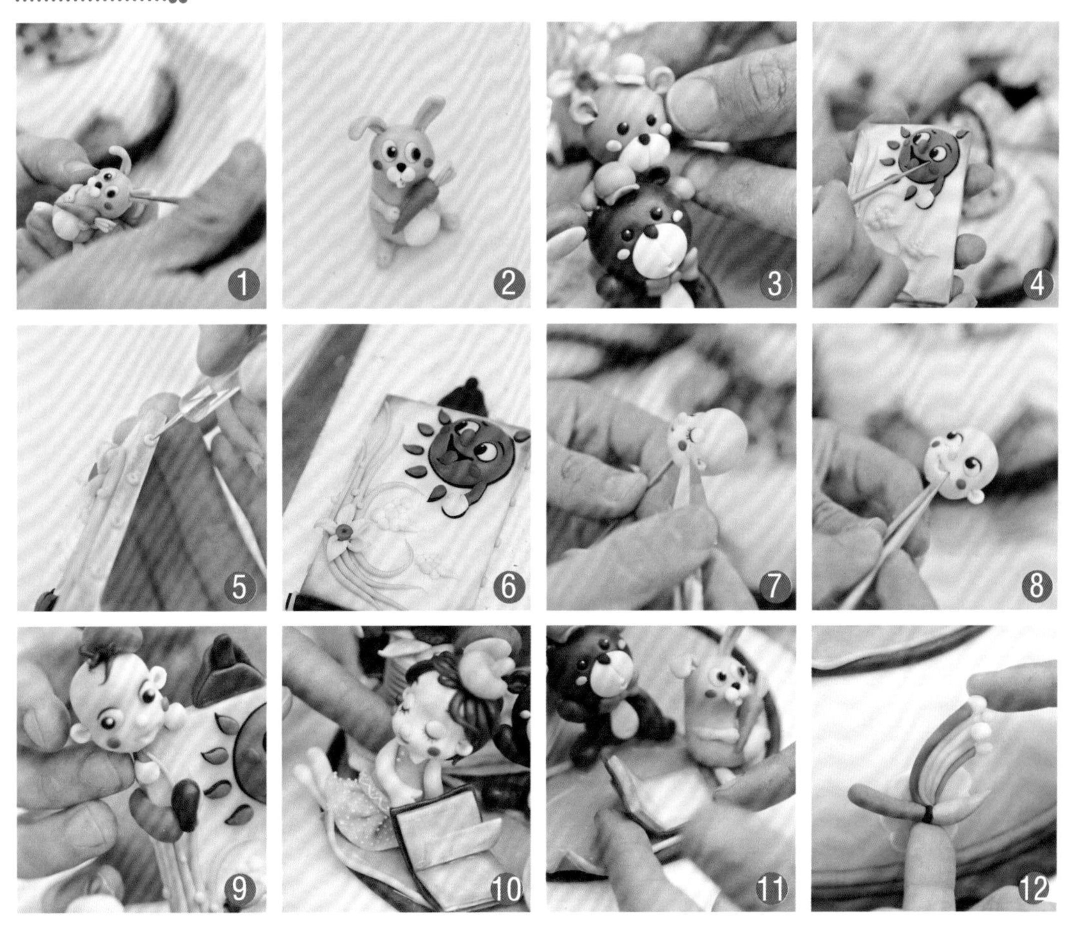

1. 在长水滴上用针形棒在中间压一道，给兔子装上耳朵。

2. 卡通兔子效果图。

3. 做出两只小熊。

4. 在切好的杏仁膏画板上塑出卡通太阳。

5. 在画板边缘粘上小珠子，用小球刀压出铆钉状。

6. 画板效果图。

7. 在卡通头部贴上腮红。

8. 用针形棒点一下人物嘴角，使其显示微笑。

9. 将做好的卡通人物组装在画板上。

10. 组装上小女孩。

11. 固定好书本及其他卡通形象。

12. 做出毛笔组装在蛋糕边缘。

圣诞快乐

Shengdan Kuaile

难易度
Nan Yi Du

制作过程

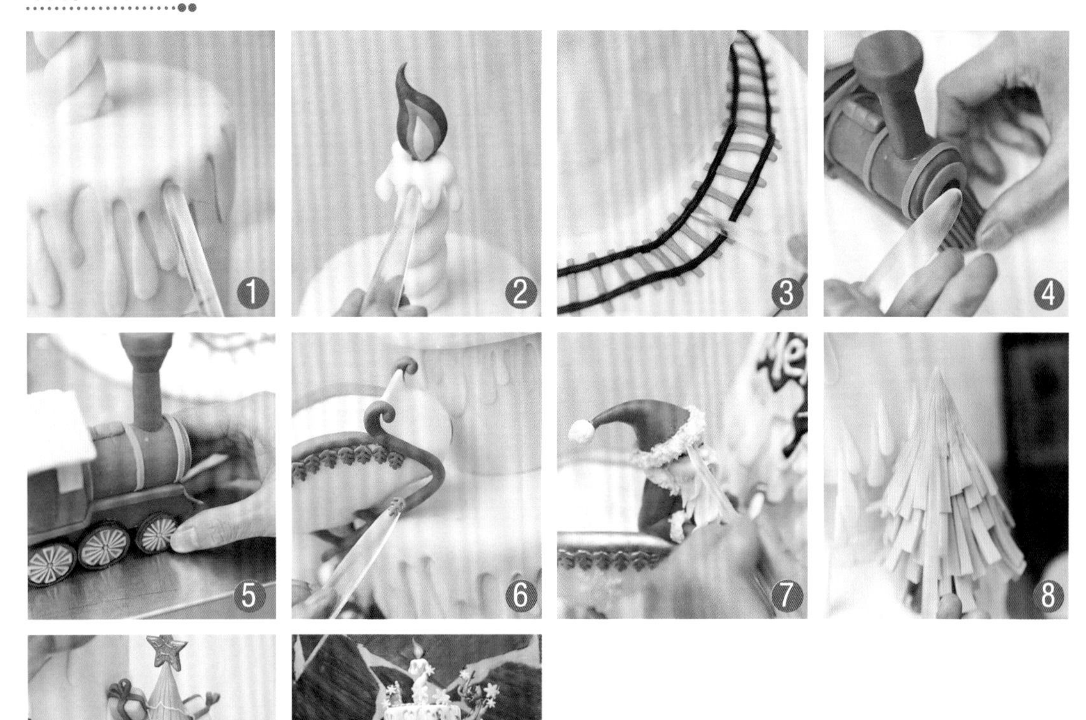

1. 将烤好的重油蛋糕修成圆形，再抹上奶油霜，包上淡白色杏仁膏皮；取调好的淡蓝色杏仁膏，擀成圆形，用小刀修成水滴状后粘到蛋糕上贴平。
2. 用白色杏仁膏捏出五个水滴状，粘到蜡烛上，用主刀塑出半圆，再用黄色、橙色、红色杏仁膏捏成水滴状，粘到一起，安装到蜡烛最上面作为火焰。
3. 将黄色杏仁膏，擀成圆形，用小刀切成小长条，贴到蛋糕底面，将调好的黑色杏仁膏擀成圆形，用小刀切成长条后贴到黄色杏仁膏条上。
4. 用调好的红色杏仁膏捏成长圆形。做出小火车的烟囱，用咖啡色、黑色杏仁膏，捏圆片粘到火车头上。
5. 用调好的黄色杏仁膏，捏成小圆晾干，再用黑色杏仁膏擀平，用小刀切成小长条粘到晾干的轮子上，塑平。
6. 用白色的杏仁膏，捏出圣诞雪橇的外形，用调好的红色杏仁膏揉成长条，粘到圣诞雪橇的表层上，用开眼刀塑出花纹来。
7. 把做好的圣诞老人粘到圣诞雪橇上；用调好的红色杏仁膏捏出帽子粘到老人头上，用白色杏仁膏围绕着帽子边缘粘上。
8. 将调好的绿色杏仁膏擀成圆片，用小刀切成小长条晾干，将调好的咖啡色杏仁膏揉成长条，粘上晾干的绿色条。
9. 把做好的配件小礼盒、五角星组装到圣诞树上。
10. 组装后的成品。

时间城

Shijiancheng

制作过程

1. 将果绿色杏仁膏擀成薄皮，用最大的圈模压出，再用吸管压出印迹后盖在蛋糕上。

2 用副主刀压出弧度花边，再用针形棒扎出洞。

3. 装饰上周围的花边。

4. 用笔管压出圆片，再用美工刀切出锯齿状，做出齿轮，组装上。

5. 用针形棒压出草，组装上。

6. 将粉红色正方形杏仁膏放在手心上，用针形棒压出瓦片的弧度，装在房子上。

7. 将做好的数字组装在房子上。

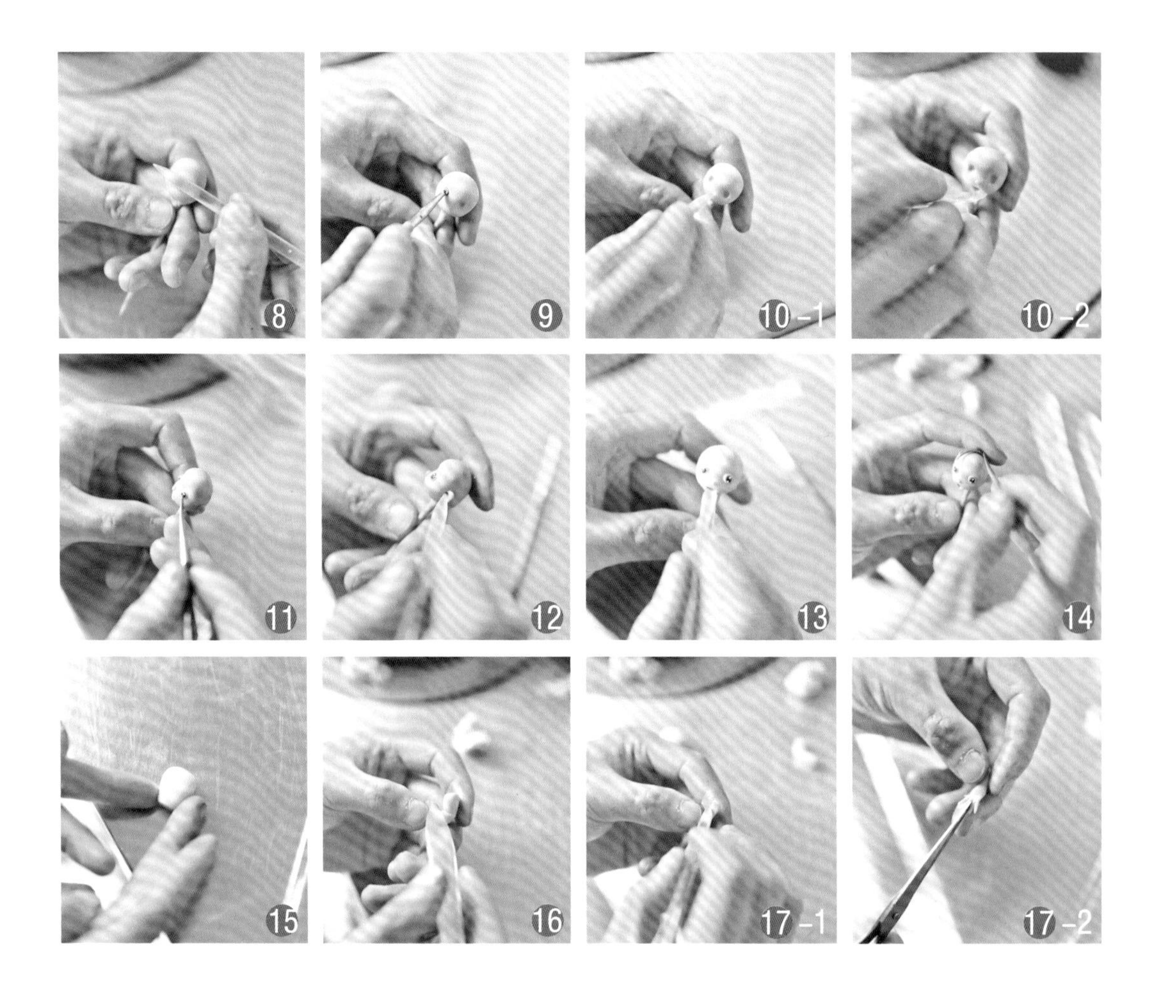

8. 将土黄色杏仁膏圆球固定在竹签上，用针形棒在1/2处压一刀。

9. 用球刀压出人物眼眶。

10. 用针形棒定出人物鼻子的位置，并开出嘴巴。

11. 用开眼刀装上眼睛。

12. 用针形棒扎出耳洞。

13. 装上红色的嘴唇和鼻头。

14. 给头部装上头发。

15. 用果绿色杏仁膏做出身体。

16. 用衣纹刀在黄色杏仁膏做的腿部压出挤压折。

17. 用开眼刀定出手部大拇指位置，再用剪刀剪出剩余的四根手指。

18. 最后用副主刀压出掌心的位置。

19. 将做好的手装在手臂上。

20. 做出白色鞋底装在鞋子上，再组装在腿上。

21. 将组装好的小人安装在蛋糕上。

22. 组装剩余的小人。

23. 用勾线笔蘸黑色色膏画出花边。

24. 组装完成后的成品。

童趣

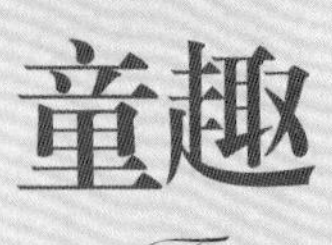

Tongqu

制作过程

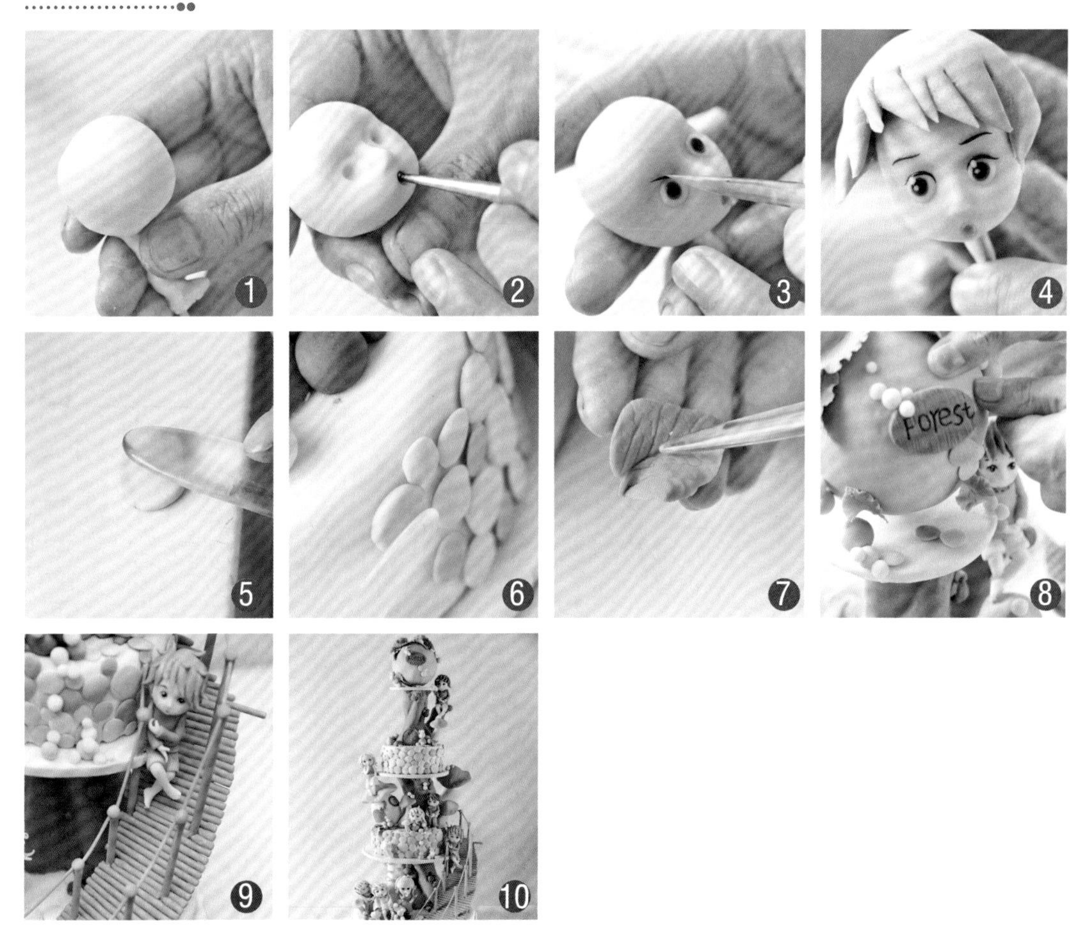

1. 将烤好的重油蛋糕修成圆形，再抹上奶油霜，包上淡绿色杏仁膏皮。取调好的肉色杏仁膏，揉成圆形。

2. 用主刀在1/2的位置压出眼眶，塑出鼻子，再用小球刀塑出小孩的眼睛、嘴巴。

3. 用白色杏仁膏，揉成小圆球贴到眼眶上，作为白眼；再用咖啡色杏仁膏捏成小圆贴到白眼上，用同样的方法贴上黑色，再用调好的红色杏仁膏，捏成小球，贴到嘴巴上，用球刀压平。

4. 将调好的紫色杏仁膏捏成小圆，用剪刀剪出头发的大体形状，粘到小孩的头部上，用主刀塑形。

5. 用调好的紫色杏仁膏，捏成小圆珠用主刀压平后晾干。

6. 将晾干的材料粘到蛋糕上，注意组装时大小不要相同。

7. 用调好的绿色杏仁膏，揉成水滴形，压平，用叶模压出叶片上的纹理来。

8. 把做好的配件小圆球、叶子、小孩子组装在一起。

9. 用调好的黄色杏仁膏。揉成长条晾干，组装到蛋糕上作为楼梯；再把做好的小孩组装到楼梯上。

10. 组装后的成品。

万圣节

Wanshengjie

制作过程

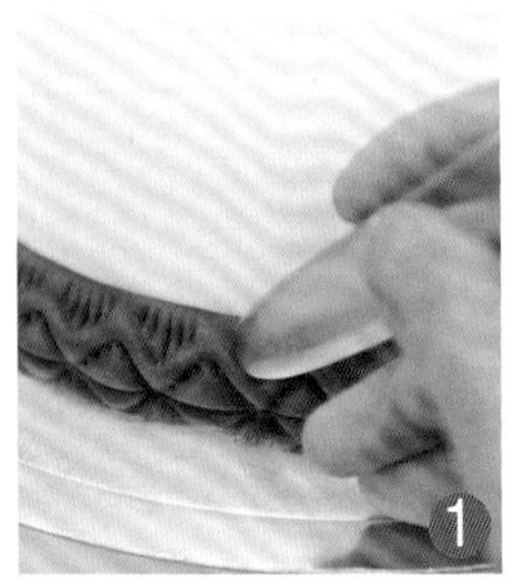

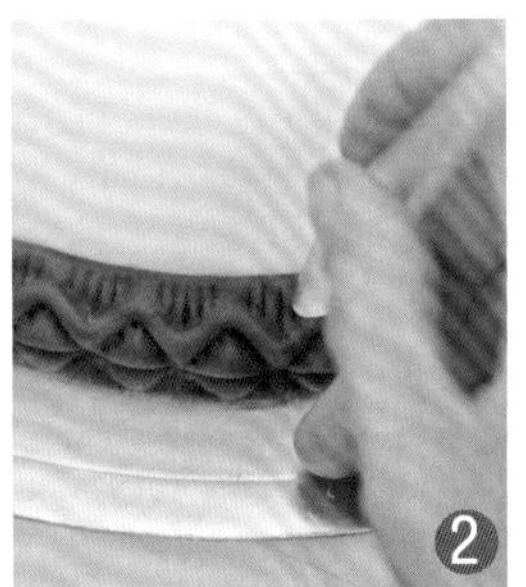

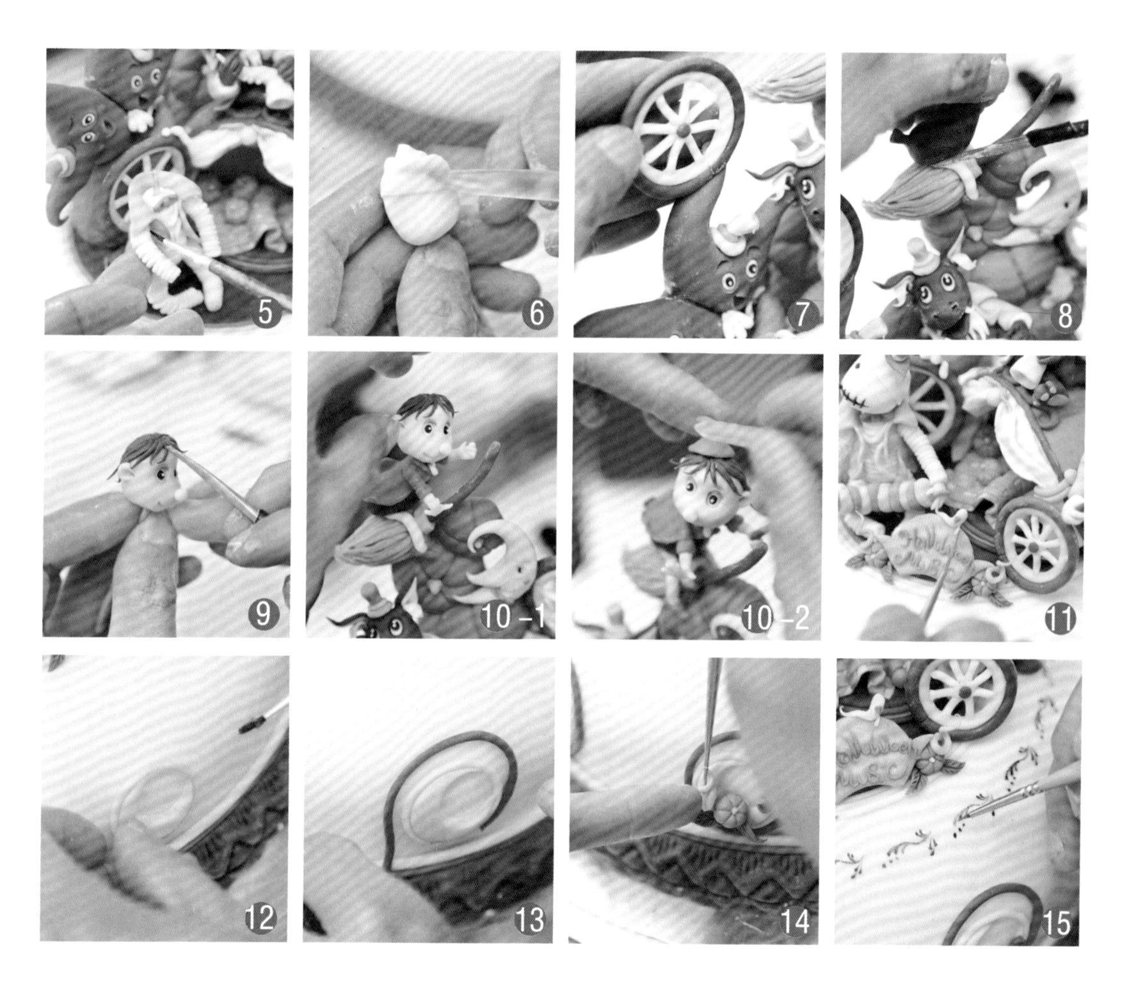

1. 用主刀压出三角形花边。

2. 用衣纹刀压出竖纹。

3. 用针形刀扎出孔。

4. 在橙色杏仁膏上用切刀压出南瓜的纹路。

5. 组装卡通人物手臂。

6. 用开眼刀压出头部头巾纹路。

7. 装上做好的轮子。

8. 捏出卡通人物身体形状。

9. 给人物头部装上头发。

10. 组装人物头部并粘上帽子。

11. 做出小幽灵。

12. 在杏仁膏边缘粘上月亮形的花边。

13. 在月亮形花边上围一圈深红色条。

14. 装上南瓜藤和小南瓜。

15. 用勾线笔绘制花边。

小火车

Xiaohuoche

难易度 Nan Yi Du ★★★★

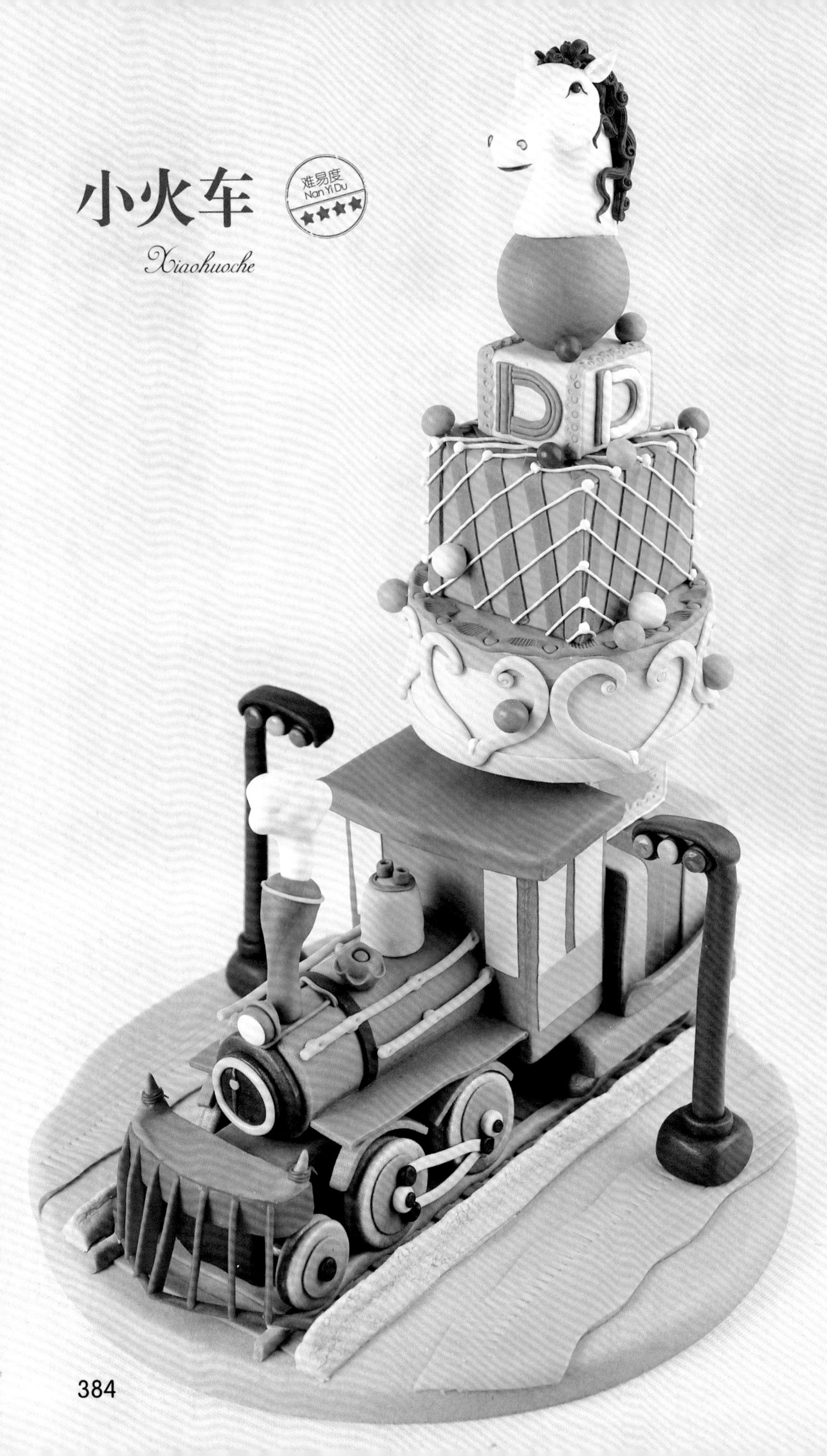

制作过程

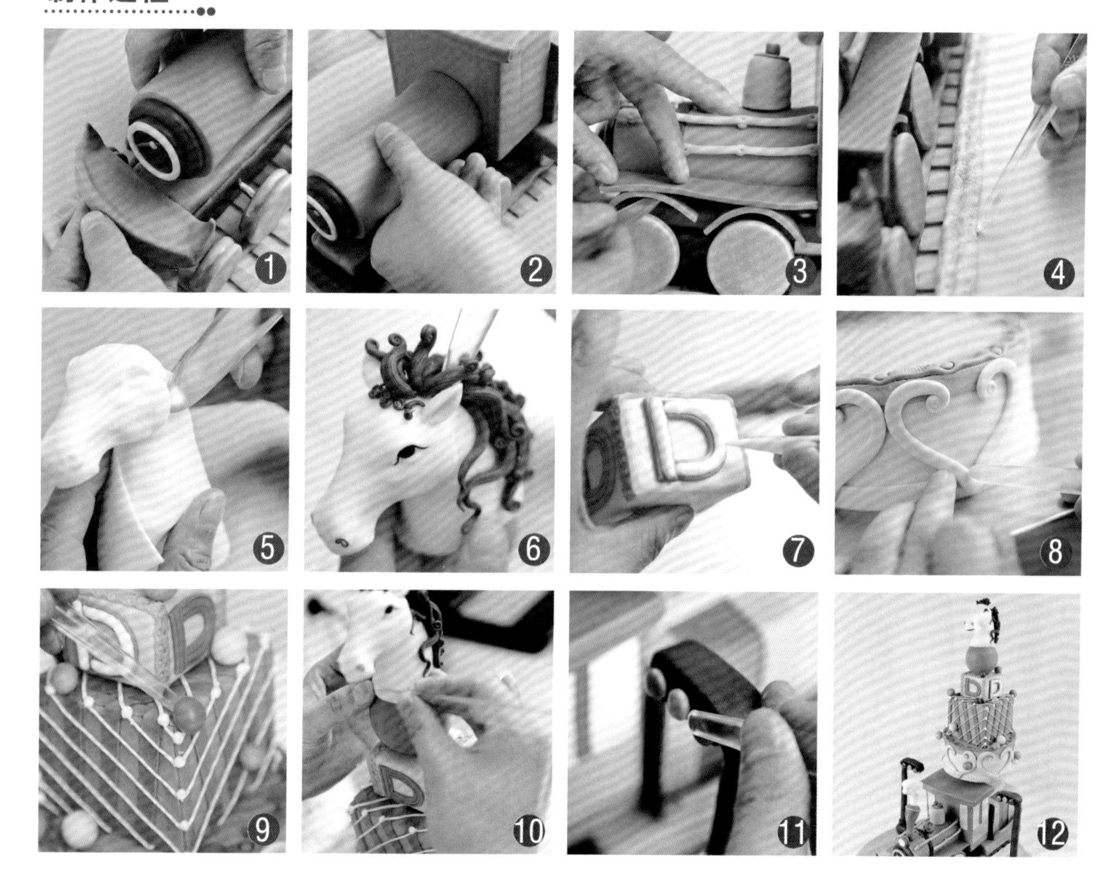

1. 将烤好的重油蛋糕修成需用的坯，用黑色杏仁膏做出火车轮子的形状，取灰色杏仁膏搓成条铺成路轨，用绿色杏仁膏包出火车底架，把车轮固定在底架上。取绿色杏仁膏包出一个前窄后宽的圆柱体，作为火车头，架在前面作为装饰。
2. 做一个火车的箱体和顶，然后和前后支架紧密地粘和在一起固定好。
3. 用黄色杏仁膏做出火车头配件，用绿色杏仁膏擀成厚片在车轮上方做出轮架，粘好配件。
4. 调好灰色的杏仁膏，先擀成厚片再用模具压出条纹，做成铁轨粘接在路轨两边。
5. 取白色杏仁膏先包出一个马头的形状，再用塑刀做出马的嘴巴、鼻子、眼睛和凸显出脸上、脖子上的肌肉。
6. 搓一点黑色杏仁膏做马眼珠，再贴上眼线；再做一对尖尖的耳朵；取棕色杏仁膏搓成长条，压出纹路粘在马头上做成马鬃。
7. 用淡绿色杏仁膏包一个正方形块，在每一个面上用蓝色打底，用白色蛋白膏挤出“D”字形作装饰，把边上包上红色杏仁膏条。
8. 先用浅蓝色杏仁膏包好一个6寸直坯，顶上盖上一层粉红色杏仁膏皮，用灰色杏仁膏搓成条，卷成心形做围边。
9. 把做好的大小集装箱固定在火车头上粘接好，搓一些小圆球作为点缀。
10. 用蓝色杏仁膏揉一个圆球，把做好的马头卡在圆球上，固定在集装箱的最顶端。
11. 取一块黑色杏仁膏搓成长条，前端压扁做成红绿灯样子，用红色杏仁膏擀成长片做成道路，压出纹路。
12. 粘接好所有部件，修饰一下细节，调整好角度，完成作品。

小伙伴

Xiaohuoban

制作过程

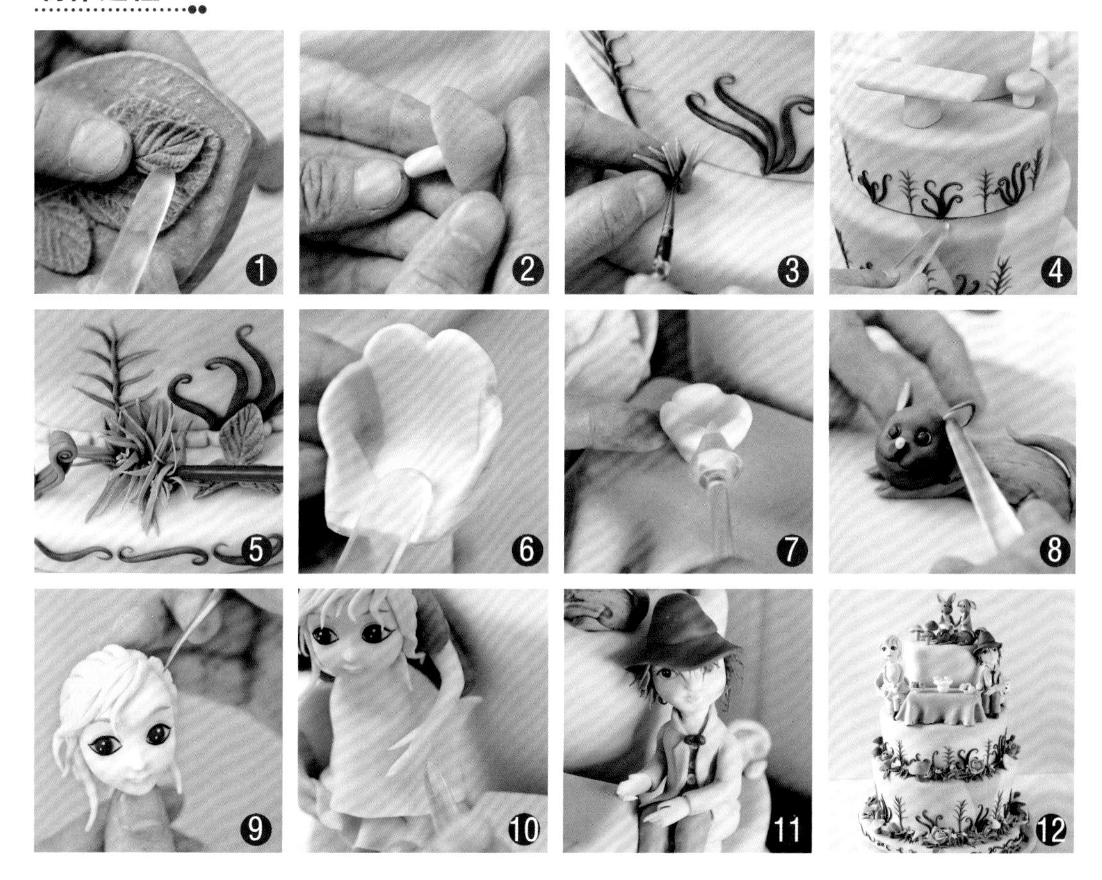

1. 将烤好的重油蛋糕分别修成10寸、8寸和5寸的圆柱体，包上混合色杏仁膏皮，用绿色杏仁膏皮在模具上压出小叶子。
2. 取一块橘黄色杏仁膏皮搓成圆片，再用工具棒顶出一个尖，然后用粉红色杏仁膏搓一圆柱，做成蘑菇，多做一些备用。
3. 用绿色杏仁膏做出一些小草，搓一些尖尖的长条做成围边。
4. 用一块浅蓝色杏仁膏包成长方片，做成桌子形状，把桌子固定在蛋糕第二层中间。
5. 把做好的小配件均匀地组装在边上粘接好。
6. 先用混合色杏仁膏擀成厚片做成椅子的形状，再做一个上宽下窄的底座，椅子粘接在桌子前面。
7. 擀一块粉红色杏仁膏皮做成桌布，叠出桌布的边褶，再用白色杏仁膏皮做成小圆盘摆在桌子上。
8. 取一块黑色杏仁膏搓成圆球，用工具棒压出猫脸轮廓，贴上眼睛，做出身体和耳朵，然后粘接在一起做成小猫。
9. 先用肉色杏仁膏捏出小女孩的脸部，再定出眼睛、鼻子、嘴巴的轮廓，贴上眼珠，用黄色杏仁膏皮做成头发粘接在一起。
10. 做出小女孩的身体和手脚，然后组装在一起，再做出裙子、上衣，最后固定在椅子上。
11. 做出小男孩的头部，然后做身体和手脚，先粘接腿，再粘接身体，最后穿上衣服，固定在凳子上。
12. 组装修饰后的作品。

美好时光

Meihao Shiguang

难易度
Nan Yi Du
★★★★

制作过程

1. 用切刀压出花边。
2. 装上蛋糕周围的配件。将刻好的图纸盖在蛋糕面上，用喷枪喷出图案。用美工刀切出锯齿，呈齿轮状。做出小摆钟，大表框，小钟表。
3. 用针形棒在水滴状的杏仁膏的1/2处压出小狗背部弧度。小狗腿部的制作。
4. 用针形棒定出小狗头部大型。
5. 用小号球刀定出眼眶位置。
6. 用开眼刀开出嘴巴。
7. 装上舌头，鼻头。

8. 组装小狗。

9. 组装摆钟。

10. 将做好的大小不一的齿轮组装在一起。

11. 组装表。

12. 组装两个小孩，粘上头花。

13. 组装礼物盒。

14. 用勾线笔画出花边。

15. 作品完成。

花魁

难易度 Nan Yi Du ★★★★★

Huakui

制作过程

1. 将烤好的重油蛋糕修成圆形，抹上奶油霜，包上白色杏仁膏皮，取调好的黄色杏仁膏，擀成圆形，把蛋糕包一层。
2. 把调好的淡粉红色杏仁膏皮擀成圆形，用牡丹花模压出花瓣，用球刀将花瓣的外边缘压平，用牡丹花模具压出纹理，放到海绵上晾干。
3. 用黑色色膏画出牡丹花的形状，用白色色膏在花瓣上打层底，再用粉红色膏画出花瓣的底层，加深颜色。
4. 用绿色色膏画出牡丹叶子，记住在花的底层加深绿色，由深到浅过渡。
5. 用晾干的花瓣组装成形，装到蛋糕彩绘上方。
6. 将白色杏仁膏擀成圆形，用小刀切成长条形，再用竹签在杏仁膏的一边擀出波纹，注意不要把杏仁膏皮擀坏了。
7. 把擀好的布艺组装到蛋糕上。
8. 取调好的黄色杏仁膏擀成小长条，缠到擀面杖上晾干。
9. 把做好的牡丹花组装到蛋糕上面，设为主体组装。
10. 组装后的成品。

美人如玉

Meiren Ruyu

难易度
Nan Yi Du
★★★★★

制作过程

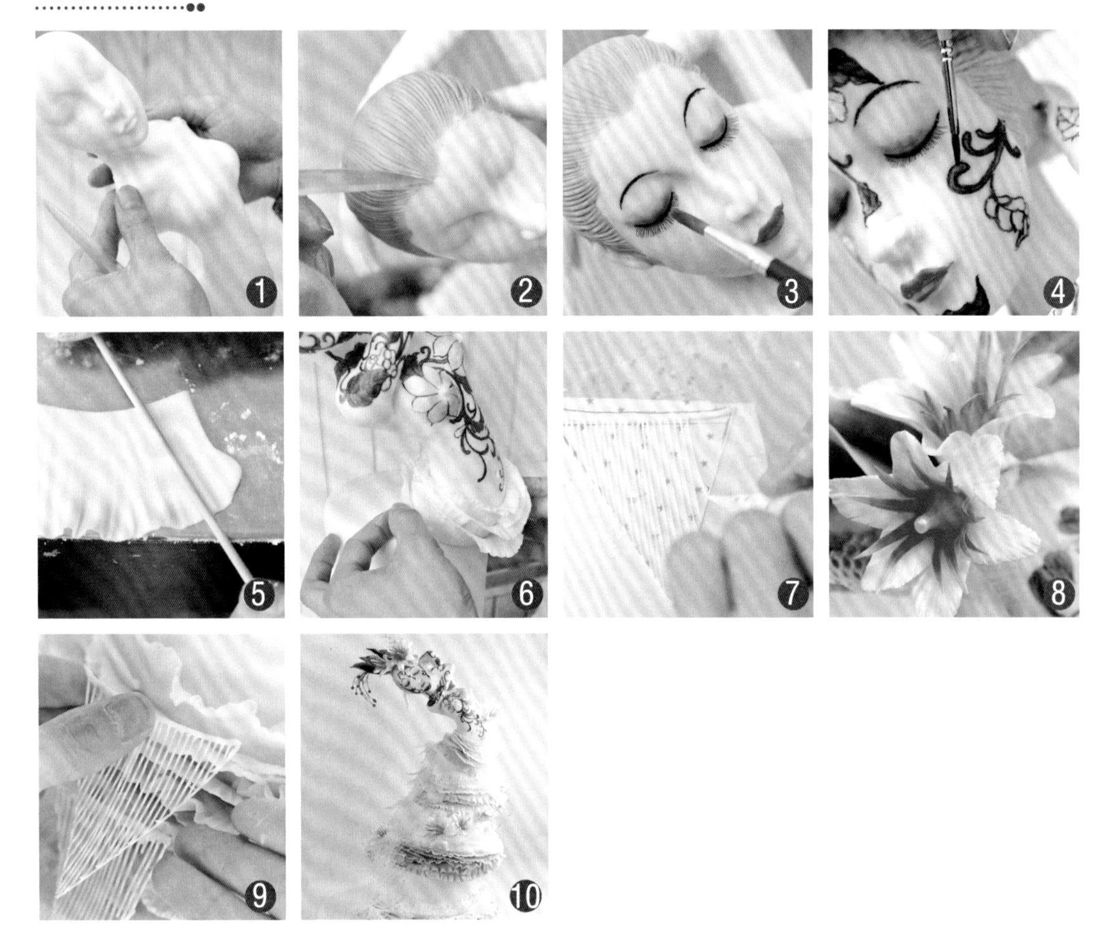

1. 将烤好的重油蛋糕修成圆形，再抹上奶油霜，包上白色杏仁膏皮；取调好的肉色杏仁膏捏出人物的上半身，组装到蛋糕上，注意要算好人物的比例。

2. 把调好的黄色杏仁膏捏成方形，贴到人物头部，作为头发，用开眼刀压出头发纹理。

3. 用黑色色膏画出眼线；取调好的红色杏仁膏捏成小长条贴到嘴巴上，用主刀塑出嘴唇的形状。做出眼睛及眉毛。

4. 用黑色色膏画出花跟叶子的形状，再用绿色色膏画出叶子的过渡色。

5. 将白色杏仁膏擀成圆形，用小刀切成长条，再用竹签压出杏仁膏皮的纹理。

6. 把擀好的杏仁膏皮从内到外地包住人物的身体。

7. 将画好的图形贴在桌面上，覆一层玻璃纸，用调好的蛋白膏吊出图形上的形状，放到旁边晾干。

8. 将做好的叶子装到人物头部上，再装上蕾丝跟拉糖花，在装组的时候要注意拉糖花比较脆，不要用太大力。

9. 把做好的吊线组装到蛋糕上，在组装时算好之间的接缝。

10. 组装后的成品。

CHAPTER 6

精美作品欣赏

无论是经典香甜的奶油霜蛋糕、精美时尚的翻糖蛋糕还是造型唯美的杏仁膏蛋糕，在这本象征着幸福与甜蜜，代表着浪漫与温情的书中，蛋糕以其千姿百态、妩媚多情的身姿续写着爱的传奇，让人们惊艳于艺术的美，品味着美食的真。

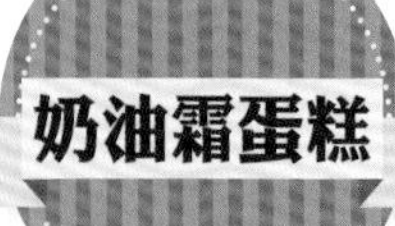

美丽心情

水天一色

粉黛

红舞裙

风之丘

岁月

雅致

五彩斑斓

僵尸系列

流金岁月

圣诞枷锁

圣诞组合

魔法帽

万圣节

欢乐谷

调皮的猴子

相亲相爱

快乐童年

超人汇

超级小玛丽

小魔仙

寒冬相依

圣诞之计

从林

誓言

拍照现场

牛仔很忙

魔法时间

时尚T台

晚安宝贝

雪屋

南瓜堡

旗袍

卖药郎

花香

报喜

暗香浮动鹊相依
疏影横斜雪长情

典雅

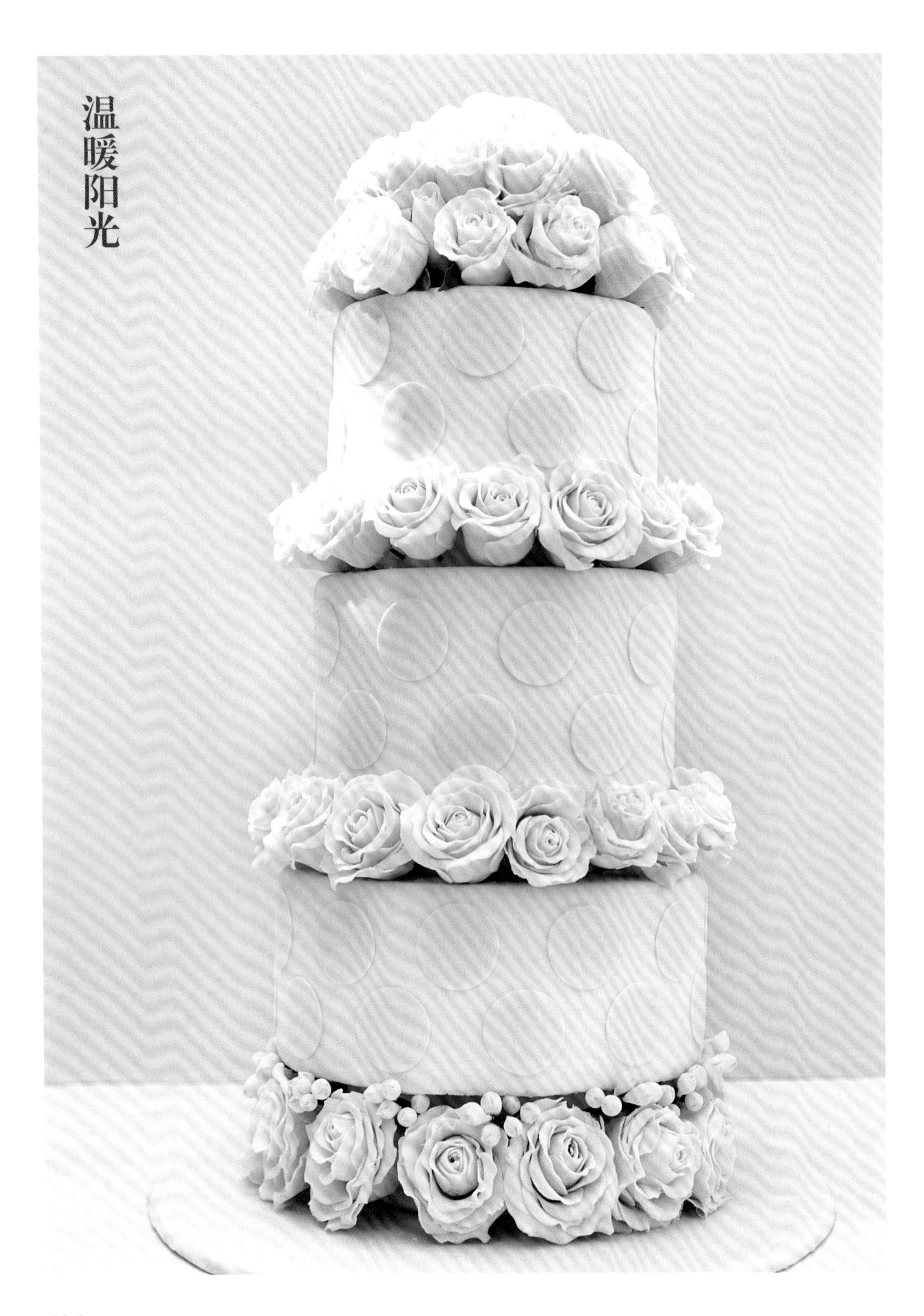
温暖阳光

喜报

秘密花园

诗画人生

悠久之翼

一只蝶

杏仁膏蛋糕

绅士的品格

三只小熊

落幕小丑

狐狸夫妇

小绵羊的青草地